高等数学

主　　编　冯海亮

副主编　王仁健

参　　编　姚　云

重庆大学出版社

内 容 提 要

本书是根据全国高校网络教育考试委员会颁布的试点高校网络教育公共基础课全国统一考试"高等数学"考试大纲,遵循应用型人才的培养目标,针对继续教育,特别是学历继续教育学生的特点,结合编者多年的数学实践体会编写而成.全书内容共分8章,分别为函数与极限、一元函数微分学、不定积分、定积分及其应用、向量代数与空间解析几何、多元函数微分学、二重积分、无穷级数和常微分方程.本书章节后附有习题,书后附有参考答案、考试大纲及常用公式.

本书也可作为应用本科、网络教育本专科、高职高专相关专业的高等数学教材或学生的参考用书,也可供工程技术人员参考.

图书在版编目(CIP)数据

高等数学/冯海亮主编. —重庆:重庆大学出版社,2013.2(2022.1 重印)
ISBN 978-7-5624-7232-2

Ⅰ.①高… Ⅱ.①冯… Ⅲ.①高等数学—高等学校—教材 Ⅳ.①013

中国版本图书馆 CIP 数据核字(2013)第 027177 号

高等数学

主 编 冯海亮
副主编 王仁健
责任编辑:曾显跃   版式设计:曾显跃
责任校对:刘 真   责任印制:张 策

*

重庆大学出版社出版发行
出版人:饶帮华
社址:重庆市沙坪坝区大学城西路 21 号
邮编:401331
电话:(023) 88617190 88617185(中小学)
传真:(023) 88617186 88617166
网址:http://www.cqup.com.cn
邮箱:fxk@ cqup.com.cn (营销中心)
全国新华书店经销
POD:重庆俊浦印务有限公司

*

开本:787mm×1092mm 1/16 印张:20.5 字数:512千
2013年2月第1版   2022年1月第4次印刷
ISBN 978-7-5624-7232-2 定价:49.00元

前 言

随着我国高等教育大众化和终身学习体系的构建,继续教育在高等教育体系中的地位和作用正在发生新的变化,进而导致继续教育的服务对象、服务途径、服务内容也发生了新的变化.继续教育正在向满足人们的多样化、全面发展的教育需求的角色及功能转变.高等数学作为继续教育,特别是学历继续教育涉及工学、经济学、管理学等学科许多专业的一门必修的重要基础课,其教学日益受到学生专业跨度大、文化程度参差不齐、基础理论差、工学矛盾突出等问题的严重困扰,如何排解这些困扰,是广大继续教育管理者及高等数学老师必须面对的一个问题.重庆大学继续教育学院数学教研组,参照全国高校网络教育考试委员会颁布的试点高校网络教育公共基础课全国统一考试高等数学考试大纲,遵循应用型人才的培养目标,针对学历继续教育学生的特点,结合多年的教学实践经验,编写了本教材,这是我们对继续教育高等数学课程进行改革的探索.

本书的编写力求遵循应用型人才的培养目标,针对从业人员继续教育的特点,坚持以"应用"为目的,以"掌握概念、强化应用、培养能力"为重点,以"必需、够用"为原则.为了便于教学和自学,在概念的介绍过程中力求由实际问题出发,在文字表述上努力做到详尽通畅、浅显易懂,在习题配置上降低技巧难度而进一步突出基本题型.

全书包括函数与极限、一元函数微分学、不定积分、定积分及其应用、多元函数微分学、二重积分、无穷级数和常微分方程等,各章节均配有较为丰富的例题和习题,书末附有习题答案,以方便学生自学.

本书第1章、第3章、第4章、第5章、第6章、第7章由冯海亮同志编写,第8章、第9章由王仁健同志编写,第2章由姚云同志编写.全书由冯海亮担任主编,王仁健担任副主编.

本书可作为学历继续教育本科层次的基本教学内容;如去掉书中带"＊"的章节,可作为学历继续教育专科层次的基本教学内容;书中带"＊"的章节,可作为学历继续教育专升本的基本教学内容.

重庆大学叶仲全教授和重庆师范大学高世泽教授审阅了全书，并提出了许多中肯有益的修改意见，作者在此向他们谨致谢意.

由于编者水平有限，书中一定存在很多不足之处，希望得到读者的批评指正.

编　者

2012 年 10 月

目　录

1

第 **1** 章
函数、极限与连续

函数是高等数学的主要研究对象. 所谓函数关系, 就是变量之间的对应关系. 极限方法是研究变量的一种基本方法. 本章介绍函数、函数的极限和函数的连续性等概念.

1.1 函数的基本概念

1.1.1 集合与区间

(1) 集合

在数学中, 把任意指定的有限多个或无限多个事物所组成的总体称为一个集合, 通常用大写英文字母 $A, B, C, \cdots$ 来表示, 组成集合的事物称为该集合的元素. 若事物 a 是集合 M 的一个元素, 就记 $a \in M$ (读作 a 属于 M); 若事物 a 不是集合 M 的一个元素, 就记 $a \notin M$ (读作 a 不属于 M); 集合有时也简称为集.

注意

①对于一个给定的集合, 要具有确定性的特征, 即对于任何一个事物或元素, 能够判断它属于或不属于给定的集合, 二者必居其一.

②对于一个给定的集合, 其中的元素应是互异的, 完全相同的元素, 不论数量多少, 在一个集合里只算作一个元素, 就是说, 同一个元素在同一个集合里不能重复出现.

③若一集合只有有限个元素, 就称为**有限集**; 否则称为**无限集**; 不含任何元素的集合称为空集, 记为 ∅, 空集是任何集合的子集.

(2) 集合的表示法

表示集合的方法, 常见的有列举法和描述法两种.

列举法: 按任意顺序列出集合的所有元素, 并用花括号{}括起来, 这种方法称为列举法.

例如, 方程 $x^2 + 2x - 3 = 0$ 根的集合 A, 可表示为 $A = \{-3, 1\}$.

描述法: 设 $P(a)$ 为某个与 a 有关的条件或法则, 将满足 $P(a)$ 的所有元素 a 构成的集合 A 表示为 $A = \{a \mid P(a)\}$, 这种方法称为描述法.

例如, 由不等式 $x - 3 > 2$ 的解构成的集合可表示为 $A = \{x \mid x > 5\}$, 由抛物线 $y = x^2 + 3$ 上

的点(x,y)构成的集合可表示为 $A = \{(x,y) \mid y = x^2 + 3\}$.

全体自然数的集合记为 **N**,全体整数的集合记为 **Z**,全体有理数的集合记为 **Q**,全体实数的集合记为 **R**. 以后在不特别说明的情况下考虑的集合均为实数集.

（3）集合间的基本关系

若集合 A 的元素都是集合 B 的元素,即若有 $x \in A$,必有 $x \in B$,就称 A 为 B 的子集,记为 $A \subset B$ 或 $B \supset A$（读作 B 包含 A）. 显然,$N \subset Z \subset Q \subset R$. 若 $A \subset B$,同时 $B \subset A$,就称 A,B 相等,记为 $A = B$.

（4）区间

设 a 和 b 都是实数,且 $a < b$,则数集 $\{x \mid a < x < b\}$ 称为**开区间**,记作 (a,b),即 $(a,b) = \{x \mid a < x < b\}$. a 和 b 称为开区间 (a,b) 的端点,这里 $a \notin (a,b)$,$b \notin (a,b)$.

数集 $\{x \mid a \leqslant x \leqslant b\}$ 称为**闭区间**,记作 $[a,b]$,即 $[a,b] = \{x \mid a \leqslant x \leqslant b\}$. a 和 b 称为闭区间 $[a,b]$ 的端点,这里 $a \in [a,b]$,$b \in [a,b]$.

类似地还有

$$[a,b) = \{x \mid a \leqslant x < b\}$$
$$(a,b] = \{x \mid a < x \leqslant b\}$$

$[a,b)$ 和 $(a,b]$ 都称为**半开区间**.

以上这些区间都称为有限区间,数 $b - a$ 称为这些区间的长度. 从数轴上看,这些有限区间是长度为有限的线段. 此外还有无限区间,引进记号 $+\infty$（读作正无穷大）及 $-\infty$（读作负无穷大）,则可类似地给出下面的无限区间,即

$$[a, +\infty) = \{x \mid a \leqslant x\}$$
$$(-\infty, b) = \{x \mid x < b\}$$
$$(-\infty, +\infty) = \{x \mid x \in \mathbf{R}\}$$

区间可以在数轴上直观地表示出来,见表 1.1.

表 1.1

区间的名称	区间满足的不等式	区间的记号	区间在数轴上的表示
闭区间	$a \leqslant x \leqslant b$	$[a,b]$	
开区间	$a < x < b$	(a,b)	
半开区间	$a < x \leqslant b$ 或 $a \leqslant x < b$	$(a,b]$ 或 $[a,b)$	

（5）邻域

设 δ 是任一正数,a 为某一实数,数集 $\{x \mid |x - a| < \delta\}$ 称为点 a 的 δ 邻域,记作 $U(a, \delta)$,

即 $U(a,\delta)=\{x\mid\mid x-a\mid<\delta\}$，点 a 称为邻域的中心，δ 称为邻域的半径.

由于 $a-\delta<x<a+\delta$ 相当于 $\mid x-a\mid<\delta$，因此，$U(a,\delta)=\{x\mid a-\delta<x<a+\delta\}$，也就是开区间 $(a-\delta,a+\delta)$，因为 $\mid x-a\mid$ 表示点 x 与点 a 间的距离，所以 $U(a,\delta)$ 表示与点 a 距离小于 δ 的一切点 x 的集合.

例如：$\mid x-2\mid<1$，即为以点 $a=2$ 为中心，以 1 为半径的邻域，也就是开区间 $(1,3)$.

有时用到的邻域需要把邻域中心去掉. 点 a 的 δ 邻域去掉中心 a 后，称为点 a 的去心的 δ 邻域，记作 $\mathring{U}(a,\delta)$，即 $\mathring{U}(a,\delta)=\{x\mid0<\mid x-a\mid<\delta\}$. 这里 $0<\mid x-a\mid$ 表示 $x\neq a$.

例如：$0<\mid x-2\mid<1$，即为以点 $a=2$ 为中心，半径为 1 的去心邻域 $(1,2)\cup(2,3)$.

1.1.2　函数概念

在观察自然现象、经济或工程技术活动中，常常会遇到各种不同的量，它们之间往往不是孤立的，而是相互依赖、相互制约的. 相互依赖的变量之间的关系，在数学上就称为变量之间的函数关系.

引例1　圆的面积 A 与其半径 r 之间的相互关系为 $A=\pi r^2$，当 r 在 $(0,+\infty)$ 内任意取定一个数值时，就可以由上式确定圆面积 A 的对应数值.

引例2　某气象站用自动记录仪记录下某地一昼夜气温的变化情况，图 1.1 是温度记录仪在坐标纸上画出的温度变化曲线图，其中横坐标表示时间 t，纵坐标表示温度 T，它形象地表示出温度 T 随时间 t 变化而变化的规律，对于某一确定的时间 $t(0\leqslant t\leqslant24)$，就有一个确定的 T 值与之对应.

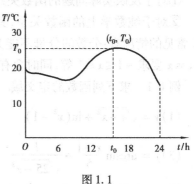

图 1.1

引例3　某商店记录了毛线历年来的月销售量（单位：kg），并将近 10 年来的平均月销售量列成表，见表 1.2。

表 1.2

月　份 t	1	2	3	4	5	6	7	8	9	10	11	12
销售量 S	81	84	45	49	9	5	6	17	94	161	144	123

表 1.2 表示了该商店毛线的销售量 S 与月份 t 之间的相互关系，且当 t 在 $1,2,3,\cdots,12$ 中任意取定一个数值时，从表中就可以确定一个平均月销售量 S 的对应值.

以上引例，其具体意义虽各不相同，但它们有一个共同的特点，就是它们都表达了两个变量之间的相互关系，并为这种关系给出了一种对应规则，根据这一规则，当其中一个变量在其变化范围内任取一个数值时，另一变量就有确定的值与之对应. 两个变量之间的这种对应关系就是函数概念的本质. 于是抽象成如下函数定义.

(1)函数定义

定义 1.1　设有两个变量 x 和 y，D 是一个给定的数集，如果对于任意给定的 $x\in D$，变量 y 按照一定法则 f，总有确定数值与 x 对应，则称 y 是 x 的函数，记作 $y=f(x)$.

其中数集 D 称为这个函数的定义域,x 称为自变量,y 称为因变量,y 的取值范围称为函数的值域. $y = f(x)$ 在几何上通常表示二维空间 xOy 平面上的一条曲线. 对于任意 $x \in D$,若 y 只有唯一数值与之对应,则称 $y = f(x)$ 为单值函数,否则称为多值函数,这里主要讨论单值函数. 函数通常用解析式(如引例 1)、图形(如引例 2)或表格(如引例 3)来表示.

由函数的定义可知,两个函数相同的充分必要条件是其定义域与对应法则完全相同. 如 $f(x) = \sqrt[3]{x^4 - x^3}$ 与 $g(x) = x \sqrt[3]{x - 1}$ 的定义域都是 $(-\infty, +\infty)$,而且对应法则也相同,故 $f(x) = g(x)$,而函数 $f(x) = x$ 与 $g(x) = \dfrac{x^2 - x}{x - 1}$ 由于定义域不同,故 $f(x) \neq g(x)$.

对任意实数 x,记 $[x]$ 为不超过 x 的最大整数,称 $f(x) = [x]$ 为取整函数. 例如,$[\sqrt{2}] = 1$,$[\pi] = 3$,$[-\pi] = -4$,函数 $[x]$ 的定义域为 $(-\infty, +\infty)$,值域为整数集.

(2) 函数定义域的求法

关于函数定义域 D 的确定,一般原则是:

① 对于反映实际问题的函数关系,其 D 由所研究的实际问题确定.

② 对于纯数学上的函数关系,其 D 规定为使函数表达式保持有意义的一切自变量的全体. 常见的情况有:分数的分母不能为零;负数不能开偶次方;零和负数不能取对数;$\arcsin x$,$\arccos x$ 要求 $-1 \leqslant x \leqslant 1$ 等,同时含有上述式子时,要求是使各部分都成立的交集.

例 1.1 求下列函数的定义域.

$(1) y = \sqrt{4 - x^2} + \ln(x^2 - 1)$ $\qquad (2) y = \dfrac{1}{x} - \sqrt{1 - x^2}$

$(3) y = \arcsin \dfrac{x - 1}{5} + \dfrac{1}{\sqrt{25 - x^2}}$

解 (1) 当 $4 - x^2 \geqslant 0$ 且 $x^2 - 1 > 0$ 时,函数 y 才能取得确定的函数值,故 y 的定义域为 $-2 \leqslant x \leqslant 2$ 且 $x < -1$ 或 $x > 1$,取其交集得 $[-2, -1) \cup (1, 2]$.

(2) 当 $x \neq 0$ 且 $1 - x^2 \geqslant 0$ 时,函数 y 才能取得确定的函数值,故 y 的定义域为 $x \neq 0$ 且 $-1 \leqslant x \leqslant 1$,取其交集得 $[-1, 0) \cup (0, 1]$.

(3) 当 $\left| \dfrac{x - 1}{5} \right| \leqslant 1$ 且 $25 - x^2 > 0$ 时,函数 y 才能取得确定的函数值,故 y 的定义域为 $\left| \dfrac{x - 1}{5} \right| \leqslant 1$ 且 $25 - x^2 > 0$,即 $|x - 1| \leqslant 5$ 且 $|x| < 5$;即 $-4 \leqslant x \leqslant 6$ 且 $-5 < x < 5$,取其交集得 $[-4, 5)$.

例 1.2 设 $f(x) = \dfrac{x}{x - 1} (x \neq 1)$,求

$(1) f(f(x))$ $\qquad (2) f(f(f(x)))$ $\qquad (3) f(f(f(0)))$

解 $(1) f(f(x)) = \dfrac{f(x)}{f(x) - 1} = \dfrac{x}{x - 1} \div \left(\dfrac{x}{x - 1} - 1 \right) = \dfrac{x}{x - 1} \div \dfrac{1}{x - 1} = x.$

(2) 由 (1) 可知 $f(f(f(x))) = f(x) = \dfrac{x}{x - 1}.$

(3) 由 (2) 可知 $f(f(f(0))) = \dfrac{0}{0 - 1} = 0.$

例 1.3　设 $f(x-1) = \dfrac{1}{x}$，求 $f(x)$.

解　令 $x-1 = t$，则 $x = t+1$，于是得 $f(t) = \dfrac{1}{t+1}$，所以 $f(x) = \dfrac{1}{1+x}$.

(3) 分段函数

用公式法表示两个变量间的函数关系，简明、准确、完整，同时还便于理论推导，微积分学中常采用这种表示函数的方法. 但在用公式法表示函数时，有时会遇到必须用两个或两个以上的式子来分段给出，才能完整而准确地将两个变量间的函数关系表示出来，这就是所谓的分段函数.

例 1.4　求函数 $f(x) = \begin{cases} x+1, & x \geq 1 \\ x-1, & x < 1 \end{cases}$ 的定义域和值域.

解　该函数是一个分段函数，$x = 1$ 为分段点，其定义域 D 为 $(-\infty, +\infty)$，值域 W 为 $(-\infty, 0) \cup [2, +\infty)$.

例 1.5　求函数 $y = f(x) = |x|$ 的定义域和值域.

解　该函数是一个分段函数，也称为绝对值函数，分段点为 $x = 0$，其定义域为所有实数，值域为非负实数.

例 1.6　设函数 $y = f(x) = \begin{cases} x^2 - 1, & x < 0 \\ 0, & x = 0 \\ x^2 + 1, & x > 0 \end{cases}$，试求 $f(-1)$、$f(0)$、$f(1)$.

解　该函数是一个分段函数，当 $x < 0$ 时，$f(x) = x^2 - 1$，故 $f(-1) = 0$，$f(0) = 0$；当 $x > 0$ 时，$f(x) = x^2 + 1$，故 $f(1) = 2$.

需要特别说明的是：分段函数是一个函数，不要把分段函数误认为有几个表达式就看成几个函数，而且分段函数的函数值是用自变量所在区间相对应的那个式子去计算.

1.1.3　复合函数

若函数 $y = f(u)$ 的定义域为 E，$u = \varphi(x)$ 的定义域为 D，值域为 W，若 $W \cap E \neq \varnothing$（$\varphi(x)$ 的值域是 $f(u)$ 的定义域的子集），则称 $y = f[\varphi(x)]$ 是由中间变量 u 复合成的复合函数.

例 1.7　函数 $y = \sqrt{u}$ 和 $u = 2 + \sin x$ 能构成复合函数？

解　函数 $y = \sqrt{u}$ 的定义域为 $E = [0, +\infty)$，函数 $u = 2 + \sin x$ 的值域 $W = [1, 3]$，后一函数的值域和前一函数的定义域交集非空，所以，这两个函数可以构成复合函数，即 $y = \sqrt{2 + \sin x}$，其定义域为所有实数.

注意：并非任意两个函数都能复合成一个复合函数. 例如 $y = \sqrt{u}$，$u = \sin x - 2$ 就不能构成复合函数，请读者思考一下为什么.

例 1.8　函数 $y = \arctan 2^{\sqrt{x}}$ 可以看作是 $y = \arctan u$，$u = 2^v$，$v = \sqrt{x}$ 复合而成的复合函数.

例 1.9　设 $f(x) = x^2$，$g(x) = 3x$，试求 $f[g(x)]$ 及 $g[f(x)]$.

解　分析两个函数的定义域和值域，可知两个函数可以构成复合函数，故 $f[g(x)] = f(3x) = 9x^2$，$g[f(x)] = g(x^2) = 3x^2$.

例 1.10 设 $f(\sin t) = 1 + \cos 2t$，试求 $f(x)$，$|x| \leqslant 1$.

解 因为 $f(\sin t) = 1 + \cos 2t = 1 + 1 - 2\sin^2 t = 2(1 - \sin^2 t)$，故 $f(\sin t) = 2(1 - \sin^2 t)$，此函数可以看作是 $f(x) = 2(1 - x^2)$ 和 $x = \sin t$ 复合而成，从而 $f(x) = 2(1 - x^2)$.

1.1.4 反函数

在函数 $y = 2x + 1$ 中，若将 y 看作自变量，x 看作因变量，由此确定 x 是 y 的函数，$x = \dfrac{y-1}{2}$，称 $x = \dfrac{y-1}{2}$ 是 $y = 2x + 1$ 的反函数. 习惯上把自变量记作 x，因变量记作 y，所以 $y = 2x + 1$ 的反函数记为 $y = \dfrac{x-1}{2}$，这种习惯的依据是函数与自变量和用什么字母表示无关.

一般地，设函数 $y = f(x)$ 的定义域为 D_f，值域为 V_f. 由函数的定义可知，对于任意的 $y \in V_f$，在 D_f 上至少存在一个 x 与 y 对应，且满足 $y = f(x)$. 如果把 y 看作自变量，x 看作因变量，就可以得到一个新的函数：$x = f^{-1}(y)$，我们称这个新的函数 $x = f^{-1}(y)$ 为函数 $y = f(x)$ 的反函数，而把函数 $y = f(x)$ 称为直接函数.

应当注意的是：

①虽然直接函数 $y = f(x)$ 是单值函数，但是其反函数 $x = f^{-1}(y)$ 却不一定是单值的. 例如，$y = f(x) = x^2$ 的定义域为 $D_f = \mathbf{R}$，值域 $V_f = [0, +\infty)$. 任取非零的 $y \in V_f$，则适合 $y = x^2$ 的 x 的数值有两个：$x_1 = \sqrt{y}$，$x_2 = -\sqrt{y}$. 所以，直接函数 $y = x^2$ 的反函数 $y = f^{-1}(y)$ 是多值函数：$x = \pm\sqrt{y}$. 如果把 x 限制在区间 $[0, +\infty)$ 上，则直接函数 $y = x^2$，$x \in [0, +\infty)$ 的反函数 $x = \sqrt{y}$ 是单值的，并称 $x = \sqrt{y}$ 为直接函数 $y = x^2$，$x \in \mathbf{R}$ 的反函数的一个单值分支. 显然，反函数的另一个单值分支为 $x = -\sqrt{y}$.

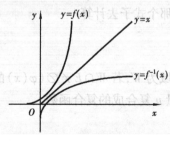

图 1.2

②由于习惯上 x 表示自变量，y 表示因变量，也为了便于在**同一坐标系**中反映直接函数和其反函数的图像关系，约定 $y = f^{-1}(x)$ 也是直接函数 $y = f(x)$ 的反函数. 反函数 $x = f^{-1}(y)$ 与 $y = f^{-1}(x)$ 这两种形式都要用到，但要清楚，函数 $y = f(x)$ 与它的反函数 $x = f^{-1}(y)$ 具有相同的图形. 而 $y = f(x)$ 与反函数 $y = f^{-1}(x)$ 的图形是关于直线 $y = x$ 对称，如图 1.2 所示.

③一个函数若有单值反函数，则有恒等式 $f^{-1}[f(x)] = x$，$x \in D_f$，相应地有 $f[f^{-1}(y)] = y$，$y \in V_f$.

例如，函数 $y = f(x) = \dfrac{3x}{4} + 3$，$x \in \mathbf{R}$ 的反函数为

$$x = f^{-1}(y) = \frac{4}{3}(y - 3) \quad (y \in \mathbf{R})$$

两个函数复合则有

$$f^{-1}[f(x)] = \frac{4}{3}\left[\left(\frac{3x}{4} + 3\right) - 3\right] = x$$

$$f[f^{-1}(y)] = \frac{3}{4}\Big[\frac{4}{3}(y-3)\Big] + 3 = y$$

1.1.5 基本初等函数与初等函数

幂函数、指数函数、对数函数、三角函数、反三角函数和常量函数这6类函数叫做基本初等函数. 这些函数在中学数学已经学过,现总结如下:

(1)幂函数 $y = x^a, (a \in \mathbf{R})$

它的定义域和值域随 a 的取值不同而不同,但是无论 a 取何值,幂函数在 $x \in (0, +\infty)$ 内总有定义. 常见的幂函数的图形如图1.3所示.

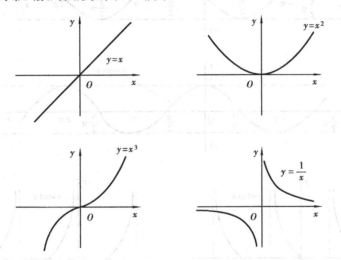

图 1.3

(2)指数函数 $y = a^x (a > 0, a \neq 1)$

它的定义域为 $(-\infty, +\infty)$,值域为 $(0, +\infty)$,指数函数的图形如图1.4所示.

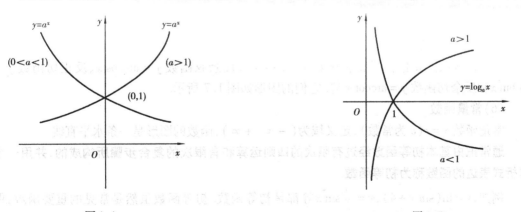

图 1.4   图 1.5

(3)对数函数 $y = \log_a x (a > 0, a \neq 1)$

它的定义域为 $(0, +\infty)$,值域为 $(-\infty, +\infty)$,对数函数 $y = \log_a x$ 是指数函数 $y = a^x$ 的反

函数. 如图 1.5 所示在工程中常以无理数 e = 2.718 281 828…作为指数函数和对数函数的底,并且记 $e^x = \exp x$, $\log_e x = \ln x$, 而后者称为自然对数函数.

(4)三角函数

三角函数有正弦函数 $y = \sin x$、余弦函数 $y = \cos x$、正切函数 $y = \tan x$、余切函数 $y = \cot x$、正割函数 $y = \sec x$ 和余割函数 $y = \csc x$. 其中正弦、余弦、正切和余切函数的图形如图 1.6 所示.

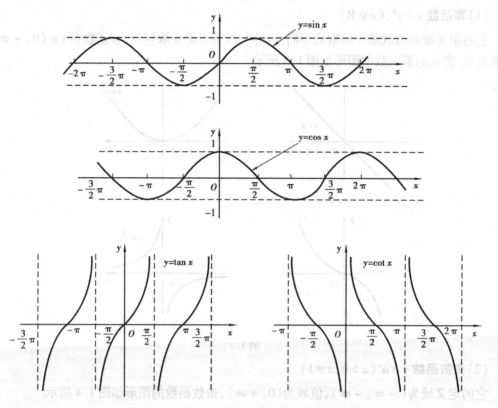

图 1.6

(5)反三角函数

反三角函数主要包括反正弦函数 $y = \arcsin x$、反余弦函数 $y = \arccos x$、反正切函数 $y = \arctan x$ 和反余切函数 $y = \text{arccot } x$ 等. 它们的图形如图 1.7 所示.

(6)常量函数

常量函数 $y = c$(c 为常数),定义域为 $(-\infty, +\infty)$,函数的图形是一条水平直线.

通常把由基本初等函数经过有限次的四则运算和有限次的复合步骤所构成的,并用一个解析式表达的函数称为初等函数.

例如,$y = \ln(\sin x + 4)$,$y = \sqrt[3]{\sin x}$ 等都是初等函数. 初等函数虽然是常见的重要函数,但是在工程技术中,非初等函数也会经常遇到,例如符号函数、取整函数 $y = [x]$ 等分段函数就是非初等函数.

在微积分运算中,常把初等函数分解为基本初等函数来研究. 学会分析初等函数的结构是十分重要的.

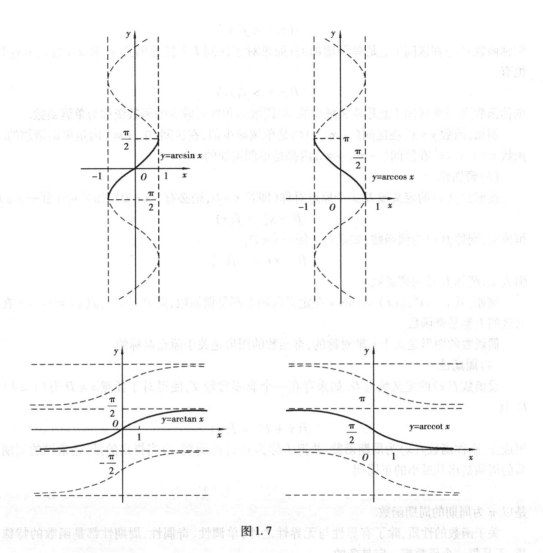

图1.7

1.1.6 函数的几种特性

(1)有界性

设函数 $f(x)$ 的定义域为 D，数集 $X \subset D$. 如果存在正数 M，使得与任一 $x \in X$ 所对应的函数值都满足不等式

$$|f(x)| \leqslant M$$

则称函数 $f(x)$ 在 X 上有界；如果这样的 M 不存在，就称 $f(x)$ 在 X 上无界，这就是说，如果对于任何正数 M，总存在 $x_1 \in X$，使 $|f(x_1)| > M$，那么 $f(x)$ 在 X 上无界.

注意 一个函数是否有界和函数的定义域密切相关，如函数 $y = \dfrac{1}{x}$ 在区间 $[1,2]$ 上是有界函数，而在区间 $(0,1)$ 上是无界函数.

(2)单调性

设函数 $f(x)$ 的定义域为 D，区间 $I \subset D$. 如果对于区间 I 上任意两点 x_1 及 x_2，当 $x_1 < x_2$ 时，恒有

$$f(x_1) < f(x_2)$$

则称函数 $f(x)$ 在区间 I 上是**单调增加**的;如果对于区间 I 上任意两点 x_1 及 x_2,当 $x_1 < x_2$ 时,恒有

$$f(x_1) > f(x_2)$$

则称函数 $f(x)$ 在区间 I 上是**单调减少**的.单调增加和单调减少的函数统称为**单调函数**.

例如,函数 $y = x^2$ 在区间 $(-\infty, 0)$ 内是单调减少的,在区间 $(0, +\infty)$ 内是单调增加的.而函数 $y = x$,$y = x^3$ 在区间 $(-\infty, +\infty)$ 内都是单调增加的.

(3)奇偶性

设函数 $f(x)$ 的定义域 D 关于原点对称(即若 $x \in D$,则必有 $-x \in D$).如果对于任一 $x \in D$,
$$f(-x) = f(x)$$

恒成立,则称 $f(x)$ 为**偶函数**;如果对于任一 $x \in D$,

$$f(-x) = -f(x)$$

恒成立,则称 $f(x)$ 为**奇函数**.

例如,$f(x) = x^2$,$g(x) = x \sin x$ 在定义区间上都是偶函数,而 $f(x) = x$,$g(x) = x \cos x$ 在定义区间上都是奇函数.

偶函数的图形是关于 y 轴对称的,奇函数的图形是关于原点对称的.

(4)周期性

设函数 $f(x)$ 的定义域为 D. 如果存在一个非零常数 T,使得对于任意 $x \in D$ 有 $(x \pm T) \in D$,且

$$f(x + T) = f(x)$$

恒成立,则称函数 $f(x)$ 为**周期函数**,并把 T 称为 $f(x)$ 的周期. 应当指出的是,通常讲的周期函数的周期是指其最小的正周期.

对三角函数而言,$y = \sin x$,$y = \cos x$ 都是以 2π 为周期的周期函数,而 $y = \tan x$,$y = \cot x$ 则是以 π 为周期的周期函数.

关于函数的性质,除了有界性与无界性之外,单调性、奇偶性、周期性都是函数的特殊性质,不是每一个函数都一定具备的.

习题 1.1

一、判断题

1. 函数 $y = x$ 和 $y = (\sqrt{x})^2$ 表示同一函数. （　　）

2. 函数 $y = \dfrac{1-x}{1+x^2}$ 的定义域是 $x \neq -1$. （　　）

3. 函数 $y = 1 + x^5$ 的反函数是 $y = \sqrt[5]{x-1}$. （　　）

4. 函数 $y = \cos|x|$ 是有界函数. （　　）

5. 函数 $y = \cos x + x^2$ 是偶函数. （　　）

二、单项选择题

1. 函数 $f(x) = \dfrac{\ln(x+1)}{\sqrt{x-1}}$ 的定义域是( ).

    A. $(-1, +\infty)$ B. $[-1, +\infty)$ C. $(1, +\infty)$ D. $[1, +\infty)$

2. 设函数 $f(x) = \begin{cases} 1, & |x| \leqslant 1 \\ -1, & |x| > 1 \end{cases}$,则 $f\left(\dfrac{1}{f(x)}\right)$ 等于( ).

    A. 1   B. -1 C. $f(x)$ D. $\dfrac{1}{f(x)}$

3. 下面 4 个函数中,与 $y = |x|$ 不同的是( ).

    A. $y = |\mathrm{e}^{\ln x}|$ B. $y = \sqrt{x^2}$ C. $y = \sqrt[4]{x^4}$ D. $y = x\,\mathrm{sgn}\,x$

4. 下列函数中既是奇函数,又是单调增加的是( ).

    A. $\sin^3 x$ B. $x^3 + 1$ C. $x^3 + x$ D. $x^3 - x$

5. 若 $f(x)$ 为奇函数,则( )也为奇函数.

    A. $f(x) + c, (c \neq 0)$ B. $f(-x) + c, (c \neq 0)$ C. $f(x) + f(|x|)$ D. $f[f(-x)]$

三、填空题

1. 函数 $f(x) = \dfrac{1}{x} - \sqrt{1-x^2}$ 的定义域是_____.

2. 设 $y = 3^u, u = v^2, v = \tan x$,则 $y = f(x) =$ _____.

3. 若 $f(2^x - 1) = x + 1$,则 $f(x) =$ _____.

4. 若 $f(x)$ 的定义域是 $[0,1]$,则函数 $f(x+a)$ 的定义域是_____.

5. 函数 $y = \sqrt{1-x^2}, (-1 \leqslant x \leqslant 0)$ 的反函数是_____.

6. 函数 $y = \sqrt{1 + \sqrt{1 + \sqrt{x}}}$ 是简单初等函数_____复合成的.

7. 设 $f(x-1) = \dfrac{1}{x}$,则 $f(0)$ 等于_____.

8. 函数 $y = \cos 4x$ 的周期是_____.

1.2 数列的极限

在上节中讨论了变量与变量之间的函数关系,本节讨论一类特殊函数(数列)当其自变量 (n) 按某种方式变化 $(n \to \infty)$ 时,其函数值的变化趋势问题,从而建立数列极限的概念.

1.2.1 数列的概念

极限是微积分中最基本的概念,极限方法是解决近似与精确这一对矛盾的基本方法,它是由求某些实际问题的精确解而逐渐产生的.

(1)问题的引出

引例1 我国古代数学家刘徽(公元 3 世纪)利用圆内接正多边形来推算圆面积的方法——割圆术,就是极限思想在几何学上的应用.

设有一圆,首先作内接正六边形,把它的面积记为 A_1;再作内接正十二边形,其面积记为 A_2;再作内接正二十四边形,其面积记为 A_3;……循此下去,每次边数加倍,一般地把内接正 $6 \times 2^{n-1}$ 边形的面积记为 $A_n(n \in \mathbf{N})$,这样,就得到一系列内接正多边形的面积:$A_1, A_2, A_3, \cdots,$ A_n,它们构成一列有次序的数. 当 n 越大,内接正多边形与圆的差别就越小,从而以 A_n 作为圆面积的近似值也越精确. 但是无论 n 取得如何大,只要 n 取定了,A_n 终究只是多边形的面积,而不是圆的面积. 因此设想 n 无限增大(记为 $n \to \infty$,读作 n 趋于无穷大),即内接正多边形的边数无限增加,在这个过程中,内接正多边形无限接近于圆,同时 A_n 也无限接近于某一确定的数值,这个确定的数值就理解为圆的面积. 这个确定的数值在数学上称为上面这列有次序的数(所谓数列)$A_1, A_2, A_3, \cdots, A_n, \cdots$ 当 $n \to \infty$ 时的极限. 在圆面积问题中我们看到,正是这个数列的极限才精确地表达了圆的面积.

引例2 战国时代哲学家庄周所著的《庄子·天下篇》引用过一句话,"一尺之棰,日取其半,万世不竭",也就是一根长为一尺的棒头,每天截去一半,这样的过程可以无限制的进行下去. 把每天截后剩下部分的长度记录如下(单位为尺):第一天剩下 $\dfrac{1}{2}$,第二天剩下 $\dfrac{1}{2^2}$,第三天剩下 $\dfrac{1}{2^3}$,$\cdots$,第 n 天剩下 $\dfrac{1}{2^n}$,$\cdots$. 把它们依次排列起来就得到一个数列,即

$$\frac{1}{2}, \frac{1}{2^2}, \frac{1}{2^3}, \cdots, \frac{1}{2^n}, \cdots$$

在解决实际问题中逐渐形成的这种方法,已成为高等数学中的一种基本方法,因此有必要作进一步的阐明.

定义 1.2 一个定义在正整数集合 $\mathbf{N}$ 上的函数 $y_n = f(n)$(称为整标函数),当自变量 n 按正整数 $1, 2, 3, \cdots$ 依次增大的顺序取值时,函数值 y_n 按相应顺序排成的一列数,即

$$y_1, y_2, y_3, \cdots, y_n, \cdots$$

称为一个无穷数列,简称数列,通常记作 $\{y_n\}$,$\{x_n\}$ 或 $\{f(n)\}$,数列中的每个数称为数列的项,第一项称为首项,$y_n = f(n)$ 称为数列的通项. 例如

$$1, \frac{1}{2}, \frac{1}{3}, \cdots, \frac{1}{n}, \cdots \tag{1}$$

$$1, -1, 1, \cdots, (-1)^{n-1}, \cdots \tag{2}$$

$$2, 4, 6, \cdots, 2n, \cdots \tag{3}$$

$$2, \frac{3}{2}, \frac{4}{3}, \cdots, \frac{n+1}{n}, \cdots \tag{4}$$

都是数列,其通项分别为 $\dfrac{1}{n}$,$(-1)^{n-1}$,$2n$,$\dfrac{n+1}{n}$.

在几何上,数列 $\{x_n\}$ 可看作数轴上的动点,它依次取数轴上的 $x_1, x_2, \cdots, x_n \cdots$,如图 1.8 所示.

图 1.8

(2) 数列的极限

观察上述数列可以发现:随着 n 的无限增大,数列 $\left\{\dfrac{1}{n}\right\}$ 无限接近于 0;$\{2n\}$ 无限增大;$\{(-1)^{n-1}\}$ 的值是在 1 与 -1 两点跳动,不接近于任一常数;$\left\{\dfrac{n+1}{n}\right\}$ 无限接近常数 1.

对于数列来说,最重要的是研究其在变化过程中无限接近某一常数的那种渐趋稳定的状态,这就是数列的极限问题. 由此我们先给出数列极限的描述性定义.

定义 1.3　给定数列 $\{x_n\}$,如果当 n 无限增大时(记为 $n\to\infty$),数列 x_n 的取值无限接近常数 a,就称 a 是数列 x_n 当 $n\to\infty$ 时的极限,记作

$$\lim_{n\to\infty} x_n = a$$

a 称为数列的极限,也称为数列 x_n 当 n 趋于无穷大时**收敛**于 a;如果 n 趋于无穷大时,数列 x_n 不趋于任何确定的常数,就说数列 $\{x_n\}$ 没有极限或是**发散**的. 由此定义,可以通过观察得到一些简单数列的极限,例如:$\lim\limits_{n\to\infty}\dfrac{1}{n}=0$,$\lim\limits_{n\to\infty}\dfrac{n+1}{n}=1$,$\{(-1)^{n-1}\}$,$\{2n\}$ 没有极限. 但对稍微复杂的数列,要通过观察得到其极限则比较困难,例如,我们不能观察出数列 $\{\sqrt[n]{n}\}$ 的极限. 为此,我们把描述性定义作如下转换:

当 n 无限增大时,$\{x_n\}$ 无限趋近常数 $a\Leftrightarrow$当 n 无限增大时,$|x_n-a|$ 可以任意小$\Leftrightarrow$想 $|x_n-a|$ 有多小,当 n 大到一定程度时,$|x_n-a|$ 就能有多小$\Leftrightarrow$任意给定一个正数 ε,当 n 大于某个自然数 N 时,就有 $|x_n-a|<\varepsilon$.

下面分析数列 $\left\{\dfrac{n+1}{n}\right\}$:

观察 $n\to\infty$ 时数列 $\left\{\dfrac{n+1}{n}\right\}$ 的变化趋势不难发现,$\dfrac{n+1}{n}$ 随着 n 的增大,无限地接近 1,亦即 $\dfrac{n+1}{n}$ 与 1 可以任意地接近,即 $\left|\dfrac{n+1}{n}-1\right|$ 可以任意地小. 换言之,当 n 充分大时 $\left|\dfrac{n+1}{n}-1\right|$ 可以小于预先给定的无论多么小的正数 ε. 例如,取 $\varepsilon=\dfrac{1}{100}$,由 $\left|\dfrac{n+1}{n}-1\right|=\dfrac{1}{n}<\dfrac{1}{100}\Rightarrow n>10^2$,即 $\left\{\dfrac{n+1}{n}\right\}$ 从第 101 项开始,以后的项 $x_{101}=\dfrac{102}{101}$,$x_{102}=\dfrac{103}{102}$,$\cdots$ 都满足不等式 $|x_n-1|<\dfrac{1}{100}$,或者说,当 $n>10^2$ 时,都有 $\left|\dfrac{n+1}{n}-1\right|<\dfrac{1}{100}$. 同理,若取 $\varepsilon=\dfrac{1}{10^4}$,由 $\left|\dfrac{n+1}{n}-1\right|=\dfrac{1}{n}<\dfrac{1}{10^4}\Rightarrow n>10^4$,即 $\left\{\dfrac{n+1}{n}\right\}$ 从第 10 001 项开始,以后的项 $x_{10\,001}=\dfrac{10\,002}{10\,001}$,$x_{10\,002}=\dfrac{10\,003}{10\,002}\cdots$ 满足不等式 $|x_n-1|<\dfrac{1}{10^4}$,或当 $n>10^4$ 时,有 $\left|\dfrac{n+1}{n}-1\right|<\dfrac{1}{10^4}$. 一般地,不论给定的正数 ε 多么小,总存在一个正整数 N,当 $n>N$ 时,有 $\left|\dfrac{n+1}{n}-1\right|<\varepsilon$. 这就充分体现了当 n 无限增大时,数列 $\dfrac{n+1}{n}$ 无限接近 1 这一事实. 由此分析,下面给出数列极限的 $\varepsilon-N$ 定义.

定义 1.4　若对任意给定的 $\varepsilon>0$(不论 ε 多么小),总存在正整数 N,使得对于 $n>N$ 的一切 x_n 都有 $|x_n-a|<\varepsilon$ 成立,则称 $n\to\infty$ 时,数列 x_n 以 a 为极限,记为

$$\lim_{n \to \infty} x_n = a$$

也称数列 x_n 收敛于 a. 如果数列没有极限,就说数列是发散的.

例 1.11　证明数列 $2, \dfrac{3}{2}, \dfrac{4}{3}, \cdots, \dfrac{n+1}{n}, \cdots$ 收敛于 1.

证明　对任意 $\varepsilon > 0$,要使 $\left| \dfrac{n+1}{n} - 1 \right| = \dfrac{1}{n} < \varepsilon$,只需 $n > \dfrac{1}{\varepsilon}$,所以取 $N = \left[\dfrac{1}{\varepsilon} \right]$,则当 $n > N$ 时,有 $\left| \dfrac{n+1}{n} - 1 \right| = \dfrac{1}{n} < \varepsilon$,所以 $\lim\limits_{n \to \infty} \dfrac{n+1}{n} = 1$.

注意

①a 是一个确定的常数,如果 a 满足数列极限定义的要求,它就是数列 $\{x_n\}$ 的极限,否则就不是. 但应注意,$\{x_n\}$ 不以 a 为极限与 $\{x_n\}$ 没有极限是两回事.

②ε 是任意给定的,自然可以"任意小",只有这样,$|x_n - a| < \varepsilon$ 才能表达 x_n 与 a "无限接近"的意思.

③N 是随 ε 的变小而变大的,即 N 是依赖于 ε 的. 在解题中,N 等于多少关系不大,重要的是它的存在性,只要存在一个 N,使得当 $n > N$ 时,有 $|x_n - a| < \varepsilon$ 就行了,而不必求最小的 N.

④有时找 N 比较困难,这时可把 $|x_n - a|$ 适当地变形、放大(不可缩小),若放大后小于 ε,那么必有 $|x_n - a| < \varepsilon$.

(3)数列极限的几何理解

将常数 a 及数列 $x_1, x_2, \cdots, x_n, \cdots$ 在数轴上用它们的对应点表示出来,再在数轴上作点 a 的 ε 邻域,即开区间 $(a - \varepsilon, a + \varepsilon)$,如图 1.9 所示. 在定义 1.4 中,当 $n > N$ 时有 $|x_n - a| < \varepsilon \Leftrightarrow$ 当 $n > N$ 时有 $a - \varepsilon < x_n < a + \varepsilon \Leftrightarrow$ 当 $n > N$ 时有 $x_n \in (a - \varepsilon, a + \varepsilon) = U(a, \varepsilon) \Leftrightarrow$ 所有下标大于 N 的项 x_n 都落在邻域 $U(a, \varepsilon)$ 内;而在 $U(a, \varepsilon)$ 之外,数列 $\{x_n\}$ 中的项至多只有 N 个(有限个).

图 1.9

由此可见:①若存在某个 $\varepsilon_0 > 0$,使得数列 $\{x_n\}$ 中有无穷多个项落在 $U(a, \varepsilon_0)$ 之外,则 $\{x_n\}$ 一定不以 a 为极限;②数列是否有极限,只与它从某一项之后的变化趋势有关,而与它前面的有限项无关,所以,在讨论数列极限时,添加、去掉或改变它的有限项的数值,对收敛性和极限都不会产生影响.

例 1.12　证明 $\lim\limits_{n \to \infty} \dfrac{\sqrt{n^2 + a^2}}{n} = 1$.

证明　对任意 $\varepsilon > 0$,因为

$$\left| \frac{\sqrt{n^2 + a^2}}{n} - 1 \right| = \frac{a^2}{n(\sqrt{n^2 + a^2} + n)} < \frac{a^2}{n}$$

$\left(\text{此处不妨设 } a \neq 0, \text{若 } a = 0, \text{显然有} \lim\limits_{n \to \infty} \dfrac{\sqrt{n^2 + a^2}}{n} = 1\right)$ 所以要使 $\left| \dfrac{\sqrt{n^2 + a^2}}{n} - 1 \right| < \varepsilon$ 就行了,即 $n > \left(\dfrac{a^2}{\varepsilon} \right)$,所以取 $N = \left[\dfrac{a^2}{\varepsilon} \right]$,则当 $n > N$ 时,因为 $\left(\dfrac{a^2}{n} \right) < \varepsilon$ 时有 $\left| \dfrac{\sqrt{a^2 + n^2}}{n} - 1 \right| < \varepsilon$,

所以 $\lim\limits_{n\to\infty}\dfrac{\sqrt{a^2+n^2}}{n}=1$.

例 1.13 设 $|q|<1$,证明 $\lim\limits_{n\to\infty}q^{n-1}=0$.

证明 若 $q=0$,结论是显然的. 现设 $0<|q|<1$,对任意 $\varepsilon>0$,要使得 $|q^{n-1}-0|<\varepsilon$,即 $|q|^{n-1}<\varepsilon$,两边取对数后有

$$(n-1)\ln|q|<\ln\varepsilon$$

因为 $0<|q|<1$,所以 $\ln|q|<0$,故 $n-1>\dfrac{\ln\varepsilon}{\ln|q|}\Rightarrow n>1+\dfrac{\ln\varepsilon}{\ln|q|}$,取 $N=\max\left\{1,\dfrac{\ln\varepsilon}{\ln|q|}\right\}$,则当 $n>N$ 时,就有 $|q^{n-1}-0|<\varepsilon$ 成立,所以 $\lim\limits_{n\to\infty}q^{n-1}=0$.

1.2.2 数列极限的性质与运算法则

与函数的单调、有界概念类似:设有数列 $\{x_n\}$,若对于任意自然数 n 都有 $x_n\leqslant x_{n+1}$,则称数列为单调增加数列,反之为单调减少数列,单调增加与单调减少的数列统称为单调数列;若存在 $M>0$,对于任意自然数 n 都有 $|x_n|\leqslant M$,则称 $\{x_n\}$ 是有界数列.

(1)极限的唯一性

若数列 $\{x_n\}$ 的极限存在,则其极限值必定唯一.

(2)收敛数列的有界性(数列收敛的必要条件)

若数列 $\{x_n\}$ 收敛,那么数列 $\{x_n\}$ 一定有界.

证明 设 $\lim\limits_{n\to\infty}x_n=a$,由极限定义,对任意给定的正数 ε,有正整数 N,当 $n>N$ 时,$|x_n-a|<\varepsilon$ 总成立. 在此不妨令 $\varepsilon=1$,则存在一正整数 N,当 $n>N$ 时,$|x_n-a|<1$. 因为 $|x_n|-|a|\leqslant|x_n-a|<1$,从而 $|x_n|\leqslant1+|a|$,取 $M=\max\{|x_1|,|x_2|,\cdots,|x_N|,|a|+1\}$ 则对一切自然数 n 都有 $|x_n|\leqslant M$,即数列 $\{x_n\}$ 有界.

(3)单调有界原理(数列收敛的充分条件)

单调有界数列必有极限.

(4)数列收敛的夹逼准则

设收敛数列 $\{a_n\}$、$\{b_n\}$ 都以 a 为极限,数列 $\{c_n\}$ 满足:存在正数 N_0,当 $n>N_0$ 时有 $a_n\leqslant c_n\leqslant b_n$,则数列 $\{c_n\}$ 收敛,且 $\lim\limits_{n\to\infty}c_n=a$.

(5)四则运算法则

若 $\{a_n\}$ 与 $\{b_n\}$ 为收敛数列,则 $\{a_n+b_n\}$、$\{a_n-b_n\}$、$\{a_n\cdot b_n\}$ 也都是收敛数列,且有

$$\lim_{n\to\infty}(a_n\pm b_n)=\lim_{n\to\infty}a_n\pm\lim_{n\to\infty}b_n$$
$$\lim_{n\to\infty}(a_n\cdot b_n)=\lim_{a\to\infty}a_n\cdot\lim_{n\to\infty}b_n$$

若再假设 $\lim\limits_{n\to\infty}b_n\neq0$,则 $\left\{\dfrac{a_n}{b_n}\right\}$ 也是收敛数列,且有

$$\lim_{n\to\infty}\frac{a_n}{b_n}=\frac{\lim\limits_{n\to\infty}a_n}{\lim\limits_{n\to\infty}b_n}$$

例 1.14 证明 $\lim\limits_{n\to\infty}\left(1+\dfrac{1}{n}\right)^n$ 存在.

证明 首先证明数列$\left\{x_n = \left(1 + \dfrac{1}{n}\right)^n\right\}$是单调增加的.

由二项式定理可得

$$x_n = \left(1 + \frac{1}{n}\right)^n = 1 + \frac{n}{1!}\cdot\frac{1}{n} + \frac{n(n-1)}{2!}\cdot\frac{1}{n^2} + \cdots + \frac{n(n-1)\cdots(n-n+1)}{n!}\cdot\frac{1}{n^n}$$

$$= 1 + 1 + \frac{1}{2!}\left(1 - \frac{1}{n}\right)\frac{1}{n} + \cdots + \frac{1}{n!}\left(1 - \frac{1}{n}\right)\left(1 - \frac{2}{n}\right)\cdots\left(1 - \frac{n-1}{n}\right)$$

$$x_{n+1} = 1 + 1 + \frac{1}{2!}\left(1 - \frac{1}{n+1}\right) + \cdots + \frac{1}{(n+1)!}\left(1 - \frac{1}{n+1}\right)\left(1 - \frac{2}{n+1}\right)\cdots\left(1 - \frac{n}{n+1}\right)$$

x_n与x_{n+1}相比,除前两项都是1外,从第三项开始,x_n的每一项都小于x_{n+1}的相应项,而且,x_{n+1}还多出一个数值为正数的末项,因此$x_n \leqslant x_{n+1}(n = 1,2,3,\cdots)$,即数列单调增加.

其次,数列$\{x_n\}$有界.

事实上以1代替x_n展开式中各括号中的项可得

$$x_n < 1 + 1 + \frac{1}{2!} + \cdots + \frac{1}{n!} \leqslant 1 + 1 + \frac{1}{2} + \frac{1}{2^2} + \cdots + \frac{1}{2^{n-1}} = 1 + \frac{1 - \frac{1}{2^n}}{1 - \frac{1}{2}} = 3 - \frac{1}{2^{n-1}}$$

从而由单调有界原理可知$\lim\limits_{n\to\infty}\left(1 + \dfrac{1}{n}\right)^n$存在,通常记该极限为e,e ≈ 2.71828为一无理数.

例1.15 求极限$\lim\limits_{n\to\infty}\left(\dfrac{1}{n} + \dfrac{1}{n} + \cdots + \dfrac{1}{n}\right)$(共$n$项).

解 $\lim\limits_{n\to\infty}\left(\dfrac{1}{n} + \dfrac{1}{n} + \cdots + \dfrac{1}{n}\right) = \lim\limits_{n\to\infty}n\cdot\dfrac{1}{n} = \lim\limits_{n\to\infty}1 = 1$.

例1.16 求极限$\lim\limits_{n\to\infty}\left(\sqrt{n+100} - \sqrt{n}\right)$.

解 $\lim\limits_{n\to\infty}\left(\sqrt{n+100} - \sqrt{n}\right) = \lim\limits_{n\to\infty}\dfrac{\left(\sqrt{n+100} - \sqrt{n}\right)\left(\sqrt{n+100} + \sqrt{n}\right)}{\sqrt{n+100} + \sqrt{n}}$

$$= \lim\limits_{n\to\infty}\frac{n+100-n}{\sqrt{n+100} + \sqrt{n}}$$

$$= \lim\limits_{n\to\infty}\frac{100}{\sqrt{n+100} + \sqrt{n}} = 0$$

例1.17 求极限$\lim\limits_{n\to\infty}\dfrac{2n^6 + 3n}{3n^6 + 7n}$.

解 下面的运算是错误的.

$$\lim\limits_{n\to\infty}\frac{2n^6 + 3n}{3n^6 + 7n} = \frac{\lim\limits_{n\to\infty}2n^6 + \lim\limits_{n\to\infty}3n}{\lim\limits_{n\to\infty}3n^6 + \lim\limits_{n\to\infty}7n} = \frac{+\infty}{+\infty} = 1.$$

因为数列极限除法运算的前提要求分子、分母各自有极限,且分母极限不为零.但上式中$\lim\limits_{n\to\infty}(2n^6 + 3n) = +\infty$,$\lim\limits_{n\to\infty}(3n^6 + 7n) = +\infty$,所以运算是错误的.正确的做法如下:

$$\lim\limits_{n\to\infty}\frac{2n^6 + 3n}{3n^6 + 7n} = \lim\limits_{n\to\infty}\frac{2 + 3\cdot\dfrac{n}{n^6}}{3 + 7\cdot\dfrac{n}{n^6}} = \lim\limits_{n\to\infty}\frac{2 + 3\cdot\dfrac{1}{n^5}}{3 + 7\cdot\dfrac{1}{n^5}}$$

$$=\frac{\lim\limits_{n\to\infty}2+\lim\limits_{n\to\infty}3\cdot\dfrac{1}{n^5}}{\lim\limits_{n\to\infty}3+\lim\limits_{n\to\infty}7\cdot\dfrac{1}{n^5}}=\frac{2+0}{3+0}=\frac{2}{3}.$$

对于极限性质的运用应注意以下问题:

①数列和的极限等于数列极限的和这一运算法则仅对有限项时成立,对无限项时不成立.

②两个无穷大量(后面讨论)之差不一定等于零,两个无穷大量之商不一定等于1,如 $\{n^2\}(n\to\infty)$ 与 $\{n\}(n\to\infty)$ 之差、之商仍为无穷大量.

③数列极限的四则运算法则仅在参与运算的数列的极限都存在的情况下才能使用.

习题 1.2

一、判断题

1. 单调有界是数列有极限的充分必要条件. （　　）

2. 单调不增的数列必有极限. （　　）

3. 数列收敛是数列有界的充分必要条件. （　　）

4. 数列收敛是数列有界的充分条件. （　　）

二、单项选择题

1. 下列数列 x_n 中,收敛的是(　　).

A. $x_n=\dfrac{(-1)^n(n-1)}{n}$　　B. $x_n=\dfrac{n}{n+1}$　　C. $x_n=\sin\dfrac{n\pi}{2}$　　D. $x_n=n-(-1)^n$

2. $x_n=\begin{cases}\dfrac{1}{n}&\text{当 }n\text{ 为奇数}\\10^{-7}&\text{当 }n\text{ 为偶数}\end{cases}$,则(　　).

A. $\lim\limits_{n\to\infty}x_n=0$　　　　　　B. $\lim\limits_{n\to\infty}x_n=10^{-7}$

C. $\lim\limits_{n\to\infty}x_n=\begin{cases}0&n\text{ 为奇数}\\10^{-7}&n\text{ 为偶数}\end{cases}$　　D. $\lim\limits_{n\to\infty}x_n$ 不存在

3. 数列有界是数列收敛的(　　).

A. 充分条件　　　　　　　　　　B. 必要条件

C. 充分必要条件　　　　　　　　D. 既非充分又非必要条件

4. 根据 $\lim\limits_{n\to\infty}x_n=a$ 的定义,对任给 $\varepsilon>0$,存在正整数 N,使得对 $n>N$ 的一切 x_n,不等式 $|x_n-a|<\varepsilon$ 都成立,这里的 N(　　).

A. 是 ε 的函数 $N(\varepsilon)$,且当 ε 减少时 $N(\varepsilon)$ 增大

B. 是由 ε 所唯一确定的

C. 与 ε 有关,但 ε 给定时 N 并不唯一确定

D. 是一个很大的常数,与 ε 无关

三、求下列极限

1. $\lim\limits_{n\to\infty}\left(1+\dfrac{1}{2}+\dfrac{1}{4}+\cdots+\dfrac{1}{2^n}\right)$

2. $\lim\limits_{n\to\infty}\dfrac{1+2+3+\cdots+(n-1)}{n^2}$

3. $\lim\limits_{n\to\infty}\dfrac{(n+1)(n+2)(n+3)}{5n^3}$

1.3 函数的极限

在1.2节讨论了数列的极限,其特点是自变量是"离散"的,自变量的变化方式只有一种状态,即只取自然数无限增大.本节将讨论函数的极限,而对于定义在某区间上的函数,其自变量的变化方式就要复杂得多.与数列的极限类似,函数的极限也是研究当自变量在某种变化趋势下,与之对应的因变量的变化趋势.函数极限通常分为:$x\to\infty$ 时函数的极限和 $x\to x_0$ 时函数的极限,下面分别讨论.

1.3.1 当 $x\to\infty$ 时函数的极限

对于函数 $y=f(x)$,当 $x\to\infty$ 时,函数 $f(x)$ 的极限问题就是:讨论当 $x\to\infty$ 时,函数 $f(x)$ 是否无限趋近某个常数 A 的问题.

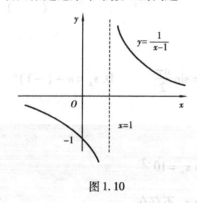

图 1.10

定义 1.5(描述性定义) 对于函数 $y=f(x)$,如果当 x 的绝对值无限增大(记作 $x\to\infty$)时,函数 $f(x)$ 无限趋近一个确定的常数 A,则 A 称为函数 $f(x)$ 当 $x\to\infty$ 时的极限,记为

$$\lim_{x\to\infty}f(x)=A \quad \text{或} \quad f(x)\to A(x\to\infty)$$

由定义1.5及图1.10可知 $\lim\limits_{x\to\infty}\dfrac{1}{x-1}=0$.

定义 1.6(ε—X 定义) 设有函数 $f(x)$,A 为常数,若对任意给定 $\varepsilon>0$,总存在正数 X,当 $|x|>X$ 时,恒有 $|f(x)-A|<\varepsilon$,那么常数 A 就称为函数 $f(x)$ 当 $x\to\infty$ 时的极限,记为

$$\lim_{x\to\infty}f(x)=A \quad \text{或} \quad f(x)\to A(x\to\infty)$$

在定义1.6中 $x\to\infty$ 既表示 $x\to+\infty$,也表示 $x\to-\infty$,从求极限的类型看,有 $\lim\limits_{x\to\infty}f(x)$,$\lim\limits_{x\to+\infty}f(x)$,$\lim\limits_{x\to-\infty}f(x)$ 三种,要注意它们的区别和联系,不要混为一体.$\lim\limits_{x\to+\infty}f(x)$ 的定义只需在定义1.6中将 $|x|>X$ 换为 $x>X$;$\lim\limits_{x\to-\infty}f(x)$ 的定义只需在定义1.6中将 $|x|>X$ 换为 $x<-X$.

定理 1.1 $\lim\limits_{x\to\infty}f(x)$ 存在的充分必要条件是 $\lim\limits_{x\to+\infty}f(x)=\lim\limits_{x\to-\infty}f(x)$.

本结论可由 ε—X 定义直接得到.

$\lim\limits_{x\to\infty}f(x)=A$ 的几何意义是:对于任意给定的 ε,在平面坐标系中作直线 $y=A-\varepsilon$ 和 $y=A+\varepsilon$,则总有一正数 X 存在,当 $x<-X$ 或 $x>X$ 时,函数的图形位于这两条直线之间.如图 1.11所示.

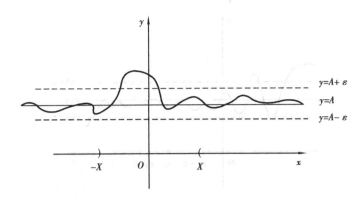

图 1.11

例 1.18 证明 $\lim\limits_{x \to \infty} \dfrac{\sin x}{2x} = 0$.

证明 对任意 $\varepsilon > 0$，因为 $\left| \dfrac{\sin x}{2x} - 0 \right| = \dfrac{|\sin x|}{|2x|} \leqslant \dfrac{1}{|2x|}$，于是，取 $X = \dfrac{1}{2\varepsilon}$，则当 $|x| > X$ 时，必有 $\left| \dfrac{\sin x}{2x} - 0 \right| < \varepsilon$，即 $\lim\limits_{x \to \infty} \dfrac{\sin x}{2x} = 0$.

1.3.2 当 $x \to x_0$ 时函数的极限

对于函数 $y = f(x)$，当 $x \to x_0$ 时，函数 $f(x)$ 的极限问题就是：讨论当 $x \to x_0$ 时，函数 $f(x)$ 是否无限趋近某个常数 A 的问题.

定义 1.7（描述性定义） 设函数 $y = f(x)$ 在 x_0 的某个去心邻域内有定义，如果当 x 无限趋近 x_0（记作 $x \to x_0$）时，函数 $f(x)$ 无限趋近一个确定的常数 A，则 A 称为函数 $f(x)$ 当 $x \to x_0$ 时的极限，记为

$$\lim\limits_{x \to x_0} f(x) = A \quad \text{或} \quad f(x) \to A (x \to x_0)$$

定义 1.8（ε—δ 定义） 设函数 $y = f(x)$ 在 x_0 的某个去心邻域内有定义，A 为常数. 若对任意给定的 $\varepsilon > 0$，总存在正数 δ，当 $0 < |x - x_0| < \delta$ 时，恒有 $|f(x) - A| < \varepsilon$，那么常数 A 就称为函数 $f(x)$ 当 $x \to x_0$ 时的极限，记为

$$\lim\limits_{x \to x_0} f(x) = A \quad \text{或} \quad f(x) \to A (x \to x_0)$$

$\lim\limits_{x \to x_0} f(x) = A$ 的几何意义是：对任意给定的正数 ε，作两条平行直线 $y = A - \varepsilon$ 和 $y = A + \varepsilon$，总能找到 x_0 的一个去心 δ 邻域 $\mathring{U}(x_0, \delta)$，当 $x \in \mathring{U}(x_0, \delta)$ 时，函数 $f(x)$ 的图像夹在这两条直线之间，如图 1.12 所示.

对于函数极限的 ε—δ 定义理解上要注意以下几点：

① $|f(x) - A| < \varepsilon$ 是结论，$0 < |x - x_0| < \delta$ 是条件.

② ε 是表示函数 $f(x)$ 与 A 的接近程度的.

③ δ 表示 x 与 x_0 的接近程度，它相当于数列极限的 ε—N 定义中的 N. 它的第一个特性是相应性，第二个特性是多值性.

④定义中，只要求函数 $f(x)$ 在 x_0 的某去心邻域内有定义，而不要求 $f(x)$ 在 x_0 处一定有定义.

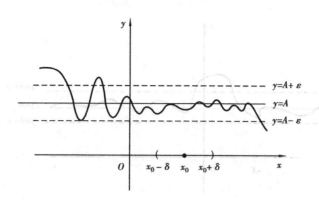

图 1.12

例 1.19 证明 $\lim\limits_{x\to x_0} C = C$,其中 C 是常数.

证明 对任意 $\varepsilon > 0$,因为 $|f(x) - A| = |C - C| = 0$,于是可取 $\delta = \varepsilon$,则当 $0 < |x - x_0| < \delta$ 时,必有 $|f(x) - A| = |C - C| < \varepsilon$,即 $\lim\limits_{x\to x_0} C = C$.

例 1.20 证明 $\lim\limits_{x\to 1}(3x + 1) = 4$.

证明 对任意 $\varepsilon > 0$,因为 $|(3x + 1) - 4| = 3|x - 1|$,于是可取 $\delta = \dfrac{\varepsilon}{3}$,则当 $0 < |x - 1| < \delta$ 时,必有 $|(3x + 1) - 4| < \varepsilon$. 所以 $\lim\limits_{x\to 1}(3x + 1) = 4$.

例 1.21 证明 $\lim\limits_{x\to 2}\dfrac{x^2 - 4}{x - 2} = 4$.

证明 对任意 $\varepsilon > 0$,因为 $\left|\dfrac{x^2 - 4}{x - 2} - 4\right| = |(x + 2) - 4| = |x - 2|$,于是可取 $\delta = \varepsilon$,则当 $0 < |x - 2| < \delta$ 时,必有 $\left|\dfrac{x^2 - 4}{x - 2} - 4\right| < \varepsilon$,所以 $\lim\limits_{x\to 2}\dfrac{x^2 - 4}{x - 2} = 4$.

在此例中,尽管函数在 $x = 2$ 时无定义,但并不影响极限的存在性.

例 1.22 证明 当 $x_0 > 0$ 时,$\lim\limits_{x\to x_0}\sqrt{x} = \sqrt{x_0}$.

证明 对任意 $\varepsilon > 0$,因为

$$\left|\sqrt{x} - \sqrt{x_0}\right| = \left|\frac{x - x_0}{\sqrt{x} + \sqrt{x_0}}\right| \leqslant \frac{1}{\sqrt{x_0}}|x - x_0|$$

要使 $|\sqrt{x} - \sqrt{x_0}| < \varepsilon$,只要 $|x - x_0| < \sqrt{x_0}\varepsilon$,且 $x \geqslant 0$,而当 $x \geqslant 0$ 时可用 $|x - x_0| \leqslant x_0$ 保证,因此,取 $\delta = \min\{x_0, \sqrt{x_0}\varepsilon\}$,则当 $0 < |x - x_0| \leqslant \delta$ 时,有 $|\sqrt{x} - \sqrt{x_0}| < \varepsilon$. 所以 $\lim\limits_{x\to x_0}\sqrt{x} = \sqrt{x_0}$.

有些函数在其定义域上某些点左侧与右侧的解析式不同,如分段函数或函数在某些点仅在其一侧有定义,如 $f(x) = \sqrt{x}, x \geqslant 0$. 这时,如何讨论这类函数在上述各点处的极限呢?

定义 1.9(左极限及右极限) 如果 x 从小于(或大于)x_0 一侧趋近于 x_0 时,函数 $f(x)$ 以 A 为极限,则称此极限值为函数 $f(x)$ 在点 x_0 处的左(右)极限,记为

$$\lim_{x\to x_0^-} f(x) = A \quad \left(\lim_{x\to x_0^+} f(x) = A\right)$$

或 $\qquad\qquad f(x_0 - 0) = \lim\limits_{x\to x_0^-} f(x) \quad \left(f(x_0 + 0) = \lim\limits_{x\to x_0^+} f(x)\right)$

左极限与右极限统称为单侧极限.

例 1.23 试求函数 $f(x) = \begin{cases} x^2 & x < 2 \\ ax & x > 2 \end{cases}$，在 $x = 2$ 处的左极限、右极限.

解
$$\lim_{x \to 2^-} f(x) = \lim_{x \to 2^-} x^2 = 4$$
$$\lim_{x \to 2^+} f(x) = \lim_{x \to 2^+} ax = 2a$$

例 1.24 求函数 $f(x) = |x|$ 在 $x = 0$ 的左、右极限.

解
$$\lim_{x \to 0^-} f(x) = \lim_{x \to 0^-} (-x) = 0$$
$$\lim_{x \to 0^+} f(x) = \lim_{x \to 0^+} (x) = 0$$

函数在一点的左、右极限不一定同时存在，即使同时存在，也不一定相等. 但是，可以证明定理 1.2 的结论（证明略）.

定理 1.2 $\lim\limits_{x \to x_0} f(x) = A \Leftrightarrow \lim\limits_{x \to x_0^+} f(x) = \lim\limits_{x \to x_0^-} f(x) = A.$

利用定理 1.2 可验证函数极限的存在性，如例 1.23，在点 $x = 2$ 处，有
$$f(2 - 0) = 4$$
$$f(2 + 0) = 2a$$

由此可知，当 $a = 2$ 时，$\lim\limits_{x \to 2} f(x)$ 存在；当 $a \neq 2$ 时，$\lim\limits_{x \to 2} f(x)$ 不存在. 而例 1.24 中，由于其左右极限存在且相等，所以有 $\lim\limits_{x \to 0} |x| = 0.$

到此为止，已经介绍了函数极限常见的 6 种类型：$\lim\limits_{x \to +\infty} f(x)$、$\lim\limits_{x \to -\infty} f(x)$、$\lim\limits_{x \to \infty} f(x)$、$\lim\limits_{x \to x_0} f(x)$、$\lim\limits_{x \to x_0^+} f(x)$、$\lim\limits_{x \to x_0^-} f(x)$. 大家一定要熟悉其含义并明确它们之间的区别与联系.

1.3.3 函数极限的性质和运算法则

函数极限的性质、运算法则的形式和证明思路与数列极限的相应结论类似，在此仅以 $x \to x_0$ 为例来介绍这些性质和运算法则，其他类型也有类似的结论.

1)（**唯一性**） 若极限 $\lim\limits_{x \to x_0} f(x)$ 存在，则其极限值是唯一的.

2)（**局部有界性**） 若 $\lim\limits_{x \to x_0} f(x)$ 存在，则 $f(x)$ 在 x_0 的某去心邻域内有界.

3)（**迫敛性**） 设 $\lim\limits_{x \to x_0} f(x) = \lim\limits_{x \to x_0} g(x) = A$，且存在 $\delta > 0$，当 $0 < |x - x_0| < \delta$ 时有 $f(x) \leqslant h(x) \leqslant g(x)$，则 $\lim\limits_{x \to x_0} h(x) = A.$

4)（**四则运算法则**） 若 $\lim\limits_{x \to x_0} f(x)$ 和 $\lim\limits_{x \to x_0} g(x)$ 都存在，则函数 $f(x) \pm g(x)$、$f(x)g(x)$ 当 $x \to x_0$ 时极限也存在，且

① $\lim\limits_{x \to x_0} [f(x) \pm g(x)] = \lim\limits_{x \to x_0} f(x) \pm \lim\limits_{x \to x_0} g(x)$；

② $\lim\limits_{x \to x_0} (f(x) \cdot g(x)) = \lim\limits_{x \to x_0} f(x) \cdot \lim\limits_{x \to x_0} g(x).$

又若 $\lim\limits_{x \to x_0} g(x) \neq 0$，则 $f(x)/g(x)$，当 $x \to x_0$ 时极限也存在，且有

③ $\lim\limits_{x \to x_0} \dfrac{f(x)}{g(x)} = \dfrac{\lim\limits_{x \to x_0} f(x)}{\lim\limits_{x \to x_0} g(x)}.$

5)（**复合函数求极限**） 设 $\lim\limits_{x \to x_0} \varphi(x) = a$，但在点 x_0 的某去心邻域内 $\varphi(x) \neq a$，又 $\lim\limits_{u \to a} f(u) = A$，

则复合函数 $f[\varphi(x)]$ 当 $x \to x_0$ 时的极限也存在,且

$$\lim_{x \to x_0} f[\varphi(x)] = \lim_{u \to a} f(u) = A$$

例 1.25 求极限 $\lim\limits_{x \to 2}(3x - 1)$.

解 $\lim\limits_{x \to 2}(3x - 1) = \lim\limits_{x \to 2} 3x - \lim\limits_{x \to 2} 1 = 3 \lim\limits_{x \to 2} x - 1 = 5.$

例 1.26 求极限 $\lim\limits_{x \to 2}\dfrac{x^2 + 4}{x^5 - x + 3}$.

解

$$\lim_{x \to 2}\frac{x^2 + 4}{x^5 - x + 3} = \frac{\lim\limits_{x \to 2}(x^2 + 4)}{\lim\limits_{x \to 2}(x^5 - x + 3)} = \frac{\lim\limits_{x \to 2} x^2 + \lim\limits_{x \to 2} 4}{\lim\limits_{x \to 2} x^5 - \lim\limits_{x \to 2} x + \lim\limits_{x \to 2} 3}$$

$$= \frac{2^2 + 4}{2^5 - 2 + 3} = \frac{8}{33}.$$

从以上二例可以看出,求有理整函数(多项式)当 $x \to x_0$ 的极限时,只需把 x_0 代入函数表达式算出函数值即可. 这是因为对于有理整式

$$P(x) = a_0 x^n + a_1 x^{n-1} + \cdots + a_n$$

有如下演算,即

$$\lim_{x \to x_0} P(x) = \lim_{x \to x_0}(a_0 x^n + a_1 x^{n-1} + \cdots + a_n)$$

$$= \lim_{x \to x_0} a_0 x^n + \lim_{x \to x_0} a_1 x^{n-1} + \cdots + \lim_{x \to x_0} a_n$$

$$= a_0 \lim_{x \to x_0} x^n + a_1 \lim_{x \to x_0} x^{n-1} + \cdots + a_n$$

$$= a_0 \left(\lim_{x \to x_0} x\right)^n + a_1 \left(\lim_{x \to x_0} x\right)^{n-1} + \cdots + a_n$$

$$= a_0 x_0^n + a_1 x_0^{n-1} + \cdots + a_n = P(x_0)$$

类似地演算可以推出,对有理分式 $\dfrac{P(x)}{Q(x)}$(其中 $P(x)$、$Q(x)$ 都是有理整式)在 $Q(x_0) \neq 0$ 时,有 $\lim\limits_{x \to x_0}\dfrac{P(x)}{Q(x)} = \dfrac{\lim\limits_{x \to x_0} P(x)}{\lim\limits_{x \to x_0} Q(x)} = \dfrac{P(x_0)}{Q(x_0)}$,在 $Q(x_0) = 0$ 时,不能采用商的极限运算法则求极限.

例 1.27 求极限 $\lim\limits_{x \to 1}\dfrac{x^2 - 1}{x - 1}$.

解 $x \to 1$ 时分子分母的极限都是 0,商的极限运算法则不成立. 但 $x \to 1$ 时,分子分母有公因子 $x - 1$,而 $x \to 1$ 时,$x \neq 1$,$x - 1 \neq 0$,于是可约去这个公因子,所以,$\lim\limits_{x \to 1}\dfrac{x^2 - 1}{x - 1} = \lim\limits_{x \to 1}(x + 1) = 2$.

例 1.28 求极限 $\lim\limits_{x \to \infty}\dfrac{4x^3 + x - 7}{2x^3 - x + 4}$.

解 $x \to \infty$ 时,分子分母的极限都不存在,商的极限运算法则不能应用. 但可作如下转化(分子、分母同除以 x 的最高次方),再用商的极限运算法则求解.

$$\lim_{x \to \infty}\frac{4x^3 + x - 7}{2x^3 - x + 4} = \lim_{x \to \infty}\frac{4 + \dfrac{1}{x^2} - \dfrac{7}{x^3}}{2 - \dfrac{1}{x^2} + \dfrac{4}{x^3}} = 2$$

一般地有

$$\lim_{x \to \infty} \frac{a_0 x^m + a_1 x^{m-1} + \cdots + a_m}{b_0 x^n + b_1 x^{n-1} + \cdots + b_n} = \begin{cases} 0 & n > m \\ \dfrac{a_0}{b_0} & n = m \\ \infty & n < m \end{cases}$$

例 1.29　求极限 $\lim\limits_{x \to +\infty} (\sqrt{x^2+1} - x)$.

解　$x \to +\infty$ 时,前、后两项的极限都不存在,故不能用差的运算法则. 但可作如下转化(同时乘除以 $\sqrt{x^2+1} + x$),再用相应法则求解.

$$\lim_{x \to +\infty} (\sqrt{x^2+1} - x) = \lim_{x \to +\infty} \frac{1}{\sqrt{x^2+1} + x} = 0$$

例 1.30　求极限 $\lim\limits_{x \to +\infty} \ln(\arctan x)$.

解　令 $f(u) = \ln u, u = \arctan x, x \to +\infty$ 时,$u \to \dfrac{\pi}{2}$,故

$$\lim_{x \to +\infty} \ln(\arctan x) = \lim_{u \to \frac{\pi}{2}} \ln u = \ln \frac{\pi}{2}$$

习题 1.3

一、判断题

1. 当 x 无限接近于 x_0 时,$f(x)$ 不会无限接近于常数 a,则 $\lim\limits_{x \to x_0} f(x)$ 不存在. 　　　　　　　(　　)

2. $\lim\limits_{x \to \infty} \dfrac{2x}{3x+1} = \dfrac{\lim\limits_{x \to \infty} 2x}{\lim\limits_{x \to \infty} (3x+1)} = \dfrac{\infty}{\infty} = 1$. 　　　　　　　(　　)

3. $\lim\limits_{x \to \infty} (x^2 - 3x) = \lim\limits_{x \to \infty} x^2 - \lim\limits_{x \to \infty} 3x = \infty - \infty = 0$. 　　　　　　　(　　)

4. $\lim\limits_{n \to \infty} \left(\dfrac{1}{n^2} + \dfrac{2}{n^2} + \cdots + \dfrac{n}{n^2} \right) = \lim\limits_{n \to \infty} \dfrac{1}{n^2} + \lim\limits_{n \to \infty} \dfrac{2}{n^2} + \cdots + \lim\limits_{n \to \infty} \dfrac{n}{n^2} = (0 + 0 + \cdots + 0) = 0$. 　(　　)

5. $\lim\limits_{x \to x_0} f(x) = A \Leftrightarrow \lim\limits_{x \to x_0^-} f(x) = \lim\limits_{x \to x_0^+} f(x) = A$. 　　　　　　　(　　)

二、单项选择题

1. 从 $\lim\limits_{x \to x_0} f(x) = 1$ 不能推出(　　).

   A. $\lim\limits_{x \to x_0 + 0} f(x) = 1$

   B. $f(1 - 0) = 1$

   C. $f(x_0) = 1$

   D. $\lim\limits_{x \to x_0} [f(x) - 1] = 0$

2. $f(x)$ 在 $x = x_0$ 处有定义是 $\lim\limits_{x \to x_0} f(x)$ 存在的(　　).

   A. 充分但非必要条件

   B. 必要但非充分条件

   C. 充分必要条件

   D. 既不是充分条件,也不是必要条件

3. 若 $f(x) = \dfrac{(x-1)^2}{x^2-1}, g(x) = \dfrac{x-1}{x+1}$,则(　　).

   A. $f(x) = g(x)$

   B. $\lim\limits_{x \to 1} f(x) = g(x)$

C. $\lim\limits_{x \to 1} f(x) = \lim\limits_{x \to 1} g(x)$ D. 以上等式都不成立

4. $\lim\limits_{x \to x_0^-} f(x) = \lim\limits_{x \to x_0^+} f(x)$ 是 $\lim\limits_{x \to x_0} f(x)$ 存在的(　　　).

  A. 充分但非必要条件   B. 必要但非充分条件

  C. 充分必要条件   D. 既不是充分条件,也不是必要条件

三、求下列极限

(1) $\lim\limits_{x \to 2} \dfrac{x^2 + 5}{x - 3}$ (2) $\lim\limits_{x \to 1} \dfrac{x^2 - 2x + 1}{x^2 - 1}$

(3) $\lim\limits_{h \to 0} \dfrac{(x+h)^2 - x^2}{h}$ (4) $\lim\limits_{x \to \infty} \dfrac{x^2 - 1}{2x^2 - x - 1}$

(5) $\lim\limits_{x \to 0} \dfrac{x^2 + x}{x^4 - 3x^2 + 1}$ (6) $\lim\limits_{x \to 4} \dfrac{x^2 - 6x + 8}{x^2 - 5x + 4}$

(7) $\lim\limits_{x \to 1} \left(\dfrac{1}{1-x} - \dfrac{3}{1-x^3} \right)$ (8) $\lim\limits_{x \to \infty} \left(\sqrt{x^2 + 1} - \sqrt{x^2 - 1} \right)$

(9) $\lim\limits_{x \to +\infty} \dfrac{\sqrt{x + \sqrt{x + \sqrt{x}}}}{\sqrt{2x + 1}}$

(10) 若 $\lim\limits_{x \to 2} \dfrac{x^2 + ax + b}{x^2 - x - 2} = 2$,求常数 a 和 b.

1.4　两个重要的极限

下面介绍两个重要极限: $\lim\limits_{x \to 0} \dfrac{\sin x}{x}$ 及 $\lim\limits_{x \to \infty} \left(1 + \dfrac{1}{x} \right)^x$. 它们在高等数学中占有很重要的地位.

考察 $\dfrac{\sin x}{x}$ 当 $x \to 0$ 时的变化趋势:

x/rad	0.50	0.10	0.05	0.04	0.03	0.02	…
$\dfrac{\sin x}{x}$	0.958 5	0.998 3	0.999 6	0.999 7	0.999 8	0.999 9	…

可以看出,当 x 取正值趋近于 0 时,$\dfrac{\sin x}{x} \to 1$;当 x 取负值趋近于 0 时,$-x \to 0$,$-x > 0$,$\sin(-x) > 0$,

于是,$\lim\limits_{x \to 0^-} \dfrac{\sin x}{x} = \lim\limits_{-x \to 0^+} \dfrac{\sin(-x)}{(-x)}$. 综上所述,$\lim\limits_{x \to 0} \dfrac{\sin x}{x}$ 可能等于 1.

1.4.1　$\lim\limits_{x \to 0} \dfrac{\sin x}{x} = 1$,式中 x 以弧度为单位

(1) 结论的证明

首先注意到函数 $\dfrac{\sin x}{x}$ 在 $x = 0$ 处无定义,$x \to 0$,不妨设 $0 < x < \dfrac{\pi}{2}$,先求函数的右极限. 以 O 为圆心作单位圆,圆心角 $\angle AOB = x(\text{rad})$,其对应的圆弧 $AB = x$,过 A 作圆的切线交 OB 的延长

线于 D,由图 1.13 易知:

$\triangle OAB$ 的面积 < 扇形 OAB 的面积 < $\triangle OAD$ 的面积. 利用几

何和三角知识,以上不等式可写为

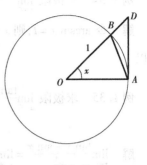

图 1.13

$$\frac{1}{2} \cdot 1 \cdot \sin x < \frac{1}{2} \cdot x \cdot 1 < \frac{1}{2} \cdot 1 \cdot \tan x$$

即

$$\sin x < x < \tan x$$

亦即 $1 < \dfrac{x}{\sin x} < \dfrac{1}{\cos x} \Rightarrow 1 > \dfrac{\sin x}{x} > \cos x$

由于 $\lim\limits_{x \to 0^{+}} 1 = 1$,$\lim\limits_{x \to 0^{+}} \cos x = 1$(证明略),由函数极限的性质

可知

$$\lim_{x \to 0^{+}} \frac{\sin x}{x} = 1$$

再考虑左极限 $\lim\limits_{x \to 0^{-}} \dfrac{\sin x}{x}$. 令 $x = -t$,则当 $x \to 0^{-}$ 时,$t \to 0^{+}$,且有

$$\lim_{x \to 0^{-}} \frac{\sin x}{x} = \lim_{t \to 0^{+}} \frac{\sin(-t)}{-t} = 1$$

于是由定理 1.2 可得,$\lim\limits_{x \to 0} \dfrac{\sin x}{x} = 1$.

(2)$\lim\limits_{x \to 0} \dfrac{\sin x}{x} = 1$ **的特点**

①它是"$\dfrac{0}{0}$"型,即若形式地应用商求极限的法则,得到的结果是 $\dfrac{0}{0}$.

②在分式中同时出现三角函数和 x 的幂函数.

③可推广:如果 $\lim\limits_{x \to a} \varphi(x) = 0$($a$ 可以是有限数 x_0,$\pm\infty$ 或 ∞),则

$$\lim_{x \to a} \frac{\sin[\varphi(x)]}{\varphi(x)} = \lim_{\varphi(x) \to 0} \frac{\sin[\varphi(x)]}{\varphi(x)} = 1$$

(3)$\lim\limits_{x \to 0} \dfrac{\sin x}{x} = 1$ 应用举例

例 1.31　求极限 $\lim\limits_{x \to 0} \dfrac{\tan x}{x}$.

解　$\lim\limits_{x \to 0} \dfrac{\tan x}{x} = \lim\limits_{x \to 0} \dfrac{\dfrac{\sin x}{\cos x}}{x} = \lim\limits_{x \to 0} \dfrac{\sin x}{x} \cdot \dfrac{1}{\cos x} = \lim\limits_{x \to 0} \dfrac{\sin x}{x} \cdot \lim\limits_{x \to 0} \dfrac{1}{\cos x} = 1.$

例 1.32　求极限 $\lim\limits_{x \to 0} \dfrac{\sin 3x}{x}$.

解　$\lim\limits_{x \to 0} \dfrac{\sin 3x}{x} = \lim\limits_{x \to 0} \dfrac{3 \sin 3x}{3x} \xrightarrow{(令\ 3x = t)} 3 \lim\limits_{t \to 0} \dfrac{\sin t}{t} = 3.$

例 1.33　求极限 $\lim\limits_{x \to 0} \dfrac{1 - \cos x}{x^2}$.

解　$\lim\limits_{x \to 0} \dfrac{1 - \cos x}{x^2} = \lim\limits_{x \to 0} \dfrac{2 \sin^2 \dfrac{x}{2}}{x^2} = \lim\limits_{x \to 0} \dfrac{\sin^2 \dfrac{x}{2}}{2\left(\dfrac{x}{2}\right)^2} = \lim\limits_{x \to 0} \dfrac{1}{2} \cdot \dfrac{\sin \dfrac{x}{2}}{\dfrac{x}{2}} \cdot \dfrac{\sin \dfrac{x}{2}}{\dfrac{x}{2}} = \dfrac{1}{2}.$

例 1.34 求极限 $\lim\limits_{x\to 0}\dfrac{\arcsin x}{x}$.

解 令 $\arcsin x = t$，则 $x = \sin t$，且 $x \to 0$ 时 $t \to 0$.

所以
$$\lim\limits_{x\to 0}\frac{\arcsin x}{x} = \lim\limits_{t\to 0}\frac{t}{\sin t} = 1.$$

例 1.35 求极限 $\lim\limits_{x\to 0}\dfrac{\tan x - \sin x}{x^3}$.

解
$$\lim\limits_{x\to 0}\frac{\tan x - \sin x}{x^3} = \lim\limits_{x\to 0}\frac{\dfrac{\sin x}{\cos x} - \sin x}{x^3}$$
$$= \lim\limits_{x\to 0}\frac{\sin x \cdot \dfrac{1 - \cos x}{\cos x}}{x^3}$$
$$= \lim\limits_{x\to 0}\frac{\sin x}{x} \cdot \lim\limits_{x\to 0}\frac{1}{\cos x} \cdot \lim\limits_{x\to 0}\frac{1 - \cos x}{x^2} = \frac{1}{2}.$$

例 1.36 求极限 $\lim\limits_{x\to 3}\dfrac{\sin(x^2 - 9)}{x - 3}$.

解
$$\lim\limits_{x\to 3}\frac{\sin(x^2 - 9)}{x - 3} = \lim\limits_{x\to 3}\frac{\sin(x^2 - 9)}{x^2 - 9}(x + 3)$$
$$= \lim\limits_{x\to 3}\frac{\sin(x^2 - 9)}{x^2 - 9}\lim\limits_{x\to 3}(x + 3) = 6.$$

1.4.2 $\lim\limits_{x\to\infty}\left(1 + \dfrac{1}{x}\right)^x = \mathrm{e}$ 或 $\lim\limits_{\alpha\to 0}(1 + \alpha)^{\frac{1}{\alpha}} = \mathrm{e}$

考察 $\left(1 + \dfrac{1}{x}\right)^x$ 当 $x \to +\infty$ 时的变化趋势：

x	1	2	10	1 000	10 000	100 000	...
$\left(1 + \dfrac{1}{x}\right)^x$	2	2.25	2.594	2.717	2.718	2.718 2	...

可以看出，当 x 取正值并无限增大时，$\left(1 + \dfrac{1}{x}\right)^x$ 逐渐增大，但是不论 x 如何大，$\left(1 + \dfrac{1}{x}\right)^x$ 的值总不会超过 3. 实际上，如果继续增大，即当 $x \to +\infty$ 时，可以验证 $\left(1 + \dfrac{1}{x}\right)^x$ 是趋近于一个确定的无理数 $\mathrm{e} = 2.718\ 281\ 828\cdots$.

(1) 结论的证明

例 1.14 已经证明了当 n 为正整数时，$\lim\limits_{n\to\infty}\left(1 + \dfrac{1}{n}\right)^n = \mathrm{e}$，下面证明当 x 为实数时，$\lim\limits_{x\to\infty}\left(1 + \dfrac{1}{x}\right)^x = \mathrm{e}$.

先证 $x \to +\infty$ 的情况. 当 $x > 1$ 时，有

$$1 + \frac{1}{[x]+1} \leqslant 1 + \frac{1}{x} \leqslant 1 + \frac{1}{[x]} \Rightarrow \left(1 + \frac{1}{[x]+1}\right)^x \leqslant \left(1 + \frac{1}{x}\right)^x \leqslant \left(1 + \frac{1}{[x]}\right)^x$$

$$\left(1 + \frac{1}{[x]+1}\right)^{[x]} \leqslant \left(1 + \frac{1}{x}\right)^x \leqslant \left(1 + \frac{1}{[x]}\right)^{[x]+1}$$

$$\downarrow \qquad\qquad\qquad\qquad\qquad\qquad \downarrow$$
$$e \qquad\qquad\qquad\qquad\qquad\qquad e$$

所以 $\lim\limits_{x \to +\infty}\left(1 + \frac{1}{x}\right)^x = e$.

再证 $x \to -\infty$ 的情况. 令 $x = -y, y \to +\infty$, 则

$$\lim_{x \to -\infty}\left(1 + \frac{1}{x}\right)^x = \lim_{y \to +\infty}\left(1 - \frac{1}{y}\right)^{-y} = \lim_{y \to +\infty}\left(1 + \frac{1}{y-1}\right)^{y-1} \cdot \left(1 + \frac{1}{y-1}\right) = e$$

由极限与单侧极限的关系定理得 $\lim\limits_{x \to \infty}\left(1 + \frac{1}{x}\right)^x = e$.

推论 $\lim\limits_{t \to 0}(1+t)^{\frac{1}{t}} = e$.

证明 令 $t = \frac{1}{x}$, 即得.

(2) $\lim\limits_{x \to \infty}\left(1 + \frac{1}{x}\right)^x = e$ 的特点

①形式地求极限必须是"1^∞ 型".

②必须是 $\left(1 + \frac{1}{\alpha(x)}\right)^{\alpha(x)}$ 的形式, 底数中的 $\frac{1}{\alpha(x)}$ 和指数中的 $\alpha(x)$ 要互为倒数, 且 $\alpha(x) \to \infty$.

③若 $\lim\limits_{x \to a}\varphi(x) = \infty$ (a 可以是有限数 $x_0, \pm\infty, \infty$), 则

$$\lim_{x \to a}\left(1 + \frac{1}{\varphi(x)}\right)^{\varphi(x)} = \lim_{\varphi(x) \to \infty}\left[1 + \frac{1}{\varphi(x)}\right]^{\varphi(x)} = e$$

若 $\lim\limits_{x \to a}\varphi(x) = 0$, 则

$$\lim_{x \to a}\left[1 + \varphi(x)\right]^{\frac{1}{\varphi(x)}} = \lim_{\varphi(x) \to 0}\left[1 + \varphi(x)\right]^{\frac{1}{\varphi(x)}} = e$$

(3) $\lim\limits_{x \to \infty}\left(1 + \frac{1}{x}\right)^x = e$ 应用举例

例 1.37 求下列函数的极限.

(1) $\lim\limits_{x \to \infty}\left(1 - \frac{1}{x}\right)^x$ \qquad (2) $\lim\limits_{x \to 0}(1 + 2x)^{\frac{1}{x}}$

(3) $\lim\limits_{x \to \infty}\left(\frac{2x+1}{2x+3}\right)^x$ \qquad (4) $\lim\limits_{x \to \frac{\pi}{2}}(1 + \cos x)^{2\sec x}$

解 (1) 令 $x = -u$, 则 $x \to \infty$ 时, $u \to \infty$, 所以

$$\lim_{x \to \infty}\left(1 - \frac{1}{x}\right)^x = \lim_{u \to \infty}\left(1 + \frac{1}{u}\right)^{-u} = \lim_{u \to \infty}\left[\left(1 + \frac{1}{u}\right)^u\right]^{-1} = e^{-1}$$

(2) 令 $2x = u$, 则 $x \to 0$ 时, $u \to 0$, 所以

$$\lim_{x \to 0}(1 + 2x)^{\frac{1}{x}} = \lim_{u \to 0}(1 + u)^{\frac{2}{u}} = \lim_{u \to 0}\left[(1 + u)^{\frac{1}{u}}\right]^2 = e^2$$

（3）因为 $\left(\dfrac{2x+1}{2x+3}\right)^x = \dfrac{1}{\left(1+\dfrac{2}{2x+1}\right)^x} = \dfrac{1}{\left(1+\dfrac{1}{x+2^{-1}}\right)^x}$

$$\lim_{x\to\infty}\left(1+\dfrac{1}{x+2^{-1}}\right)^x = \lim_{x\to\infty}\left(1+\dfrac{1}{x+2^{-1}}\right)^{x+2^{-1}}\cdot\left(1+\dfrac{1}{x+2^{-1}}\right)^{-2^{-1}} = e\cdot 1 = e$$

所以
$$\lim_{x\to\infty}\left(\dfrac{2x+1}{2x+3}\right)^x = \dfrac{1}{e}$$

（4）$\lim\limits_{x\to\frac{\pi}{2}}(1+\cos x)^{2\sec x} = \lim\limits_{x\to\frac{\pi}{2}}(1+\cos x)^{\frac{2}{\cos x}}$，令 $\cos x = t$，则 $x\to\dfrac{\pi}{2}$ 时，$t\to 0$，故

$$\lim_{x\to\frac{\pi}{2}}(1+\cos x)^{2\sec x} = \lim_{t\to 0}(1+t)^{\frac{2}{t}} = e^2$$

习题 1.4

一、判断题

1. $\lim\limits_{x\to 0}\dfrac{\sin 5x}{x} = 5$.　　　　　　　　　　　　　　　　　　　　　（　　）

2. $\lim\limits_{x\to 0} x\sin\dfrac{1}{x} = 1$.　　　　　　　　　　　　　　　　　　　　（　　）

3. $\lim\limits_{x\to\infty} x\sin\dfrac{1}{x} = 0$.　　　　　　　　　　　　　　　　　　　（　　）

4. $\lim\limits_{x\to\infty}(1+x)^{\frac{1}{x}} = e$.　　　　　　　　　　　　　　　　　　　（　　）

5. $\lim\limits_{x\to 0}\left(1+\dfrac{1}{x}\right)^x = e$.　　　　　　　　　　　　　　　　　（　　）

二、单项选择题

1. 下列极限中，极限值不为 0 的是（　　）.

　A. $\lim\limits_{x\to\infty}\dfrac{\arctan x}{x}$　　　　　　　　　　　B. $\lim\limits_{x\to\infty}\dfrac{2\sin x+3\cos x}{x}$

　C. $\lim\limits_{x\to 0}x^2\sin\dfrac{1}{x}$　　　　　　　　　　　　D. $\lim\limits_{x\to 0}\dfrac{x^2}{x^4+x^2}$

2. $\lim\limits_{x\to\infty}x\sin\dfrac{1}{x}$ 等于（　　）.

　A. 1　　　　　　　B. 0　　　　　　　C. ∞　　　　　　　D. 不存在

3. $\lim\limits_{n\to\infty}\left(1+\dfrac{1}{n}\right)^{n+1\,000}$ 的值是（　　）.

　A. e　　　　　　　B. $e^{1\,000}$　　　　　　C. $e\cdot e^{1\,000}$　　　　　　D. 其他值

4. $\lim\limits_{x\to\pi}\dfrac{\tan x}{\sin x} = $（　　）.

　A. 1　　　　　　　B. -1　　　　　　　C. 0　　　　　　　D. ∞

5. $\lim\limits_{x\to 0}(x\sin\dfrac{1}{x}-\dfrac{1}{x}\sin x)=($　　$)$.

A. -1 　　　　　 B. 1 　　　　　 C. 0 　　　　　 D. 不存在

三、填空题

1. 如果 $\lim\limits_{x\to a}\varphi(x)=0$,且在 a 的某去心邻域内 $\varphi(x)\neq 0$(a 可以是有限数 x_0,$\pm\infty$,∞),则

$\lim\limits_{x\to a}\dfrac{\sin[\varphi(x)]}{\varphi(x)}=\lim\limits_{\varphi(x)\to 0}\dfrac{\sin[\varphi(x)]}{\varphi(x)}=$_____.

2. 若 $\lim\limits_{x\to a}\varphi(x)=0$($a$ 可以是有限数 x_0,$\pm\infty$,∞),则 $\lim\limits_{x\to a}[1+\varphi(x)]^{\frac{1}{\varphi(x)}}=\lim\limits_{\varphi(x)\to 0}[1+\varphi(x)]^{\frac{1}{\varphi(x)}}=$_____.

3. $\lim\limits_{x\to\infty}\dfrac{\sin x}{x}=$_____.

4. $\lim\limits_{n\to\infty}\left(1+\dfrac{1}{n}\right)^n=$_____.

5. $\lim\limits_{x\to 0}(1+x)^{\frac{1}{x}}=$_____.

四、计算下列极限

1. $\lim\limits_{x\to 0}\dfrac{\sin^2 x}{x}$

2. $\lim\limits_{x\to 0}\dfrac{\tan 3x}{x}$

3. $\lim\limits_{h\to +0}\dfrac{h}{\sqrt{1-\cos(hx)}}$

4. $\lim\limits_{x\to 0}\dfrac{1-\cos 2x}{x\sin x}$

5. $\lim\limits_{x\to 0}(1-x)^{\frac{1}{x}}$

6. $\lim\limits_{x\to 0}\sqrt[x]{1+2x}$

7. $\lim\limits_{x\to\infty}\left(\dfrac{1+x}{x}\right)^{2x}$

8. $\lim\limits_{x\to\infty}\left(1-\dfrac{1}{x}\right)^{kx}$($k$ 为正整数)

9. $\lim\limits_{x\to\infty}\left(1-\dfrac{1}{x^2}\right)^{3x}$

10. $\lim\limits_{x\to 0}(1-3\sin x)^{\frac{2}{\sin x}}$

11. $\lim\limits_{x\to 0}\dfrac{\sqrt{1+x}-\sqrt{1-x}}{\sin 3x}$

12. $\lim\limits_{x\to 0}\dfrac{\sin 3x+x^2\sin\frac{1}{x}}{(1+\cos x)x}$

1.5　无穷小与无穷大

无穷小与无穷大是高等数学中和极限密切相关的两个基本概念,现分别介绍. 为了叙述方便,极限符号用 $\lim f(x)$ 表示,其含义是结论对所有自变量变化趋势都成立.

1.5.1　无穷小

(1)无穷小的概念

定义 1.10　若 $\lim f(x)=0$,则称 $f(x)$ 是无穷小.

无穷小的"$\varepsilon-\delta$"定义和"$\varepsilon-N$"定义请读者自己叙述.

容易证明 $\lim\limits_{x\to\infty}\dfrac{1}{x}=0$,$\lim\limits_{x\to 0}\sin x=0$,故函数 $\dfrac{1}{x}$,$\sin x$ 分别是 $x\to\infty$ 和 $x\to 0$ 时的无穷小.

注意

①一般来说,无穷小是指以 0 为极限的变量(函数),不是很小的一个数.

②常数中只有 0 是无穷小量,这是因为 $\lim 0 = 0$.

③一个变量(函数)是否为无穷小,是相对于自变量的某种变化趋势而言的,不能离开自变量的变化趋势而谈无穷小.例如 $x \to 0$ 时,$\sin x$ 为无穷小,而 $x \to \dfrac{\pi}{2}$ 时,$\sin x$ 不是无穷小.

(2)无穷小的性质

由函数极限的性质很容易得到无穷小的如下性质:

①有限多个无穷小的代数和是无穷小.

②有界函数与无穷小的乘积是无穷小.

③常数与无穷小的乘积是无穷小.

④有限多个无穷小的乘积是无穷小.

⑤以极限不为零的函数去除无穷小所得的商仍为无穷小.

⑥(极限与无穷小的关系)$\lim f(x) = A \Leftrightarrow f(x) = A + \alpha(x)$,其中 $\alpha(x)$ 是和 $\lim f(x)$ 的自变量同一变化趋势下的无穷小,即 $\lim \alpha(x) = 0$.

1.5.2　无穷大

在自变量的一定变化趋势下,有些函数可能没有极限,但其绝对值却呈无限增大的趋势.例如,当 $x \to 0$ 时,函数 $f(x) = \dfrac{1}{x}$ 没有极限,但 $|f(x)| = \left|\dfrac{1}{x}\right|$ 将无限增大(图1.14),具有这种变化趋势的变量(函数)称为无穷大.

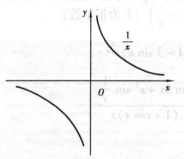

图1.14

定义 1.11　设 $f(x)$ 在 x_0 的某去心邻域内(或 $|x|$ 足够大时)有定义,若对任意给定的正数 M,总存在正数 δ(正数 N),当 $0 < |x - x_0| < \delta$($|x| > N$)时,恒有 $|f(x)| > M$,则称 $f(x)$ 是 $x \to x_0$($x \to \infty$)时的无穷大,记为

$$\lim_{x \to x_0} f(x) = \infty \quad (\lim_{x \to \infty} f(x) = \infty)$$

注意

①无穷大是指一个变量,当其自变量按某种方式变化时,函数的变化趋势是无限增大的,不是很大的一个数.

②一个变量(函数)是否为无穷大,是相对于自变量的某种变化趋势而言的,不能离开自变量的变化趋势而谈无穷大.例如 $x \to 0$ 时,$\dfrac{1}{x}$ 为无穷大,而 $x \to \infty$ 时,$\dfrac{1}{x}$ 是无穷小.

③记号 $\lim f(x) = \infty$ 并不表示 $f(x)$ 的极限存在(回忆极限定义),对无穷大参与的运算要小心,更不能将记号 ∞ 进行运算.

④相应地有正无穷大 $\lim f(x) = +\infty$ 和负无穷大 $\lim f(x) = -\infty$.

无穷小与无穷大的关系:设 $f(x)$ 及 $\dfrac{1}{f(x)}$ 在 x_0 的某去心邻域内(或 $|x|$ 足够大)时有定义,若 $f(x)$ 为无穷小,且 $f(x) \neq 0$,则 $\dfrac{1}{f(x)}$ 为无穷大;若 $f(x)$ 为无穷大,则 $\dfrac{1}{f(x)}$ 为无穷小.

1.5.3 无穷小的比较

无穷小的比较研究的是无穷小趋于零的快慢问题,衡量快慢的依据是两个无穷小之比的极限,两个无穷小之比的极限究竟是什么,不能一概而论,必须具体问题具体分析.

例如,当 $x \to 0$ 时 $x, 2x, x^2, x \sin \dfrac{1}{x}$ 等都是无穷小,而 $\lim\limits_{x \to 0} \dfrac{2x}{x} = 2$, $\lim\limits_{x \to 0} \dfrac{x^2}{x} = 0$, $\lim\limits_{x \to 0} \dfrac{x \sin \dfrac{1}{x}}{x}$ 不存在(也不是 ∞).

两个无穷小 $\alpha(x)$、$\beta(x)$ 之比的极限有以下 4 种情况:

①$\lim \dfrac{\alpha(x)}{\beta(x)} = A \neq 0$ 　　　　　②$\lim \dfrac{\alpha(x)}{\beta(x)} = 0$

③$\lim \dfrac{\alpha(x)}{\beta(x)} = \infty$ 　　　　　④$\lim \dfrac{\alpha(x)}{\beta(x)}$ 不存在(也不是 ∞)

第①种情况说明,当 $x \to x_0$ 或 $x \to \infty$ 时,$\alpha(x)$ 大致是 $\beta(x)$ 的 A 倍;情况②说明 $\alpha(x)$ 趋于零的速度比 $\beta(x)$ 快得多;情况③说明 $\alpha(x)$ 较之 $\beta(x)$ 趋于零的速度慢得多,情况④不作考虑.

定义 1.12　设 $\lim \alpha(x) = 0$, $\lim \beta(x) = 0$,若

①$\lim \dfrac{\alpha(x)}{\beta(x)} = A \neq 0$,则称 $\alpha(x)$ 与 $\beta(x)$ 是同阶无穷小;特别地,若 $\lim \dfrac{\alpha(x)}{\beta(x)} = 1$,则称 $\alpha(x)$ 与 $\beta(x)$ 是等价的无穷小,记作 $\alpha(x) \sim \beta(x)$.

②$\lim \dfrac{\alpha(x)}{\beta(x)} = 0$,则称 $\alpha(x)$ 是比 $\beta(x)$ 高阶的无穷小.

③$\lim \dfrac{\alpha(x)}{\beta(x)} = \infty$,则称 $\alpha(x)$ 是比 $\beta(x)$ 低阶的无穷小.

由无穷小与无穷大的关系可知,若 $\alpha(x)$ 是比 $\beta(x)$ 低阶的无穷小,则 $\beta(x)$ 就是比 $\alpha(x)$ 高阶的无穷小;反之亦然.

例 1.38　当 $x \to 0$ 时,比较下列各对无穷小阶的高低.

(1)x 与 $\sin x$ 　　　　　　　　(2)x 与 $\tan x$

(3)x 与 $\ln(1 + x)$ 　　　　　　(4)x 与 $\arcsin x$

(5)x 与 $e^x - 1$ 　　　　　　　(6)$\dfrac{x^2}{2}$ 与 $1 - \cos x$

解　(1)因为 $\lim\limits_{x \to 0} \dfrac{\sin x}{x} = 1$(重要极限),所以当 $x \to 0$ 时,$x \sim \sin x$.

(2)因为 $\lim\limits_{x \to 0} \dfrac{\tan x}{x} = \lim\limits_{x \to 0} \dfrac{\sin x}{x} \cdot \dfrac{1}{\cos x} = 1$,所以当 $x \to 0$ 时,$x \sim \tan x$.

(3)因为 $\lim\limits_{x \to 0} \dfrac{\ln(1 + x)}{x} = \lim\limits_{x \to 0} \left[\ln(1 + x)^{\frac{1}{x}} \right] = \ln \left[\lim\limits_{x \to 0} (1 + x)^{\frac{1}{x}} \right] = \ln e = 1$(利用复合函数求极限法则),所以当 $x \to 0$ 时,$\ln(1 + x) \sim x$.

(4)令 $\arcsin x = t$,则 $x = \sin t$,$x \to 0$ 时,$t \to 0$,故

$$\lim_{x \to 0} \frac{\arcsin x}{x} = \lim_{t \to 0} \frac{t}{\sin t} = 1$$

所以当 $x \to 0$ 时,$\arcsin x \sim x$.

(5) 令 $e^x - 1 = t$, 则 $x = \ln(1 + t)$, $x \to 0$ 时, $t \to 0$, 故 $\lim\limits_{x \to 0} \dfrac{e^x - 1}{x} = \lim\limits_{t \to 0} \dfrac{t}{\ln(1 + t)} = 1$ (利用(3)的结论), 所以当 $x \to 0$ 时, $e^x - 1 \sim x$.

(6) 因为 $\lim\limits_{x \to 0} \dfrac{1 - \cos x}{\dfrac{x^2}{2}} = \lim\limits_{x \to 0} \dfrac{2 \sin^2 \dfrac{x}{2}}{\dfrac{x^2}{2}} = \lim\limits_{\frac{x}{2} \to 0} \left[\dfrac{\sin \dfrac{x}{2}}{\dfrac{x}{2}} \right]^2 = 1$, 所以当 $x \to 0$ 时, $1 - \cos x \sim \dfrac{x^2}{2}$.

1.5.4 利用等价无穷小的代换求极限

定理 1.3 设在自变量 x 的某种变化趋势下, $\alpha(x)$、$\alpha_1(x)$、$\beta(x)$、$\beta_1(x)$ 都是无穷小, 且 $\alpha(x) \sim \alpha_1(x)$, $\beta(x) \sim \beta_1(x)$.

若 $\lim \dfrac{\alpha_1(x)}{\beta_1(x)} = A$ (或 ∞), 则 $\lim \dfrac{\alpha(x)}{\beta(x)} = A$ (或 ∞).

这个定理(证明略)告诉我们, 在求两个无穷小之比的极限时, 可将**分子**、**分母**用与它等价的无穷小来代换. 这样做常常能使计算简化.

例 1.39 求下列极限

(1) $\lim\limits_{x \to 0} \dfrac{\tan 3x}{\sin 7x}$ (2) $\lim\limits_{x \to 0} \dfrac{1 - \cos x}{(e^x - 1)^2}$ (3) $\lim\limits_{x \to 0} \dfrac{\ln(1 + 3x)}{\sqrt[3]{x}}$

解 (1) 当 $x \to 0$ 时, $\tan 3x \sim 3x$, $\sin 7x \sim 7x$, 故

$$\lim\limits_{x \to 0} \dfrac{\tan 3x}{\sin 7x} = \lim\limits_{x \to 0} \dfrac{3x}{7x} = \dfrac{3}{7}$$

(2) 当 $x \to 0$ 时, $1 - \cos x \sim \dfrac{x^2}{2}$, $e^x - 1 \sim x$, 故

$$\lim\limits_{x \to 0} \dfrac{1 - \cos x}{(e^x - 1)^2} = \lim\limits_{x \to 0} \dfrac{\dfrac{x^2}{2}}{x^2} = \dfrac{1}{2}$$

(3) $x \to 0$ 时, $\ln(1 + 3x) \sim 3x$, 故

$$\lim\limits_{x \to 0} \dfrac{\ln(1 + 3x)}{\sqrt[3]{x}} = \lim\limits_{x \to 0} \dfrac{3x}{\sqrt[3]{x}} = \lim\limits_{x \to 0} 3x^{\frac{2}{3}} = 0$$

运用定理 1.3 求极限时, 应注意以下问题:

① 必须熟记常见的等价无穷小(如例 1.38).

② 只有对所求极限式中相乘或相除的因式才能用等价无穷小来替代, 而对极限式中相加或相减的部分则不能随意替代.

③ 定理 1.3 只回答了当 $\lim \dfrac{\alpha_1(x)}{\beta_1(x)} = A$ (或 ∞) 时, 原函数极限也是 A (或 ∞), 其他情形没有作出回答.

例 1.40 求极限 $\lim\limits_{x \to 0} \dfrac{\tan x - \sin x}{\sin x^3}$.

解法 1 因为 $x \to 0$ 时, $\tan x \sim x$, $\sin x \sim x$, $\sin x^3 \sim x^3$, 所以

$$\lim\limits_{x \to 0} \dfrac{\tan x - \sin x}{\sin x^3} = \lim\limits_{x \to 0} \dfrac{x - x}{x^3} = 0$$

解法2　$\lim\limits_{x \to 0} \dfrac{\tan x - \sin x}{\sin x^3} = \lim\limits_{x \to 0} \dfrac{\sin x\left(\dfrac{1}{\cos x} - 1\right)}{\sin x^3} = \lim\limits_{x \to 0} \dfrac{\sin x}{\sin x^3}\left(\dfrac{1 - \cos x}{\cos x}\right)$

$$= \lim\limits_{x \to 0} \dfrac{x \cdot \dfrac{x^2}{2}}{x^3 \cos x} = \dfrac{1}{2}$$

解法1是错误的解法,解法2才是正确的解法.

习题1.5

一、判断题

1. 常数零是无穷小. （　　）

2. $x \to 0$ 时, $\sin x$ 与 $\tan x$ 是等价的无穷小. （　　）

3. $x \to 0$ 时, $\arcsin x$ 与 $\sin x$ 是等价的无穷小. （　　）

4. 无穷大必是无界的. （　　）

5. 若 $\lim\limits_{x \to x_0} f(x) = A$,则 $f(x) - A$ 是 $x \to x_0$ 时的无穷小,反之亦然. （　　）

二、单项选择题

1. $x \to 0$ 时, $1 - \cos x$ 是 x^2 的(　　).

 A. 高阶无穷小   B. 同阶无穷小,但不等价

 C. 等价无穷小   D. 低阶无穷小

2. 当 $x \to 0$ 时, $(1 - \cos x)^2$ 是 $\sin^2 x$ 的(　　).

 A. 高阶无穷小   B. 同阶无穷小,但不等价

 C. 等价无穷小   D. 低阶无穷小

3. 如果 $x \to \infty$ 时, $\dfrac{1}{ax^2 + bx + c}$ 是比 $\dfrac{1}{x+1}$ 高阶的无穷小,则 a,b,c 应满足(　　).

 A. $a = 0, b = 1, c = 1$ B. $a \neq 0, b = 1, c$ 为任意常数

 C. $a \neq 0, b, c$ 为任意常数   D. a, b, c 都可以是任意常数

4. $x \to 1$ 时,与无穷小 $1 - x$ 等价的是(　　).

 A. $\dfrac{1}{2}(1 - x^3)$ B. $\dfrac{1}{2}(1 - \sqrt{x})$

 C. $\dfrac{1}{2}(1 - x^2)$ D. $1 - \sqrt{x}$

三、填空题

1. α, β, γ 是同一极限过程中的无穷小,且 $\alpha \sim \beta, \beta \sim \gamma$,则必有_____.

2. 已知 $\lim\limits_{x \to 0} \dfrac{\cos x}{1 - x} = 1$,则当 $x \to 0$ 时, $\cos x$ 与 $(1 - x)$ 为_____无穷小.

3. 当 $x \to 0$ 时, $\sin 3x$ 与 $e^x - 1$ 是_____无穷小.

4. 当 $x \to 1$ 时, $1 - \sqrt[3]{x}$ 是 $x - 1$ 的_____无穷小.

四、解答题

1. 证明：当 $x \to 0$ 时，$\dfrac{2}{3}(\cos x - \cos 2x) \sim x^2$.

2. 确定 α 的值，使 $\sqrt{1+\tan x} - \sqrt{1+\sin x} \sim \dfrac{1}{4}x^\alpha \ (x \to 0)$.

1.6　函数的连续性

1.6.1　函数的连续性

自然界有很多现象，如气温的变化、河水的流动、植物的生长等都是连续地变化着的. 这些现象的共同特点是当时间变化很小时，它们的变化也很小. 这种现象在函数关系上的反映就是函数的连续性.

所谓函数的连续性，从直观上来看，就是它对应的曲线是连续不断的；从数量上分析，就是当自变量的变化微小时，函数值的变化也是很微小的.

例如，函数①$g(x) = x + 1$, ②$f(x) = \begin{cases} x+1, & x > 1 \\ x-1, & x \leqslant 1 \end{cases}$, ③$h(x) = \dfrac{x^2-1}{x-1}$. 作出它们的图像（图1.15）.

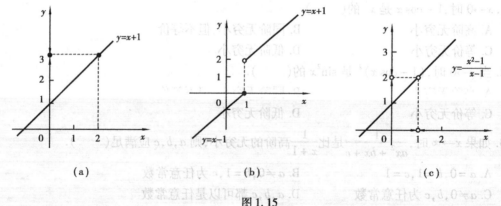

（a）　　　　　　　　　　（b）　　　　　　　　　　（c）

图 1.15

①函数 $g(x) = x + 1$ 在 $x = 1$ 处有定义，图像在对应自变量 $x = 1$ 的点处是不间断的，或者说是连续的，表现在数量上，$g(x)$ 在 $x = 1$ 处的极限与函数值相等，即 $\lim\limits_{x \to 1} g(x) = g(1)$ 成立.

②函数 $f(x) = \begin{cases} x+1, & x > 1 \\ x-1, & x \leqslant 1 \end{cases}$，在 $x = 1$ 处有定义，图像在对应于自变量 $x = 1$ 的点处是间断的，或者说是不连续的，表现在数量上，$f(x)$ 在 $x = 1$ 处的极限与函数值不相等. 进一步还可以看出：$\lim\limits_{x \to 1^+} f(x)$ 和 $\lim\limits_{x \to 1^-} f(x)$ 存在却不相等，因此 $\lim\limits_{x \to 1} f(x)$ 不存在.

③函数 $h(x) = \dfrac{x^2-1}{x-1}$ 在 $x = 1$ 处无定义，图像在对应于自变量 $x = 1$ 的点处是间断的，或者说是不连续的，表现在数量上，$h(x)$ 在 $x = 1$ 处的极限与函数值不相等.

进一步还可以看出：$\lim\limits_{x \to 1} h(x) = 2$ 虽然存在，但 $h(1)$ 却无意义，所以②、③都没有极限值与函数值之间的相等关系，表现在几何上，就是函数对应曲线在该点处"断开". 由此我们给出函数连续的定义.

定义 1.13　如果函数 $f(x)$ 在点 x_0 的某一邻域内有定义,且 $\lim\limits_{x \to x_0} f(x) = f(x_0)$,就称函数 $f(x)$ 在 x_0 处连续,称 x_0 为函数 $f(x)$ 的连续点;否则,就称 $f(x)$ 在 x_0 处不连续(或间断),x_0 称为函数的间断点.

例 1.41　研究函数 $f(x) = x^2 + 1$ 在 $x = 2$ 处的连续性.

解　(1)函数 $f(x) = x^2 + 1$ 在 $x = 2$ 的某一邻域内有定义,$f(2) = 5$;

(2) $\lim\limits_{x \to 2} f(x) = \lim\limits_{x \to 2} (x^2 + 1) = 5$;

(3) $\lim\limits_{x \to 2} f(x) = 5 = f(2)$.

因此,函数 $f(x) = x^2 + 1$ 在 $x = 2$ 处连续.

从定义 1.13 可以看出,函数 $f(x)$ 在 x_0 处连续必须同时满足以下 3 个条件:

①函数 $f(x)$ 在含 x_0 的某一邻域内有定义;

②极限 $\lim\limits_{x \to x_0} f(x)$ 存在;

③极限值等于函数值,即 $\lim\limits_{x \to x_0} f(x) = f(x_0)$.

如果函数 $y = f(x)$ 的自变量 x 由 x_0 变到 x,称差值 $x - x_0$ 为自变量 x 在 x_0 处的**改变量或增量**,通常用符号 Δx 表示,即 $\Delta x = x - x_0$,此时相应的函数值由 $f(x_0)$ 变到 $f(x)$,称差值 $f(x) - f(x_0)$ 为函数 $y = f(x)$ 在点 x_0 处的改变量或增量,记作 Δy,即 $\Delta y = f(x) - f(x_0)$. 由于 $\Delta x = x - x_0$,所以 $x = x_0 + \Delta x$,因而 $\Delta y = f(x) - f(x_0) = f(x_0 + \Delta x) - f(x_0)$.

利用增量记号,$x \to x_0 \Leftrightarrow \Delta x = (x - x_0) \to 0$,$\lim\limits_{x \to x_0} f(x) = f(x_0) \Leftrightarrow \lim\limits_{x \to x_0} [f(x) - f(x_0)] = 0 \Leftrightarrow \lim\limits_{\Delta x \to 0} \Delta y = 0$. 由此又得到函数在一点处连续的等价定义.

定义 1.14　设函数 $f(x)$ 在 x_0 及其附近有定义,如果当 $\Delta x \to 0$ 时,$\lim\limits_{\Delta x \to 0} \Delta y = 0$,则称函数 $f(x)$ 在 x_0 处连续,称 x_0 为函数 $f(x)$ 的连续点.

注意:Δx 与 Δy 尽管称为增量,但其取值可正可负.

定义 1.15　如果函数 $y = f(x)$ 在 x_0 及其左边附近有定义,且 $\lim\limits_{x \to x_0^-} f(x) = f(x_0)$,则称函数 $y = f(x)$ 在 x_0 处左连续;如果函数 $y = f(x)$ 在 x_0 及其右边附近有定义,且 $\lim\limits_{x \to x_0^+} f(x) = f(x_0)$,则称函数 $y = f(x)$ 在 x_0 处右连续.

由定理 1.2 容易得到:

定理 1.4　(函数在一点处连续的充分必要条件)　$y = f(x)$ **在** x_0 **处连续** $\Leftrightarrow y = f(x)$ **在** x_0 **处既左连续又右连续.**

例 1.42　讨论函数 $f(x) = \begin{cases} 1 + \cos x & x < \dfrac{\pi}{2} \\ \sin x & x \geqslant \dfrac{\pi}{2} \end{cases}$,在 $x = \dfrac{\pi}{2}$ 处的连续性.

解　因为① $f\left(\dfrac{\pi}{2}\right) = 1$;

② $\lim\limits_{x \to \left(\frac{\pi}{2}\right)^-} f(x) = \lim\limits_{x \to \left(\frac{\pi}{2}\right)^-} (1 + \cos x) = 1$,$\lim\limits_{x \to \left(\frac{\pi}{2}\right)^+} f(x) = \lim\limits_{x \to \left(\frac{\pi}{2}\right)^+} \sin x = 1$;

③且 $\lim\limits_{x \to \frac{\pi}{2}} f(x) = f\left(\dfrac{\pi}{2}\right) = 1$.

所以 $f(x)$ 在 $x = \dfrac{\pi}{2}$ 处连续.

定义 1.16 如果函数 $f(x)$ 在开区间 (a,b) 内每一点都是连续的,则称函数 $f(x)$ 在开区间 (a,b) 内连续,或者说 $y = f(x)$ 是 (a,b) 内的连续函数.

如果函数 $y = f(x)$ 在开区间 (a,b) 内连续,且在区间的两个端点 $x = a$ 与 $x = b$ 处分别是右连续和左连续,即

$$\lim_{x \to a^+} f(x) = f(a)$$

$$\lim_{x \to b^-} f(x) = f(b)$$

则称函数 $y = f(x)$ 在闭区间 $[a,b]$ 上连续,或者说 $f(x)$ 是闭区间 $[a,b]$ 上的连续函数.

1.6.2 连续函数的运算

结合函数极限的运算法则,容易得到:

(1)四则运算法则

如果函数 $f(x)$、$g(x)$ 在某一点 $x = x_0$ 处连续,则 $f(x) \pm g(x)$,$f(x) \cdot g(x)$,$\dfrac{f(x)}{g(x)}(g(x_0) \neq 0)$ 在点 $x = x_0$ 处都连续.

(2)复合函数的连续性

设函数 $u = \varphi(x)$ 在点 x_0 处连续,$y = f(u)$ 在 u_0 处连续,$u_0 = \varphi(x_0)$,则复合函数 $y = f[\varphi(x)]$ 在点 x_0 处连续,即

$$\lim_{x \to x_0} f[\varphi(x)] = f[\lim_{x \to x_0} \varphi(x)] = f[\varphi(x_0)]$$

上式说明,极限符号 "$\lim\limits_{x \to a}$" 与连续的函数符号 "f" 可交换顺序,可以在函数内求极限.

(3)初等函数的连续性

基本初等函数在其定义区间内是连续的,初等函数在其定义区间内是连续的.

例 1.43 求极限 $\lim\limits_{x \to 1} \sin\left(\pi x - \dfrac{\pi}{2}\right)$.

解 $\lim\limits_{x \to 1} \sin\left(\pi x - \dfrac{\pi}{2}\right) = \sin\left(\pi \cdot 1 - \dfrac{\pi}{2}\right) = \sin\dfrac{\pi}{2} = 1.$

例 1.44 求极限 $\lim\limits_{x \to a} \sqrt{1 + \arctan^2 \dfrac{x}{a}}$.

解 $\lim\limits_{x \to a} \sqrt{1 + \arctan^2 \dfrac{x}{a}} = \sqrt{1 + \lim\limits_{x \to a} \arctan^2 \dfrac{x}{a}} = \sqrt{1 + \left(\dfrac{\pi}{4}\right)^2} = \dfrac{1}{4}\sqrt{16 + \pi^2}$

例 1.45 证明 $\lim\limits_{x \to 0} \dfrac{\ln(1+x)}{x} = 1.$

证明 $\lim\limits_{x \to 0} \dfrac{\ln(1+x)}{x} = \lim\limits_{x \to 0} \ln(1+x)^{\frac{1}{x}} = \ln\left[\lim\limits_{x \to 0}(1+x)^{\frac{1}{x}}\right] = 1.$

1.6.3 函数的间断点

(1)间断点的概念

如果函数 $y = f(x)$ 在点 x_0 处不连续,则称 $f(x)$ 在 x_0 处**间断**,并称 x_0 为 $f(x)$ 的**间断点**.

$f(x)$ 在 x_0 处间断有以下 3 种可能:

①函数 $f(x)$ 在 x_0 处没有定义;

②$f(x)$ 在 x_0 处有定义,但极限 $\lim\limits_{x\to x_0} f(x)$ 不存在;

③$f(x)$ 在 x_0 处有定义,极限 $\lim\limits_{x\to x_0} f(x)$ 存在,但 $\lim\limits_{x\to x_0} f(x) \neq f(x_0)$.

例如,①函数 $f(x) = \dfrac{1}{x}$ 在 $x=0$ 处无定义,所以 $x=0$ 是 $f(x)$ 的间断点;

②函数 $f(x) = \begin{cases} x^2 & x \geq 0 \\ x+1 & x < 0 \end{cases}$,在 $x=0$ 处有定义,且 $f(0)=0$,但 $\lim\limits_{x\to 0^+} f(x) = 0$, $\lim\limits_{x\to 0^-} f(x) = 1$,

故 $\lim\limits_{x\to 0} f(x)$ 不存在,所以 $x=0$ 是 $f(x)$ 的间断点;

③函数 $f(x) = \begin{cases} \dfrac{x^2-1}{x-1} & x \neq 1 \\ 1 & x = 1 \end{cases}$,在 $x=1$ 处有定义,且 $f(1)=1$,$\lim\limits_{x\to 1} f(x) = 2$ 极限存在但不等

于 $f(1)=1$,所以 $x=1$ 是 $f(x)$ 的间断点.

(2)间断点的分类

设 x_0 是 $f(x)$ 的间断点,若 $f(x)$ 在 x_0 点的左、右极限都存在,则称 x_0 为 $f(x)$ 的**第一类间断点**;凡不是第一类的间断点都称为**第二类间断点**.

在第一类间断点中,如果左、右极限存在但不相等,这种间断点又称为**跳跃间断点**;如果左、右极限存在且相等(即极限存在),但函数在该点没有定义,或者虽然函数在该点有定义,但函数值不等于极限值,这种间断点又称为**可去间断点**.

例 1.46　判断函数 $y = \dfrac{1}{x}$ 在 $x=0$ 处是否连续.

解　因为 $\lim\limits_{x\to 0} \dfrac{1}{x} = \infty$(极限不存在),所以 $x=0$ 是 $y = \dfrac{1}{x}$ 的第二类间断点.

例 1.47　讨论函数 $f(x) = \begin{cases} x-4 & -2 \leq x < 0 \\ -x+1 & 0 \leq x \leq 2 \end{cases}$ 在 $x=1$ 与 $x=0$ 处的连续性.

解　①因为 $\lim\limits_{x\to 1} = \lim\limits_{x\to 1} (-x+1) = 0$,而 $f(1)=0$,故 $\lim\limits_{x\to 1} f(x) = f(1)$,因此 $x=1$ 是 $f(x)$ 的连续点.

②因为 $\lim\limits_{x\to 0^+} f(x) = \lim\limits_{x\to 0^+} (-x+1) = 1$,$\lim\limits_{x\to 0^-} f(x) = \lim\limits_{x\to 0^-} (x-4) = -4$,由于 $\lim\limits_{x\to 0^+} f(x) \neq \lim\limits_{x\to 0^-} f(x)$,所以 $\lim\limits_{x\to 0} f(x)$ 不存在,因此 $x=0$ 是 $f(x)$ 的间断点,且是第一类的跳跃型间断点.

例 1.48　讨论函数 $f(x) = \dfrac{x^2-1}{x(x-1)}$ 的连续性,若有间断点,指出其类型.

解　函数在 $x=0$,$x=1$ 处间断.

在 $x=0$ 处,因为 $\lim\limits_{x\to 0} f(x) = \lim\limits_{x\to 0} \dfrac{x^2-1}{x(x-1)} = \infty$,所以 $x=0$ 是 $f(x)$ 的第二类间断点;

在 $x=1$ 处,因为 $\lim\limits_{x\to 1} f(x) = \lim\limits_{x\to 1} \dfrac{x^2-1}{x(x-1)} = \lim\limits_{x\to 1} \dfrac{x+1}{x} = 2$,所以 $x=1$ 是 $f(x)$ 的第一类可去间断点.

1.6.4　闭区间上的连续函数的性质

闭区间上的连续函数有几个重要的性质,它们是以后讨论很多问题的基础. 由于其证明已

超出了大纲的要求,故从略.

定理 1.5(最大值最小值定理) 闭区间$[a,b]$上的连续函数$f(x)$必能取到最大值和最小值,即在$[a,b]$上必存在这样两点x_1,x_2,使得对于$[a,b]$的所有点x,都有$f(x_1)\leqslant f(x)\leqslant f(x_2)$,称$f(x_1)$、$f(x_2)$分别为$f(x)$在$[a,b]$上的最小值和最大值.

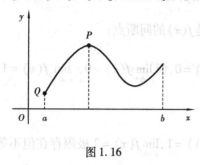

图 1.16

从几何直观上看,因为闭区间上的连续函数的图像是包括两端点的一条不间断的曲线,因此它必定有最高点P和最低点Q,P与Q的纵坐标正是函数的最大值和最小值,如图 1.16 所示.

注意:如果函数仅在开区间(a,b)内或半闭半开区间$(a,b]$、$[a,b)$内连续,或函数在闭区间上有间断点,那么函数在该区间上就不一定有最大值或最小值.

例如,①函数$y=x$在开区间(a,b)内是连续的,该函数在开区间(a,b)内就既无最大值,又无最小值,如图 1.17 所示.

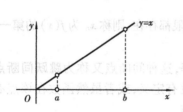

图 1.17

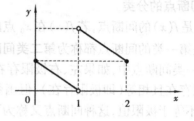

图 1.18

②函数$f(x)=\begin{cases}-x+1, & 0\leqslant x<1\\ 1, & x=1\\ -x+3, & 1<x\leqslant 2\end{cases}$　在闭区间$[0,2]$上有间断点$x=1$,它在闭区间$[0,2]$上也是既无最大值,又无最小值,如图 1.18 所示.

定理 1.6(介值定理)　若$f(x)$在闭区间$[a,b]$上连续,m与M分别是$f(x)$在闭区间$[a,b]$上的最小值和最大值,μ是介于m与M之间的任一实数,即$m\leqslant\mu\leqslant M$,则在$[a,b]$上至少存在一点ξ,使得$f(\xi)=\mu$,如图 1.19 所示.

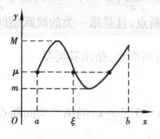

图 1.19

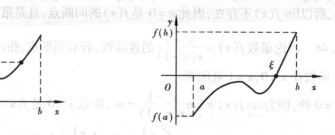

图 1.20

定理的几何意义是:介于两条水平直线$y=m$与$y=M$之间的任一条直线$y=\mu$,与$y=f(x)$的图像曲线至少有一个交点.

推论(方程实根的存在定理)　若$f(x)$在闭区间$[a,b]$上连续,且$f(a)$与$f(b)$异号,则方程$f(x)=0$在(a,b)内至少有一个实根,即至少存在一点$\xi\in(a,b)$,使$f(\xi)=0$.

推论的几何意义:一条连续曲线,若其上的点的纵坐标由负值变到正值或由正值变到负值时,则曲线至少要穿过 x 轴一次(见图 1.20).

使 $f(x)=0$ 的点称为函数 $y=f(x)$ 的零点. 如果 $x=\xi$ 是函数 $f(x)$ 的零点,即 $f(\xi)=0$,那么 $x=\xi$ 就是方程 $f(x)=0$ 的一个实根;反之,方程 $f(x)=0$ 的一个实根 $x=\xi$,就是函数 $f(x)$ 的一个零点. 因此,求方程 $f(x)=0$ 的实根与求函数 $f(x)$ 的零点是一回事. 正因为如此,定理 1.6 的推论通常称为零点存在定理.

例 1.49 证明方程 $x=\cos x$ 在 $\left(0,\dfrac{\pi}{2}\right)$ 内至少有一个实根.

证明 令 $f(x)=x-\cos x,0\leqslant x\leqslant\dfrac{\pi}{2}$,则 $f(x)$ 在 $\left[0,\dfrac{\pi}{2}\right]$ 上连续,且 $f(0)=-1<0$,$f\left(\dfrac{\pi}{2}\right)=\dfrac{\pi}{2}>0$. 由根的存在定理知,在 $\left(0,\dfrac{\pi}{2}\right)$ 内至少有一点 ξ,使 $f(\xi)=\xi-\cos\xi=0$,即方程 $x=\cos x$ 在 $\left(0,\dfrac{\pi}{2}\right)$ 内至少有一个实根.

习题 1.6

一、判断题

1. 函数 $f(x)=\begin{cases}1+x^2 & x\leqslant0\\ \dfrac{\sin x}{x} & x>0\end{cases}$ 在 $x=0$ 处是连续的. ( )

2. 函数 $f(x)=\begin{cases}\dfrac{\sin x}{x} & x\neq0\\ 1 & x=0\end{cases}$ 在 $x=0$ 处是连续的. ( )

3. 方程 $x^3-3x+1=0$ 在区间 $(1,2)$ 内没有实根. ( )

4. $x=1$ 是函数 $f(x)=\dfrac{x^2-1}{x-1}$ 的第一类间断点. ( )

5. $f(x)$ 在 $[a,b]$ 上连续,则在 $[a,b]$ 上有界. ( )

6. 若 $f(x)$ 在闭区间 $[a,b]$ 上有定义,在开区间 (a,b) 内连续,且 $f(a)\cdot f(b)<0$,则 $f(x)$ 在 (a,b) 内必有零点. ( )

二、单项选择题

1. $f(x)$ 在点 x_0 处有定义是 $f(x)$ 在点 $x=x_0$ 处连续的( ).

    A. 必要而非充分条件   B. 充分而非必要条件

    C. 充分必要条件   D. 无关条件

2. $\lim\limits_{x\to x_0}f(x)=f(x_0)$ 是函数 $f(x)$ 在 x_0 处连续的( ).

    A. 必要而非充分条件   B. 充分而非必要条件

    C. 充分必要条件   D. 无关条件

3. $x=0$ 是 $f(x)=\sin x\cdot\sin\dfrac{1}{x}$ 的( ).

A. 可去间断点　　　　B. 跳跃间断点　　　　C. 振荡间断点　　　　D. 无穷间断点

4. $f(x) = \begin{cases} \dfrac{x^2-1}{x-1} & x<1 \\ 2x & x \geq 1 \end{cases}$，则 $x=1$ 是 $f(x)$ 的(　　　　).

　　A. 连续点　　　　　　B. 可去间断点　　　　C. 跳跃间断点　　　　D. 无穷间断点

5. 设函数 $f(x) = (1-x)^{\cot x}$，则定义 $f(0)$ 为(　　　　)时，$f(x)$ 在 $x=0$ 处连续.

　　A. $\dfrac{1}{e}$　　　　　　　　　B. e

　　C. $-e$　　　　　　　　D. 无论怎样定义，$f(0)$、$f(x)$ 在 $x=0$ 处也不连续

6. 函数 $f(x)$ 在 $[a,b]$ 上有最大值和最小值是 $f(x)$ 在 $[a,b]$ 上连续的(　　　　).

　　A. 必要而非充分条件　　　　　　　　　B. 充分而非必要条件

　　C. 充分必要条件　　　　　　　　　　　D. 既非充分条件，又非必要条件

7. 对初等函数来说，其连续区间一定是(　　　　).

　　A. 其定义区间　　　　B. 闭区间　　　　C. 开区间　　　　D. $(-\infty, +\infty)$

8. 方程 $x^5 + 3 \cdot 2^x = 1$ 至少有(　　　　)的根.

　　A. 一个大于 -1　　　B. 一个大于 0　　　C. 两个大于 0　　　D. 不能确定

三、填空题

1. $f(x)$ 在其定义域 (a,b) 内一点 x_0 处连续的充分必要条件是_____.

2. $f(x)$ 在其定义域 (a,b) 内一点 x_0 处连续，则 $\lim\limits_{x \to x_0} f(x) = f(\lim\limits_{x \to x_0} x) = $_____.

3. 若 $\lim\limits_{x \to x_0} f(x)$ 存在，则 $f(x)$ 在 x_0 的某去心邻域内_____界.

4. $f(x)$ 在 $x=x_0$ 处无定义，则 $f(x)$ 在 x_0 处_____连续.

5. $f(x)$ 在 (a,b) 内连续，则 $f(x)$ 在 (a,b) 内_____有最大值和最小值.

6. 设 $f(x)$ 在 $[a,b]$ 上连续且无零点，则 $f(x)$ 在 $[a,b]$ 上_____零.

7. $f(x)$ 在 $[a,b]$ 上连续且单调，且_____，则 $f(x)$ 在 (a,b) 内有且只有一个零点.

四、解答题

1. 证明方程 $x^5 - 3x = 1$ 至少有一个根介于 1 和 2 之间.

2. 若函数 $f(x)$ 在闭区间 $[a,b]$ 上连续，$f(a) < a$，$f(b) > b$. 证明：至少有一点 $\xi \in (a,b)$，使得 $f(\xi) = \xi$.

3. 若 $f(x)$ 在 $[a,b]$ 上连续，$a < x_1 < x_2 < \cdots < x_n < b$，则在 $[a,b]$ 上至少存在一点 ξ，使

$$f(\xi) = \frac{f(x_1) + f(x_2) + \cdots + f(x_n)}{n}$$

复　习　题

一、单项选择题

1. $f(x) = xe^{-|\sin x|}$ $(-\infty < x < +\infty)$ 是(　　　　).

　　A. 有界函数　　　　B. 单调函数　　　　C. 周期函数　　　　D. 奇函数

2. $f(x) = x(e^x - e^{-x})$ 在其定义域 $(-\infty, +\infty)$ 内是(　　　　).

A. 有界函数   B. 单调函数   C. 偶函数   D. 奇函数

3. 设 $f(x) = \dfrac{\sin(1+x)}{1+x^2}$，$-\infty < x < +\infty$，则此函数是（   ）.

A. 有界函数   B. 单调函数   C. 偶函数   D. 奇函数

4. 设 $\{a_n\}$、$\{b_n\}$、$\{c_n\}$ 均为非负数列，且 $\lim\limits_{n\to\infty} a_n = 0$，$\lim\limits_{n\to\infty} b_n = 1$，$\lim\limits_{n\to\infty} c_n = \infty$，则必有（   ）.

A. $a_n < b_n$ 对任意 n 成立   B. $b_n < c_n$ 对任意 n 成立

C. $\lim\limits_{n\to\infty} a_n c_n$ 不存在   D. $\lim\limits_{n\to\infty} b_n c_n$ 不存在

5. 设对任意的 x，总有 $\varphi(x) \leqslant f(x) \leqslant g(x)$，且 $\lim\limits_{x\to\infty}[g(x) - \varphi(x)] = 0$，则 $\lim\limits_{x\to\infty} f(x) = $（   ）.

A. 存在且等于零   B. 存在但不一定等于零

C. 一定不存在   D. 不一定存在

6. 当 $x\to0$ 时，$(1-\cos x)\ln(1+x^2)$ 是比 $x\sin x^n$ 高阶的无穷小，而 $x\sin x^n$ 是比 $(\mathrm{e}^{x^2} - 1)$ 高阶的无穷小，则正整数 n 等于（   ）.

A. 4   B. 3   C. 2   D. 1

7. 设 $f(x)$、$g(x)$ 是 $[-l, l]$ 上的偶函数，$h(x)$ 是 $[-l, l]$ 上的奇函数，则（   ）所给的函数必为奇函数.

A. $f(x) + g(x)$ B. $f(x) + h(x)$

C. $f(x)[h(x) + g(x)]$ D. $f(x)g(x)h(x)$

8. $\alpha(x) = \dfrac{1-x}{1+x}$，$\beta(x) = 1 - \sqrt[3]{x}$，则当 $x\to1$ 时有（   ）.

A. α 是比 β 高阶的无穷小   B. α 是比 β 低阶的无穷小

C. α 与 β 是同阶无穷小，但不等价   D. $\alpha \sim \beta$

9. 函数 $f(x) = \begin{cases} \dfrac{\sqrt{1+x}}{\sqrt[3]{1+x}} & x\neq0\,(x\geqslant-1) \\ k & x=0 \end{cases}$ 在 $x=0$ 处连续，则 $k=$（   ）.

A. $\dfrac{3}{2}$ B. $\dfrac{2}{3}$ C. 1   D. 0

10. 数列极限 $\lim\limits_{n\to\infty} n[\ln(n-1) - \ln n] = $（   ）.

A. 1   B. -1 C. ∞ D. 不存在但非 ∞

二、填空题

1. 满足 $(x-2)^2 < 9$ 的 x 的变化范围用区间可表示为_____；$|x+3| \leqslant 4$ 用区间可表示为_____.

2. 函数 $f(x) = \begin{cases} \sin\dfrac{1}{x} & 0 < |x| \leqslant \pi \\ 0 & x=0 \end{cases}$ 的定义域为_____，值域为_____.

3. 函数 $f(x) = \lg x^2$ 与 $g(x) = 2\lg x$（选填"是"或"不是"）_____同一函数，因为_____.

4. 若 $f(x) = \mathrm{sgn}\, x$，则 $f(f(f(x))) = $_____.

5. 函数 $y = \dfrac{1-x}{1+x}$ 的反函数是_____，$y = 2\sin 3x$ 的反函数是_____．

6. $\lim\limits_{x \to 1} \dfrac{\sqrt{3-x} - \sqrt{x+1}}{x^2 + x - 2} = $_____．

7. 已知 $f(x) = e^{x^2}$，$f[\varphi(x)] = 1 - x$，则 $\varphi(x) = $_____．

8. 设 $f(x)$ 的定义域是 $[1,2]$，则 $f\left(\dfrac{1}{x+1}\right)$ 的定义域是_____．

9. $\lim\limits_{x \to 0}\left[1 + \ln(1+x)\right]^{\frac{2}{\sin x}} = $_____．

10. $x \to 0$ 时，$(1 - ax^2)^{\frac{1}{4}} - 1$ 与 $x\sin x$ 是等价无穷小，则 $a = $_____．

三、解答题

1. 求下列函数的定义域．

(1) $y = \sqrt{x+2} + \dfrac{1}{\lg(1-x)}$ 　　　　　　　(2) $y = \arcsin(x-3)$

2. 判断下列函数的奇偶性、周期性，若是周期函数，则指出其周期．

(1) $y = \lg(x + \sqrt{1+x^2})$ 　　　　　　　　(2) $y = \cos(x-3)$

3. 设 $f(\cos x) = 1 + \sin^2 x$，求 $f(x)$．

4. 设 $f(x) = \dfrac{1}{1-x}(x \neq 0, 1)$，求 $f\left(\dfrac{1}{f(x)}\right)$．

5. 已知 $\varphi(x) = \begin{cases} |\sin x| & |x| < \dfrac{\pi}{3} \\ 0 & |x| \geqslant \dfrac{\pi}{3} \end{cases}$，求 $\varphi\left(\dfrac{\pi}{6}\right)$、$\varphi\left(\dfrac{\pi}{4}\right)$、$\varphi\left(-\dfrac{\pi}{4}\right)$、$\varphi(-2)$，并请作出

$y = \varphi(x)$ 的图像．

6. 计算下列数列的极限．

(1) $\lim\limits_{n \to \infty} \dfrac{1}{n^3}(1^2 + 2^2 + \cdots + n^2)$

(2) $\lim\limits_{n \to \infty}\left(\dfrac{1}{1 \cdot 3} + \dfrac{1}{3 \cdot 5} + \cdots + \dfrac{1}{(2n-1) \cdot (2n+1)}\right)$

(3) $\lim\limits_{n \to \infty} n(\sqrt{n^2+1} - n)$

7. 计算下列函数的极限．

(1) $\lim\limits_{x \to 1} \dfrac{x-2}{x^2+1}$ 　　　　　　　　(2) $\lim\limits_{h \to 0} \dfrac{(x+h)^3 - x^3}{h}$

(3) $\lim\limits_{x \to 1} \dfrac{x^n - 1}{x^2 - 1}$（$n$ 为正整数） 　　　(4) $\lim\limits_{x \to 1}\left(\dfrac{1}{\sin x} - \dfrac{1}{\tan x}\right)$

(5) $\lim\limits_{x \to \infty} \dfrac{(2x-3)^{30} \cdot (3x-2)^{20}}{(5x+1)^{50}}$ 　　(6) $\lim\limits_{x \to \infty} \dfrac{x^2+1}{x^4+3x-2}$

(7) $\lim\limits_{x \to 2} \dfrac{x^3 + 2x^2}{(x-2)^2}$ 　　　　　(8) $\lim\limits_{x \to \infty} \dfrac{x^2}{2x+1}$

(9) $\lim\limits_{x \to 0} x^2 \sin\dfrac{1}{x}$ 　　　　　　　(10) $\lim\limits_{x \to \infty} \dfrac{\arctan x}{x}$

8. 计算下列极限.

$(1) \lim\limits_{x \to 0} \dfrac{2 \arctan x}{3x}$

$(2) \lim\limits_{x \to 0} \dfrac{1 - \cos 2x}{x \sin x}$

$(3) \lim\limits_{x \to \pi^+} \dfrac{\sqrt{1 + \cos x}}{\sin x}$

$(4) \lim\limits_{n \to \infty} 2^n \sin \dfrac{x}{2^n}$

$(5) \lim\limits_{n \to \infty} \left(1 - \dfrac{2}{n}\right)^n$

$(6) \lim\limits_{x \to 0} (1 + x)^{\frac{2+x}{x}}$

$(7) \lim\limits_{x \to \frac{\pi}{2}} (1 + \cos x)^{3 - \sec x}$

$(8) \lim\limits_{x \to \infty} \left(\dfrac{1 + x}{1 - x}\right)^{2x + 1}$

9. 若 $\lim\limits_{x \to \infty} \left(\dfrac{x^2 + 1}{x + 1} - ax - b\right) = 0$，试求常数 a, b.

10. 若 $f(x) = \begin{cases} e^x(\sin x + \cos x) & x > 0 \\ 2x + a & x \leqslant 0 \end{cases}$ 是 $(-\infty < x < +\infty)$ 上的连续函数，求 a 的值.

11. 讨论 $f(x) = \begin{cases} \dfrac{e^{\frac{1}{x}} - 1}{e^{\frac{1}{x}} + 1} & x \neq 0 \\ 1 & x = 0 \end{cases}$ 的间断点及间断点的类型.

四、证明题

1. 证明:定义在对称区间 $(-l, l)$ 内的任意函数可表示为一个奇函数与一个偶函数之和.

2. 设 $z = \sqrt{y} + f(\sqrt[3]{x} - 1)$，且已知当 $y = 1$ 时，$z = x$，求 $f(x)$.

3. 当 $x \neq 0$ 时，$f(x)$ 满足 $af(x) + bf\left(\dfrac{1}{x}\right) = 2x + \dfrac{3}{x}$，且 $f(0) = 0$，$|a| \neq |b|$，证明:$f(x)$ 为奇函数.

4. 设 $f(x)$ 在 $[a, +\infty)$ 上连续，且 $\lim\limits_{x \to \infty} f(x)$ 存在，证明 $f(x)$ 在 $[a, +\infty)$ 有界.

5. 证明方程 $x^3 - 4x + 1 = 0$ 在区间 $(0, 1)$ 内至少有一个实根.

第 2 章

一元函数微分学

导数与微分是微分学的两个基本概念,其中导数反映了函数相对于自变量的瞬间变化的程度,而微分则是指当自变量有微小变化时,函数的近似变化值. 本章主要讨论导数与微分的概念、计算方法和它们的基本应用.

2.1 导数的概念

2.1.1 导数概念的引出

(1)曲线上一点的切线斜率

在初等数学中,圆的切线可定义为"与圆只有一个交点的直线". 但是对于一般的曲线,用"与曲线只有一个交点的直线"来定义切线就不一定合适. 例如,对于抛物线 $y = x^2$,在原点 O 处只有 x 轴是它在原点 O 处的切线,但与它只有一个交点的 y 轴就不是切线. 下面给出切线的一般定义.

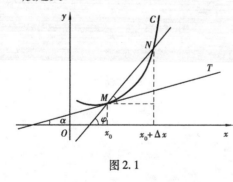

图 2.1

设点 M 是曲线 C 上的一个定点,如图 2.1 所示,在 C 上另取一点 N 作割线 MN,当点 N 沿曲线 C 趋于点 M 时,如果割线 MN 的极限位置 MT 存在,则称直线 MT 为曲线 C 在点 M 处的切线.

如果曲线 C 的方程为 $y = f(x)$,该如何求曲线在点 M 处的切线斜率呢?

设点 $M(x_0, y_0)$ 为曲线上一定点,动点 $N(x_0 + \Delta x, y_0 + \Delta y)$,于是割线 MN 的斜率为

$$\tan \varphi = \frac{\Delta y}{\Delta x} = \frac{f(x_0 + \Delta x) - f(x_0)}{\Delta x}$$

当割线 $MN \to$ 切线 MT 时,则 $N \to M$,即有 $\Delta x \to 0$,$\varphi \to \alpha$,则切线 MT 的斜率为

$$k = \tan \alpha = \lim_{N \to M} \tan \varphi = \lim_{\Delta x \to 0} \frac{\Delta y}{\Delta x}$$

$$= \lim_{\Delta x \to 0} \frac{f(x_0 + \Delta x) - f(x_0)}{\Delta x}$$

（2）变速直线运动的速度

设一质点作直线运动，从某一时刻开始，到时刻 t 所运动的路程为 s，则 s 是时间 t 的函数，即 $s = s(t)$. 下面求该质点在 $t = t_0$ 时的瞬时速度.

在时刻 $t = t_0$ 给一个时间增量 Δt，则在 $[t_0, t_0 + \Delta t]$ 这一段时间内质点所运动的路程为

$$\Delta s = s(t_0 + \Delta t) - s(t_0)$$

而在这一段时间内的平均速度为

$$\bar{v} = \frac{\Delta s}{\Delta t} = \frac{s(t_0 + \Delta t) - s(t_0)}{\Delta t}$$

显然，Δt 越小，这个平均速度越接近于 t_0 时刻的速度. 如果当 $\Delta t \to 0$ 时，$\dfrac{\Delta s}{\Delta t}$ 的极限存在，则称此极限值为该质点在 t_0 时刻的瞬时速度，即

$$v(t_0) = \lim_{\Delta t \to 0} \bar{v} = \lim_{\Delta t \to 0} \frac{\Delta s}{\Delta t} = \lim_{\Delta t \to 0} \frac{s(t_0 + \Delta t) - s(t_0)}{\Delta t}$$

2.1.2　导数的定义

从上述两个实例来看，虽然所涉及的问题不同，但从数量关系上看，其分析和计算方法却是一致的，即是研究函数的增量与自变量增量之比的极限问题. 在自然科学和工程技术问题中，还有许多类似的非均匀变化的变化率问题，都可归结为上述极限问题. 因此撇开这些问题的具体意义，抓住它们在数量关系上的共性就得出导数的概念.

定义 2.1　设函数 $y = f(x)$ 在点 x_0 的某邻域内有定义，给自变量 x 在 x_0 处以增量 Δx，相应地函数 y 有增量 $\Delta y = f(x_0 + \Delta x) - f(x_0)$，若极限

$$\lim_{\Delta x \to 0} \frac{\Delta y}{\Delta x} = \lim_{\Delta x \to 0} \frac{f(x_0 + \Delta x) - f(x_0)}{\Delta x}$$

存在，则称此极限值为函数 $y = f(x)$ 在点 x_0 处的**导数**，记为 $f'(x_0)$，$y' \big|_{x = x_0}$ 或 $\dfrac{\mathrm{d}y}{\mathrm{d}x} \bigg|_{x = x_0}$，即

$$f'(x_0) = \lim_{\Delta x \to 0} \frac{f(x_0 + \Delta x) - f(x_0)}{\Delta x}$$

此时也称函数 $y = f(x)$ 在点 x_0 处**可导**. 如果上述极限不存在，则称 $f(x)$ 在 x_0 处**不可导**.

如果函数 $y = f(x)$ 在区间 (a, b) 内的每一点都可导，则称函数 $y = f(x)$ **在区间 (a, b) 内可导**. 此时的导数称为函数 $y = f(x)$ 的**导函数**，也简称导数，记为 $f'(x)$、y' 或 $\dfrac{\mathrm{d}y}{\mathrm{d}x}$，即有

$$f'(x) = \lim_{\Delta x \to 0} \frac{f(x + \Delta x) - f(x)}{\Delta x}$$

显然，函数 $y = f(x)$ 在点 x_0 处的导数 $f'(x_0)$ 就是导函数 $f'(x)$ 在点 x_0 处的函数值，即

$$f'(x_0) = f'(x) \big|_{x = x_0}$$

需要指出的是

$$f'(x_0) = \lim_{\Delta x \to 0} \frac{f(x_0 + \Delta x) - f(x_0)}{\Delta x}$$

极限存在的充分必要条件是左、右极限都存在且相等,因此,$f(x_0)$在点x_0处可导的充分必要条件是左、右极限,即

$$\lim_{\Delta x \to 0^-} \frac{f(x_0 + \Delta x) - f(x_0)}{\Delta x}$$

$$\lim_{\Delta x \to 0^+} \frac{f(x_0 + \Delta x) - f(x_0)}{\Delta x}$$

都存在且相等. 这两个极限分别称为函数$f(x)$在点x_0处的**左导数**和**右导数**. 记为$f'_-(x_0)$及$f'_+(x_0)$,即

$$f'_-(x_0) = \lim_{\Delta x \to 0^-} \frac{f(x_0 + \Delta x) - f(x_0)}{\Delta x}$$

$$f'_+(x_0) = \lim_{\Delta x \to 0^-} \frac{f(x_0 + \Delta x) - f(x_0)}{\Delta x}$$

现在可以说,**函数$f(x)$在点x_0处可导的充分必要条件是左导数$f'_-(x_0)$和右导数$f'_+(x_0)$都存在且相等.**

例如,函数$f(x) = |x|$在$x = 0$处的左导数$f'_-(0) = -1$及右导数$f'_+(0) = 1$虽然都存在,但不相等,所以函数$f(x) = |x|$在$x = 0$处不可导.

如果函数$f(x)$在开区间(a,b)内可导,且$f'_+(a)$及$f'_-(b)$都存在,就说$f(x)$在闭区间$[a,b]$上可导.

2.1.3 求导数举例

下面根据导数的定义求一些简单函数的导数.

例2.1 求函数$y = C$(C为常数)的导数.

解 $f'(x) = \lim\limits_{\Delta x \to 0} \dfrac{f(x + \Delta x) - f(x)}{\Delta x} = \lim\limits_{\Delta x \to 0} \dfrac{C - C}{\Delta x} = 0$,即

$$(C)' = 0$$

这表明,常数的导数等于零.

例2.2 求函数$y = x^2$的导数.

解 $f'(x) = \lim\limits_{\Delta x \to 0} \dfrac{f(x + \Delta x) - f(x)}{\Delta x} = \lim\limits_{\Delta x \to 0} \dfrac{(x + \Delta x)^2 - x^2}{\Delta x}$

$\qquad = \lim\limits_{\Delta x \to 0} (2x + \Delta x) = 2x$

即

$$(x^2)' = 2x$$

一般地,对于幂函数$y = x^a (a \in \mathbf{R})$,都有

$$(x^a)' = ax^{a-1}$$

例2.3 求函数$y = \log_a x (a > 0$且$a \neq 1)$的导数.

解 $f'(x) = \lim\limits_{\Delta x \to 0} \dfrac{f(x + \Delta x) - f(x)}{\Delta x} = \lim\limits_{\Delta x \to 0} \dfrac{\log_a(x + \Delta x) - \log_a x}{\Delta x}$

$\qquad = \lim\limits_{\Delta x \to 0} \dfrac{1}{\Delta x} \log_a \dfrac{x + \Delta x}{x} = \lim\limits_{\Delta x \to 0} \dfrac{1}{x} \cdot \dfrac{x}{\Delta x} \log_a \left(1 + \dfrac{\Delta x}{x}\right)$

$\qquad = \dfrac{1}{x} \lim\limits_{\Delta x \to 0} \log_a \left(1 + \dfrac{\Delta x}{x}\right)^{\frac{x}{\Delta x}} = \dfrac{1}{x} \log_a e = \dfrac{1}{x \ln a}$

即
$$(\log_a x)' = \frac{1}{x \ln a}$$

特殊地有
$$(\ln x)' = \frac{1}{x}$$

例 2.4　求函数 $y = \sin x$ 的导数.

解　$f'(x) = \lim\limits_{\Delta x \to 0} \dfrac{f(x + \Delta x) - f(x)}{\Delta x} = \lim\limits_{\Delta x \to 0} \dfrac{\sin(x + \Delta x) - \sin x}{\Delta x}$

$$= \lim_{\Delta x \to 0} \frac{2 \cos\left(x + \dfrac{\Delta x}{2}\right) \sin \dfrac{\Delta x}{2}}{\Delta x}$$

$$= \lim_{\Delta x \to 0} \cos\left(x + \frac{\Delta x}{2}\right) \cdot \frac{\sin \dfrac{\Delta x}{2}}{\dfrac{\Delta x}{2}} = \cos x$$

即
$$(\sin x)' = \cos x$$

类似地可得
$$(\cos x)' = -\sin x$$

2.1.4　导数的几何意义

由前面切线问题的讨论及导数的定义可知,函数 $y = f(x)$ 在点 x_0 处的导数 $f'(x_0)$ 在几何上表示曲线 $y = f(x)$ 在点 $M(x_0, f(x_0))$ 处的切线斜率,即

$$f'(x_0) = \tan \alpha$$

其中 α 是切线的倾斜角,如图 2.1 所示.

由导数的几何意义及直线的点斜式方程,得曲线 $y = f(x)$ 在点 $M(x_0, f(x_0))$ 处的切线方程为

$$y - f(x_0) = f'(x_0)(x - x_0)$$

法线方程为
$$y - f(x_0) = -\frac{1}{f'(x_0)} \cdot (x - x_0) \quad (f'(x_0) \neq 0)$$

如果函数 $f(x)$ 在点 x_0 处连续,而导数为无穷大,则曲线 $y = f(x)$ 在点 $M(x_0, f(x_0))$ 处的切线垂直于 x 轴,其方程为 $x = x_0$.

例 2.5　求曲线 $y = \ln x$ 在点 $(2, \ln 2)$ 处的切线和法线方程.

解　由导数的几何意义,得曲线 $y = \ln x$ 在点 $(2, \ln 2)$ 处的切线斜率为

$$k = y'\big|_{x=2} = \frac{1}{x}\bigg|_{x=2} = \frac{1}{2}$$

切线方程为
$$y - \ln 2 = \frac{1}{2}(x - 2)$$

即
$$x - 2y + 2\ln 2 - 2 = 0$$

法线方程为
$$y - \ln 2 = -2(x - 2)$$

即
$$2x + y - 4 - \ln 2 = 0$$

2.1.5　函数可导性与连续性的关系

定理 2.1　如果函数 $y = f(x)$ 在点 x_0 处可导,则 $f(x)$ 在点 x_0 处必连续.

证明 设 $f(x)$ 在点 x_0 处可导,则 $\lim\limits_{\Delta x \to 0} \dfrac{\Delta y}{\Delta x} = f'(x_0)$ 存在,由无穷小与极限的关系得

$$\frac{\Delta y}{\Delta x} = f'(x_0) + \alpha$$

即

$$\Delta y = f'(x_0)\Delta x + \alpha \cdot \Delta x$$

从而

$$\lim_{\Delta x \to 0}\Delta y = \lim_{\Delta x \to 0}[f'(x_0)\Delta x + \alpha \cdot \Delta x] = 0$$

所以,函数 $f(x)$ 在点 x_0 处连续.

这个定理的逆命题则不成立,即函数在一点连续,但在该点不一定可导.下面举例说明.

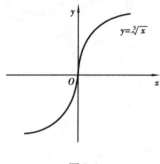

图 2.2

例 2.6 讨论函数 $y = \sqrt[3]{x}$ 在 $x = 0$ 处的可导性与连续性.

解 在 $x = 0$ 处给以增量 Δx,则

$$\Delta y = f(0 + \Delta x) - f(0) = \sqrt[3]{\Delta x}$$

因

$$\lim_{\Delta x \to 0}\frac{\Delta y}{\Delta x} = \lim_{\Delta x \to 0}\frac{\sqrt[3]{\Delta x}}{\Delta x} = \lim_{\Delta x \to 0}\frac{1}{\sqrt[3]{(\Delta x)^2}} = \infty$$

所以函数 $y = \sqrt[3]{x}$ 在 $x = 0$ 处不可导.但由于 $\lim\limits_{\Delta x \to 0}\Delta y = \lim\limits_{\Delta x \to 0}\sqrt[3]{\Delta x} = 0$,

所以函数 $y = \sqrt[3]{x}$ 在 $x = 0$ 处连续.从图 2.2 可见,曲线 $y = \sqrt[3]{x}$ 在 $x = 0$ 处切线存在,y 轴就是这条切线.

例 2.7 讨论分段函数 $y = \begin{cases} x & x < 0 \\ \sin x & x \geq 0 \end{cases}$ 在点 $x = 0$ 处的可导性与连续性.

解 在 $x = 0$ 处给以增量 Δx,则函数的增量

$$\Delta y = f(0 + \Delta x) - f(0) = \begin{cases} \Delta x & \Delta x < 0 \\ \sin \Delta x & \Delta x > 0 \end{cases}$$

于是

$$\lim_{\Delta x \to 0^-}\frac{\Delta y}{\Delta x} = \lim_{\Delta x \to 0^-}\frac{\Delta x}{\Delta x} = 1$$

$$\lim_{\Delta x \to 0^+}\frac{\Delta y}{\Delta x} = \lim_{\Delta x \to 0^+}\frac{\sin \Delta x}{\Delta x} = 1$$

所以 $\lim\limits_{\Delta x \to 0}\dfrac{\Delta y}{\Delta x} = 1$,故函数 $f(x)$ 在点 $x = 0$ 处可导,从而在 $x = 0$ 处也连续.

习题 2.1

一、单项选择题

1. 函数 $y = f(x)$ 在点 x_0 处可导,则在 x_0 处的切线(　　).

　　A. 存在　　　　　B. 不存在　　　　　C. 可能存在,可能不存在

2. 若函数 $y = f(x)$ 在点 x_0 处间断,则在 x_0 处(　　).

　　A. 可导　　　　　B. 不可导　　　　　C. 不能确定　　　　　D. 连续

3. 设 $f'(x_0) = 3$,则 $\lim\limits_{h \to 0}\dfrac{f(x_0) - f(x_0 - 2h)}{h} = ($　　$)$.

　　A. 3　　　　　　B. -6　　　　　　C. 6　　　　　　D. 不存在

4. 函数 $y=f(x)$ 在点 x_0 处连续是 $y=f(x)$ 在点 x_0 处可导的(　　).

　　A. 充分条件　　　　B. 充要条件　　　　C. 必要条件　　　　　　D. 都不是

5. 若 $\lim\limits_{h\to 0}\dfrac{f(x_0+h)-f(x_0-h)}{h}$ 存在,则 $f'(x_0)$(　　).

　　A. 存在　　　　　　B. 不存在　　　　　C. 不一定存在　　　　　D. 等于 0

二、填空题

1. 函数 $y=\sqrt[3]{x}$ 在 $x=0$ 处不可导,但在 $x=0$ 处的切线方程为_____.

2. 曲线 $y=\sin x$ 在点 $x=\dfrac{\pi}{3}$ 处的法线斜率 $k=$_____.

3. 设 $f(x)$ 可导,则 $\lim\limits_{\Delta x\to 0}\dfrac{f^2(x+\Delta x)-f^2(x)}{\Delta x}=$_____.

4. 设 $\lim\limits_{x\to 0}\dfrac{f(x)}{x}$ 存在,且 $f(0)=0$,则 $\lim\limits_{x\to 0}\dfrac{f(x)}{x}=$_____.

5. 若函数 $f(x)=\begin{cases}\sin x & x\geq 0\\ ax+x^2 & x<0\end{cases}$ 可导,则 $a=$_____.

三、解答题

1. 垂直向上抛一物体,其上升高度为 $h(t)=10t-\dfrac{1}{2}gt^2$(m),求:

(1)物体从 $t=1$ s 到 $t=1.2$ s 的平均速度;

(2)速度函数 $v(t)$ 及在 $t=1$ s 时的速度.

2. 设物体绕一定轴旋转,在时间间隔 $[0,t]$ 内转过角度 θ,若 $\theta(t)=2\sqrt{t}$,求:

(1)物体从 $t=1$ s 到 $t=4$ s 的平均角速度;

(2)角速度 $\omega(t)$ 及在 $t=1$ s 时的角速度.

3. 利用导数的定义求下列函数的导数:

(1)$y=x^3$　　　　　　　　　(2)$y=\cos x$

4. 曲线 $y=\dfrac{1}{3}x^3$ 上哪一点的切线与直线 $x-4y+3=0$ 平行?

5. 求曲线 $y=\cos x$ 在点 $\left(\dfrac{2\pi}{3},-\dfrac{1}{2}\right)$ 处的切线与法线方程.

6. 讨论下列函数在 $x=0$ 处的连续性与可导性:

(1)$y=|\sin x|$　　　　　　　(2)$y=x|x|$

7. 设函数 $f(x)$ 在点 x_0 处可导,试利用导数的定义确定下列各题的 k 值:

(1)$\lim\limits_{x\to x_0}\dfrac{f(x)-f(x_0)}{x-x_0}=k$;

(2)$\lim\limits_{x\to 0}\dfrac{f(x)}{x}=k$,其中 $f(0)=0$,且 $f'(0)$ 存在;

(3)$\lim\limits_{h\to 0}\dfrac{f(x_0+h)-f(x_0-h)}{h}=k$.

2.2 求导法则、初等函数的导数

上一节讲述了利用导数的定义,求出了一些基本初等函数的导数,但对于较复杂的函数,如果仍用定义来求导数,则是相当繁而难的过程. 根据初等函数的构成,本节将介绍求导数的一些基本法则和基本初等函数的导数公式. 借助于这些法则和公式,就能比较方便地求出所有初等函数的导数.

2.2.1 函数的四则求导法则

设函数 $u(x)$、$v(x)$ 在点 x 处可导,则它们的和、差、积与商(分母 $\neq 0$)在点 x 处也可导,且

法则 1 $(u \pm v)' = u' \pm v'$.

法则 2 $(uv)' = u'v + uv'$.

法则 3 $\left(\dfrac{u}{v}\right)' = \dfrac{u'v - uv'}{v^2}$ $(v\neq 0)$.

证明法则 2 设 $y = u(x) \cdot v(x)$,给 x 以增量 Δx,则函数 u,v 有增量

$$\Delta u = u(x + \Delta x) - u(x)$$
$$\Delta v = v(x + \Delta x) - v(x)$$

所以,函数 y 有增量

$$\begin{aligned}\Delta y &= f(x + \Delta x) - f(x) = u(x + \Delta x)v(x + \Delta x) - u(x)v(x)\\ &= (u(x) + \Delta u)(v(x) + \Delta v) - u(x)v(x)\\ &= \Delta u \cdot v(x) + u(x) \cdot \Delta v + \Delta u \cdot \Delta v\end{aligned}$$

由于 $u(x)$、$v(x)$ 在点 x 处可导,则 $\lim\limits_{\Delta x \to 0}\dfrac{\Delta u}{\Delta x} = u'(x)$,$\lim\limits_{\Delta x \to 0}\dfrac{\Delta v}{\Delta x} = v'(x)$,且 $\lim\limits_{\Delta x \to 0}\Delta v = 0$.

于是

$$\begin{aligned}y' &= \lim_{\Delta x\to 0}\frac{\Delta y}{\Delta x} = \lim_{\Delta x\to 0}\left[\frac{\Delta u}{\Delta x}v(x) + u(x)\frac{\Delta v}{\Delta x} + \frac{\Delta u}{\Delta x}\Delta v\right]\\ &= v(x)\lim_{\Delta x\to 0}\frac{\Delta u}{\Delta x} + u(x)\lim_{\Delta x\to 0}\frac{\Delta v}{\Delta x} + \lim_{\Delta x\to 0}\frac{\Delta u}{\Delta x}\cdot\lim_{\Delta x\to 0}\Delta v\\ &= u'(x)v(x) + u(x)v'(x)\end{aligned}$$

即

$$(uv)' = u'v + uv'$$

同理可证明法则 1、法则 3.

特殊地,如果在法则 2 中取 $v = C$(C 为常数),由于 $(C)' = 0$,则有如下推论:

推论 1 $[Cu(x)]' = Cu'(x)$.

推论 2 $\left(\dfrac{1}{v(x)}\right)' = -\dfrac{v'(x)}{v^2(x)}$.

法则 1、法则 2 可以推广到有限个可导函数的情形.

例 2.8 求函数 $y = 2x^3 - \dfrac{1}{x} + \sin x - 3$ 的导数.

解
$$y' = \left(2x^3 - \frac{1}{x} + \sin x - 3\right)'$$

$$= 2(x^3)' - (x^{-1})' + (\sin x)' - (3)'$$

$$= 2 \cdot 3x^2 - (-1)x^{-2} + \cos x - 0$$

$$= 6x^2 + x^{-2} + \cos x$$

例 2.9　求函数 $y = \tan x$ 的导数.

解　因为 $\tan x = \dfrac{\sin x}{\cos x}$,所以

$$y' = \left(\frac{\sin x}{\cos x}\right)' = \frac{(\sin x)'\cos x - \sin x(\cos x)'}{\cos^2 x}$$

$$= \frac{\cos^2 x + \sin^2 x}{\cos^2 x} = \frac{1}{\cos^2 x}$$

即 $\qquad\qquad\qquad\qquad\qquad\qquad (\tan x)' = \sec^2 x$

类似地可得 $\qquad\qquad\qquad\qquad\qquad (\cot x)' = -\csc^2 x$

例 2.10　求函数 $y = \sec x$ 的导数.

解　$y' = (\sec x)' = \left(\dfrac{1}{\cos x}\right)' = -\dfrac{(\cos x)'}{\cos^2 x} = \dfrac{\sin x}{\cos^2 x} = \tan x \sec x$

即 $\qquad\qquad\qquad\qquad\qquad\qquad (\sec x)' = \sec x \cdot \tan x$

类似地可得 $\qquad\qquad\qquad\qquad\qquad (\csc x)' = -\csc x \cdot \cot x$

2.2.2　复合函数的求导法则

法则 4　设函数 $u = \varphi(x)$ 在点 x 处可导,函数 $y = f(u)$ 在对应点 u 处可导,则复合函数 $y = f[\varphi(x)]$ 在点 x 处可导,且

$$y'_x = \{f[\varphi(x)]\}' = f'(u) \cdot \varphi'(x) = f'[\varphi(x)]\varphi'(x)$$

简记为 $\qquad\qquad\qquad y'_x = y'_u \cdot u'_x \quad 或 \quad \dfrac{\mathrm{d}y}{\mathrm{d}x} = \dfrac{\mathrm{d}y}{\mathrm{d}u} \cdot \dfrac{\mathrm{d}u}{\mathrm{d}x}$

证明　给 x 以增量 Δx,相应地函数 $u = \varphi(x)$ 有增量 Δu,从而函数 $y = f(u)$ 也有增量 Δy.

由于函数 $y = f(u)$ 在点 u 处可导,所以 $\lim\limits_{\Delta u \to 0} \dfrac{\Delta y}{\Delta u} = f'(u)$ 存在,由无穷小与极限的关系,得

$$\frac{\Delta y}{\Delta u} = f'(u) + \alpha \quad (\alpha 是 \Delta u \to 0 时的无穷小)$$

从而　$\Delta y = f'(u)\Delta u + \alpha \cdot \Delta u$,即有

$$\frac{\Delta y}{\Delta x} = f'(u)\frac{\Delta u}{\Delta x} + \alpha \cdot \frac{\Delta u}{\Delta x}$$

又由于函数 $u = \varphi(x)$ 在点 x 处可导,所以 $\lim\limits_{\Delta x \to 0} \dfrac{\Delta u}{\Delta x} = \varphi'(x)$ 存在,且 $\Delta x \to 0$ 时,$\Delta u \to 0$.

于是 $\qquad \lim\limits_{\Delta x \to 0} \dfrac{\Delta y}{\Delta x} = f'(u)\lim\limits_{\Delta x \to 0}\dfrac{\Delta u}{\Delta x} + \lim\limits_{\Delta u \to 0}\alpha \cdot \lim\limits_{\Delta x \to 0}\dfrac{\Delta u}{\Delta x}$

$$= f'(u) \cdot \varphi'(x)$$

即 $\qquad\qquad\qquad\qquad y'_x = f'(u) \cdot \varphi'(x) \qquad$ 证毕.

例 2.11　求函数 $y = (x^2 - 3)^3$ 的导数.

解　函数 $y = (x^2 - 3)^3$ 可看成由 $y = u^3$,$u = x^2 - 3$ 复合而成,因此

$$y'_x = y'_u \cdot u'_x = (u^3)' \cdot (x^2-3)' = 3u^2 \cdot 2x = 6x(x^2-3)^2$$

例 2.12 求函数 $y = \ln \sin x$ 的导数.

解 函数 $y = \ln \sin x$ 可看成由 $y = \ln u, u = \sin x$ 复合而成,所以

$$y'_x = y'_u \cdot u'_x = (\ln u)' \cdot (\sin x)' = \frac{1}{u} \cdot \cos x = \frac{\cos x}{\sin x} = \cot x$$

复合函数的求导法则又称为**连锁法则**,它可以推广到多个函数复合的情形.

例 2.13 求函数 $y = \ln^2 \tan x$ 的导数.

解 函数 $y = \ln^2 \tan x$ 是由 3 个函数 $y = u^2, u = \ln v, v = \tan x$ 复合而成,

因此

$$y'_x = y'_u \cdot u'_v \cdot v'_x = 2u \cdot \frac{1}{v} \cdot \sec^2 x = \frac{2 \sec^2 x \ln \tan x}{\tan x}$$

从上述例题可以看出:求复合函数的导数,首先要分析清楚所给函数是由哪些函数复合而成的;其次,再应用复合函数求导法则,就可求出所给函数的导数.

当复合函数的分解比较熟练后,就不必再写出中间变量,只需记住从外到里的复合过程,再依次求导即可.

例 2.14 求函数 $y = 2^{\sin x^3}$ 的导数.

解
$$y' = 2^{\sin x^3} \ln 2 \cdot (\sin x^3)' = 2^{\sin x^3} \ln 2 \cdot \cos x^3 \cdot (x^3)'$$
$$= 3x^2 2^{\sin x^3} \ln 2 \cdot \cos x^3$$

2.2.3 反函数的求导法则

法则 5 如果函数 $x = \varphi(y)$ 在某区间内单调可导,且 $\varphi'(y) \neq 0$,则它的反函数 $y = f(x)$ 在对应区间内也可导,且

$$f'(x) = \frac{1}{\varphi'(y)} \quad \text{或} \quad y'_x = \frac{1}{x'_y} \quad \text{或} \quad \frac{\mathrm{d}y}{\mathrm{d}x} = \frac{1}{\dfrac{\mathrm{d}x}{\mathrm{d}y}}$$

证明 因为 $x = \varphi(y)$ 单调可导,所以其反函数 $y = f(x)$ 在相应区间内也单调、连续.
对于反函数 $y = f(x)$,给 x 以增量 $\Delta x (\Delta x \neq 0)$,则由 $y = f(x)$ 的单调性,得
$$\Delta y = f(x + \Delta x) - f(x) \neq 0$$
因 $y = f(x)$ 连续,所以当 $\Delta x \to 0$ 时,必有 $\Delta y \to 0$,故

$$f'(x) = \lim_{\Delta x \to 0} \frac{\Delta y}{\Delta x} = \lim_{\Delta y \to 0} \frac{1}{\dfrac{\Delta x}{\Delta y}} = \frac{1}{\varphi'(y)} \qquad \text{证毕.}$$

例 2.15 求指数函数 $y = a^x (a > 0$ 且 $a \neq 1)$ 的导数.

解 因为 $y = a^x$ 是 $x = \log_a y$ 的反函数,所以由反函数求导法则,得

$$y'_x = \frac{1}{x'_y} = \frac{1}{(\log_a y)'} = \frac{1}{\dfrac{1}{y \ln a}} = y \ln a = a^x \ln a$$

即
$$(a^x)' = a^x \ln a$$

特别地,当 $a = e$ 时有
$$(e^x)' = e^x$$

例 2.16 求函数 $y = \arcsin x \ (-1 < x < 1)$ 的导数.

解 因为 $y = \arcsin x$ 是 $x = \sin y$ 的反函数,函数 $x = \sin y$ 在 $\left(-\dfrac{\pi}{2}, \dfrac{\pi}{2}\right)$ 内单调可导,且

$\cos y > 0$, 所以 $y = \arcsin x$ 在对应区间 $(-1,1)$ 内可导, 且

$$y'_x = \frac{1}{x'_y} = \frac{1}{(\sin y)'} = \frac{1}{\cos y} = \frac{1}{\sqrt{1-\sin^2 y}} = \frac{1}{\sqrt{1-x^2}}$$

即

$$(\arcsin x)' = \frac{1}{\sqrt{1-x^2}}$$

同理可求得

$$(\arccos x)' = -\frac{1}{\sqrt{1-x^2}}$$

$$(\arctan x)' = \frac{1}{1+x^2}$$

$$(\text{arccot}\, x)' = -\frac{1}{1+x^2}$$

由此, 我们已求出了所有基本初等函数的导数.

2.2.4　初等函数的求导问题

由于初等函数是由基本初等函数经过有限次四则运算和复合所构成的函数, 所以, 利用求导法则和基本初等函数的导数公式, 就可求出所有初等函数的导数. 为便于利用这些法则和公式, 把它们归纳如下:

(1) 基本初等函数的导数公式

①$(C)' = 0$　　　②$(x^a)' = ax^{a-1}$

③$(a^x)' = a^x \ln a$　　　④$(e^x)' = e^x$

⑤$(\log_a x)' = \frac{1}{x \ln a}$　　　⑥$(\ln x)' = \frac{1}{x}$

⑦$(\sin x)' = \cos x$　　　⑧$(\cos x)' = -\sin x$

⑨$(\tan x)' = \sec^2 x$　　　⑩$(\cot x)' = -\csc^2 x$

⑪$(\sec x)' = \sec x \cdot \tan x$　　　⑫$(\csc x)' = -\csc x \cdot \cot x$

⑬$(\arcsin x)' = \frac{1}{\sqrt{1-x^2}}$　　　⑭$(\arccos x)' = -\frac{1}{\sqrt{1-x^2}}$

⑮$(\arctan x)' = \frac{1}{1+x^2}$　　　⑯$(\text{arccot}\, x)' = -\frac{1}{1+x^2}$

(2) 函数的和、差、积、商的求导法则

设 $u = u(x)$, $v = v(x)$ 都可导, 则

①$(u \pm v)' = u' \pm v'$

②$(uv)' = u'v + uv'$

③$\left(\dfrac{u}{v}\right)' = \dfrac{u'v - uv'}{v^2}$　$(v \neq 0)$

(3) 复合函数的求导法则

设 $y = f(u)$, $u = \varphi(x)$ 都可导, 则复合函数 $y = f[\varphi(x)]$ 的导数为

$$y'(x) = f'(u) \cdot \varphi'(x) = f'[\varphi(x)]\varphi'(x)$$

此外, 为方便计算, 还需熟练以下公式:

$$\left[Cu(x) \right]' = Cu'(x)$$

$$\left(\frac{1}{v(x)} \right)' = -\frac{v'(x)}{v^2(x)}$$

$$\left(\sqrt{u(x)} \right)' = \frac{u'(x)}{2\sqrt{u(x)}}$$

总之,求初等函数的导数,都是首先套用求导法则(从外层到里层),把一个复杂函数的求导问题化简为求一些简单函数的导数,最后,再利用基本初等函数的导数公式,求出所给函数的导数.

例 2.17 求函数 $y = \ln(x + \sqrt{a^2 + x^2})$ 的导数.

解
$$y' = \frac{1}{x + \sqrt{a^2 + x^2}}(x + \sqrt{a^2 + x^2})'$$
$$= \frac{1}{x + \sqrt{a^2 + x^2}}\left(1 + \frac{2x}{2\sqrt{a^2 + x^2}} \right)$$
$$= \frac{1}{\sqrt{a^2 + x^2}}$$

例 2.18 求函数 $y = e^{-x^2}\cos 2x$ 的导数.

解
$$y' = (e^{-x^2})'\cos 2x + e^{-x^2}(\cos 2x)'$$
$$= e^{-x^2}(-x^2)'\cos 2x + e^{-x^2}(-\sin 2x)(2x)'$$
$$= -2xe^{-x^2}\cos 2x - 2e^{-x^2}\sin 2x = -2e^{-x^2}(x\cos 2x + \sin 2x)$$

2.2.5 隐函数的导数

前面研究的函数,如 $y = \ln \sin x, y = \ln(x + \sqrt{a^2 + x^2})$ 等,函数 y 是由自变量 x 的关系式 $y = f(x)$ 表示的,这种函数称为**显函数**. 但是在实际问题中,往往还会遇到另一类函数,如 $x^2 + y^2 = R^2, x + y = e^{xy}$ 等,这些函数是由一个方程 $F(x,y) = 0$ 所确定的. 一般地,由方程 $F(x,y) = 0$ 所确定的函数称为**隐函数**.

隐函数如何求导呢? 如果能把隐函数化成显函数,问题就解决了. 但是隐函数很难化为显函数,有的甚至不可能化成显函数,如 $xy = e^{x+y}$. 因此有必要掌握隐函数的求导方法.

①将方程 $F(x,y) = 0$ 两边对 x 求导,注意 y 是 x 的函数;

②从已求得的等式中解出 y'_x.

例 2.19 求由方程 $x^2 + y^2 = R^2$ 所确定的隐函数的导数 y'_x.

解 两边对 x 求导,把 y 看成是 x 的函数,则 y^2 就是 x 的复合函数,得
$$2x + 2y \cdot y' = 0$$

所以
$$y' = -\frac{x}{y}$$

例 2.20 求由 $x + y = e^{xy}$ 所确定的隐函数 y 在点 $x = 0$ 处的导数 $y'|_{x=0}$.

解 两边对 x 求导,得 $1 + y' = e^{xy}(y + xy')$.

解得
$$y' = -\frac{ye^{xy} - 1}{xe^{xy} - 1}$$

当 $x = 0$ 时,由方程可得 $y = 1$,所以

$$y'|_{x=0} = -\frac{ye^{xy}-1}{xe^{xy}-1}\Big|_{\substack{x=0\\y=1}} = 0$$

如果对幂指函数 $y=u(x)^{v(x)}$ 及由多次乘、除、乘方、开方运算所得的函数求导，则可先对等式两边取对数，然后再用隐函数求导方法求其导数. 这种方法称为**对数求导法**.

例 2.21　求函数 $y=(\sin x)^x,(\sin x>0)$ 的导数.

解法 1　两边取自然对数，得

$$\ln y = x\ln\sin x$$

两边对 x 求导，得

$$\frac{1}{y}y' = \ln\sin x + x\frac{\cos x}{\sin x}$$

所以　　　　　$y' = y(\ln\sin x + x\cot x) = (\sin x)^x(\ln\sin x + x\cot x)$

解法 2　因为　$y=(\sin x)^x = e^{x\ln\sin x}$

所以　　　　　$y' = e^{x\ln\sin x}(x\ln\sin x)' = (\sin x)^x(\ln\sin x + x\cot x)$

例 2.22　求函数 $y=\sqrt[3]{\dfrac{x-2}{(x+1)^2(x-3)}}$ 的导数.

解　两边取自然对数，得

$$\ln y = \frac{1}{3}[\ln(x-2)-2\ln(x+1)-\ln(x-3)]$$

两边对 x 求导，得

$$\frac{1}{y}y' = \frac{1}{3}\left(\frac{1}{x-2}-\frac{2}{x+1}-\frac{1}{x-3}\right)$$

所以　　　　　$y' = \frac{y}{3}\left(\frac{1}{x-2}-\frac{2}{x+1}-\frac{1}{x-3}\right)$

由于 $(\ln|x|)'=\dfrac{1}{x}$，所以在用对数求导法时，只要视对数的真数大于零就行了.

在本节中，复合函数求导既是重点，也是难点，要特别重视. 这里还需强调的是导数的记号的解释：

①$[f(x)]'=f'(x)$ 表示 $f(x)$ 对 x 求导，同理 $[f(x^2)]'$ 也表示 $f(x^2)$ 对 x 求导. 但是 $f'(x^2)$ 则表示 $f(x^2)$ 对 x^2 求导，即有

$$[f(x^2)]' = f'(x^2)\cdot(x^2)' = 2xf'(x^2)$$

②$f'(x_0)=f'(x)|_{x=x_0}$（函数在一点的导数是先求导，后代入点），但 $[f(x_0)]'=0$（常量的导数为零）.

例 2.23　设 $f(x)$ 可导，求函数 $y=f(\ln x)$ 的导数.

解　函数 $y=f(\ln x)$ 可看成 $y=f(u)$、$u=\ln x$ 的复合函数，则

$$y' = f'(\ln x)\cdot(\ln x)' = \frac{1}{x}f'(\ln x)$$

例 2.24　证明：**可导的偶函数的导函数是奇函数**.

证明　设 $f(x)$ 是可导的偶函数，则有

$$f(-x) = f(x)$$

两边求导，得　　　　　$f'(-x)(-x)' = f'(x)$

即 $$f'(-x) = -f'(x)$$

所以 $f'(x)$ 是奇函数.

同理,可证明:**可导的奇函数的导函数是偶函数.**

习题 2.2

一、单项选择题

1. 设函数 $u(x)$、$v(x)$ 都可导,则 $u(x)v(x)$ 的导数 $(uv)' = ($　　　$)$.

    A. $u'v'$ B. $u'v$ C. uv' D. $u'v + uv'$

2. 设函数 $u(x)$、$v(x)$ 都可导,则 $\dfrac{u(x)}{v(x)}$ 的导数 $\left(\dfrac{u}{v}\right)' = ($　　　$)$.

    A. $\dfrac{u'}{v'}$ B. $\dfrac{u'v - uv'}{v^2}$ C. $\dfrac{uv' - u'v}{v^2}$ D. $\dfrac{u'v + uv'}{v^2}$

3. $\dfrac{\mathrm{d}\ln\tan x}{\mathrm{d}x} = ($　　　$)$.

    A. $(\ln\tan x)'(\tan x)'$ B. $(\ln\tan x)'_{\tan x}(\tan x)'$

    C. $\dfrac{1}{\tan x}$ D. $\dfrac{1}{\tan x} \cdot \dfrac{1}{1+x^2}$

4. 设 $f\left(\dfrac{1}{x}\right) = x$,则 $f'(x) = ($　　　$)$.

    A. 1 B. $\dfrac{1}{x^2}$ C. $-\dfrac{1}{x^2}$ D. $\dfrac{x^2}{2}$

5. $[f(\cos x)]' = ($　　　$)$.

    A. $f'(\cos x) \cdot (\cos x)'$ B. $[f(\cos x)]' \cdot (\cos x)'$

    C. $f'(\cos x)$ D. $-\sin x f(\cos x)$

二、填空题

1. 设 $f(x) = x(x-1)(x-2)\cdots(x-50)$,则 $f'(0) = $ _____.

2. 设 $f(x)$ 是可导的偶函数,且 $f'(x_0) = 5$,则 $f'(-x_0) = $ _____.

3. 设 $f(x)$ 可导,则 $[f(x_0)]' = $ _____.

4. 设 $f(x) = \mathrm{e}^{2x}$,则 $f'(\sin x) = $ _____.

5. 设 $f(x) = x^2$,则 $[f(\mathrm{e}^{3x})]' = $ _____.

三、证明题

1. $(\cot x)' = -\csc^2 x$ 2. $(\mathrm{arccot}\, x)' = -\dfrac{1}{1+x^2}$

四、解答题

1. 求下列函数的导数.

    $(1)\, y = 2x^3 - 4x^2 + x - 3$ $(2)\, y = \dfrac{x^2 + 2x - 1}{\sqrt[3]{x^2}}$

$(3) y = e^3 - \dfrac{4}{x} + x^2 \ln a$

$(4) y = \cot x + 2 \sec x + \pi$

$(5) y = x^2 \sin x$

$(6) y = e^x \ln x$

$(7) y = \dfrac{\ln x}{x}$

$(8) y = \dfrac{x-2}{x+2}$

$(9) y = \dfrac{1 - \sin x}{1 + \sin x}$

$(10) y = (1 - x^2) \tan x \ln x$

2. 求下列函数的导数.

$(1) y = (3x - 2)^5$

$(2) y = e^{5x + 2}$

$(3) y = \cos(3 - 2x)$

$(4) y = \ln(1 + x^2)$

$(5) y = \sin^3(x^2)$

$(6) y = \ln \cos^2 x$

$(7) y = \ln(x + \sqrt{x^2 + 1})$

$(8) y = \arctan(x^2)$

$(9) y = \ln[\ln(\ln x)]$

$(10) y = \arcsin e^{3x}$

3. 求下列函数的导数.

$(1) y = e^{2x} \cos 3x$

$(2) y = \ln \tan \dfrac{x}{2}$

$(3) y = \ln \sqrt{\dfrac{1 - \sin x}{1 + \sin x}}$

$(4) y = \dfrac{1}{\sqrt{x^2 + 1} + x}$

$(5) y = \sqrt{x^2 - a^2} - a \arccos \dfrac{a}{x} \quad (a > 0)$

$(6) y = \dfrac{x \ln x}{1 + x} - \ln(1 + x)$

4. 求下列函数在给定点处的导数.

$(1) y = \cos x + x \tan x,$ 求 $y' \big|_{x = \frac{\pi}{4}}.$

$(2) f(x) = \dfrac{\ln x}{2^x} + 2x^3,$ 求 $f'(1).$

$(3) \rho = \varphi \sin \varphi - 4 \cot \varphi,$ 求 $\dfrac{\mathrm{d}\rho}{\mathrm{d}\varphi} \bigg|_{\varphi = \frac{\pi}{4}}.$

5. 求由下列方程所确定的隐函数 y 的导数 $\dfrac{\mathrm{d}y}{\mathrm{d}x}.$

$(1) y^2 + 2xy - 3 = 0$

$(2) \dfrac{x}{y} = \ln(xy)$

$(3) xy = e^{x + y}$

$(4) \arctan \dfrac{y}{x} = \ln \sqrt{x^2 + y^2}$

6. 求下列函数的导数.

$(1) y = x^x$

$(2) y = (\cos x)^{\sin x}$

$(3) y = \sqrt[3]{\dfrac{(x-2)^2}{x(x+1)}}$

$(4) y = \sqrt{x e^x \sqrt{1 - \sin x}}$

7. 求曲线 $y = x e^{-x}$ 在点 $(1, e^{-1})$ 处的切线与法线方程.

8. 确定 a 的值, 使 $y = ax$ 为曲线 $y = \ln x$ 的切线.

9. 设 $f(x)$ 可导,求下列函数的导数.

(1) $y = f(\sin^2 x)$ 　　　　　　　　　　　　(2) $y = e^x f(e^x)$

2.3　高阶导数

2.3.1　高阶导数的概念

一般地,函数 $y = f(x)$ 的导数 $y' = f'(x)$ 仍是 x 的函数,若 $f'(x)$ 在点 x 处仍然可导,则称 $y' = f'(x)$ 的导数为函数 $y = f(x)$ 的**二阶导数**,记为 y'',$f''(x)$ 或 $\dfrac{\mathrm{d}^2 y}{\mathrm{d}x^2}$. 即

$$y'' = (y')' \quad \text{或} \quad \frac{\mathrm{d}^2 y}{\mathrm{d}x^2} = \frac{\mathrm{d}}{\mathrm{d}x}\left(\frac{\mathrm{d}y}{\mathrm{d}x}\right)$$

相应地,将 $y = f(x)$ 的导数 $f'(x)$ 称为函数 $y = f(x)$ 的**一阶导数**.

类似地,将二阶导数的导数称为**三阶导数**,三阶导数的导数称为**四阶导数**,$\cdots$,$(n-1)$ 阶导数的导数称为 n **阶导数**,分别记为

$$y''',y^{(4)},\cdots,y^{(n)} \quad \text{或} \quad \frac{\mathrm{d}^3 y}{\mathrm{d}x^3},\frac{\mathrm{d}^4 y}{\mathrm{d}x^4},\cdots,\frac{\mathrm{d}^n y}{\mathrm{d}x^n}$$

二阶及二阶以上的导数统称为**高阶导数**.

由高阶导数的定义可知,求高阶导数就是接连多次求导数,只需应用前述的求导方法.

例 2.25　求函数 $y = x\cos x + e^x$ 的二阶导数.

解
$$y' = (x\cos x)' + (e^x)' = \cos x + x(-\sin x) + e^x$$
$$y'' = -\sin x - \sin x - x\cos x + e^x = -2\sin x - x\cos x + e^x$$

利用类推法,可以求出一些简单函数的 n 阶导数.

例 2.26　求指数函数 $y = e^x$ 的 n 阶导数.

解　$y' = e^x$,$y'' = e^x$,$\cdots$

所以
$$y^{(n)} = e^x$$

例 2.27　求函数 $y = \sin x$ 的 n 阶导数.

解　$y' = \cos x = \sin\left(x + \dfrac{\pi}{2}\right)$

$$y'' = -\sin x = \sin\left(x + 2 \cdot \frac{\pi}{2}\right)$$

$$y''' = -\cos x = \sin\left(x + 3 \cdot \frac{\pi}{2}\right)$$

$$\vdots$$

所以
$$y^{(n)} = \sin\left(x + n \cdot \frac{\pi}{2}\right)$$

即
$$(\sin x)^{(n)} = \sin\left(x + n \cdot \frac{\pi}{2}\right)$$

同理可得
$$(\cos x)^{(n)} = \cos\left(x + n \cdot \frac{\pi}{2}\right)$$

例 2.28 求函数 $y = \ln(1+x)$ 的 n 阶导数.

解 $y' = \dfrac{1}{1+x} = (1+x)^{-1}$

$y'' = -1 \cdot (1+x)^{-2}$

$y''' = (-1) \cdot (-2)(1+x)^{-3}$

$y^{(4)} = (-1) \cdot (-2) \cdot (-3)(1+x)^{-4}$

$\vdots$

所以　　$y^{(n)} = (-1)^{n-1}(n-1)!\,(1+x)^{-n}$

2.3.2 二阶导数的物理意义

设一质点作变速直线运动,其运动方程为 $s = s(t)$,则速度 $v(t)$ 是路程 $s(t)$ 对时间 t 的变化率,即

$$v(t) = s'(t)$$

而加速度 a 又是速度 $v(t)$ 对时间 t 的变化率,即

$$a(t) = v'(t) = s''(t)$$

所以,质点作直线运动的加速度 a 是**路程函数 s 对时间 t 的二阶导数**. 这就是二阶导数的物理意义.

例 2.29 已知一质点作直线运动的方程为 $s = 2t^3 + 3\cos t - 3$,求该质点运动的加速度.

解 因为 $s = 2t^3 + 3\cos t - 3$,所以速度为 $v = s' = 6t^2 - 3\sin t$,加速度为 $a = s'' = 12t - 3\cos t$.

习题 2.3

一、单项选择题

1. 设 $f(x)$ 二阶可导,且为奇函数,若 $f''(3) = -2$,则 $f''(-3) = ($ 　 $)$.

　A. -2　　　　B. 2　　　　C. 0　　　　D. 不存在

2. 设 $f(x) = \ln(1-x)$,则 $f^{(6)}(0) = ($ 　 $)$.

　A. $6!$　　　　B. $-6!$　　　　C. $-5!$　　　　D. $(-1)^{n-1}5!$

3. 设 $f(x) = \sin 2x$,则 $f''(2x) = ($ 　 $)$.

　A. $\sin 4x$　　B. $-4\sin 4x$　　C. $2\cos 4x$　　D. $-4\cos 4x$

4. 设函数 $f(x) = \dfrac{1}{x+a}$,则 $f^{(n)}(x) = ($ 　 $)$.

　A. $\dfrac{(-1)^n n!}{(x+a)^{n+1}}$　　B. $\dfrac{(-1)^{n-1}(n-1)!}{(x+a)^n}$　　C. $\dfrac{n!}{(x+a)^{n+1}}$　　D. $\dfrac{(n-1)!}{(x+a)^n}$

5. 设 $f(x)$ 二阶可导,$y = f(-x^2)$,则 $y'' = ($ 　 $)$.

　A. $f''(-x^2)$　　　　　　　　　B. $4x^2 f''(-x^2)$

　C. $4x^2 f''(-x^2) - 2f'(-x^2)$　　D. $-4x^2 f''(-x^2)$

二、解答题

1. 求下列函数的二阶导数.

(1) $y = x^2 + \ln x$

(2) $y = e^{-x^2}$

(3) $y = x \sin x$

(4) $y = e^x \ln x$

(5) $(1 + x^2) \arctan x$

(6) $y = \dfrac{e^x}{x}$

(7) $y = \ln(x - \sqrt{x^2 - a^2})$

(8) $y = e^{-x} \cos 2x$

2. 设 $f(x) = \ln(\ln x)$，求 $f''(e^2)$.

3. 求下列函数的 n 阶导数.

(1) $y = (x - a)^n$

(2) $y = \dfrac{1}{1 - x}$

(3) $y = x \ln x$

(4) $y = xe^x$

(5) $y = \cos^2 x$

4. 求下列隐函数的二阶导数.

(1) $y^2 - x^2 = 4$

(2) $y = 1 - xe^y$

5. 已知一物体作直线运动的方程为 $s = 9 \sin \dfrac{\pi t}{3} + 2t$，试求在 $t = 2$ s 时的加速度.

6. 验证函数 $y = e^x \sin x$ 满足关系式

$$y'' - 2y' + 2y = 0$$

7. 若 $f''(x)$ 存在，求下列函数的二阶导数.

(1) $y = f(\ln x)$

(2) $y = e^{f(x)}$

2.4 微分及其应用

2.4.1 微分的概念

在实际问题中，除了须考虑函数在一点的变化率外，常常还要计算当自变量有一微小改变量时，函数相应地有多大的变化.

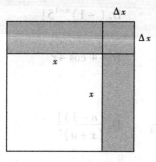

图 2.3

例如，一块正方形金属薄片，由于受温度变化的影响，其边长由 x_0 变到 $x_0 + \Delta x$，如图 2.3 所示. 问:此薄片的面积改变了多少?

设此薄片的边长为 x，面积为 S，则 $S = f(x) = x^2$，此时边长 x 在 x_0 处取得增量 Δx，面积 S 相应的增量为 $\Delta S = (x_0 + \Delta x)^2 - x_0^2 = 2x_0 \Delta x + (\Delta x)^2$. 上式中的 ΔS 由两部分组成:一部分是 Δx 的线性函数 $2x_0 \Delta x$，当 $\Delta x \to 0$ 时，它是 Δx 的同阶无穷小;另一部分是 $(\Delta x)^2$，当 $\Delta x \to 0$ 时，它是较 Δx 高阶的无穷小. 由此可见，当 $|\Delta x|$ 很小时，面积的改变量 ΔS 可近似地用 Δx 的同阶无穷小代替，即

$$\Delta S \approx 2x_0 \Delta x$$

这里恰好有 $2x_0 = f'(x_0)$，因此上式可改写为

$$\Delta S \approx f'(x_0) \Delta x$$

其实，更一般地有如下定理:

定理 2.2 函数 $y = f(x)$ 在点 x_0 处可导的充要条件是：函数的增量 Δy 可表示为

$$\Delta y = A\Delta x + o(\Delta x)$$

这里 A 是不依赖于 Δx 的常数，且 $A = f'(x_0)$.

证明 设函数 $y = f(x)$ 在点 x_0 处可导，则有

$$\lim_{\Delta x \to 0} \frac{\Delta y}{\Delta x} = f'(x_0)$$

所以由无穷小与极限的关系可得

$$\frac{\Delta y}{\Delta x} = f'(x_0) + \alpha \quad (\alpha \text{ 是 } \Delta x \to 0 \text{ 时的无穷小})$$

即有

$$\Delta y = f'(x_0)\Delta x + \alpha \cdot \Delta x$$

这里有 $\lim\limits_{\Delta x \to 0} \dfrac{\alpha \cdot \Delta x}{\Delta x} = 0$，即 $\alpha \cdot \Delta x$ 是 $\Delta x \to 0$ 时的高阶无穷小，且 $A = f'(x_0)$.

反之，如果函数的增量 $\Delta y = A\Delta x + o(\Delta x)$，$A$ 是常数，则

$$\lim_{\Delta x \to 0} \frac{\Delta y}{\Delta x} = \lim_{\Delta x \to 0}\left(A + \frac{o(\Delta x)}{\Delta x} \right) = A$$

存在，即函数 $y = f(x)$ 在点 x_0 处可导，且 $A = f'(x_0)$.

此定理说明，在一定的条件（可导条件）下，上述例题的分析是具有普遍性的，即当 $|\Delta x|$ 很小时，都有

$$\Delta y \approx f'(x_0)\Delta x$$

定义 2.2 设函数 $y = f(x)$ 在点 x_0 处可导，则称 $f'(x_0)\Delta x$ 为函数 $f(x)$ 在点 x_0 处的**微分**，记为 $\mathrm{d}y$ 或 $\mathrm{d}f(x)$，同时称函数 $f(x)$ 在点 x_0 处**可微**，即

$$\mathrm{d}y = f'(x_0)\Delta x$$

函数 $y = f(x)$ 在任意点 x 处的微分就记为

$$\mathrm{d}y = f'(x)\Delta x$$

由于 $y = x$ 的微分 $\mathrm{d}y = \mathrm{d}x = x'\Delta x = \Delta x$，即自变量的微分就是自变量的增量. 于是函数 $y = f(x)$ 的微分又可记为

$$\mathrm{d}y = f'(x)\mathrm{d}x$$

从而有

$$\frac{\mathrm{d}y}{\mathrm{d}x} = f'(x)$$

这表明，函数的导数等于函数的微分与自变量的微分之商. 因此，导数又称为**微商**.

由此可见，函数 $y = f(x)$ 在一点处可导与可微是等价的，且当 $|\Delta x|$ 很小时，

$$\Delta y \approx \mathrm{d}y$$

例 2.30 求函数 $y = x^2 + x$ 在 $x = 2$，$\Delta x = 0.01$ 时的微分与增量.

解 因为 $\mathrm{d}y = (2x + 1)\Delta x$，所以在 $x = 2$，$\Delta x = 0.01$ 时的微分为

$$\mathrm{d}y \bigg|_{\substack{x=2 \\ \Delta x=0.01}} = (2x + 1)\Delta x \bigg|_{\substack{x=2 \\ \Delta x=0.01}} = 0.05$$

而增量为

$$\Delta y = \left[(2 + 0.01)^2 + (2 + 0.01) \right] - (2^2 + 2)$$
$$= 0.050\,1$$

可见，$|\Delta x|$ 较小时，$\mathrm{d}y$ 与 Δy 很接近.

2.4.2 微分的几何意义

函数 $y = f(x)$ 的图像表示一曲线,如图 2.4 所示. 若在曲线上一定点 $M(x,y)$ 作切线 MT,则切线 MT 的斜率 $f'(x) = \tan \alpha$.

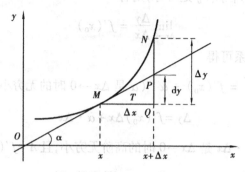

图 2.4

当自变量 x 的改变量为 Δx 时,函数 y 相应的改变量为 Δy,而由微分可得

$$dy = f'(x)dx = PQ$$

所以函数的微分 dy 就是 $y = f(x)$ 在点 $M(x,y)$ 处的切线 MT 对应于 Δx 的改变量 PQ.

由图 2.4 可看出,当 $|\Delta x|$ 很小时,$|\Delta y - dy| = PN$ 比 $|\Delta x|$ 要小得多,因此,当 $|\Delta x|$ 很小时,可以用 dy 来近似地代替 Δy,也可以用切线段 MP 来近似地代替曲线弧 $\overset{\frown}{MN}$.

2.4.3 微分的基本公式与运算法则

由函数 $y = f(x)$ 的微分公式

$$dy = f'(x)dx$$

可得:求函数的微分 dy,只需求出函数的导数 $f'(x)$,再乘以自变量的微分 dx 即可. 因此,由导数的基本公式和求导法则,可得如下的微分公式和微分运算法则.

(1)微分的基本公式

① $d(C) = 0$

② $d(x^a) = ax^{a-1}dx$

③ $d(a^x) = a^x \ln a dx$

④ $d(e^x) = e^x dx$

⑤ $d(\log_a x) = \dfrac{1}{x \ln a}dx$

⑥ $d(\ln x) = \dfrac{1}{x}dx$

⑦ $d(\sin x) = \cos x dx$

⑧ $d(\cos x) = -\sin x dx$

⑨ $d(\tan x) = \sec^2 x dx$

⑩ $d(\cot x) = -\csc^2 x dx$

⑪ $d(\sec x) = \sec x \cdot \tan x dx$

⑫ $d(\csc x) = -\csc x \cdot \cot x dx$

⑬ $d(\arcsin x) = \dfrac{1}{\sqrt{1-x^2}}dx$

⑭ $d(\arccos x) = -\dfrac{1}{\sqrt{1-x^2}}dx$

⑮ $d(\arctan x) = \dfrac{1}{1+x^2}dx$

⑯ $d(\text{arccot } x) = -\dfrac{1}{1+x^2}dx$

(2)函数的和、差、积、商的微分法则

设函数 $u = u(x)$,$v = v(x)$ 都可导,则

① $d(u \pm v) = du \pm dv$

② $d(uv) = vdu + udv$

③$\mathrm{d}(Cu) = C\mathrm{d}u$　　　　　④$\mathrm{d}\left(\dfrac{u}{v}\right) = \dfrac{v\mathrm{d}u - u\mathrm{d}v}{v^2}\ (v \neq 0)$

（3）复合函数的微分法则

设函数 $y = f(u)$ 可导,则 $y = f(u)$ 的微分为

$$\mathrm{d}y = f'(u)\mathrm{d}u$$

又设函数 $u = u(x)$ 可导,由于 $\mathrm{d}u = \varphi'(x)\mathrm{d}x$,则复合函数 $y = f[\varphi(x)]$ 的微分为

$$\mathrm{d}y = \{f[\varphi(x)]\}'\mathrm{d}x = f'(u) \cdot \varphi'(x)\mathrm{d}x = f'(u)\mathrm{d}u$$

上两式表明,无论 u 是自变量还是中间变量,函数 $y = f(u)$ 的微分都是可以相同的,这一性质称为**微分形式的不变性**.

例 2.31　求函数 $y = \mathrm{e}^x\cos x$ 的微分.

解法 1　$\mathrm{d}y = y'\mathrm{d}x = \mathrm{e}^x(\cos x - \sin x)\mathrm{d}x$.

解法 2　利用微分法则,得

$$\mathrm{d}y = \cos x\mathrm{d}\mathrm{e}^x + \mathrm{e}^x\mathrm{d}\cos x = \mathrm{e}^x(\cos x - \sin x)\mathrm{d}x.$$

例 2.32　求函数 $y = \sin^3(x^2 - 1)$ 的微分.

解法 1　$\mathrm{d}y = y'\mathrm{d}x = 3\sin^2(x^2 - 1) \cdot \cos(x^2 - 1) \cdot 2x\mathrm{d}x$.

解法 2　利用微分形式的不变性,得

$$\begin{aligned}
\mathrm{d}y &= 3\sin^2(x^2 - 1)\mathrm{d}\left(\sin(x^2 - 1)\right) \\
&= 3\sin^2(x^2 - 1)\cos(x^2 - 1)\mathrm{d}(x^2 - 1) \\
&= 3\sin^2(x^2 - 1)\cos(x^2 - 1)2x\mathrm{d}x
\end{aligned}$$

2.4.4　由参数方程所确定的函数的导数

若变量 x 与 y 之间的函数关系由参数方程

$$\begin{cases} x = \varphi(t) \\ y = \psi(t) \end{cases} \quad (\alpha \leqslant t \leqslant \beta) \tag{1}$$

确定,则称此函数为**由参数方程所确定的函数**.下面来求它的导数:

方法 1　设函数 $x = \varphi(t)$ 在 $(\alpha \leqslant t \leqslant \beta)$ 内具有单调连续反函数 $t = \varphi^{-1}(x)$,则参数方程(1)可看成是由 $y = \psi(t)$ 和 $t = \varphi^{-1}(x)$ 复合而成的函数 $y = \psi[\varphi^{-1}(x)]$. 如果 $x = \varphi(t)$、$y = \psi(t)$ 在 $(\alpha \leqslant t \leqslant \beta)$ 内都可导,且 $\varphi'(t) \neq 0$,则由复合函数、反函数的求导法则得

$$\frac{\mathrm{d}y}{\mathrm{d}x} = \frac{\mathrm{d}y}{\mathrm{d}t} \cdot \frac{\mathrm{d}t}{\mathrm{d}x} = \frac{\mathrm{d}y}{\mathrm{d}t} \cdot \frac{1}{\dfrac{\mathrm{d}x}{\mathrm{d}t}} = \frac{\psi'(t)}{\varphi'(t)}$$

即

$$\frac{\mathrm{d}y}{\mathrm{d}x} = \frac{\psi'(t)}{\varphi'(t)}$$

方法 2　设 $x = \varphi(t)$、$y = \psi(t)$ 在 $(\alpha \leqslant t \leqslant \beta)$ 内都可导,则由微分法则得

$$\mathrm{d}y = \psi'(t)\mathrm{d}t$$
$$\mathrm{d}x = \varphi'(t)\mathrm{d}t$$

所以

$$\frac{\mathrm{d}y}{\mathrm{d}x} = \frac{\psi'(t)\mathrm{d}t}{\varphi'(t)\mathrm{d}t} = \frac{\psi'(t)}{\varphi'(t)}$$

且二阶导数为

$$\frac{\mathrm{d}^2 y}{\mathrm{d}x^2} = \frac{\mathrm{d}}{\mathrm{d}x}\left(\frac{\mathrm{d}y}{\mathrm{d}x}\right) = \frac{(y'_x)'_t}{\varphi'(t)}$$

显然,利用微分来求参数方程的导数较简单、方便.

例 2.33 求参数方程 $\begin{cases} x = \arctan x \\ y = \ln(1+t^2) \end{cases}$ 所确定的函数的导数 $\dfrac{dy}{dx}$、$\dfrac{d^2y}{dx^2}$.

解 因为 $dy = \dfrac{2t}{1+t^2}dt$, $dx = \dfrac{1}{1+t^2}dt$,所以

$$\frac{dy}{dx} = \frac{\dfrac{2t}{1+t^2}dt}{\dfrac{1}{1+t^2}dt} = 2t$$

且

$$\frac{d^2y}{dx^2} = \frac{d}{dx}\left(\frac{dy}{dx}\right) = \frac{(2t)'_t \cdot dt}{\dfrac{1}{1+t^2}dt} = 2(1+t^2)$$

例 2.34 求椭圆 $\begin{cases} x = a\cos t \\ y = b\sin t \end{cases}$ 在 $t = \dfrac{\pi}{4}$ 处的切线方程和法线方程.

解 因为 $\dfrac{dy}{dx} = \dfrac{b\cos t\,dt}{-a\sin t\,dt} = -\dfrac{b}{a}\cot t$,所以

$$k = \frac{dy}{dx}\bigg|_{t=\frac{\pi}{4}} = -\frac{b}{a}\cot t\bigg|_{t=\frac{\pi}{4}} = -\frac{b}{a}$$

又当 $t = \dfrac{\pi}{4}$ 时,$x = \dfrac{\sqrt{2}}{2}a$,$y = \dfrac{\sqrt{2}}{2}b$. 于是在 $t = \dfrac{\pi}{4}$ 处的切线方程为

$$y - \frac{\sqrt{2}}{2}b = -\frac{b}{a}\left(x - \frac{\sqrt{2}}{2}a\right)$$

即

$$bx + ay - \sqrt{2}ab = 0$$

法线方程为

$$y - \frac{\sqrt{2}}{2}b = \frac{a}{b}\left(x - \frac{\sqrt{2}}{2}a\right)$$

即

$$ax - by = \frac{\sqrt{2}}{2}(a^2 - b^2)$$

习题 2.4

一、单项选择题

1. 函数 $y = f(x)$ 在点 x 处可导是可微的( ).

    A. 充分条件   B. 充要条件   C. 必要条件   D. 无关条件

2. 设函数 $y = f(x)$,有 $f'(x_0) = 3$,当 $\Delta x \to 0$ 时,函数 y 在点 $x = x_0$ 处的微分 dy 是 Δx 的( )无穷小.

    A. 高阶   B. 低阶   C. 同阶   D. 等价

3. 对于参数方程 $\begin{cases} x = \varphi(t) \\ y = \psi(t) \end{cases}$,则 $\dfrac{dy}{dx} = ($).

    A. $\varphi'(t)$ B. $\psi'(t)$ C. $\dfrac{\psi'(t)}{\varphi'(t)}$ D. $\dfrac{\varphi'(t)}{\psi'(t)}$

4. 设函数 $f(x)$ 可导,则函数 $y=f(x^2)$ 的微分 $\mathrm{d}y=($).

    A. $f'(x^2)\mathrm{d}x$ B. $f'(x^2)\mathrm{d}x^2$ C. $2xf'(x)\mathrm{d}x$ D. $x^2f'(x^2)\mathrm{d}x$

5. 设函数 $f(x)$ 可微,则 $\mathrm{d}(\mathrm{e}^{f(x)})=($).

    A. $f'(x)\mathrm{d}x$ B. $f'(x)\mathrm{e}^{f(x)}\mathrm{d}x$ C. $\mathrm{e}^{f(x)}\mathrm{d}x$ D. $f'(x)\mathrm{d}\mathrm{e}^{f(x)}$

二、填空题

1. $\mathrm{d}(\cos 2x)=($ $)\mathrm{d}(2x)=($ $)\mathrm{d}x$

2. $\mathrm{d}($ $)=2x\mathrm{d}x$ 3. $3x^2\mathrm{d}x=\mathrm{d}($ $)$

4. $\mathrm{d}($ $)=\sin x\mathrm{d}x$ 5. $\mathrm{e}^{-3x}\mathrm{d}x=\mathrm{d}($ $)$

6. $\mathrm{d}($ $)=\dfrac{1}{x}\mathrm{d}x$ 7. $\dfrac{1}{\sqrt{x}}\mathrm{d}x=\mathrm{d}($ $)$

8. $\mathrm{d}($ $)=2\arctan x\ \mathrm{d}($ $)=\dfrac{2\arctan x}{1+x^2}\mathrm{d}x$

三、解答题

1. 求函数 $y=x^2+2x$ 在 $x=3$ 处, Δx 等于 $0.1,0.01$ 时的微分与增量.

2. 求下列函数的微分.

(1) $y=\dfrac{1}{x^2}+\ln x$ (2) $y=x\mathrm{e}^{2x}$

(3) $y=\mathrm{e}^{-2x}\sin x$ (4) $y=\ln\sqrt{x^2-1}$

(5) $y=\arcsin\sqrt{1-x^2}$ (6) $y=\tan^2(1+2x^2)$

3. 求下列由参数方程所确定的函数的导数 $\dfrac{\mathrm{d}y}{\mathrm{d}x}$.

(1) $\begin{cases} x=t^2 \\ y=2t^3 \end{cases}$ (2) $\begin{cases} x=a\sec\theta \\ y=b\tan\theta \end{cases}$

(3) $\begin{cases} x=\mathrm{e}^t\cos t \\ y=\mathrm{e}^t\sin t \end{cases}$ (4) $\begin{cases} x=a\cos^3\theta \\ y=a\sin^3\theta \end{cases}$

4. 求下列曲线在给定点处的切线和法线方程.

(1) $\begin{cases} x=\sin t \\ y=\cos 2t \end{cases}$ 在 $t=\dfrac{\pi}{4}$ 处.

(2) $\begin{cases} x=\dfrac{2t}{1+t^2} \\ y=\dfrac{1-t^2}{1+t^2} \end{cases}$ 在 $t=2$ 处.

5. 求下列由参数方程所确定的函数的二阶导数 $\dfrac{\mathrm{d}^2y}{\mathrm{d}x^2}$.

(1) $\begin{cases} x=3\mathrm{e}^{-3t} \\ y=\mathrm{e}^t \end{cases}$ (2) $\begin{cases} x=a\cos t \\ y=b\sin t \end{cases}$

*2.5 微分中值定理

导数在自然科学与工程技术上都有着极其广泛的应用. 后几节将以微分学中值定理为理论基础,应用导数来研究函数以及曲线的某些特性,并利用这些特性解决一些实际问题.

本节将介绍微分学中的 3 个中值定理,运用它们,就能通过导数来研究函数以及曲线的某些性态特性. 因此,它们在微积分的理论和应用中均占有重要地位.

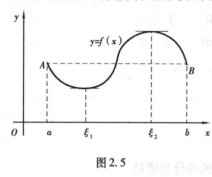

图 2.5

2.5.1 罗尔定理

罗尔定理 如果函数 $y = f(x)$ 满足条件:①在闭区间 $[a,b]$ 上连续;②在开区间 (a,b) 内可导;③$f(a) = f(b)$. 则在 (a,b) 内至少存在一点 $\xi(a < \xi < b)$,使得 $f'(\xi) = 0$.

罗尔定理的几何意义是:在两个高度相同的点之间的一段连续光滑曲线上,除端点外,至少有一点处的切线平行于 x 轴,如图 2.5 所示.

证明 因为 $f(x)$ 在闭区间 $[a,b]$ 上连续,故它在闭区间 $[a,b]$ 上必能取得最大值 M 和最小值 m.

①若 $M = m$,则 $f(x)$ 在区间 $[a,b]$ 上为一常数,因此,对于 (a,b) 内任一点 ξ,都有 $f'(\xi) = 0$.

②若 $M > m$,因 $f(a) = f(b)$,则 M 与 m 两个数中至少有一个不等于 $f(a)$. 不妨设 $M \neq f(a)$,则在 (a,b) 内至少有一点 ξ,使得 $f(\xi) = M$. 由于 M 是最大值,因此对于 (a,b) 内任意一点 x,都有 $f(x) \leqslant f(\xi)$,即 $f(x) - f(\xi) \leqslant 0$.

又因为 $f(x)$ 在 (a,b) 内可导,所以 $f'(\xi)$ 存在,即有

$$f'(\xi) = \lim_{\Delta x \to 0} \frac{f(\xi + \Delta x) - f(\xi)}{\Delta x} = \lim_{\Delta x \to 0^-} \frac{f(\xi + \Delta x) - f(\xi)}{\Delta x} \quad (\geqslant 0)$$

$$= \lim_{\Delta x \to 0^+} \frac{f(\xi + \Delta x) - f(\xi)}{\Delta x} \quad (\leqslant 0)$$

因此,必然有 $f'(\xi) = 0$.

例 2.35 不用求出函数 $f(x) = x(x-1)(x-3)$ 的导数,说明方程 $f'(x) = 0$ 有几个实根,并指出它们所在的区间.

解 显然,$f(x)$ 在整个实数域上连续可导,且

$$f(0) = f(1) = f(3) = 0$$

因此,在区间 $[0,1]$、$[1,3]$ 上分别应用罗尔定理,得

$$f'(\xi_1) = 0 \quad \xi_1 \in (0,1)$$

及

$$f'(\xi_2) = 0 \quad \xi_2 \in (1,3)$$

又因为 $f'(x) = 0$ 是一元二次方程,至多有两个实根. 所以,方程 $f'(x) = 0$ 有两个实根,且分别在区间 $(0,1)$ 和 $(1,3)$ 内.

2.5.2　拉格朗日中值定理

拉格朗日中值定理　如果函数 $y = f(x)$ 满足条件：①在闭区间 $[a, b]$ 上连续；②在开区间 (a, b) 内可导.则在 (a, b) 内至少存在一点 ξ,使得

$$f'(\xi) = \frac{f(b) - f(a)}{b - a} \tag{1}$$

分析如图 2.6 所示.

证明　构造一个辅助函数

$$F(x) = f(x) - \frac{f(b) - f(a)}{b - a}(x - a)$$

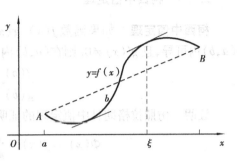

显然,$F(x)$ 在 $[a, b]$ 上连续,在 (a, b) 内可导,且 $F(a) = f(a) = F(b)$,则由罗尔定理知,在 (a, b) 内至少存在一点 ξ,使得 $F'(\xi) = 0$,即

$$f'(\xi) - \frac{f(b) - f(a)}{b - a} = 0$$

于是得

$$f'(\xi) = \frac{f(b) - f(a)}{b - a}$$

图 2.6

公式(1)也称为**拉格朗日中值公式**,经常写成如下形式,即

$$f(b) - f(a) = f'(\xi)(b - a) \quad (a < \xi < b)$$

推论 1　如果在区间 I 上 $f'(x) \equiv 0$,则在区间 I 上 $f(x) = C$(C 为常数).

证明　任取 $x_1, x_2 \in I, x_1 < x_2$,在区间 $[x_1, x_2]$ 上应用拉格朗日中值定理,得

$$f(x_2) - f(x_1) = f'(\xi)(x_2 - x_1) \quad (x_1 < \xi < x_2)$$

由于在区间 I 上 $f'(x) \equiv 0$,所以 $f(x_2) - f(x_1) = 0$,即 $f(x_2) = f(x_1)$.由于 x_1, x_2 是任意的,所以 $f(x)$ 在区间 I 上的函数值总是相等的,即 $f(x) = C$.

推论 2　如果在区间 I 上 $f'(x) \equiv g'(x)$,则在该区间上 $f(x) - g(x) = C$(C 为常数).

利用中值定理及其推论,可证明一些等式和不等式.

例 2.36　证明：$\sin^2 x + \cos^2 x = 1$.

证明　设 $f(x) = \sin^2 x + \cos^2 x$,则在 0 与 x 之间的任一闭区间利用拉格朗日中值定理,得

$$f(x) - f(0) = f'(\xi)(x - 0) = (2 \sin x \cos x - 2 \cos x \sin x)_{x = \xi} \cdot x = 0$$

所以

$$f(x) = f(0) = 1$$

例 2.37　证明不等式 $|\sin a - \sin b| \leqslant |a - b|$.

证明　设 $f(x) = \sin x$,显然 $f(x)$ 在区间 $[a, b]$ 或区间 $[b, a]$ 上满足拉格朗日中值定理的条件,故有

$$\sin a - \sin b = \cos \xi (a - b) \quad (\xi \text{ 在 } a \text{ 与 } b \text{ 之间})$$

又由于 $|\cos \xi| \leqslant 1$,所以

$$|\sin a - \sin b| = |\cos \xi| \, |a - b| \leqslant |a - b|$$

例 2.38　证明等式 $\arctan x + \arctan \dfrac{1}{x} = \dfrac{\pi}{2}(x \neq 0)$.

证明　设 $f(x) = \arctan x + \arctan \dfrac{1}{x}$,则 $x \neq 0$ 时,有

$$f'(x) = \frac{1}{1+x^2} + \frac{1}{1+\frac{1}{x^2}} \cdot \left(-\frac{1}{x^2}\right) = 0$$

由推论 1 知,当 $x \neq 0$ 时,恒有 $f(x) = C$,取 $x = 1$,即有

$$C = f(1) = \arctan 1 + \arctan 1 = \frac{\pi}{4} + \frac{\pi}{4} = \frac{\pi}{2}$$

2.5.3 柯西中值定理

柯西中值定理 如果函数 $f(x)$、$g(x)$ 满足条件:①在闭区间 $[a,b]$ 上连续;②在开区间 (a,b) 内可导,且 $g'(x) \neq 0$.则在 (a,b) 内至少存在一点 ξ,使得

$$\frac{f(b)-f(a)}{g(b)-g(a)} = \frac{f'(\xi)}{g'(\xi)}$$

证明 仿照拉格朗日中值定理的证明,也构造一个辅助函数

$$\Phi(x) = f(x) - \frac{f(b)-f(a)}{g(b)-g(a)}[g(x)-g(a)]$$

显然,$\Phi(x)$ 在 $[a,b]$ 上连续,在 (a,b) 内可导,且

$$\Phi(a) = f(a) = \Phi(b)$$

则由罗尔定理知,在 (a,b) 内至少存在一点 ξ,使得 $\Phi'(\xi) = 0$,即

$$f'(\xi) - \frac{f(b)-f(a)}{g(b)-g(a)} g'(\xi) = 0$$

于是得

$$\frac{f(b)-f(a)}{g(b)-g(a)} = \frac{f'(\xi)}{g'(\xi)}$$

在上式中,如果取 $g(x) = x$,则有

$$f(b) - f(a) = f'(\xi)(b-a) \quad (a < \xi < b)$$

这是拉格朗日中值公式.所以,拉格朗日中值定理是柯西中值定理的一个特例.

习题 2.5

一、判断题

1.若 $f(x)$ 在 $[a,b]$ 上连续,且 $f(a) = f(b)$,则至少存在一点 $\xi \in (a,b)$,使得 $f'(\xi) = 0$.
（　　　）

2.若 $f(x)$ 在 $[a,b]$ 上连续,在 (a,b) 内可导,且 $f(a) \neq f(b)$,则一定不存在点 $\xi \in (a,b)$,使得 $f'(\xi) = 0$.
（　　　）

3.若 $f(x)$ 在 (a,b) 内可导,则至少存在一点 $\xi \in (a,b)$,使得 $f(b) - f(a) = f'(\xi)(b-a)$.
（　　　）

二、单项选择题

1.罗尔定理的条件是其结论的（　　　）.

　　A. 充分条件　　　　　B. 必要条件　　　　　C. 充要条件　　　　　D. 无关条件

2.下列函数中,在区间 $[-1,1]$ 上满足罗尔定理条件的是（　　　）.

A. $f(x) = e^x$ B. $g(x) = \ln|x|$ C. $h(x) = 4 - x^2$

3. 下列函数中,在指定区间上满足拉格朗日中值定理条件的是(　　).

A. $f(x) = |x|, [-1,1]$ B. $g(x) = \ln x, [1, e]$ C. $g(x) = 1 - \sqrt[3]{x^2}, [-1,1]$

三、证明题

1. 验证函数 $f(x) = e^x$ 在区间 $[-1,1]$ 上满足拉格朗日中值定理的条件,并求出定理结论中的 ξ 值.

2. 证明:函数 $f(x) = px^2 + qx + 3$,应用拉格朗日中值定理所求得的点 ξ 总是位于区间的中点.

3. 证明下列不等式.

(1) $|\arctan a - \arctan b| \leqslant |a - b|$

(2) 当 $a > b > 0$ 时,$\dfrac{a-b}{a} < \ln \dfrac{a}{b} < \dfrac{a-b}{b}$

4. 证明恒等式:$\arcsin x + \arccos x = \dfrac{\pi}{2}, (-1 \leqslant x \leqslant 1)$.

2.6　洛必达法则

如果当 $x \to x_0$(或 $x \to \infty$)时,两个函数 $f(x)$、$g(x)$ 都趋于零或都趋于无穷大,则极限 $\lim\limits_{\substack{x \to x_0 \\ (x \to \infty)}} \dfrac{f(x)}{g(x)}$ 可能存在,也可能不存在. 通常把这种极限叫做**未定式**,并分别简记为 $\dfrac{0}{0}$ 型或 $\dfrac{\infty}{\infty}$ 型.

例如,$\lim\limits_{x \to 0} \dfrac{\sin x}{x}$ 就是 $\dfrac{0}{0}$ 型未定式,$\lim\limits_{x \to +\infty} \dfrac{\ln x}{x}$ 就是 $\dfrac{\infty}{\infty}$ 型未定式. 下面介绍一种直接求 $\dfrac{0}{0}$ 型和 $\dfrac{\infty}{\infty}$ 型未定式极限的方法——**洛必达法则**.

2.6.1　$\dfrac{0}{0}$ 型、$\dfrac{\infty}{\infty}$ 型未定式

定理 2.3(洛必达法则)　设函数 $f(x)$、$g(x)$ 满足条件:① $\lim\limits_{x \to x_0} f(x) = \lim\limits_{x \to x_0} g(x) = 0$;②在点 x_0 的某去心邻域内可导,且 $g'(x) \neq 0$;③ $\lim\limits_{x \to x_0} \dfrac{f'(x)}{g'(x)}$ 存在(或为 ∞).

则
$$\lim_{x \to x_0} \frac{f(x)}{g(x)} = \lim_{x \to x_0} \frac{f'(x)}{g'(x)}.$$

证明　由于函数在一点的极限与函数在该点的值无关,因此不妨假定 $f(x_0) = g(x_0) = 0$,则由条件①知,$f(x)$ 与 $g(x)$ 在点 x_0 处连续. 设 x 是该去心邻域内一点,则在以 x 及 x_0 为端点的区间上,$f(x)$ 与 $g(x)$ 满足柯西中值定理条件,因此有
$$\frac{f(x)}{g(x)} = \frac{f(x) - f(x_0)}{g(x) - g(x_0)} = \frac{f'(\xi)}{g'(\xi)} \quad (\xi \text{ 在 } x \text{ 与 } x_0 \text{ 之间})$$
由于 $x \to x_0$ 时,$\xi \to x_0$. 于是有
$$\lim_{x \to x_0} \frac{f(x)}{g(x)} = \lim_{\xi \to x_0} \frac{f'(\xi)}{g'(\xi)} = \lim_{x \to x_0} \frac{f'(x)}{g'(x)}$$

例 2.39 求极限 $\lim\limits_{x\to 0}\dfrac{(1+x)^a-1}{x}$（$a$ 为任何实数）.

解 这是 $\dfrac{0}{0}$ 型未定式，应用洛必达法则，得

$$\lim\limits_{x\to 0}\dfrac{(1+x)^a-1}{x}=\lim\limits_{x\to 0}\dfrac{a(1+x)^{a-1}}{1}=a$$

必须指出的是：

①$x\to\infty$ 时的 $\dfrac{0}{0}$ 型未定式也有相应的洛必达法则；

②不论是 $x\to x_0$ 时，还是 $x\to\infty$ 时的 $\dfrac{\infty}{\infty}$ 型未定式，都有相应的洛必达法则；

③应用洛必达法则后，如果仍是 $\dfrac{0}{0}$ 型或 $\dfrac{\infty}{\infty}$ 型未定式，则可以继续应用洛必达法则，直到求出极限为止.

例 2.40 求极限 $\lim\limits_{x\to 0}\dfrac{e^{2x}-2x-1}{1-\cos x}$.

解 $\lim\limits_{x\to 0}\dfrac{e^{2x}-2x-1}{1-\cos x}\overset{\frac{0}{0}}{=\!=\!=}\lim\limits_{x\to 0}\dfrac{e^{2x}\cdot 2-2}{\sin x}\overset{\frac{0}{0}}{=\!=\!=}\lim\limits_{x\to 0}\dfrac{4e^{2x}}{\cos x}=4.$

例 2.41 求极限 $\lim\limits_{x\to +\infty}\dfrac{\ln x}{x^n}$（$n>0$）.

解 这是 $\dfrac{\infty}{\infty}$ 型未定式，应用洛必达法则，得

$$\lim\limits_{x\to +\infty}\dfrac{\ln x}{x^n}=\lim\limits_{x\to +\infty}\dfrac{\frac{1}{x}}{nx^{n-1}}=\lim\limits_{x\to +\infty}\dfrac{1}{nx^n}=0.$$

例 2.42 求极限 $\lim\limits_{x\to +\infty}\dfrac{x^n}{e^x}$（$n$ 为正整数）.

解 $\lim\limits_{x\to +\infty}\dfrac{x^n}{e^x}\overset{\frac{\infty}{\infty}}{=\!=\!=}\lim\limits_{x\to +\infty}\dfrac{nx^{n-1}}{e^x}\overset{\frac{\infty}{\infty}}{=\!=\!=}\lim\limits_{x\to +\infty}\dfrac{n(n-1)x^{n-2}}{e^x}\overset{\frac{\infty}{\infty}}{=\!=\!=}\cdots\overset{\frac{\infty}{\infty}}{=\!=\!=}\lim\limits_{x\to +\infty}\dfrac{n!}{e^x}=0.$

2.6.2 其他类型的未定式

未定式除了 $\dfrac{0}{0}$ 型和 $\dfrac{\infty}{\infty}$ 型外，还有其他多种类型. 如 $0\cdot\infty$，$\infty\pm\infty$，1^∞，0^0，∞^0 等. 对这些类型的未定式，通过适当的变形总可以化为 $\dfrac{0}{0}$ 或 $\dfrac{\infty}{\infty}$ 型的未定式，再用洛必达法则求极限.

例 2.43 求极限 $\lim\limits_{x\to 0^+}x^n\ln x$（$n>0$）.

解 $\lim\limits_{x\to 0^+}x^n\ln x\overset{0\cdot\infty}{=\!=\!=}\lim\limits_{x\to 0^+}\dfrac{\ln x}{\frac{1}{x^n}}\overset{\frac{\infty}{\infty}}{=\!=\!=}\lim\limits_{x\to 0^+}\dfrac{-x^n}{n}=0.$

例 2.44 求极限 $\lim\limits_{x\to 0}\left(\dfrac{1}{\sin x}-\dfrac{1}{x}\right)$.

解　$\lim\limits_{x\to 0}\left(\dfrac{1}{\sin x}-\dfrac{1}{x}\right)\xlongequal{\infty-\infty}\lim\limits_{x\to 0}\dfrac{x-\sin x}{x\sin x}\xlongequal{\frac{0}{0}}\lim\limits_{x\to 0}\dfrac{1-\cos x}{\sin x+x\cos x}$

$$\xlongequal{\frac{0}{0}}\lim\limits_{x\to 0}\dfrac{\sin x}{2\cos x-x\sin x}=0.$$

例 2.45　求极限 $\lim\limits_{x\to+\infty}(1+x)^{\frac{1}{x}}$.

解　$\lim\limits_{x\to+\infty}(1+x)^{\frac{1}{x}}\xlongequal{\infty^{0}}\lim\limits_{x\to+\infty}e^{\frac{\ln(1+x)}{x}}\xlongequal{\frac{\infty}{\infty}}\lim\limits_{x\to+\infty}e^{\frac{1}{1+x}}=e^{0}=1.$

应用洛必达法则时,还应注意下面两点:

①当且仅当 $\dfrac{0}{0}$ 型和 $\dfrac{\infty}{\infty}$ 型时,才能使用洛必达法则.

②当使用洛必达法则时,若极限不存在,且 $\neq\infty$,则不能说原极限不存在,而只能说洛必达法则对此题失效,这时应改用其他方法求极限.

例 2.46　求极限 $\lim\limits_{x\to\infty}\dfrac{x-\sin x}{x+\cos x}$.

解　此时若用洛必达法则,则有

$$\lim\limits_{x\to\infty}\dfrac{x-\sin x}{x+\cos x}\xlongequal{\frac{\infty}{\infty}}\lim\limits_{x\to\infty}\dfrac{1-\cos x}{1-\sin x}$$

上式右边极限不存在,但

$$\lim\limits_{x\to\infty}\dfrac{x-\sin x}{x+\cos x}=\lim\limits_{x\to\infty}\dfrac{1-\dfrac{\sin x}{x}}{1+\dfrac{\cos x}{x}}=1$$

习题 2.6

一、判断改错(判别下列运算是否正确,若不正确,试指出并予以改正)

1. $\lim\limits_{x\to 2}\dfrac{x^{2}+x-6}{x^{3}-8}=\lim\limits_{x\to 2}\dfrac{2x+1}{3x^{2}}=\lim\limits_{x\to 2}\dfrac{2}{6x}=\dfrac{1}{6}.$

2. $\lim\limits_{x\to\infty}\dfrac{x}{x-\cos x}=\lim\limits_{x\to\infty}\dfrac{x'}{(x-\cos x)'}=\lim\limits_{x\to\infty}\dfrac{1}{1+\sin x}$ 不存在.

3. $\lim\limits_{x\to 0}\dfrac{x^{2}\sin\dfrac{1}{x}}{\sin x}=\lim\limits_{x\to 0}\dfrac{\left(x^{2}\sin\dfrac{1}{x}\right)'}{(\sin x)'}=\lim\limits_{x\to 0}\dfrac{2x\sin\dfrac{1}{x}-\cos\dfrac{1}{x}}{\cos x}$ 不存在.

二、解答题

1. 应用洛必达法则求下列极限.

(1) $\lim\limits_{x\to 0}\dfrac{e^{x}-e^{-x}}{x}$ 　　　　　　　　　(2) $\lim\limits_{x\to 1}\dfrac{\ln x}{x-1}$

$(3)\lim\limits_{x\to\frac{\pi}{2}}\dfrac{\cot 3x}{\cos 5x}$

$(4)\lim\limits_{x\to 0}\dfrac{\ln(1+x+x^2)}{x}$

$(5)\lim\limits_{x\to 0}\dfrac{\arcsin 2x}{3x}$

$(6)\lim\limits_{x\to a}\dfrac{x^m-a^m}{x^n-a^n}\quad(a\neq 0)$

$(7)\lim\limits_{x\to 0}\dfrac{\tan x-x}{x-\sin x}$

$(8)\lim\limits_{x\to 0}\dfrac{\cos\alpha x-\cos\beta x}{x^2}\quad(\alpha\cdot\beta\neq 0)$

2. 求下列极限.

$(1)\lim\limits_{x\to 0^+}\dfrac{\ln\tan 5x}{\ln\tan 3x}$

$(2)\lim\limits_{x\to 0}\dfrac{e^{3x}-3\sin x-1}{\tan^2 2x}$

$(3)\lim\limits_{x\to 0^+}x^3\ln x$

$(4)\lim\limits_{x\to\pi}(x-\pi)\tan\dfrac{x}{2}$

$(5)\lim\limits_{x\to 0}\left(\dfrac{1}{x}-\dfrac{1}{e^x-1}\right)$

$(6)\lim\limits_{x\to+\infty}(\sqrt[3]{x^3+x^2+x+1}-x)$

$(7)\lim\limits_{x\to\infty}x(e^{\frac{1}{x}}-1)$

$(8)\lim\limits_{x\to 0}\dfrac{e^{\sin x}-e^x}{\sin x-x}$

2.7 函数的单调性与函数图形的凹凸性

2.7.1 函数的单调性

现在用导数来研究函数的单调性. 如图 2.7 所示, 当函数单调增加时, 曲线切线的倾角 α 都是锐角, 其斜率 $\tan\alpha=f'(x)>0$; 当函数单调减少时, 曲线切线的倾角 α 都是钝角, 其斜率 $\tan\alpha=f'(x)<0$. 因此, 利用函数 $f(x)$ 的导数 $f'(x)$ 的符号可以判定函数 $f(x)$ 的单调性.

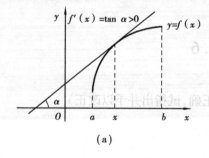
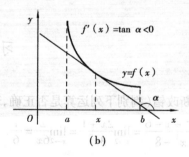

(a)   (b)

图 2.7

定理 2.4 设函数 $f(x)$ 在 (a,b) 内可导.

①如果在 (a,b) 内, $f'(x)>0$, 则 $f(x)$ 在 (a,b) 内单调递增;

②如果在 (a,b) 内, $f'(x)<0$, 则 $f(x)$ 在 (a,b) 内单调递减.

证明 ①在 (a,b) 内任取两点 x_1,x_2, 且 $x_1<x_2$, 则由拉格朗日中值定理有

$$f(x_2)-f(x_1)=f'(\xi)(x_2-x_1)\quad(x_1<\xi<x_2)$$

由已知条件知

$$f'(\xi)>0[\xi\in(x_1,x_2)\subseteq(a,b)],x_2-x_1>0$$

因此
$$f(x_2) - f(x_1) > 0$$
即
$$f(x_1) < f(x_2)$$
所以,$f(x)$在(a,b)内单调递增.

同理可证明②,读者不妨试证一下.

例 2.47 判定函数$f(x) = x^3 - \dfrac{1}{x}$的单调性.

解 $f(x)$的定义域$D(y)$为:$(-\infty,0) \cup (0,+\infty)$. 因为
$$f'(x) = 3x^2 + \frac{1}{x^2} > 0$$

所以,$f(x) = x^3 - \dfrac{1}{x}$在$(-\infty,0)$与$(0,+\infty)$内单调递增.

例 2.48 求函数$f(x) = x^3 - 6x^2 + 9x - 5$的单调区间.

解 定义域$D(y)$为:$(-\infty,+\infty)$,$f'(x) = 3x^2 - 12x + 9 = 3(x-1)(x-3)$. 令$f'(x) = 0$,解得在定义域$D(y)$内的两个根$x_1 = 1,x_2 = 3$,它们把定义域分成 3 个区间:$(-\infty,1),(1,3),(3,+\infty)$.

①在区间$(-\infty,1)$内,$f'(x) > 0$,因此,$f(x)$在区间$(-\infty,1)$内单调递增;

②在区间$(1,3)$内,$f'(x) < 0$,因此,$f(x)$在区间$(1,3)$内单调递减;

③在区间$(3,+\infty)$内,$f'(x) > 0$,因此,$f(x)$在区间$(3,+\infty)$内单调递增.

为简便直观起见,在划分区间后,函数单调性也可列表讨论如下:

x	$(-\infty,1)$	$(1,3)$	$(3,+\infty)$
$f'(x)$	+	−	+
$f(x)$	↗	↘	↗

应用单调性可以证明函数的不等式。

例 2.49 证明:当$x > 1$时,$e^x > ex$.

证明 设$f(x) = e^x - ex$,由于
$$f'(x) = e^x - e > 0 \quad (x > 1)$$
所以,当$x > 1$时,$f(x)$单调递增.

故当$x > 1$时,$f(x) > f(1) = 0$,即 $e^x > ex$.

例 2.50 证明:当$x > 0$时,$\ln(1+x) < x$.

证明 设$f(x) = \ln(1+x) - x$,由于
$$f'(x) = \frac{1}{1+x} - 1 = \frac{-x}{1+x} < 0 \quad (x > 0)$$
所以,当$x > 0$时,$f(x)$单调递减.

故当$x > 0$时,$f(x) < f(0) = 0$,即 $\ln(1+x) < x$.

2.7.2 曲线的凹凸性与拐点

函数的单调性与极值体现了函数变化的基本情况,但要描绘出函数较准确的图像,还必须

进一步研究曲线的弯曲方向. 例如, 图 2.8 中有两条都是单调递增的曲线弧, 但图形却有着显著的不同, 即它们的凹凸性不同.

定义 2.3 设 $f(x)$ 在区间 (a,b) 内连续, 如果对 (a,b) 内任意两点 x_1, x_2 恒有

$$f\left(\frac{x_1 + x_2}{2}\right) < \frac{f(x_1) + f(x_2)}{2}$$

则称 $f(x)$ 在 (a,b) 内是(向上)**凹**的, 如图 2.8(a) 所示; 若

$$f\left(\frac{x_1 + x_2}{2}\right) > \frac{f(x_1) + f(x_2)}{2}$$

则称 $f(x)$ 在 (a,b) 内是(向上)**凸**的, 如图 2.8(b) 所示.

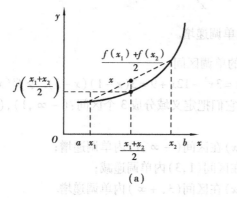 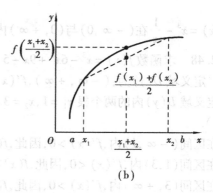

(a)   (b)

图 2.8

关于函数的凹凸性, 有下面的判别定理(证明略):

定理 2.5 设 $f(x)$ 在区间 (a,b) 内具有二阶导数, 那么

①若在 (a,b) 内 $f''(x) > 0$, 则曲线 $f(x)$ 在区间 (a,b) 内是凹的;

②若在 (a,b) 内 $f''(x) < 0$, 则曲线 $f(x)$ 在区间 (a,b) 内是凸的.

例 2.51 判断曲线 $y = \ln x$ 的凹凸性.

解 $f(x)$ 的定义域 D 为: $(0, +\infty)$, 因为 $y' = \frac{1}{x}$, $y'' = -\frac{1}{x^2}$. 所以在 $y = \ln x$ 的定义域 $(0, +\infty)$ 内, $y'' < 0$, 由曲线凹凸性的判定定理知, 曲线 $y = \ln x$ 是凸的.

定义 2.4 连续曲线的凹部分与凸部分的分界点, 称为该曲线的**拐点**, 记为 $(x_0, f(x_0))$.

例 2.52 判断曲线 $y = x^3$ 的凹凸性与拐点.

解 $f(x)$ 的定义域 $D(y)$ 为: $(-\infty, +\infty)$, 因为 $y' = 3x^2$, $y'' = 6x$, 令 $y'' = 0$, 得 $x = 0$, 列表讨论如下:

x	$(-\infty, 0)$	0	$(0, +\infty)$
$f''(x)$	−	0	+
$f(x)$	∩	拐点 $(0,0)$	∪

所以 $y = x^3$ 在区间 $(-\infty, 0)$ 内是凸的; 在区间 $(0, +\infty)$ 内是凹的. 拐点为 $(0,0)$.

例 2.53　讨论曲线 $y = (x-1)\sqrt[3]{x^2}$ 的凹凸性与拐点.

解　$f(x)$ 的定义域为 $(-\infty, +\infty)$,因为

$$y' = \frac{5}{3}x^{\frac{2}{3}} - \frac{2}{3}x^{-\frac{1}{3}}$$

$$y'' = \frac{10}{9}x^{-\frac{1}{3}} + \frac{2}{9}x^{-\frac{4}{3}}$$

所以当 $x = 0$ 时,y'' 不存在,令 $y'' = 0$,得 $x = -\frac{1}{5}$. 列表讨论如下:

x	$\left(-\infty, -\frac{1}{5}\right)$	$-\frac{1}{5}$	$\left(-\frac{1}{5}, 0\right)$	0	$(0, +\infty)$
$f''(x)$	$-$	0	$+$	不存在	$+$
$f(x)$	$\cap$	拐点 $\left(-\frac{1}{5}, -\frac{6}{5\sqrt[3]{25}}\right)$	$\cup$		$\cup$

总之,求函数 $f(x)$ 的单调性(或凹凸性)的一般步骤为:

① 确定函数 $f(x)$ 的定义域 $D(y)$;

② 求 $f'(x)$(或 $f''(x)$),并求出驻点(或 $y''=0$ 的根)和导数不存在的点;

③ 由上述点把定义域 $D(y)$ 分成若干区间,然后列表讨论.

习题 2.7

一、判断题

1. 单调可导函数的导函数必定单调.　　　　　　　　　　　　　　　　　(　　)

2. 若 $f(x)$ 在 (a,b) 内单调递增,且可导,则 $f'(x) > 0$.　　　　　　(　　)

3. 三次函数曲线有唯一的拐点.　　　　　　　　　　　　　　　　　　(　　)

4. 拐点是函数单调递增与单调递减的分界点.　　　　　　　　　　　　(　　)

5. 若 $f'(x_0)$ 或 $f''(x_0)$ 不存在,则点 $(x_0, f(x_0))$ 不是拐点.　　　　(　　)

二、填空题

1. 函数 $y = x - e^x$ 在区间_____内单调递减.

2. 若 $f(x)$ 二阶可导,且 $(x_0, f(x_0))$ 是拐点,则 $f''(x_0) = $_____.

3. 设函数 $y = x^3 - 3x$,则在 $(-1,1)$ 内函数是单调_____函数.

4. 曲线 $y = \cos x$ 在区间 $[0, 2\pi]$ 内的凹区间为_____,凸区间为_____.

三、解答题

1. 求下列函数的单调区间.

(1) $y = x^3 - 3x^2 + 4$　　　　　(2) $y = 2x^2 - \ln x$

(3) $y = x + \sqrt{1-x}$　　　　　(4) $y = \dfrac{e^x}{x}$

2. 利用函数单调性证明不等式.

(1)当 $x>0$ 时, $e^x>1+x$ (2)当 $x>1$ 时, $\ln x>\dfrac{2(x-1)}{x+1}$

(3)当 $x>4$ 时, $2^x>x^2$

3. 求下列函数的凹凸区间与拐点.

(1) $y=x^4-2x^2+3$ (2) $y=\ln(x^2+1)$

(3) $y=x-\ln(x+1)$ (4) $y=xe^{-x}$

4. 证明:方程 $x^3+x-1=0$ 有且仅有一个实根.

5. a,b 为何值时,点 $(1,3)$ 为曲线 $y=ax^3+bx^2$ 的拐点?

6. 设函数 $y=\dfrac{4x+4}{x^2}-2$,试求曲线在拐点处的切线方程.

2.8 函数的极值与最值

2.8.1 函数的极值及其求法

定义 2.5　设函数 $f(x)$ 在点 x_0 的某邻域 $U(x_0,\delta)$ 内有定义,若对于任一点 $x\in\mathring{U}(x_0,\delta)$,恒有

①$f(x)<f(x_0)$,则称 $f(x_0)$ 为函数 $f(x)$ 的**极大值**,x_0 称为 $f(x)$ 的**极大值点**;

②$f(x)>f(x_0)$,则称 $f(x_0)$ 为函数 $f(x)$ 的**极小值**,x_0 称为 $f(x)$ 的**极小值点**.

如图 2.9 所示,x_0,x_2,x_4 是函数 $y=f(x)$ 的极大值点;x_1,x_3 是 $y=f(x)$ 的极小值点.

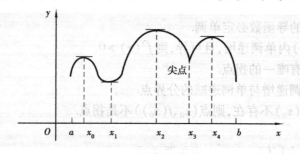

图 2.9

函数的极大值与极小值统称为函数的**极值**,而极大值点与极小值点统称为**极值点**.

从图 2.9 还可以看出:

①极值是一个局部性的概念,它只是函数在某一个邻域内的最大值与最小值;

②如果函数在极值点处可导,则在极值点处的切线平行于 x 轴,即 $f'(x)=0$.

下面给出函数取得极值的必要条件和充分条件.

定理 2.6(极值的必要条件)　设函数 $f(x)$ 在点 x_0 处可导,且在点 x_0 处取得极值,则

$$f'(x_0)=0$$

证明　不妨设 $f(x_0)$ 为极小值,则总存在 x_0 的某去心邻域 $\mathring{U}(x_0,\delta)$,使得 $x\in\mathring{U}(x_0,\delta)$ 时,恒有 $f(x)>f(x_0)$ 成立. 于是

$$f'(x_0) = \lim_{x \to x_0^-} \frac{f(x) - f(x_0)}{x - x_0} (\leqslant 0)$$

$$= \lim_{x \to x_0^+} \frac{f(x) - f(x_0)}{x - x_0} (\geqslant 0)$$

因此,得 $f'(x_0) = 0$.

使 $f'(x) = 0$ 的点称为函数 $f(x)$ 的**驻点(稳定点)**. 定理 2.6 说明:在可导的条件下,极值点一定是驻点. 但反过来,驻点却不一定是极值点. 例如, $y = x^3$,其导数 $y' = 3x^2 \xLeftarrow{令} 0$,则得驻点 $x = 0$,但 $x = 0$ 不是极值点. 如图 2.10 所示.

此外,使函数连续但不可导的点也可能是极值点,如 $y = |x|$,在点 $x = 0$ 处不可导,但在点 $x = 0$ 处取极小值. 因此还必须有判别驻点(导数不存在的点)是否为极值点的判定方法.

定理 2.7(第一充分条件)　设函数 $f(x)$ 在点 x_0 的某邻域 $(x_0 - \delta, x_0 + \delta)$ 内连续且可导(但 $f'(x_0)$ 可以不存在).

①当 $x \in (x_0 - \delta, x_0)$ 时 $f'(x) > 0$,当 $x \in (x_0, x_0 + \delta)$ 时 $f'(x) < 0$,则 $f(x_0)$ 为极大值;

②当 $x \in (x_0 - \delta, x_0)$ 时 $f'(x) < 0$,当 $x \in (x_0, x_0 + \delta)$ 时 $f'(x) > 0$,则 $f(x_0)$ 为极小值;

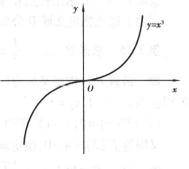

图 2.10

③当 $x \in (x_0 - \delta, x_0 + \delta)$ 时, $f'(x)$ 不变号,则 $f(x_0)$ 不是极值.

例 2.54　求函数 $f(x) = \cos x + \sqrt{3} \sin x$ 在区间 $(0, 2\pi)$ 内的极值.

解　$f'(x) = -\sin x + \sqrt{3} \cos x$,令 $f'(x) = 0$,得驻点 $x_1 = \dfrac{\pi}{3}$, $x_2 = \dfrac{4\pi}{3}$. 由于 $f(x)$ 在区间 $\left(0, \dfrac{\pi}{3}\right)$ 和 $\left(\dfrac{4\pi}{3}, 2\pi\right)$ 内单调递增,在区间 $\left(\dfrac{\pi}{3}, \dfrac{4\pi}{3}\right)$ 内单调递减. 所以极大值 $f\left(\dfrac{\pi}{3}\right) = 2$,极小值 $f\left(\dfrac{4\pi}{3}\right) = -2$.

其列表讨论如下:

x	$\left(0, \dfrac{\pi}{3}\right)$	$\dfrac{\pi}{3}$	$\left(\dfrac{\pi}{3}, \dfrac{4\pi}{3}\right)$	$\dfrac{4\pi}{3}$	$\left(\dfrac{4\pi}{3}, 2\pi\right)$
$f'(x)$	+		−		+
$f(x)$	↗	极大值 2	↘	极小值 −2	↗

有时还可利用二阶导数来判断函数的极值.

定理 2.8(第二充分条件)　设函数 $f(x)$ 在点 x_0 处二阶可导,且 $f'(x_0) = 0$, $f''(x_0) \neq 0$.

①当 $f''(x_0) > 0$ 时,则函数 $f(x)$ 在 x_0 处取得极小值;

②当 $f''(x_0) < 0$ 时,则函数 $f(x)$ 在 x_0 处取得极大值.

证明　①由导数的定义及 $f'(x_0) = 0$, $f''(x_0) > 0$,得

$$f''(x_0) = \lim_{x \to x_0} \frac{f'(x) - f'(x_0)}{x - x_0} = \lim_{x \to x_0} \frac{f'(x)}{x - x_0} > 0$$

由函数极限的局部保号性知,存在点 x_0 的某去心邻域,使在该邻域内,恒有

$$\frac{f'(x)}{x - x_0} > 0$$

所以,当 $x < x_0$ 时,$f'(x) < 0$;当 $x > x_0$ 时,$f'(x) > 0$. 由定理 2.7 可知,$f(x_0)$ 为极小值.

同理可证明②.

注:当 $f'(x_0) = f''(x_0) = 0$ 时,$x = x_0$ 可能是也可能不是函数 $y = f(x)$ 的极值点.

总之,求函数 $f(x)$ 的单调性与极值的一般步骤为:

①确定函数 $f(x)$ 的定义域 D;

②求 $f'(x)$,并求出驻点和导数不存在点;

③由上述点把定义域 D 分成若干区间,然后列表讨论.

例 2.55 求函数 $f(x) = \frac{1}{3}x^3 - x^2 - 3x - 3$ 的极值.

解 函数 $f(x)$ 的定义域为 $(-\infty, +\infty)$,$f'(x) = x^2 - 2x - 3 = (x+1)(x-3)$,令 $f'(x) = 0$,得驻点 $x_1 = -1, x_2 = 3$.

因为 $f''(x) = 2(x-1)$,所以 $f''(-1) = -4 < 0$,由定理 2.8,得 $f(-1) = -4/3$ 是极大值;又因为 $f''(3) = 4 > 0$,由定理 2.8,得 $f(3) = -12$ 是极小值.

例 2.56 求函数 $f(x) = \sqrt[3]{(x-1)^2}$ 的单调性与极值.

解 $f(x)$ 的定义域为 $(-\infty, +\infty)$,$f'(x) = \frac{2}{3\sqrt[3]{x-1}}$,当 $x = 1$ 时,$f'(x)$ 不存在.

所以(如表),$f(x)$ 在区间 $(-\infty, 1)$ 单调递减,在区间 $(1, +\infty)$ 单调递增,极小值 $f(1) = 0$.

x	$(-\infty, 0)$	1	$(1, +\infty)$
$f'(x)$	$-$	不存在	$+$
$f(x)$	↘	极小值 $f(1) = 0$	↗

2.8.2 最值问题

在自然科学、工程技术及经营管理中,经常需要解决在一定的条件下"利润最大"、"用料最省"、"成本最小"等最优化问题,这类问题反映在数学上,就是求函数的最大值或最小值问题.

(1)$f(x)$ 在闭区间 $[a,b]$ 上的最值

一般地,若函数 $f(x)$ 在闭区间 $[a,b]$ 上连续,则由闭区间上连续函数的性质可知,$f(x)$ 在 $[a,b]$ 上一定能够取得最大值和最小值. 显然,如果最大值(或最小值)在开区间 (a,b) 内取得,则必定在极大值点(或极小值点)取得,即在驻点或导数不存在点取得. 当然,函数的最大值和最小值也可能在区间的端点取得.

因此,求函数 $f(x)$ 在闭区间 $[a,b]$ 上的最值的一般步骤为:

①求出 $f(x)$ 在开区间 (a,b) 内的所有驻点和导数不存在点,并计算其函数值;

②求出区间端点的函数值 $f(a)$、$f(b)$;

③比较上述出的函数值,其中最大的便是 $f(x)$ 在 $[a,b]$ 上的最大值,最小的便是 $f(x)$ 在

$[a,b]$ 上的最小值.

例 2.57　求函数 $f(x)=x^4-2x^2-3$ 在区间 $[-2,2]$ 上的最值.

解　$f'(x)=4x^3-4x=4x(x-1)(x+1)$,令 $f'(x)=0$,则得驻点 $x_1=-1,x_2=0,x_3=1$. 由于,$f(\pm1)=-4,f(0)=-3,f(\pm2)=5$. 因此,$f(x)$ 在区间 $[-2,2]$ 上的最大值为 $f(\pm2)=5$,最小值为 $f(\pm1)=-4$.

(2)函数最值的应用题举例

在实际问题中,如果可导函数 $f(x)$ 在 (a,b) 内只有一个驻点 x_0,若这个驻点是 $f(x)$ 的极值点,则一定也是最值点. 又根据问题本身的实际意义,判定在 (a,b) 内确有最大值或最小值存在,则 $f(x_0)$ 就是所要求的最大值或最小值,而不必再进行判断.

例 2.58　将边长为 a 的正方形铁皮的四角各截去一个面积相同的小正方形,然后把四边折起做成一个无盖的铁盒,问:截去的正方形边长为多少时,所得铁盒的容积最大?

解　设小正方形的边长为 x,则盒底的边长为 $a-2x$. 因此,铁盒的容积为

$$V=x(a-2x)^2 \quad x\in\left(0,\frac{a}{2}\right)$$

对 x 求导,得 $V'=(a-2x)^2-2x(a-2x)(-2)=(a-2x)(a-6x)$,令 $V'=0$,求得在区间 $\left(0,\frac{a}{2}\right)$ 的驻点 $x=\frac{a}{6}$. 由于函数在 $\left(0,\frac{a}{2}\right)$ 内只有一个驻点,且铁盒的容积确实存在最大值,所以,当截去的小正方形边长为 $\frac{a}{6}$ 时,所得铁盒的容积最大.

例 2.59　把一根直径为 d 的圆木锯成截面为矩形的横梁,如图 2.11 所示. 问:矩形截面的宽 b 和高 h 应如何选择才能使梁的抗弯截面模量最大?

解　由材料力学可知,梁的抗弯截面模量为

$$W=\frac{1}{6}bh^2=\frac{1}{6}b(d^2-b^2),(0<b<d)$$

对 b 求导数,得

$$W'=\frac{1}{6}(d^2-3b^2)$$

令 $W'=0$,得驻点

$$b=\frac{b}{\sqrt{3}},(0<b<d)$$

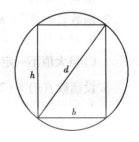

图 2.11

由于梁的最大抗弯截面模量一定存在,且在区间 $(0,d)$ 内只有一个驻点 $b=\frac{d}{\sqrt{3}}$,所以 $b=\frac{d}{\sqrt{3}}$ 就是 W 的最大值点. 因此,当矩形横梁的宽 $b=\frac{d}{\sqrt{3}}$,高 $h=\sqrt{d^2-b^2}=\sqrt{\frac{2}{3}}d$ 时,梁的抗弯截面模量最大.

例 2.60　设产量为 x,价格函数为 $p=75-1.5x$,单位产品成本为

$$C_1(x)=x^2-\frac{81}{2}x+150+\frac{125}{x}$$

求:(1)成本最小时的产量;(2)收入最大时的产量;(3)利润最大时的产量.

解　设 $C(x)$ 为成本函数,$R(x)$ 为收入函数,$L(x)$ 为利润函数.

$(1) C(x) = xC_1(x) = x^3 - \dfrac{81}{2}x^2 + 150x + 125$

$$C'(x) = 3(x-2)(x-25)$$

由 $C'(x) = 0$ 得驻点 $x_1 = 2, x_2 = 25$. 由于 $C''(x) = 6x - 81$, 因此 $C''(2) = -69 < 0$, $C''(25) = 69 > 0$. 所以, $x = 25$ 是极小值点, 也是最小值点.

$(2) R(x) = p \cdot x = 75x - 1.5x^2$

$$R'(x) = 75 - 3x$$

由 $R'(x) = 0$, 得驻点 $x = 25$. 由于 $x = 25$ 是唯一的驻点, 且收入确实存在最大的情形, 所以 $x = 25$ 就是收入最大值点.

$(3) L(x) = R(x) - C(x) = -x^3 + 39x^2 - 75x - 125$

$$L'(x) = -3(x-1)(x-25)$$

由 $L'(x) = 0$ 得驻点 $x_1 = 1, x_2 = 25$. 由于 $L''(x) = -6x + 78$, 因此 $L''(1) = 72 > 0, L''(25) = -72 < 0$, 所以 $x = 25$ 就是利润最大值点.

由此可知, 成本最小时的产量、收入最大时的产量、利润最大时的产量皆为 25.

习题 2.8

一、单项选择题

1. $f'(x_0) = 0$ 是 $y = f(x)$ 在 $x = x_0$ 取极值的(   ).

  A. 必要条件   B. 充分条件   C. 充要条件   D. 无关条件

2. 函数 $f(x)$ 在 $[a,b]$ 内的极大值与极小值的关系是(   ).

  A. 极大值必大于极小值   B. 极小值必大于极大值

  C. 极大值不一定大于极小值   D. 极大值等于极小值

3. 设函数 $f(x) = (2x-5)\sqrt[3]{x^2}$, 则其极小值为(   ).

  A. 0   B. 2   C. 3   D. -3

4. 设函数 $f(x)$ 有二阶连续导数, 且 $f'(0) = 0, \lim\limits_{x \to 0} \dfrac{f''(x)}{x} = 2$, 则 $f(0)$ 是 $f(x)$ 的(   ).

  A. 极大值   B. 极小值   C. 既是极大值又是极小值   D. 都不是

5. 设 $\lim\limits_{x \to a} \dfrac{f(x) - f(a)}{(x-a)^2} = -3$, 则 $f(x)$ 在点 $x = a$ 处(   ).

  A. 可导但 $f'(x) \neq 0$ B. 不可导

  C. 取得极小值   D. 取得极大值

二、填空题

1. 若函数 $f(x)$ 在 $[a,b]$ 上可导, 且 $f'(x) > 0$, 则 $f(x)$ 在 $[a,b]$ 上的最大值为 _____, 最小值为 _____.

2. 函数 $y = \arctan x$ 在区间 $[0, \sqrt{3}]$ 上的最大值为 _____.

3. 若 $f(x) = x^3 + ax^2 + bx$ 在 $x = 1$ 处取极小值 -2, 则 $a = $ _____, $b = $ _____.

4. 函数 $f(x) = (x^2 - 1)^2 - 1$ 的极小值为 _____, 极大值为 _____.

三、解答题

1. 求下列函数的极值.

(1) $y = 4x^3 - 3x^2 - 6x + 1$　　　　　　(2) $y = x - \ln(1 + x)$

(3) $y = 2e^x + e^{-x}$　　　　　　　　　(4) $y = \sqrt{2x - x^2}$

2. 求下列函数在给定区间的最值.

(1) $y = \sqrt{5 - 4x}, [-1, 1]$　　　　　　(2) $y = \dfrac{x-1}{x+1}, [0, 4]$

(3) $y = x^2 + \dfrac{16}{x}, [1, 3]$　　　　　　(4) $y = x^x, (0.1, +\infty)$

四、应用题

1. 求面积为定值 S 的矩形中,周长为最短的矩形.

2. 要建造一个容积为 V,底为正方形的棱柱形水池,问:怎样设计水池的底边长和高,才能使所用材料最省?

3. 一屋撑的形状如 Y 形,总高为 $\dfrac{16}{3}$ m,顶端的宽为 4 m,问:下杆与臂长各为多少时,才能使下杆与两臂长之和为最小?

4. 如题图 4 所示,重量为 G 的物体放在水平面上,受到一大小为 F 的力的作用开始移动,若摩擦系数为 μ,问:此作用力应与水平面成何角度,才能使所用力 F 最小?

5. 要在城市 A 与海岛 B 之间铺设一条地下光缆,若每千米的铺设成本,陆地区域是 C_1,海底区域是 C_2,如题图 5 所示. 问:为使铺设光缆的成本最低,θ_1 与 θ_2 应是怎样的关系?

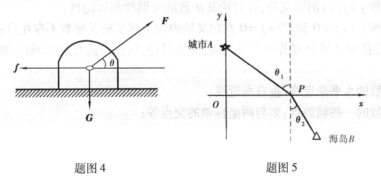

题图 4　　　　　　　　　　　题图 5

2.9　函数的水平渐近线与铅直渐近线

2.9.1　曲线的渐近线

如果曲线在它无限延伸的过程中,无限接近于一条直线 l,则称直线 l 为该曲线的一条**渐近线**.

如曲线 $y = \dfrac{1}{x} + 1$,如图 2.12 所示,当 $x \to \infty$ 时,曲线 $y = \dfrac{1}{x} + 1$ 无限接近于直线 $y = 1$;当 $x \to 0$ 时,曲线 $y = \dfrac{1}{x} + 1$ 无限接近于直线 $x = 0$.

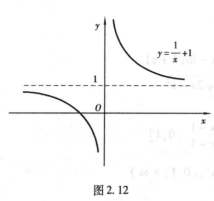

图 2.12

一般,渐近线分水平渐近线、垂直渐近线和斜渐近线.

定义 2.6 ① 若 $\lim\limits_{\substack{x \to +\infty \\ (x \to -\infty)}} f(x) = b$,则称直线 $y = b$ 为曲线 $y = f(x)$ 的**水平渐近线**;

② 若 $\lim\limits_{x \to x_0} f(x) = \infty$(或 $\lim\limits_{\substack{x \to x_0^- \\ (x \to x_0^+)}} f(x) = \infty$),则称直线 $x = x_0$ 为曲线 $y = f(x)$ 的**垂直渐近线**.

注意 垂直渐近线只对应于第二类无穷型间断点.

例 2.61 求曲线 $y = e^{-x^2}$ 的渐近线.

解 因为 $\lim\limits_{x \to \infty} e^{-x^2} = 0$,所以直线 $y = 0$ 为曲线 $y = e^{-x^2}$ 的水平渐近线.

例 2.62 求曲线 $y = \dfrac{\ln x}{x}$ 的渐近线.

解 因为 $\lim\limits_{x \to +\infty} \dfrac{\ln x}{x} = \lim\limits_{x \to +\infty} \dfrac{1}{x} = 0$,所以直线 $y = 0$ 为曲线 $y = \dfrac{\ln x}{x}$ 的水平渐近线.

2.9.2 函数图形的描绘

利用函数的单调性、极值、凹凸性、拐点及渐近线等曲线形态,就能较准确地描绘函数的图像.
函数作图的一般步骤是:

① 确定函数 $y = f(x)$ 的定义域,并讨论其函数的奇偶性和周期性;

② 求出方程 $f'(x) = 0$ 和 $f''(x) = 0$ 在定义域内的全部实根及导数不存在点;

③ 用上述点把定义域分成若干个子区间,列表讨论,以确定函数的单调性、极值、凹凸性和拐点;

④ 确定函数的水平渐近线、垂直渐近线;

⑤ 求出函数的一些辅助点,如与两坐标轴的交点等;

⑥ 作图.

例 2.63 作函数 $y = \dfrac{x^3}{3} - x$ 的图像.

解 (1)函数定义域为 $(-\infty, +\infty)$,且为奇函数,其图像关于原点对称.

(2)$y' = x^2 - 1$,令 $y' = 0$ 得驻点 $x_1 = -1, x_2 = 1$;$y'' = 2x$,令 $y'' = 0$ 得 $x_3 = 0$.

(3)列表讨论:

x	0	(0,1)	1	$(1, +\infty)$
y'	-1	$-$	0	$+$
y''	0	$+$	2	$+$
y	拐点$(0,0)$	⌣	极小值 $-\dfrac{2}{3}$	⌣

(4)辅助点:$\left(-2, -\dfrac{2}{3}\right), (-\sqrt{3}, 0), (\sqrt{3}, 0), \left(2, \dfrac{2}{3}\right)$.

根据以上讨论,作函数的图形如图 2.13 所示.

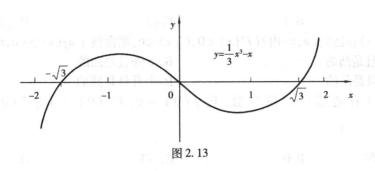

图 2.13

习题 2.9

一、解答题(求下列曲线的渐近线)

1. $y = \dfrac{c^x}{1+x}$ 2. $y = x + e^{-x}$

3. $y = e^{\frac{1}{x}} - 1$ 4. $y = \dfrac{x}{1-x^2}$

5. $y = \dfrac{\sin x}{x^2 - x}$

二、作图题(画出下列函数的图像)

1. $y = x^3 + 3x^2 - 9x + 1$ 2. $y = xe^{-x}$

复 习 题

一、单项选择题

1. 若函数 $f(x) = x(x-1)(x-2)(x-3)$,则 $f'(x) = 0$ 的实根有(　　)个.

    A. 1   B. 2   C. 3   D. 4

2. 设 $f(x)$ 二阶可导,则 $f''(x_0) = 0$ 是点 (x_0, y_0) 为曲线 $y = f(x)$ 的拐点的(　　).

    A. 必要条件   B. 充分条件   C. 充要条件   D. 无关条件

3. 若 $f'(1) = -1$,则 $\lim\limits_{\Delta x \to 0} \dfrac{f(1 + 2\Delta x) - f(1 - \Delta x)}{\Delta x} = ($　　$)$.

    A. 0   B. -1 C. 3   D. -3

4. 设 $f(u)$ 可导,$y = f(\ln x)$,则 $dy = ($　　$)$.

    A. $f'(\ln x)d(\ln x)$ B. $f'(\ln x)dx$

    C. $[f(\ln x)]'d(\ln x)$ D. $f'(x) \cdot \dfrac{1}{x}dx$

5. 设 $f(x) = x^2$,则 $f'(e^x) = ($　　$)$.

    A. $2e^x$ B. e^{2x} C. $2e^{2x}$ D. e^x

6. 函数 $f(x) = \dfrac{1}{x}$ 在 $[1,2]$ 上满足拉格朗日中值定理的条件,则符合该定理公式中的 $\xi = ($　　$)$.

A. 2   B. 1   C. $\sqrt{2}$ D. $\sqrt{3}$

7. 若 $y=f(x)$ 在区间 (a,b) 内有 $f'(x)<0,f''(x)<0$,则曲线 $y=f(x)$ 在 (a,b) 内(   ).

    A. 下降且是凸的   B. 下降且是凹的

    C. 上升且是凸的   D. 上升且是凹的

8. 设 $f(x)$ 有连续的二阶导数,且 $f(0)=0,f'(0)=1,f''(0)=-2$,则 $\lim\limits_{x\to 0}\dfrac{f(x)-x}{x^2}=$ (   ).

    A. 不存在   B. 0   C. -1   D. -2

二、填空题

1. $y=1$ 是曲线 $y=e^{-\frac{1}{x^2}}$ 的_____渐近线.

2. 若 $f(x+1)=x^2-1$,则 $\mathrm{d}f(x)=$_____.

3. 若 $f(x)$ 在点 $x=0$ 的某邻域内有定义,$f(0)=0$,且 $\lim\limits_{x\to 0}\dfrac{f(x)}{x}=2$,则 $f'(0)=$_____.

4. 若点 $(1,-2)$ 为曲线 $y=ax^3+bx^2$ 的拐点,则 $a=$_____,$b=$_____.

5. 曲线 $y=e^{-\frac{x^2}{2}}$ 的渐近线方程为_____.

三、判断题

1. 若 $f(x)$ 在区间 (a,b) 内仅有一个驻点,则该点一定是极值点.   (   )

2. 若 $f(x)$ 在区间 (a,b) 内可导,且仅有一个极值点,则该点一定是最值点.   (   )

3. 若函数 $f(x)$、$g(x)$ 在 $[a,b]$ 上连续,在 (a,b) 内可导,且在 $[a,b]$ 上 $f'(x)\le g'(x)$,则有 $f(b)-f(a)\le g(b)-g(a)$.   (   )

4. 若函数 $f(x)$ 在 x_0 处取得极值,则曲线 $y=f(x)$ 在点 $(x_0,f(x_0))$ 处必有平行于 x 轴的切线.   (   )

5. 最值一定是极值.   (   )

四、解答题

1. 设函数 $f(x)=\begin{cases} x^{\frac{5}{3}}\sin\dfrac{1}{x} & x\ne 0 \\ 0 & x=0 \end{cases}$,求 $f'(0)$.

2. 设 $y=f(x)$ 是由方程 $\cos^2(x^2+y)=x$ 所确定的函数,求 $y'(x)$.

3. 设 $f(x)$ 可导,求函数 $y=f(f(\sin x))$ 的导数.

4. 求极限:

(1) $\lim\limits_{x\to a}\dfrac{a^x-x^a}{x-a}$,   ($a>0$)   (2) $\lim\limits_{x\to 0}\dfrac{(1+x)^{\frac{1}{x}}-e}{x}$

(3) $\lim\limits_{x\to 0}(\cos x)^{\frac{1}{x^2}}$ (4) $\lim\limits_{x\to\infty}\left[x-x^2\ln\left(1+\dfrac{1}{x}\right)\right]$

5. 轮船甲位于轮船乙以东 75 km 处,以 12 km/h 的速度向西行驶,而轮船乙以 6 km/h 的速度向北行驶,问经过多少时间,两船相距最近?

6. 一张 1.4 m 高的图片挂在墙上,它的底边高于观察者的眼睛 1.8 m,如题图 6 所示,问:观察者应站在多远处看图才最清楚(即视角最大)?

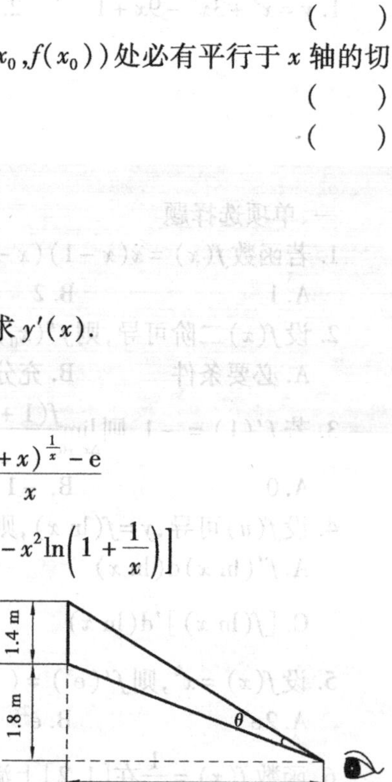

题图 6

第**3**章

不定积分

在微分学部分,已经讨论了怎样由已知函数求导函数的问题。但是,也有许多恰好相反的实际问题,就是寻求一个函数 $F(x)$,使它的导函数等于已知函数 $f(x)$,即 $f(x) = F'(x)$. 这个问题是积分学的基本问题之一. 下面将讨论一元函数的积分. 积分学中有两个基本概念:不定积分和定积分。本章先讨论不定积分.

3.1 不定积分的概念与性质

3.1.1 问题的引出

若已知质点的位置函数 $s = s(t)$,则速度函数 $v(t) = s'(t)$;与此相反,若已知速度函数 $v = v(t)$,如何求位置函数 $s = s(t)$? 又如,已知函数 $y = f(x)$,则函数对应曲线上任意点的切线斜率为 $f'(x)$;与此相反,若已知曲线上任意点的切线斜率为 $f'(x)$,如何求曲线方程 $y = f(x)$?

类似问题在科学技术上还会大量遇到,据此,数学上抽象出了原函数和不定积分的概念.

3.1.2 原函数与不定积分的概念

定义 3.1(原函数的定义) 如果在区间 I 上,可导函数 $F(x)$ 的导函数为 $f(x)$,即对任一 $x \in I$,都有 $F'(x) = f(x)$,或 $\mathrm{d}F(x) = f(x)\mathrm{d}x$,那么函数 $F(x)$ 就称为 $f(x)$($f(x)\mathrm{d}x$)在区间 I 上的原函数.

例如,因 $(\sin x)' = \cos x$,故 $\sin x$ 是 $\cos x$ 的原函数;又如,因为 $(\ln|x|)' = \dfrac{1}{x}$,所以在 $(0, +\infty)$ 内,$\ln x$ 是 $\dfrac{1}{x}$ 的原函数,而在 $(-\infty, 0)$ 内,$\ln(-x)$ 是 $\dfrac{1}{x}$ 的原函数.

显然,$\sin x + 1$,$\sin x + 2$,$\sin x + C$(C 为任意常数)都是 $\cos x$ 在 $(-\infty, +\infty)$ 内的原函数,一般地有以下结论:

定理 3.1（原函数族的定理） 如果函数 $f(x)$ 在区间 I 上有一个原函数 $F(x)$，则对于任意常数 C，函数 $F(x) + C$ 都是 $f(x)$ 在区间 I 上的原函数，而且它包含了 $f(x)$ 在区间 I 上的所有原函数.

证明 因为 $[F(x) + C]' = F'(x) = f(x)$，所以 $F(x) + C$ 是 $f(x)$ 的原函数. 设 $\Phi(x)$ 也是 $f(x)$ 在区间 I 上的原函数，即 $\Phi'(x) = f(x)$，于是

$$\Phi'(x) = f(x) = F'(x) \Rightarrow [F(x) - \Phi(x)]' = \Phi'(x) - F'(x) = f(x) - f(x) = 0$$

根据结论：导数恒为零的函数必为常数，可知 $F(x) - \Phi(x) = C$，即 $F(x) = \Phi(x) + C$.

由此可见，如果要求 $f(x)$ 的所有原函数，只要找出一个原函数 $F(x)$，再加上任意常数就可以了.

定理 3.2（原函数的存在性） 如果函数 $f(x)$ 在区间 I 上连续，则 $f(x)$ 在区间 I 上一定有原函数.

证明留待下章给出.

由于初等函数在其定义区间内都是连续的，因此，初等函数在其定义区间内一定有原函数.

有了以上的准备，下面给出一个和原函数密切相关的概念——不定积分.

定义 3.2（不定积分的定义） 在区间 I 上，函数 $f(x)$ 的带有任意常数项的原函数称为 $f(x)$（或 $f(x)\mathrm{d}x$）在区间 I 上的不定积分，记作

$$\int f(x)\mathrm{d}x$$

其中记号 $\int$ 称为**积分号**，$f(x)$ 称为**被积函数**，$f(x)\mathrm{d}x$ 称为**被积表达式**，x 称为**积分变量**.

由此定义及前面的说明可知，如果 $F(x)$ 是 $f(x)$ 在区间 I 上的一个原函数，那么 $F(x) + C$ 就是 $f(x)$ 的不定积分，即

$$\int f(x)\mathrm{d}x = F(x) + C$$

因而不定积分 $\int f(x)\mathrm{d}x$ 可以表示 $f(x)$ 的任意一个原函数.

由不定积分的定义可知，求不定积分的方法是：先求出 $f(x)$ 的一个原函数，再加上积分常数 C 即可.

例 3.1 求不定积分 $\int x^2 \mathrm{d}x$.

解 因为 $\left(\dfrac{x^3}{3}\right)' = x^2$，所以 $\dfrac{x^3}{3}$ 是 x^2 的一个原函数. 因此

$$\int x^2 \mathrm{d}x = \frac{x^3}{3} + C$$

例 3.2 求不定积分 $\int \dfrac{1}{x}\mathrm{d}x$.

解 因为 $(\ln|x|)' = \dfrac{1}{x}$，所以 $\int \dfrac{1}{x}\mathrm{d}x = \ln|x| + C$.

例 3.3 一物体由静止开始运动，在 t 秒末的速度是 $3t^2$ m/s，问：

(1) 在 3 s 末物体离开出发点的距离是多少？

（2）物体走完 360 m 需要多少时间？

解　因为 $v = s' = 3t^2$，所以 $s = \int 3t^2 \mathrm{d}t = t^3 + C$. 又因为 $t = 0$ 时 $s = 0$，所以 $s(t) = t^3$，故

（1）$s(t) \Big|_{t=3} = 27(\mathrm{m})$

（2）$s(t) = 360$，即 $t^3 = 360$，则 $t \approx 7.11(\mathrm{s})$.

例 3.4　设曲线通过点 $(1,2)$，且已知曲线上任一点的切线斜率为 $2x$，求此曲线方程.

解　设曲线方程为 $y = f(x)$，则由题意有 $y' = f'(x) = 2x$，两边积分得

$$y = f(x) = \int 2x \mathrm{d}x = x^2 + C$$

所求曲线通过点 $(1,2)$，所以 $2 = 1^2 + C \Rightarrow C = 1$. 故所求曲线的方程为 $y = x^2 + 1$.

3.1.3　不定积分的几何意义

若 $y = F(x)$ 是 $f(x)$ 的一个原函数，则称 $y - F(x)$ 的图形是 $f(x)$ 的积分曲线，因为不定积分 $\int f(x) \mathrm{d}x = F(x) + C$ 是 $f(x)$ 的原函数的一般表达式，所以它对应的图形是一簇积分曲线，故称它为积分曲线簇，如图 3.1 所示.

$y = F(x) + C$ 的特点如下：

①积分曲线簇中任意一条曲线，可由其中某一条曲线，如 $y = F(x)$ 沿 y 轴平行移动 $|C|$ 单位而得到，当 $C > 0$ 时，向上移动；当 $C < 0$ 时，向下移动.

②由于 $[F(x) + C]' = F'(x) = f(x)$，即横坐标相同的点 x 处，每条积分曲线上相应点的切线斜率相等，从而相应点的切线相互平行.

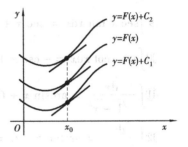

图 3.1

3.1.4　不定积分的性质

根据不定积分的定义，可以推得它的如下性质：

①函数的和的不定积分等于各个函数的不定积分的和，即

$$\int [f(x) \pm g(x)] \mathrm{d}x = \int f(x) \mathrm{d}x \pm \int g(x) \mathrm{d}x$$

②求不定积分时，被积函数中不为零的常数因子可以提到积分号外面来，即

$$\int k f(x) \mathrm{d}x = k \int f(x) \mathrm{d}x \quad (k \text{ 是常数}, k \neq 0)$$

③不定积分与导数（微分）的关系：

$$\left[\int f(x) \mathrm{d}x \right]' = f(x) \quad \text{或} \quad \mathrm{d}\left[\int f(x) \mathrm{d}x \right] = f(x) \mathrm{d}x$$

$$\int f'(x) \mathrm{d}x = f(x) + C \quad \text{或} \quad \int \mathrm{d}f(x) = f(x) + C$$

由此可见，在不记常数 C 的情况下，不定积分和导数在运算上完全是互逆的. 因此，有一个导数公式就相应地有一个不定积分公式. 于是由基本求导公式，就可以直接得到不定积分的基本公式.

3.1.5 基本积分公式

① $\int k\mathrm{d}x = kx + C$ （k 为常数）

② $\int x^\mu \mathrm{d}x = \dfrac{1}{\mu+1}x^{\mu+1} + C$ （$\mu \neq -1$）

③ $\int \dfrac{1}{x}\mathrm{d}x = \ln|x| + C$

④ $\int a^x \mathrm{d}x = \dfrac{a^x}{\ln a} + C, \int e^x \mathrm{d}x = e^x + C$

⑤ $\int \cos x\mathrm{d}x = \sin x + C$

⑥ $\int \sin x\mathrm{d}x = -\cos x + C$

⑦ $\int \sec^2 \mathrm{d}x = \tan x + C$

⑧ $\int \csc^2 x\mathrm{d}x = -\cot x + C$

⑨ $\int \sec x \tan x\mathrm{d}x = \sec x + C$

⑩ $\int \csc x\cot x\mathrm{d}x = -\csc x + C$

⑪ $\int \dfrac{\mathrm{d}x}{\sqrt{1-x^2}} = \arcsin x + C = -\arccos x + C$

⑫ $\int \dfrac{\mathrm{d}x}{1+x^2} = \arctan x + C = -\text{arccot}\, x + C$

⑬ $\int \mathrm{sh}\, x\mathrm{d}x = \mathrm{ch}\, x + C$

⑭ $\int \mathrm{ch}\, x\mathrm{d}x = \mathrm{sh}\, x + C$

上述的积分公式是最基本的积分公式,它的作用类似于算术运算中"九九表",如果"九九表"记不熟,能顺利地进行乘法运算是一件很难想象的事情. 同样的道理,如果上述基本积分公式记不熟,不定积分的计算基本上是无法进行下去的了. 以后在计算不定积分时,最终都是化为能用到基本积分公式的形式,因此上述基本公式必须达到熟记的程度. 这些公式通常称为**基本积分公式**.

例3.5 求不定积分 $\int \sqrt{x}(x^2-4)\mathrm{d}x$.

解 $\int \sqrt{x}(x^2-4)\mathrm{d}x = \int x^{\frac{5}{2}}\mathrm{d}x - 4\int x^{\frac{1}{2}}\mathrm{d}x = \dfrac{2}{7}x^{\frac{7}{2}} - 4 \cdot \dfrac{2}{3}x^{\frac{3}{2}} + C$

$\qquad\qquad = \dfrac{2}{7}x^{\frac{7}{2}} - \dfrac{8}{3}x^{\frac{3}{2}} + C$

例3.6 求不定积分 $\int \dfrac{1}{\sqrt{x}}\mathrm{d}x$.

解　$\displaystyle\int\frac{1}{\sqrt{x}}\mathrm{d}x = \int x^{-\frac{1}{2}}\mathrm{d}x = 2x^{\frac{1}{2}} + C$

注意　检验积分结果是否正确,只要对结果求导,看它的导数是否等于被积函数,等于时结果是正确的,否则结果是错误的.

3.1.6　直接积分法

利用不定积分的运算性质和积分基本公式直接计算出不定积分的方法称为直接积分法.用直接积分法可求出某些简单函数的不定积分.

例 3.7　求不定积分 $\displaystyle\int\frac{\mathrm{d}x}{x^2(1+x^2)}$.

解　$\displaystyle\int\frac{\mathrm{d}x}{x^2(1+x^2)} = \int\frac{1+x^2-x^2}{x^2(1+x^2)}\mathrm{d}x = \int\left(\frac{1}{x^2}-\frac{1}{1+x^2}\right)\mathrm{d}x$

$$= -\frac{1}{x} - \arctan x + C$$

例 3.8　求不定积分 $\displaystyle\int\frac{x^4}{1+x^2}\mathrm{d}x$.

解　$\displaystyle\int\frac{x^4}{1+x^2}\mathrm{d}x = \int\frac{(x^4-1)+1}{1+x^2}\mathrm{d}x = \int\left[(x^2-1)+\frac{1}{1+x^2}\right]\mathrm{d}x$

$$= \frac{x^3}{3} - x + \arctan x + C$$

例 3.9　求 $\displaystyle\int\tan^2 x\mathrm{d}x$.

解　$\displaystyle\int\tan^2 x\mathrm{d}x = \int(\sec^2 x - 1)\mathrm{d}x = \int\sec^2 x\mathrm{d}x - \int\mathrm{d}x = \tan x - x + C.$

例 3.10　求 $\displaystyle\int\cos^2\frac{x}{2}\mathrm{d}x$.

解　$\displaystyle\int\cos^2\frac{x}{2}\mathrm{d}x = \int\frac{1+\cos x}{2}\mathrm{d}x = \frac{1}{2}\int(1+\cos x)\mathrm{d}x$

$$= \frac{1}{2}(x + \sin x) + C$$

例 3.11　求 $\displaystyle\int\frac{\mathrm{d}x}{\sin^2 x\cos^2 x}$.

解　$\displaystyle\int\frac{\mathrm{d}x}{\sin^2 x\cos^2 x} = \int\left(\frac{\sin^2 x + \cos^2 x}{\sin^2 x\cos^2 x}\right)\mathrm{d}x = \int\frac{1}{\cos^2 x}\mathrm{d}x - \int\frac{1}{\sin^2 x}\mathrm{d}x$

$$= \tan x - \cot x + C$$

习题 3.1

一、判断题

1. 若在 $[a,b]$ 上有 $\mathrm{d}F(x) = f(x)\mathrm{d}x$,则 $F(x)$ 为 $f(x)$ 在 $[a,b]$ 上的原函数. 　　　(　　)

2. 设 $F(x)$ 与 $\Phi(x)$ 都是 $f(x)$ 的原函数,则 $F(x) - \Phi(x)$ 必为常数. （　　）

3. 设 $f(x)$ 为连续函数,则 $\left(\int f(x)\mathrm{d}x\right)' = f(x)$. （　　）

4. $\int 0\mathrm{d}x = 0$. （　　）

5. 设 $f(x)$ 为 $[a,b]$ 上的连续函数,则对于任意 $x_0 \in (a,b)$,曲线在点 $(x_0, f(x_0))$ 处的切线斜率为 $f'(x_0)$. （　　）

二、单项选择题

1. 下列函数中,（　　）是 $x\cos x^2$ 的原函数.

　A. $-2x\sin x^2$ 　　　B. $2x\sin x^2$ 　　　C. $-\dfrac{1}{2}\sin x^2$ 　　　D. $\dfrac{1}{2}\sin x^2$

2. 下列等式中,（　　）是正确的.

　A. $\mathrm{d}\int f(x)\mathrm{d}x = f(x)$ 　　　　　　B. $\dfrac{\mathrm{d}}{\mathrm{d}x}\int f(x)\mathrm{d}x = f(x)\mathrm{d}x$

　C. $\dfrac{\mathrm{d}}{\mathrm{d}x}\int f(x)\mathrm{d}x = f(x) + C$ 　　　D. $\mathrm{d}\int f(x)\mathrm{d}x = f(x)\mathrm{d}x$

3. 若 $\int f(x)\mathrm{e}^{\frac{1}{x}}\mathrm{d}x = -\mathrm{e}^{\frac{1}{x}} + C$,则 $f(x) = $（　　）.

　A. $\dfrac{1}{x}$ 　　　　B. $\dfrac{1}{x^2}$ 　　　　C. $-\dfrac{1}{x}$ 　　　　D. $-\dfrac{1}{x^2}$

4. 若 $f(x)$ 满足 $\int f(x)\mathrm{d}x = \cos x + C$,则 $f'(x) = $（　　）.

　A. $-\sin x$ 　　　　B. $\sin x$ 　　　　C. $-\cos x$ 　　　　D. $\cos x$

三、填空题

1. 若 $F(x)$ 是 $f(x)$ 的一个原函数,则 $f(x)$ 的所有原函数是 _____.

2. 若 $F(x)$ 与 $G(x)$ 是同一连续函数的原函数,则 $F(x)$ 与 $G(x)$ 之间的关系是 _____.

3. $\dfrac{1}{x}$ 的一个原函数是 _____,所以 $\int \dfrac{1}{x}\mathrm{d}x = $ _____.

4. 若 $\int f(x)\mathrm{d}x = \mathrm{e}^{-x^2} + C$,则 $f(x) = $ _____.

四、解答题

1. $\displaystyle\int \frac{(x^2-3)(x+1)}{x^2}\mathrm{d}x$ 　　　2. $\displaystyle\int \left(\frac{1}{\sqrt{x}} - x\cdot\frac{\sqrt{x}}{4}\right)\mathrm{d}x$

3. $\displaystyle\int \frac{x-9}{\sqrt{x}+3}\mathrm{d}x$ 　　　4. $\displaystyle\int 2^x\mathrm{e}^x\mathrm{d}x$

5. $\displaystyle\int \frac{1+x+x^2}{x(1+x^2)}\mathrm{d}x$ 　　　6. $\displaystyle\int \frac{3x^4+3x^2-1}{x^2+1}\mathrm{d}x$

7. $\displaystyle\int (10^x + x^{10})\mathrm{d}x$ 　　　8. $\displaystyle\int \frac{\mathrm{e}^{2x}-1}{\mathrm{e}^x+1}\mathrm{d}x$

9. $\displaystyle\int \sec x(\sec x - \tan x)\mathrm{d}x$ 　　　10. $\displaystyle\int \csc x(\csc x - \cot x)\mathrm{d}x$

11. 已知一条曲线在任一点的切线斜率等于该点横坐标的倒数,且过点 $(\mathrm{e}^3, 5)$,求此曲线方程.

12. 已知一物体作直线运动,其加速度为 $a = 12t - 3\sin t$,且当 $t = 0$ 时,$v = 5$,$s = -3$,求:

(1)速度 v 与时间 t 的函数关系.

(2)路程 s 与时间 t 的函数关系.

3.2 第一类换元积分法

利用直接积分法所能计算的不定积分是非常有限的,因此,有必要进一步研究不定积分的求法. 把复合函数的微分法反过来求不定积分,利用中间变量的代换,得到复合函数的积分法,称为换元积分法,简称换元法. 换元法通常分成两类.

3.2.1 问题的引出

先看一个例子,例如,求 $\int \sin 3x \mathrm{d}x$,因为被积函数是复合函数,用直接积分法没法积分. 尝试如下做法:$\int \sin 3x \mathrm{d}x = \dfrac{1}{3} \int \sin 3x \mathrm{d}(3x)$,如令 $u = 3x$,则有 $\int \sin 3x \mathrm{d}x = \dfrac{1}{3} \int \sin u \mathrm{d}u$,如果可以把公式 $\int \sin x \mathrm{d}x = -\cos x + C$ 用到 $\int \sin u \mathrm{d}u$ 上 ,那么,不定积分就求出来了.

$$\int \sin 3x \mathrm{d}x = \frac{1}{3} \int \sin u \mathrm{d}u = -\frac{1}{3}\cos u + C = -\frac{1}{3}\cos 3x + C$$

容易验证,上述结果是正确的,现在就要看上述做法是否具有一般性,也就是能否把 $\int f(x) \mathrm{d}x$ 的公式(其中 x 是自变量) 用到 $\int f(u) \mathrm{d}u$ 上去(其中 u 是中间变量). 下面的定理回答了这个问题.

3.2.2 第一类换元法(或称凑微分法)

定理 3.3 设 $f(u)$ 具有原函数 $F(u)$,即

$$\int f(u) \mathrm{d}u = F(u) + C$$

且 $u = \varphi(x)$ 可导,则有换元公式

$$\int f[\varphi(x)]\varphi'(x) \mathrm{d}x = F[\varphi(x)] + C$$

证明 由题设及微分的形式不变性,得

$$\mathrm{d}\{F[\varphi(x)] + C\} = \mathrm{d}F[\varphi(x)] = f[\varphi(x)]\mathrm{d}\varphi(x) = f[\varphi(x)]\varphi'(x) \mathrm{d}x$$

故

$$\int f[\varphi(x)]\varphi'(x) \mathrm{d}x = F[\varphi(x)] + C$$

应用第一类换元法的基本过程是:

$$\int h(x)\mathrm{d}x \xrightarrow{\text{变形}} \int f[\varphi(x)]\varphi'(x) \mathrm{d}x \xrightarrow{\text{凑微分}} \int f[\varphi(x)]\mathrm{d}\varphi(x)$$

$$\xrightarrow[u = \varphi(x)]{\text{换元}} \int f(u) \mathrm{d}u \xrightarrow{\text{积分}} F(u) + C \xrightarrow{\text{代回}} F[\varphi(x)] + C$$

关键是凑微分这一步,它实现了从未知向已知的转化,故第一换元法又简称为"**凑微分法**",它进一步扩大了积分公式的范围.凑的过程中前后必须相等.

例 3.12 求 $\int 2\cos 2x\mathrm{d}x$.

解 作变换 $u = 2x$,便有

$$\int 2\cos 2x\mathrm{d}x = \int \cos 2x\mathrm{d}(2x) = \int \cos u\mathrm{d}u = \sin u + C$$

再以 $u = 2x$ 代入,即得

$$\int 2\cos 2x\mathrm{d}x = \sin 2x + C$$

在对变量代换比较熟练以后,不一定写出中间变量 u.常用的凑微分有以下类型.

① $\int f(ax + b)\mathrm{d}x$ 型 $\rightarrow$ 凑 $\mathrm{d}x = \dfrac{1}{a}\mathrm{d}(ax + b)$.

例 3.13 求 $\int (5x + 6)^{99}\mathrm{d}x$.

解 $\int (5x + 6)^{99}\mathrm{d}x = \dfrac{1}{5}\int (5x + 6)^{99}\mathrm{d}(5x + 6)$

$$= \dfrac{1}{5} \cdot \dfrac{1}{99 + 1}(5x + 6)^{99+1} + C = \dfrac{1}{500}(5x + 6)^{100} + C$$

例 3.14 求 $\int \dfrac{\mathrm{d}x}{1 - \cos x}$.

解 $\int \dfrac{\mathrm{d}x}{1 - \cos x} = \int \dfrac{\mathrm{d}x}{2\sin^2 \dfrac{x}{2}} = \int \dfrac{\mathrm{d}\left(\dfrac{x}{2}\right)}{\sin^2 \left(\dfrac{x}{2}\right)} = -\cot \dfrac{x}{2} + C$.

例 3.15 求 $\int \dfrac{\mathrm{d}x}{1 + \sin x}$.

解 $\int \dfrac{\mathrm{d}x}{1 + \sin x} = \int \dfrac{\mathrm{d}\left(x - \dfrac{\pi}{2}\right)}{1 + \cos\left(x - \dfrac{\pi}{2}\right)} = \int \dfrac{\mathrm{d}\left(x - \dfrac{\pi}{2}\right)}{2\cos^2 \dfrac{1}{2}\left(x - \dfrac{\pi}{2}\right)} = \tan \dfrac{1}{2}\left(x - \dfrac{\pi}{2}\right) + C$

例 3.16 求 $\int \dfrac{x}{(1 - x)^{10}}\mathrm{d}x$.

解 令 $1 - x = t$,$\mathrm{d}x = -\mathrm{d}t$,则

$$\int \dfrac{x}{(1 - x)^{10}}\mathrm{d}x = \int \dfrac{t - 1}{t^{10}}\mathrm{d}t = \int t^{-9}\mathrm{d}t - \int t^{-10}\mathrm{d}t = -\dfrac{1}{8}t^{-8} + \dfrac{1}{9}t^{-9} + C$$

$$= -\dfrac{1}{8(1 - x)^8} + \dfrac{1}{9(1 - x)^9} + C$$

② $\int f(x^n)x^{n-1}\mathrm{d}x$ 型 $\rightarrow$ 凑 $x^{n-1}\mathrm{d}x = \dfrac{1}{n}\mathrm{d}(x^n)(n \neq 0,1)$.

该类型中 $n = 2$,$n = \dfrac{1}{2}$ 是常见题型,即

$$\int f(x^2)x\mathrm{d}x \text{ 型} \rightarrow \text{凑 } x\mathrm{d}x = \dfrac{1}{2}\mathrm{d}(x^2)$$

$$\int \frac{f(\sqrt{x})}{\sqrt{x}}\mathrm{d}x \text{ 型} \to 凑\frac{\mathrm{d}x}{\sqrt{x}} = 2\mathrm{d}\sqrt{x}$$

例 3.17　求 $\int x\sqrt{1 + x^2}\mathrm{d}x$.

解
$$\int x\sqrt{1 + x^2}\mathrm{d}x = \frac{1}{2}\int (1 + x^2)^{\frac{1}{2}}\mathrm{d}(1 + x^2)$$
$$= \frac{1}{2} \cdot \frac{2}{3}(1 + x^2)^{\frac{3}{2}} + C$$
$$= \frac{1}{3}(1 + x^2)^{\frac{3}{2}} + C$$

例 3.18　求 $\int \frac{\mathrm{e}^{\sqrt{x}}}{\sqrt{x}}\mathrm{d}x$.

解　$\int \frac{\mathrm{e}^{\sqrt{x}}}{\sqrt{x}}\mathrm{d}x = 2\int \mathrm{e}^{\sqrt{x}}\mathrm{d}\sqrt{x} = 2\mathrm{e}^{\sqrt{x}} + C.$

例 3.19　求 $\int \frac{\mathrm{d}x}{\sqrt{x(4 - x)}}$.

解
$$\int \frac{\mathrm{d}x}{\sqrt{x(4 - x)}} = 2\int \frac{\mathrm{d}\sqrt{x}}{\sqrt{2^2 - (\sqrt{x})^2}} = \int \frac{\mathrm{d}\sqrt{x}}{\sqrt{1 - \left(\frac{\sqrt{x}}{2}\right)^2}}$$
$$= 2\int \frac{1}{\sqrt{1 - \left(\frac{\sqrt{x}}{2}\right)^2}}\mathrm{d}\left(\frac{\sqrt{x}}{2}\right) = 2\arcsin\frac{\sqrt{x}}{2} + C$$

③ $\int \frac{f(\ln x)}{x}\mathrm{d}x$ 型 $\to$ 凑 $\frac{\mathrm{d}x}{x} = \mathrm{d}\ln x$.

例 3.20　求 $\int \frac{\ln x}{x}\mathrm{d}x$.

解　$\int \frac{\ln x}{x}\mathrm{d}x = \int \ln x\left(\frac{1}{x}\mathrm{d}x\right) = \int \ln x\mathrm{d}\ln x = \frac{1}{2}\ln^2 x + C.$

例 3.21　求 $\int \frac{\mathrm{d}x}{x(2 + 3\ln x)}$.

解　$\int \frac{\mathrm{d}x}{x(2 + 3\ln x)} = \frac{1}{3}\int \frac{1}{2 + 3\ln x}\mathrm{d}(2 + 3\ln x) = \frac{1}{3}\ln|2 + 3\ln x| + C.$

例 3.22　求 $\int \frac{\mathrm{d}x}{x(\sqrt{\ln x + a} - \sqrt{\ln x + b})}$.

解
$$\int \frac{\mathrm{d}x}{x(\sqrt{\ln x + a} - \sqrt{\ln x + b})} = \int \frac{\sqrt{\ln x + a} + \sqrt{\ln x + b}}{a - b}\mathrm{d}\ln x$$
$$= \frac{1}{a - b}\int (\ln x + a)^{\frac{1}{2}}\mathrm{d}(\ln x + a) + \frac{1}{a - b}\int (\ln x + b)^{\frac{1}{2}}\mathrm{d}(\ln x + b)$$
$$= \frac{2}{3(a - b)}\left[(\ln x + a)^{\frac{3}{2}} + (\ln x + b)^{\frac{3}{2}}\right] + C$$

④ $\int \dfrac{f(\arctan x)}{1 + x^2}\mathrm{d}x$ 型 $\to$ 凑 $\dfrac{\mathrm{d}x}{1 + x^2} = \mathrm{d}\arctan x$;

$\int \dfrac{f(\arcsin x)}{\sqrt{1 - x^2}}\mathrm{d}x$ 型 $\to$ 凑 $\dfrac{\mathrm{d}x}{\sqrt{1 - x^2}} = \mathrm{d}\arcsin x$.

例 3.23　求 $\int \dfrac{(\arctan x)^2}{1 + x^2}\mathrm{d}x$.

解　$\int \dfrac{(\arctan x)^2}{1 + x^2}\mathrm{d}x = \int (\arctan x)^2 \mathrm{d}(\arctan x) = \dfrac{1}{3}(\arctan x)^3 + C$

例 3.24　求 $\int \dfrac{\arctan \sqrt{x}}{\sqrt{x}(1 + x)}\mathrm{d}x$.

解　$\int \dfrac{\arctan \sqrt{x}}{\sqrt{x}(1 + x)}\mathrm{d}x = \int \dfrac{2 \arctan \sqrt{x}}{1 + (\sqrt{x})^2}\mathrm{d}\sqrt{x} = 2 \int \arctan \sqrt{x}\,\mathrm{d}\arctan \sqrt{x}$

$$= (\arctan \sqrt{x})^2 + C$$

例 3.25　求 $\int \dfrac{\mathrm{d}x}{(\arcsin x)^2 \sqrt{1 - x^2}}$.

解　$\int \dfrac{\mathrm{d}x}{(\arcsin x)^2 \sqrt{1 - x^2}} = \int \dfrac{\mathrm{d}\arcsin x}{(\arcsin x)^2} = -\dfrac{1}{\arcsin x} + C$.

⑤ $\int f(\mathrm{e}^x)\mathrm{e}^x \mathrm{d}x$ 型 $\to$ 凑 $\mathrm{e}^x \mathrm{d}x = \mathrm{d}\mathrm{e}^x$.

例 3.26　求 $\int \dfrac{\mathrm{d}x}{\mathrm{e}^x + \mathrm{e}^{-x}}$.

解　$\int \dfrac{\mathrm{d}x}{\mathrm{e}^x + \mathrm{e}^{-x}} = \int \dfrac{\mathrm{e}^x}{1 + \mathrm{e}^{2x}}\mathrm{d}x = \int \dfrac{1}{1 + (\mathrm{e}^x)^2}\mathrm{d}\mathrm{e}^x = \arctan \mathrm{e}^x + C$.

⑥ $\int f(\sin x)\cos x\,\mathrm{d}x$ 型 $\to$ 凑 $\cos x\,\mathrm{d}x = \mathrm{d}\sin x$;

$\int f(\cos x)\sin x\,\mathrm{d}x$ 型 $\to$ 凑 $\sin x\,\mathrm{d}x = -\mathrm{d}\cos x$.

例 3.27　求 $\int \sin^3 x \cos x\,\mathrm{d}x$.

解　$\int \sin^3 x \cos x\,\mathrm{d}x = \int \sin^3 x\,\mathrm{d}\sin x = \dfrac{1}{4}\sin^4 x + C$.

例 3.28　求 $\int \tan x\,\mathrm{d}x$.

解　$\int \tan x\,\mathrm{d}x = \int \dfrac{\sin x}{\cos x}\mathrm{d}x = -\int \dfrac{1}{\cos x}\mathrm{d}\cos x = -\ln|\cos x| + C$.

例 3.29　求 $\int \cot x\,\mathrm{d}x$.

解　$\int \cot x\,\mathrm{d}x = \int \dfrac{\cos x}{\sin x}\mathrm{d}x = \int \dfrac{1}{\sin x}\mathrm{d}\sin x = \ln|\sin x| + C$.

例 3.30　求 $\int \sin^3 x\,\mathrm{d}x$.

解　$\int \sin^3 x\,\mathrm{d}x = \int \sin^2 x \sin x\,\mathrm{d}x = -\int (1 - \cos^2 x)\mathrm{d}\cos x$

$$= \int \cos^2 x \mathrm{d} \cos x - \int \mathrm{d} \cos x = \frac{1}{3} \cos^3 x - \cos x + C$$

例 3.31 求 $\int \sec x \mathrm{d}x$.

解 $\displaystyle \int \sec x \mathrm{d}x = \int \frac{1}{\cos x} \mathrm{d}x = \int \frac{\cos x}{1 - \sin^2 x} \mathrm{d}x = \int \frac{\mathrm{d} \sin x}{(1 - \sin x)(1 + \sin x)}$

$$= \frac{1}{2} \int \left[\frac{1}{1 + \sin x} + \frac{1}{1 - \sin x} \right] \mathrm{d} \sin x$$

$$= \frac{1}{2} \int \frac{1}{1 + \sin x} \mathrm{d}(1 + \sin x) - \frac{1}{2} \int \frac{1}{1 - \sin x} \mathrm{d}(1 - \sin x)$$

$$= \frac{1}{2} \ln \left| \frac{1 + \sin x}{1 - \sin x} \right| + C = \frac{1}{2} \ln \left(\frac{1 + \sin x}{\cos x} \right)^2 + C$$

$$= \ln | \sec x + \tan x | + C$$

例 3.32 求 $\displaystyle \int \frac{\cot x}{\ln \sin x} \mathrm{d}x$.

解 $\displaystyle \int \frac{\cot x}{\ln \sin x} \mathrm{d}x = \int \frac{1}{\ln \sin x} \cdot \frac{\cos x}{\sin x} \mathrm{d}x = \int \frac{1}{\ln \sin x} \cdot \frac{1}{\sin x} \mathrm{d} \sin x$

$$= \int \frac{\mathrm{d} \ln \sin x}{\ln \sin x} = \ln | \ln \sin x | + C$$

⑦ $\displaystyle \int \frac{f(\tan x)}{\cos^2 x} \mathrm{d}x$ 型 $\rightarrow$ 凑 $\displaystyle \frac{\mathrm{d}x}{\cos^2 x} = \mathrm{d} \tan x$;

$\displaystyle \int \frac{f(\cot x)}{\sin^2 x} \mathrm{d}x$ 型 $\rightarrow$ 凑 $\displaystyle \frac{\mathrm{d}x}{\sin^2 x} = - \mathrm{d} \cot x$.

例 3.33 求 $\int \tan^{10} x \cdot \sec^2 x \mathrm{d}x$.

解 $\displaystyle \int \tan^{10} x \cdot \sec^2 x \mathrm{d}x = \int \tan^{10} x \mathrm{d} \tan x = \frac{1}{11} \tan^{11} x + C.$

例 3.34 求 $\int \csc x \mathrm{d}x$.

解 $\displaystyle \int \csc x \mathrm{d}x = \int \frac{1}{\sin x} \mathrm{d}x = \int \frac{\mathrm{d}x}{2 \sin \frac{x}{2} \cos \frac{x}{2}} = \int \frac{1}{\tan \frac{x}{2} \cos^2 \frac{x}{2}} \mathrm{d} \frac{x}{2}$

$$= \int \frac{\mathrm{d} \tan \frac{x}{2}}{\tan \frac{x}{2}} = \ln \left| \tan \frac{x}{2} \right| + C$$

因为 $\displaystyle \tan \frac{x}{2} = \frac{\sin \frac{x}{2}}{\cos \frac{x}{2}} = \frac{2 \sin^2 \frac{x}{2}}{\sin x} = \frac{1 - \cos x}{\sin x} = \csc x - \cot x$

所以上述不定积分又可表示为

$$\int \csc x \mathrm{d}x = \ln | \csc x - \cot x | + C$$

⑧ $\int \dfrac{f\left(\dfrac{1}{x}\right)}{x^2}\mathrm{d}x$ 型 $\to$ 凑 $\dfrac{1}{x^2}\mathrm{d}x = -\,\mathrm{d}\,\dfrac{1}{x}$.

例 3.35　求 $\displaystyle\int \dfrac{1}{x^2}\sin\dfrac{1}{x}\mathrm{d}x$.

解　$\displaystyle\int \dfrac{1}{x^2}\sin\dfrac{1}{x}\mathrm{d}x = -\int \sin\dfrac{1}{x}\mathrm{d}\,\dfrac{1}{x} = \cos\dfrac{1}{x} + C.$

以上 8 种类型的凑微分公式都是微分公式的翻转. 例如, $\cos x\mathrm{d}x = \mathrm{d}\sin x$ 是微分公式 $\mathrm{d}\sin x = \cos x\mathrm{d}x$ 的翻转. 这些凑微分公式都是积分法中最常用的公式, 必须熟练掌握. 下面再将常用的凑微分等式加以总结, 供作题时参考.

① $\mathrm{d}x = \dfrac{1}{a}\mathrm{d}(ax) = \dfrac{1}{a}\mathrm{d}(ax + b)$

② $x\mathrm{d}x = \dfrac{1}{2}\mathrm{d}(x^2) = \dfrac{1}{2a}\mathrm{d}(ax^2 + b)$

③ $x^2\mathrm{d}x = \dfrac{1}{3}\mathrm{d}(x^3) = \dfrac{1}{3a}\mathrm{d}(ax^3 + b)$

④ $x^n\mathrm{d}x = \dfrac{1}{n+1}\mathrm{d}(x^{n+1}) = \dfrac{1}{a(n+1)}\mathrm{d}(ax^{n+1} + b)$

⑤ $\dfrac{1}{x}\mathrm{d}x = \mathrm{d}(\ln x) = \dfrac{1}{a}\mathrm{d}(a\ln x + b)$

⑥ $\dfrac{1}{\sqrt{x}}\mathrm{d}x = 2\mathrm{d}\sqrt{x} = \dfrac{2}{a}\mathrm{d}(a\sqrt{x} + b)$

⑦ $\dfrac{1}{x^2}\mathrm{d}x = -\,\mathrm{d}\,\dfrac{1}{x}$

⑧ $\mathrm{e}^x\mathrm{d}x = \mathrm{d}\mathrm{e}^x = \dfrac{1}{a}\mathrm{d}(a\mathrm{e}^x + b)$

⑨ $\mathrm{e}^{ax}\mathrm{d}x = \dfrac{1}{a}\mathrm{d}\mathrm{e}^{ax} = \dfrac{1}{a}\mathrm{d}(\mathrm{e}^{ax} + b)$

⑩ $\cos x\mathrm{d}x = \mathrm{d}\sin x = \dfrac{1}{a}\mathrm{d}(a\sin x + b)$

⑪ $\sin x\mathrm{d}x = -\,\mathrm{d}\cos x = -\dfrac{1}{a}\mathrm{d}(a\cos x + b)$

⑫ $\sec^2 x\mathrm{d}x = \mathrm{d}\tan x$

⑬ $\csc^2 x\mathrm{d}x = -\,\mathrm{d}\cot x$

⑭ $\dfrac{1}{\sqrt{1 - x^2}}\mathrm{d}x = \mathrm{d}\arcsin x = -\,\mathrm{d}\arccos x$

⑮ $\dfrac{1}{1 + x^2} = \mathrm{d}\arctan x = -\,\mathrm{d}\operatorname{arccot} x$

以上各式中 a,b 均为常数, 且 $a \neq 0$.

一般有

$$\varphi'(x)\mathrm{d}x = \mathrm{d}\varphi(x) = \dfrac{1}{a}\mathrm{d}[a\varphi(x) + b]$$

例 3.36　求 $\displaystyle\int \frac{\mathrm{d}x}{a^2+x^2},(a\neq 0)$.

解　$\displaystyle\int \frac{\mathrm{d}x}{a^2+x^2} = \int \frac{\mathrm{d}x}{a^2\left[1+\left(\dfrac{x}{a}\right)^2\right]} = \int \frac{1}{a\left[1+\left(\dfrac{x}{a}\right)^2\right]}\mathrm{d}\left(\frac{x}{a}\right)$

$$= \frac{1}{a}\arctan\left(\frac{x}{a}\right)+C$$

例 3.37　求 $\displaystyle\int \frac{\mathrm{d}x}{x^2-a^2}$.

解　由于 $\dfrac{1}{x^2-a^2} = \dfrac{1}{2a}\left(\dfrac{1}{x-a}-\dfrac{1}{x+a}\right)$,所以

$$\int \frac{\mathrm{d}x}{x^2-a^2} = \frac{1}{2a}\int\left(\frac{1}{x-a}-\frac{1}{x+a}\right)\mathrm{d}x$$

$$= \frac{1}{2a}\left(\int\frac{1}{x-a}\mathrm{d}x-\int\frac{1}{x+a}\mathrm{d}x\right)$$

$$= \frac{1}{2a}\left[\int\frac{1}{x-a}\mathrm{d}(x-a)-\int\frac{1}{x+a}\mathrm{d}(x+a)\right]$$

$$= \frac{1}{2a}\left[\ln|x-a|-\ln|x+a|\right]+C$$

$$= \frac{1}{2a}\ln\left|\frac{x-a}{x+a}\right|+C$$

类似可得 $\displaystyle\int \frac{\mathrm{d}x}{a^2-x^2} = \frac{1}{2a}\ln\left|\frac{a+x}{a-x}\right|+C$

利用定理 3.3 求不定积分,一般比利用复合函数的求导法则求函数的导数要困难些,因为其中需要一定的技巧,而且如何选择适当的变量代换 $u=\varphi(x)$ 没有现成的途径可循. 因此要掌握换元法,除了熟悉一些典型的例子外,还需要做较多的练习.

习题 3.2

一、判断题

1. $\displaystyle\int \frac{\sin\sqrt{x}}{\sqrt{x}}\mathrm{d}x = \int \sin\sqrt{x}\,\mathrm{d}\sqrt{x}$　　　　　　　　　　　　　　（　　）

2. $\displaystyle\int \cos^2\mathrm{d}x = \frac{1}{2x}\int \cos x^2\mathrm{d}x^2$　　　　　　　　　　　　　　（　　）

3. $\displaystyle\int (3x+b)^{100}\mathrm{d}x = \frac{1}{3}\int (3x+b)^{100}\mathrm{d}(3x+b)$　　　　　　（　　）

4. $\displaystyle\int 2^x x^2\mathrm{d}x = \int 2^x\mathrm{d}x\cdot\int x^2\mathrm{d}x$　　　　　　　　　　　　（　　）

二、单项选择题

1. 若 $\int f(x)\,dx = F(x) + c$，则 $\int f(ax + b)\,dx$ 等于（　　）$(a \neq 0)$.

 A. $F(ax + b) + C$ B. $\dfrac{1}{a}F(ax + b) + C$ C. $F(x) + C$ D. 前者都不对

2. 若 $\int f(x)\,dx = e^x + c$，则 $\int xf(1 - x^2)\,dx$ 等于（　　）.

 A. $e^{1-x^2} + C$ B. $\dfrac{1}{2}e^{1-x^2} + C$ C. $-\dfrac{1}{2}e^{1-x^2} + C$ D. $e^x + C$

3. $\int f(x)\,dx = F(x) + c$，则 $\int f(f(x))f'(x)\,dx$ 等于（　　）.

 A. $F(x) + C$ B. $F(f(x)) + C$ C. $F(x)f(x) + C$ D. 前者都不对

4. $\int \dfrac{1}{x}\sin(\ln x)\,dx$ 凑微分正确的方法是（　　）.

 A. $\int \sin(\ln x)\,d(\ln x)$ B. $\int \sin(\ln x)\,d\left(\dfrac{1}{x}\right)$

 C. $\int \dfrac{1}{x}\,d[\sin(\ln x)]$ D. 前者都不对

三、填空题

1. $e^x\,dx = d(\qquad)$ 2. $x^n\,dx = d(\qquad)$ 3. $\cos(\omega t + \varphi)\,dt = d(\qquad)$

4. $\dfrac{2x}{1 + x^2}\,dx = d(\qquad)$ 5. $\dfrac{1}{1 + x^2}\,dx = d(\qquad)$ 6. $\dfrac{1}{2\sqrt{x}}\,dx = d(\qquad)$

7. $\dfrac{1}{x}\,dx = d(\qquad)$ 8. $\dfrac{1}{\sqrt{1 - x^2}}\,dx = d(\qquad)$

四、求下列不定积分

1. $\int (3 - 2x)^5\,dx$ 2. $\int \dfrac{dx}{1 - 2x}$ 3. $\int \dfrac{\sin\sqrt{t}}{\sqrt{t}}\,dt$

4. $\int \tan^{10}x \sec^2 x\,dx$ 5. $\int xe^{-x^2}\,dx$ 6. $\int \dfrac{3x^3}{1 - x^4}\,dx$

7. $\int \dfrac{x}{\sqrt{9 - 4x^2}}\,dx$ 8. $\int \dfrac{\sin x}{\cos^3 x}\,dx$ 9. $\int \dfrac{x^3}{9 + x^2}\,dx$

10. $\int \dfrac{dx}{(x + 1)(x - 2)}$ 11. $\int \cos^3 x\,dx$ 12. $\int \tan^3 x \sec x\,dx$

13. $\int \dfrac{10^{2\arccos x}}{\sqrt{1 - x^2}}\,dx$ 14. $\int \dfrac{\arctan\sqrt{x}}{\sqrt{x}(1 + x)}\,dx$

3.3　第二类换元积分法

  前面学习了第一类换元积分法，其最显著的特点是作变量代换 $u = \varphi(x)$（x 作为自变量），利用该法极大地扩大了积分的范围. 但对于一些积分，运用该法仍然很难甚至不能奏效，例如

$\int \sqrt{a^2 - x^2}\,\mathrm{d}x, \int \dfrac{\mathrm{d}x}{\sqrt{a^2 + x^2}}$ 等,而作另一种换元 $x = \psi(t)$(x 作为因变量) 却又能比较容易地求出这些积分. 这就是这里要介绍的第二类换元积分法.

引例　求 $\displaystyle\int \dfrac{1}{1 + \sqrt{x}}\,\mathrm{d}x$

该题看似简单,但要直接凑微分积分却异常困难,不妨先设法去掉根式,再积分,为此不妨令 $\sqrt{x} = t$,即 $x = t^2$,则 $\mathrm{d}x = 2t\,\mathrm{d}t$,于是有

$$\int \dfrac{1}{1 + \sqrt{x}}\,\mathrm{d}x = \int \dfrac{2t}{1 + t}\,\mathrm{d}t = 2\int \dfrac{1 + t - 1}{1 + t}\,\mathrm{d}t = 2\int \mathrm{d}t - 2\int \dfrac{1}{1 + t}\,\mathrm{d}t$$

$$= 2t - 2\ln|1 + t| + C = 2\sqrt{x} - 2\ln\left|1 + \sqrt{x}\right| + C$$

容易验证,上述结果是正确的. 问题在于该做法是否具有一般性,其理论依据又是什么? 下述定理回答了这些问题.

定理 3.4　设 $x = \varphi(t)$ 是单调、可导函数,并且 $\varphi'(t) \neq 0$,又设 $f[\varphi(t)]\varphi'(t)$ 具有原函数 $\Phi(t)$,则有换元公式

$$\int f(x)\,\mathrm{d}x = \left[\int f[\varphi(t)]\varphi'(t)\,\mathrm{d}t\right]_{t = \varphi^{-1}(x)}$$

其中 $\varphi^{-1}(x)$ 是 $x = \varphi(t)$ 的反函数.

证明　记 $\Phi[\varphi^{-1}(x)] = F(x)$,利用复合函数的求导法则及反函数的求导公式,得

$$F'(x) = \dfrac{\mathrm{d}\Phi}{\mathrm{d}t} \cdot \dfrac{\mathrm{d}t}{\mathrm{d}x} = f[\varphi(t)]\varphi'(t) \cdot \dfrac{1}{\varphi'(t)} = f[\varphi(t)] = f(x)$$

即 $F(x)$ 是 $f(x)$ 的原函数. 所以有

$$\int f(x)\,\mathrm{d}x = F(x) + C = \Phi[\varphi^{-1}(x)] + C = \left[\int f[\varphi(t)]\varphi'(t)\,\mathrm{d}t\right]_{t = \varphi^{-1}(x)}$$

定理 3.4 应用的关键是根据被积函数的特点,选择一个适当的代换 $x = \varphi(t)$,使 $f[\varphi(t)]\varphi'(t)$ 的原函数容易求出.

常用的代换有:简单根式代换、三角代换、倒代换. 下面分别通过例题加以介绍.

3.3.1　简单根式代换

例 3.38　求 $\displaystyle\int \dfrac{\sqrt{x - 1}}{x}\,\mathrm{d}x$.

解　令 $\sqrt{x - 1} = t, x = 1 + t^2$,则 $\mathrm{d}x = 2t\,\mathrm{d}t$,于是有

$$\int \dfrac{\sqrt{x - 1}}{x}\,\mathrm{d}x = 2\int \dfrac{t^2}{1 + t^2}\,\mathrm{d}t = 2\int \dfrac{(t^2 + 1) - 1}{1 + t^2}\,\mathrm{d}t$$

$$= 2\int \left(1 - \dfrac{1}{1 + t^2}\right)\mathrm{d}t = 2(t - \arctan t) + C$$

回代变量 $t = \sqrt{x - 1}$,得

$$\int \dfrac{\sqrt{x - 1}}{x}\,\mathrm{d}x = 2\left(\sqrt{x - 1} - \arctan\sqrt{x - 1}\right) + C$$

例 3.39 求$\int \frac{1}{x}\sqrt{\frac{1+x}{x}}\mathrm{d}x$.

解 令$\sqrt{\frac{1+x}{x}}=t, x=\frac{1}{t^2-1}$,则 $\mathrm{d}x=-\frac{2t}{(t^2-1)^2}\mathrm{d}t$,于是有

$$\begin{aligned}\int \frac{1}{x}\sqrt{\frac{1+x}{x}}\mathrm{d}x &= -2\int \frac{t^2}{t^2-1}\mathrm{d}t = -2\int \frac{(t^2-1)+1}{t^2-1}\mathrm{d}t \\ &= -2\int\left(1+\frac{1}{t^2-1}\right)\mathrm{d}t = -2t-2\int \frac{1}{t^2-1}\mathrm{d}t \\ &= -2t-\int\left[\frac{1}{t-1}-\frac{1}{t+1}\right]\mathrm{d}t = -2t-\ln\left|\frac{t-1}{t+1}\right|+C \\ &= -2\sqrt{\frac{1+x}{x}}-\ln\left|\frac{\sqrt{(1+x)/x}-1}{\sqrt{(1+x)/x}+1}\right|+C\end{aligned}$$

一般来说,当被积函数是一次根式时,可优先考虑用简单根式代换.

3.3.2 三角代换

当被积函数含有二次根式,如 $\sqrt{a^2-x^2}$, $\sqrt{a^2+x^2}$, $\sqrt{x^2-a^2}$ 等时,就不能用简单根式代换,令$\sqrt{a^2-x^2}=t$, $\sqrt{a^2+x^2}=t$, $\sqrt{x^2-a^2}=t$. 因为这样不能将被积函数有理化(读者可以试一下). 这时可以考虑利用三角函数恒等式:$\sin^2x+\cos^2x=1$, $1+\tan^2x=\sec^2x$, $\sec^2x-1=\tan^2x$ 等将被积函数有理化. 此类代换通常称为**三角代换**.

例 3.40 求$\int\sqrt{a^2-x^2}\mathrm{d}x\,(a>0)$.

解 令 $x=a\sin t$, $-\frac{\pi}{2}\leqslant t\leqslant\frac{\pi}{2}$,则$\sqrt{a^2-x^2}=a\sqrt{1-\sin^2t}=a\cos t$, $\mathrm{d}x=\cos t\mathrm{d}t$,于是有

$$\begin{aligned}\int\sqrt{a^2-x^2}\mathrm{d}x &= a^2\int\cos^2t\mathrm{d}t=\frac{a^2}{2}\int(1+\cos 2t)\mathrm{d}t=\frac{a^2}{2}\left(t+\frac{1}{2}\sin 2t\right)+C \\ &= \frac{a^2}{2}(t+\sin t\cos t)+C\end{aligned}$$

回代的方法通常有两种

方法 1: 以代换 $x=a\sin t$ 为基础,由三角函数关系式求解,如本例:

因为 $$x=a\sin t$$

所以 $$t=\arcsin\frac{x}{a}$$

$$\cos t=\sqrt{1-\sin^2t}=\sqrt{1-\left(\frac{x}{a}\right)^2}=\frac{\sqrt{a^2-x^2}}{a}$$

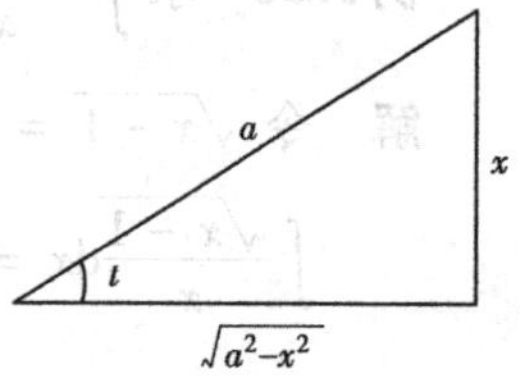

图 3.2

故 $$\begin{aligned}\int\sqrt{a^2-x^2}\mathrm{d}x &= \frac{a^2}{2}(t+\sin t\cos t)+C \\ &= \frac{a^2}{2}\left(\arcsin\frac{x}{a}+\frac{x}{a}\cdot\frac{\sqrt{a^2-x^2}}{a}\right)+C\end{aligned}$$

$$= \frac{a^2}{2}\left(\arcsin \frac{x}{a} + \frac{x\sqrt{a^2 - x^2}}{a^2} \right) + C$$

方法2: 以代换 $x = a\sin t$,即 $\sin t = \frac{x}{a}$ 为基础,构造辅助三角形,由图3.2可知 $\cos t =$

$\frac{\sqrt{a^2 - x^2}}{a}$,代入原式,得到和方法1同样结果.

例3.41 求 $\int \frac{\mathrm{d}x}{\sqrt{x^2 + a^2}}(a > 0)$.

解 令 $x = a\tan t, \left(-\frac{\pi}{2} < t < \frac{\pi}{2}\right)$,则

$$\sqrt{x^2 + a^2} = a\sqrt{1 + \tan^2 t} = a\sec t$$
$$\mathrm{d}x = a\sec^2 t\,\mathrm{d}t$$

于是有

$$\int \frac{\mathrm{d}x}{\sqrt{x^2 + a^2}} = \int \frac{a\sec^2 t}{a\sec t}\mathrm{d}t = \int \sec t\,\mathrm{d}t$$

$$\xlongequal{\text{(由例 3.32 得)}} \ln|\sec t + \tan t| + C$$

根据 $\tan t = \frac{x}{a}$,构造辅助三角形,如图3.3所示,得

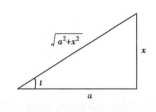

$$\int \frac{\mathrm{d}x}{\sqrt{x^2 + a^2}} = \ln|\sec t + \tan t| + C_1 = \ln\left(\frac{x}{a} + \frac{\sqrt{x^2 + a^2}}{a} \right) + C_1$$

$$= \ln(x + \sqrt{x^2 + a^2}) + C \quad (\text{其中 } C = C_1 - \ln a)$$

图 3.3

例3.42 求 $\int \frac{\mathrm{d}x}{\sqrt{x^2 - a^2}}(a > 0)$.

解 令 $x = a\sec t$,则

$$\sqrt{x^2 - a^2} = a\sqrt{\sec^2 t - 1} = a\tan t$$
$$\mathrm{d}x = a\sec t\tan t\,\mathrm{d}t$$

于是有

$$\int \frac{\mathrm{d}x}{\sqrt{x^2 - a^2}} = \int \frac{a\sec t\tan t}{a\tan t}\mathrm{d}t = \int \sec t\,\mathrm{d}t = \ln|\sec t + \tan t| + C$$

根据 $\sec t = \frac{x}{a}$,构造辅助三角形,如图3.4所示,得

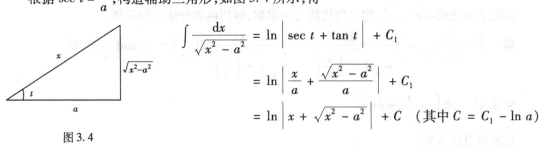

$$\int \frac{\mathrm{d}x}{\sqrt{x^2 - a^2}} = \ln\left| \sec t + \tan t \right| + C_1$$

$$= \ln\left| \frac{x}{a} + \frac{\sqrt{x^2 - a^2}}{a} \right| + C_1$$

$$= \ln\left| x + \sqrt{x^2 - a^2} \right| + C \quad (\text{其中 } C = C_1 - \ln a)$$

图 3.4

3.3.3　倒代换

当被积函数的分母中含有变量因子 x 时,倒代换(令 $x = \dfrac{1}{t}$)通常是一种很有用的代换方法.

例 3.43　求 $\displaystyle\int \dfrac{\sqrt{a^2 - x^2}}{x^4}\mathrm{d}x$.

从被积函数所含根式来看,可用三角代换来求解,但因为被积函数分母中含有变量因子 x^4,后续求解过程可能比较复杂. 而用倒代换则简便得多.

解　令 $x = \dfrac{1}{t}$,则 $\mathrm{d}x = -\dfrac{1}{t^2}\mathrm{d}t$,于是

$$\int \dfrac{\sqrt{a^2 - x^2}}{x^4}\mathrm{d}x = \int \dfrac{\sqrt{a^2 - \dfrac{1}{t^2}} \cdot \dfrac{-\mathrm{d}t}{t^2}}{\dfrac{1}{t^4}}$$

$$= -\int \left(a^2 t^2 - 1\right)^{\frac{1}{2}} |t| \mathrm{d}t$$

当 $x > 0$ 时,有

$$\int \dfrac{\sqrt{a^2 - x^2}}{x^4}\mathrm{d}x = -\int \left(a^2 t^2 - 1\right)^{\frac{1}{2}} t\,\mathrm{d}t$$

$$= -\dfrac{1}{2a^2}\int \left(a^2 t^2 - 1\right)^{\frac{1}{2}} \mathrm{d}\left(a^2 t^2 - 1\right)$$

$$= -\dfrac{\left(a^2 t^2 - 1\right)^{\frac{3}{2}}}{3a^2} + C$$

$$= -\dfrac{\left(a^2 - x^2\right)^{\frac{3}{2}}}{3a^2 x^3} + C$$

故当 $x < 0$ 时,有相同结果.

当被积函数含有根式时,第二类换元法是计算的有效方法. 但其缺点是代换后积分往往变得比较复杂,给后续计算带来困难. 因而,同学们要通过练习,掌握各种方法的常用技巧,计算时尽可能选择简便的方法.

例 3.44　求 $\displaystyle\int \dfrac{\mathrm{d}x}{\sqrt{a^2 - x^2}}(a > 0)$.

该题含有根式 $\sqrt{a^2 - x^2}$,用三角代换可以求解,但用凑微分法更加简便.

解　$\displaystyle\int \dfrac{\mathrm{d}x}{\sqrt{a^2 - x^2}} = \int \dfrac{\mathrm{d}x}{a\sqrt{1 - \left(\dfrac{x}{a}\right)^2}} = \int \dfrac{1}{\sqrt{1 - \left(\dfrac{x}{a}\right)^2}}\mathrm{d}\left(\dfrac{x}{a}\right) = \arcsin\left(\dfrac{x}{a}\right) + C.$

例 3.45　求 $\displaystyle\int \dfrac{x}{\sqrt{x^2 - 4}}\mathrm{d}x$.

用凑微分法求解:

$$\int \frac{x}{\sqrt{x^2-4}}\mathrm{d}x = \frac{1}{2}\int (x^2-4)^{-\frac{1}{2}}\mathrm{d}(x^2-4) = \sqrt{x^2-4} + C$$

如果用三角代换则要麻烦得多.

第二类换元积分法的一般步骤是：

1）**换元**　选择适当的变量代换 $x=\psi(t)$，将积分 $\int f(x)\mathrm{d}x$ 变为 $\int f[\psi(t)]\psi'(t)\mathrm{d}t$；

2）**整理**　将转化后的积分整理化简；

3）**积分**　求出上面积分的结果；

4）**回代**　根据 $x=\psi(t)$，将结果中的变量 t 转化为 x，得原积分的结果.

关键：　选择适当的变量代换 $x=\psi(t)$.

习题 3.3

一、单项选择题

1. 计算不定积分 $\int \dfrac{\mathrm{d}x}{\sqrt{x}+\sqrt[3]{x}}$ 时，可选择的代换是（　　）.

　A. $x=t^2$　　　　　B. $x=t^3$　　　　　C. $x=t^6$　　　　　D. $x=t^5$

2. 计算不定积分 $\int \dfrac{\mathrm{d}x}{\sqrt{x^2+x+1}}$ 时，可选择的代换是（　　）.

　A. $x=\sin t$　　　B. $x=\tan t$　　　C. $x=\sec t$　　　D. $x=\dfrac{\sqrt{3}}{2}\tan t - \dfrac{1}{2}$

3. 计算不定积分 $\int \dfrac{\mathrm{d}x}{\sqrt{\mathrm{e}^x+1}}$ 时，可选择的代换是（　　）.

　A. $x=\sin t$　　　B. $x=\tan t$　　　C. $x=\sec t$　　　D. $\sqrt{\mathrm{e}^x+1}=t$

4. 计算不定积分 $\int \dfrac{x}{\sqrt{x^2-7}}\mathrm{d}x$ 时，可选择的代换是（　　）.

　A. $x=\sin t$　　　B. $x=\tan t$　　　C. $x=\cos x$　　　D. 凑微分 $x\mathrm{d}x=\dfrac{1}{2}\mathrm{d}(x^2-7)$

二、计算下列不定积分

（1）$\displaystyle\int \frac{\mathrm{d}x}{1+\sqrt[3]{x}}$　　　（2）$\displaystyle\int \frac{\mathrm{d}x}{\sqrt{x}+\sqrt[4]{x}}$　　　（3）$\displaystyle\int \frac{x^2}{\sqrt{x^2-1}}\mathrm{d}x$　　　（4）$\displaystyle\int \frac{x+1}{\sqrt{x-x^2}}\mathrm{d}x$

3.4　不定积分的分部积分法

　　根据复合函数的求导法则，得到了换元积分法. 利用两个函数乘积的求导公式，可以推导出另一种积分方法——分部积分法.

　　设函数 $u=u(x)$，$v=v(x)$ 具有连续导数，那么，两个函数乘积的导数公式为

$$(uv)' = u'v + uv'$$

移项得
$$uv' = (uv)' - u'v$$

对这个等式两边求不定积分,得

$$\int uv'\mathrm{d}x = uv - \int u'v\mathrm{d}x \quad 或 \quad \int u\mathrm{d}v = uv - \int v\mathrm{d}u$$

这个公式称为**分部积分公式**.

分部积分过程:

$$\int f(x)\mathrm{d}x = \int uv'\mathrm{d}x = \int u\mathrm{d}v = uv - \int v\mathrm{d}u \quad (容易积分)$$

从分部积分公式可以看出,它将积分 $\int u\mathrm{d}v$ 的计算问题转化为 $\int v\mathrm{d}u$ 的计算问题,因而具有化难为易的作用. 公式运用的关键在于原积分中 $u,\mathrm{d}v$ 的选择,运用的基本原则是化难为易、化繁为简.

例如 , $\int x\cos x\mathrm{d}x = \begin{cases} \int x\mathrm{d}\sin x = x\sin x - \int \sin x\mathrm{d}x = x\sin x + \cos x + C \\ \int \cos x\mathrm{d}\left(\dfrac{x^2}{2}\right) = \dfrac{x^2}{2}\cos x + \int \dfrac{x^2}{2}\sin x\mathrm{d}x = \cdots \\ \int (x\cos x)\mathrm{d}x = x^2\cos x - \int x\mathrm{d}(x\cos x) = \cdots \end{cases}$

可以看出,只有 $\int x\mathrm{d}\sin x$ 才是正确的选择. 选择 u 和 v' 时,一般原则是:

(1) v 要容易求出;

(2) $\int v\mathrm{d}u$ 要比 $\int u\mathrm{d}v$ 容易求出.

例 3.46 求 $\int x\mathrm{e}^x\mathrm{d}x$.

解 被积函数是幂函数和指数函数的乘积,可设 $u = x, v' = \mathrm{e}^x$,则 $v = \mathrm{e}^x$,于是

$$\int x\mathrm{e}^x\mathrm{d}x = \int x\mathrm{d}\mathrm{e}^x = x\mathrm{e}^x - \int \mathrm{e}^x\mathrm{d}x = x\mathrm{e}^x - \mathrm{e}^x + C$$

例 3.47 求 $\int x^2\mathrm{e}^x\mathrm{d}x$.

解 被积函数是幂函数和指数函数的乘积,可设 $u = x^2, v' = \mathrm{e}^x$,则 $v = \mathrm{e}^x$,于是

$$\int x^2\mathrm{e}^x\mathrm{d}x = x^2\mathrm{e}^x - 2\int x\mathrm{e}^x\mathrm{d}x = x^2\mathrm{e}^x - 2[x\mathrm{e}^x - \mathrm{e}^x + C] = \mathrm{e}^x(x^2 - 2x + 2) + C$$

例 3.48 求 $\int \ln x\mathrm{d}x$.

解 被积函数是对数函数,可设 $u = \ln x, \mathrm{d}v = \mathrm{d}x$,则 $v = x$,于是

$$\int \ln x\mathrm{d}x = x\ln x - \int x\frac{1}{x}\mathrm{d}x = x\ln x - x + C$$

例 3.49 求 $\int x\ln x\mathrm{d}x$.

解 被积函数是幂函数和对数函数的乘积,可设 $u = \ln x, x\mathrm{d}x = \mathrm{d}v$,则 $v = \dfrac{x^2}{2}$,于是

$$\int x\ln x\mathrm{d}x = \frac{1}{2}x^2\ln x - \frac{1}{2}\int x\mathrm{d}x = \frac{1}{2}x^2\ln x - \frac{1}{4}x^2 + C$$

例 3.50　求 $\int \arccos x \mathrm{d}x$.

解　被积函数是反三角函数,可设 $u = \arccos x, \mathrm{d}x = \mathrm{d}v$,则 $v = x$,于是

$$\int \arccos x \mathrm{d}x = x \arccos x + \int x \frac{1}{\sqrt{1-x^2}} \mathrm{d}x$$

$$= x \arccos x - \frac{1}{2} \int (1-x^2)^{-\frac{1}{2}} \mathrm{d}(1-x^2)$$

$$= x \arccos x - \sqrt{1-x^2} + C$$

例 3.51　求 $\int x \arctan x \mathrm{d}x$.

解　被积函数是幂函数和反三角函数的乘积,可设 $u = \arctan x, x \mathrm{d}x = \mathrm{d}\left(\frac{x^2}{2}\right) = \mathrm{d}v$,则 $v = \frac{x^2}{2}$,于是

$$\int x \arctan x \mathrm{d}x = \frac{1}{2} x^2 \arctan x - \int \frac{x^2 \mathrm{d}x}{2(1+x^2)} = \frac{1}{2} x^2 \arctan x - \frac{1}{2} \int \left(1 - \frac{1}{1+x^2}\right) \mathrm{d}x$$

$$= \frac{1}{2} x^2 \arctan x - \frac{1}{2} x + \frac{1}{2} \arctan x + C$$

例 3.52　求 $\int \mathrm{e}^x \sin x \mathrm{d}x$.

解　被积函数是指数函数和三角函数的乘积,可设 $u = \sin x, \mathrm{e}^x \mathrm{d}x = \mathrm{d}\mathrm{e}^x = \mathrm{d}v$,于是

$$\int \mathrm{e}^x \sin x \mathrm{d}x = \int \sin x \mathrm{d}\mathrm{e}^x = \mathrm{e}^x \sin x - \int \mathrm{e}^x \mathrm{d}\sin x$$

$$= \mathrm{e}^x \sin x - \int \mathrm{e}^x \cos x \mathrm{d}x \xrightarrow{\text{(再用公式)}} \mathrm{e}^x \sin x - \int \cos x \mathrm{d}\mathrm{e}^x$$

$$= \mathrm{e}^x \sin x - \left[\mathrm{e}^x \cos x - \int \mathrm{e}^x \mathrm{d}\cos x \right]$$

$$= \mathrm{e}^x \sin x - \mathrm{e}^x \cos x + \int \mathrm{e}^x \mathrm{d}\cos x = \mathrm{e}^x \sin x - \mathrm{e}^x \cos x - \int \mathrm{e}^x \sin x \mathrm{d}x$$

上式移项可解得

$$\int \mathrm{e}^x \sin x \mathrm{d}x = \frac{1}{2} \mathrm{e}^x (\sin x - \cos x) + C$$

注意:因为上式右端已不包含积分项,所以必须加上任意常数项 C. 另外,此题若设 $u = \mathrm{e}^x$, $-\sin x \mathrm{d}x = \mathrm{d}\cos x = \mathrm{d}v$,两次运用分部积分公式也可以得到同样结果.

例 3.53　求 $\int \sec^3 x \mathrm{d}x$.

解　若注意到 $\sec^3 x = \sec x \cdot \sec^2 x = \sec x \cdot (\tan x)'$,则可设 $u = \sec x, v = \tan x$,利用分部积分法,可得

$$\int \sec^3 x \mathrm{d}x = \int \sec x \cdot \sec^2 x \mathrm{d}x = \int \sec x \mathrm{d}\tan x = \sec x \tan x - \int \sec x \tan^2 x \mathrm{d}x$$

$$= \sec x \tan x - \int \sec x (\sec^2 x - 1) \mathrm{d}x$$

$$= \sec x \tan x - \int \sec^3 x \mathrm{d}x + \int \sec x \mathrm{d}x$$

$$= \sec x \tan x + \ln |\sec x + \tan x| - \int \sec^3 x \mathrm{d}x$$

上式移项可解得 $\int \sec^3 x \mathrm{d}x = \dfrac{1}{2}(\sec x \tan x + \ln |\sec x + \tan x|) + C$

由上述例题可以看出,若被积函数是两类不同函数的乘积,比如幂函数与三角函数、幂函数与反三角函数、指数函数与对数函数、指数函数与三角函数的乘积等,可考虑用分部积分方法,即下述类型的积分:

$$\int x \cos x \mathrm{d}x, \int x \mathrm{e}^x \mathrm{d}x, \int x^2 \mathrm{e}^x \mathrm{d}x, \int x \ln x \mathrm{d}x, \int \mathrm{arc} \cos x \mathrm{d}x$$

$$\int x \arctan x \mathrm{d}x, \int \mathrm{e}^x \sin x \mathrm{d}x, \int \sec^3 x \mathrm{d}x, \cdots$$

比较下列积分:

$$\int 2x \mathrm{e}^{x^2} \mathrm{d}x = \int \mathrm{e}^{x^2} \mathrm{d}x^2 = \int \mathrm{e}^u \mathrm{d}u = \cdots$$

$$\int x^2 \mathrm{e}^x \mathrm{d}x = \int x^2 \mathrm{d}\mathrm{e}^x = x^2 \mathrm{e}^x - \int \mathrm{e}^x \mathrm{d}x^2 = \cdots$$

换元积分法和分部积分法是大家应该掌握的最基本的积分方法,可以解决不少积分问题.但有些积分问题需要将两种方法(甚至其他数学方法)结合起来才能加以解决.

例 3.54 求 $\int \mathrm{e}^{\sqrt{x}} \mathrm{d}x$.

解 因为被积函数含有根式,先用换元积分法,令 $x = t^2$,则 $\mathrm{d}x = 2t\mathrm{d}t$,于是

$$\int \mathrm{e}^{\sqrt{x}} \mathrm{d}x = 2 \int t \mathrm{e}^t \mathrm{d}t \quad (\text{幂函数和指数函数的乘积})$$

再用分部积分法,有

$$\int \mathrm{e}^{\sqrt{x}} \mathrm{d}x = 2 \int t \mathrm{e}^t \mathrm{d}t = 2\mathrm{e}^t(t - 1) + C = 2\mathrm{e}^{\sqrt{x}}(\sqrt{x} - 1) + C$$

例 3.55 求 $\int \sin(\ln x) \mathrm{d}x$.

解 因为被积函数是由函数 $\sin u$ 与 $\ln x$ 复合而成的复合函数,先用换元积分法,令 $u = \ln x$,则 $x = \mathrm{e}^u$,$\mathrm{d}x = \mathrm{e}^u \mathrm{d}u$,于是

$$\int \sin(\ln x) \mathrm{d}x = \int \mathrm{e}^u \sin u \mathrm{d}u \quad (\text{指数函数和三角函数的乘积})$$

再用分部积分法,有

$$\int \sin(\ln x) \mathrm{d}x = \int \mathrm{e}^u \sin u \mathrm{d}u = \frac{1}{2} \mathrm{e}^u(\sin u - \cos u) + C$$

把 $u = \ln x$ 代入,得

$$\int \sin(\ln x) \mathrm{d}x = \frac{x}{2}(\sin \ln x - \cos \ln x) + C$$

例 3.56 已知 $f(x)$ 的一个原函数是 $(1 + \sin x)\ln x$,求 $\int x f'(x) \mathrm{d}x$.

解 $\int x f'(x) \mathrm{d}x = x f(x) - \int f(x) \mathrm{d}x$,由已知得 $\int f(x) \mathrm{d}x = (1 + \sin x)\ln x + C$

所以 $f(x) = \left[\int f(x) \mathrm{d}x\right]' = [(1 + \sin x)\ln x + C]' = \cos x \ln x + \dfrac{1 + \sin x}{x}$

$$xf(x) = x\cos x\ln x + 1 + \sin x$$

所以　　$\displaystyle\int xf'(x)\mathrm{d}x = x\cos x\ln x + 1 + \sin x - (1 + \sin x)\ln x + C$

本章介绍了不定积分的基本概念和求不定积分的几种基本方法,但是,大家要注意到,求不定积分在讨论的范围内通常是指用初等函数来表示该不定积分. 根据连续函数的原函数存在定理,初等函数在其定义域内的任一区间内一定有原函数. 但是很多函数的原函数不一定是初等函数,因此,用前面介绍的方法就求不出来,通常习惯上把这种情况称为不定积分"积不出",如 $\displaystyle\int \mathrm{e}^{-x^2}\mathrm{d}x$,$\displaystyle\int \frac{1}{\ln x}\mathrm{d}x$,$\displaystyle\int \frac{\sin x}{x}\mathrm{d}x$,$\displaystyle\int \sin x^2\mathrm{d}x$ 等, 这些在概率论、傅里叶分析等领域有重要应用的积分,都属于"积不出"的范围(这些已超出了本课程的范围,在此不详加讨论).

习题 3.4

一、单项选择题

1. 计算 $\displaystyle\int x\sin 2x\mathrm{d}x$ 时,u,$\mathrm{d}v$ 选择正确的是(　　).

　A. $u = x$,$\mathrm{d}v = \sin 2x\mathrm{d}x$　　　　　　B. $u = \sin 2x$,$\mathrm{d}v = x\mathrm{d}x$

　C. $u = x\sin 2x$,$\mathrm{d}v = \mathrm{d}x$　　　　　　D. 前三个都不正确

2. 计算 $\displaystyle\int \ln x\mathrm{d}x$ 时,u,$\mathrm{d}v$ 选择正确的是(　　).

　A. $u = 1$,$\mathrm{d}v = \ln x\mathrm{d}x$　　　　　　B. $u = \ln x$,$\mathrm{d}v = \mathrm{d}x$

　C. $u = \mathrm{d}x$,$\mathrm{d}v = \ln x$　　　　　　D. 前三个都不正确

3. 计算 $\displaystyle\int \sin(\ln x)\mathrm{d}x$ 时,u,$\mathrm{d}v$ 选择正确的是(　　).

　A. $u = 1$,$\mathrm{d}v = \sin(\ln x)\mathrm{d}x$　　　B. $u = \sin(\ln x)$,$\mathrm{d}v = \mathrm{d}x$

　C. $u = \sin x$,$\mathrm{d}v = \ln x\mathrm{d}x$　　　　　D. 前三个都不正确

4. 计算 $\displaystyle\int x^2\arctan x\mathrm{d}x$ 时,u,$\mathrm{d}v$ 选择正确的是(　　).

　A. $u = x^2$,$\mathrm{d}v = \arctan x\mathrm{d}x$　　　B. $u = \arctan x$,$\mathrm{d}v = x^2\mathrm{d}x$

　C. $u = x^2\arctan x$,$\mathrm{d}v = \mathrm{d}x$　　　D. 前三个都不正确

二、解答题

1. $\displaystyle\int \arctan x\mathrm{d}x$　　　　2. $\displaystyle\int \mathrm{e}^x\cos x\mathrm{d}x$　　　　3. $\displaystyle\int \cos(\ln x)\mathrm{d}x$

4. $\displaystyle\int x\cos 2x\mathrm{d}x$　　　　5. $\displaystyle\int \ln 3x\,\mathrm{d}x$　　　　6. $\displaystyle\int x^2\ln x\mathrm{d}x$

7. $\displaystyle\int x\mathrm{e}^{-x}\mathrm{d}x$　　　　8. $\displaystyle\int \mathrm{e}^{2x}\sin x\mathrm{d}x$　　　　9. $\displaystyle\int (2x^2 + x - 1)\cos x\mathrm{d}x$

10. $\displaystyle\int x\sin x\cos x\mathrm{d}x$　　11. $\displaystyle\int \mathrm{e}^{\sqrt[3]{x}}\mathrm{d}x$　　　12. $\displaystyle\int \ln(x + \sqrt{1 + x^2})\mathrm{d}x$

13. 证明:$\displaystyle\int xf''(x)\mathrm{d}x = xf'(x) - f(x) + C.$

复习题

一、单项选择题

1. 下列凑微分正确的是(　　).

　A. $\ln x\mathrm{d}x = \mathrm{d}\left(\dfrac{1}{x}\right)$

　B. $\dfrac{1}{\sqrt{1-x^2}}\mathrm{d}x = \mathrm{d}\sin x$

　C. $\dfrac{1}{x^2}\mathrm{d}x = \mathrm{d}\left(-\dfrac{1}{x}\right)$

　D. $\sqrt{x}\mathrm{d}x = \mathrm{d}\sqrt{x}$

2. 若 $\int f(x)\mathrm{d}x = F(x) + C$,则 $\int \mathrm{e}^{-x}f(\mathrm{e}^{-x})\mathrm{d}x = ($　　$)$.

　A. $F(\mathrm{e}^x) + C$

　B. $F(\mathrm{e}^{-x}) + C$

　C. $-F(\mathrm{e}^{-x}) + C$

　D. $\dfrac{F(\mathrm{e}^{-x})}{x} + C$

3. 下列等式成立的是(　　).

　A. $2x\mathrm{e}^{x^2}\mathrm{d}x = \mathrm{d}\mathrm{e}^{x^2}$

　B. $\dfrac{1}{x+1}\mathrm{d}x = \mathrm{d}(\ln x) + 1$

　C. $\arctan x\mathrm{d}x = \mathrm{d}\dfrac{1}{1+x^2}$

　D. $\cos 2x\mathrm{d}x = \mathrm{d}\sin 2x$

4. 下列等式中,正确的是(　　).

　A. $\mathrm{d}\int f(x)\mathrm{d}x = f(x)$

　B. $\dfrac{\mathrm{d}}{\mathrm{d}x}\int f(x)\mathrm{d}x = f(x)\mathrm{d}x$

　C. $\dfrac{\mathrm{d}}{\mathrm{d}x}\int f(x)\mathrm{d}x = f(x) + C$

　D. $\mathrm{d}\int f(x)\mathrm{d}x = f(x)\mathrm{d}x$

5. 若 $\int f(x)\mathrm{e}^x\mathrm{d}x = -\mathrm{e}^x + C$,则 $f(x) = ($　　$)$.

　A. $\dfrac{1}{x}$　　　　　　B. -1　　　　　　C. 1　　　　　　D. $-\dfrac{1}{x^2}$

6. 若 $f(x)$ 满足 $\int f(x)\mathrm{d}x = \sin x + C$,则 $f'(x) = ($　　$)$.

　A. $-\sin x$　　　　B. $\sin x$　　　　C. $-\cos x$　　　　D. $\cos x$

7. 计算 $\int x^2\ln x\mathrm{d}x$ 时,$u,\mathrm{d}v$ 选择正确的是(　　).

　A. $u = x^2, \mathrm{d}v = \ln x\mathrm{d}x$

　B. $u = \ln x, \mathrm{d}v = x^2\mathrm{d}x$

　C. $u = x^2\ln x, \mathrm{d}v = \mathrm{d}x$

　D. 前三个都不正确

8. $\int f'(x)\mathrm{d}x = ($　　$)$.

　A. $f(x)$　　　　　B. $f(x) + C$　　　　C. $f'(x)$　　　　D. $f(x)\mathrm{d}x$

9. 已知函数 $y = f(x)$ 的导数等于 $x + 2$,则这个函数为(　　).

　A. $x + 2$　　　　B. $x + 3$　　　　C. $\dfrac{x^2}{2} + 2x$　　　　D. $\dfrac{x^2}{2} + 2x + C$

10. 一质点作直线运动,已知其加速度为 $a = a(t)$,则其速度函数 $v(t)$ 和路程函数 $s(t)$ 是
(　　).

A. $v(t) = \int a(t)\mathrm{d}t, s(t) = \int v(t)\mathrm{d}t$　　　B. $v(t) = a'(t), s(t) = v'(t)$

C. $v(t) = \int a(t)\mathrm{d}t, s(t) = v'(t)$　　　D. $v(t) = s'(t), v(t) = a'(t)$

二、填空题

1. 设 $f(x)$ 是连续函数,则 $\dfrac{\mathrm{d}}{\mathrm{d}x}\int f(x)\mathrm{d}x = $ _____.

2. 设 $f'(x)$ 是连续函数,则 $\int f'(x)\mathrm{d}x = $ _____.

3. 函数 $y_1 = (e^x + e^{-x})^2$ 与 $y_2 = (e^x - e^{-x})^2$ _____ 同一函数的原函数,因为 _____.

4. 积分曲线簇 $y = \int \sin x\mathrm{d}x$ 的一条通过点 $(0,1)$ 的积分曲线为 _____.

5. $\int 5x^4\mathrm{d}x = $ _____.

6. $\int \dfrac{(1-x)^2}{\sqrt{x}}\mathrm{d}x = $ _____.

7. 若 $\int f(x)\mathrm{d}x = 2^x + \sin x + C$,则 $f(x)$ 等于 _____.

8. 若 $f(x)$ 的一个原函数为 x^3,则 $f(x)$ 等于 _____.

9. 若 $f(x)$ 的一个原函数是 $\cos x$,则 $\int f'(x)\mathrm{d}x$ 等于 _____.

10. 第二换元法有何规律可循? _____.

三、解答题

1. 用直接积分法和换元积分法求下列不定积分.

(1) $\int \cos(3x + 4)\mathrm{d}x$　　　(2) $\int xe^{2x^2}\mathrm{d}x$　　　(3) $\int \dfrac{\mathrm{d}x}{2x + 1}$

(4) $\int (1 + x)^n\mathrm{d}x$　　　(5) $\int \left(\dfrac{1}{\sqrt{3 - x^2}} + \dfrac{1}{\sqrt{1 - 3x^2}}\right)\mathrm{d}x$　　　(6) $\int 2^{2x+3}\mathrm{d}x$

(7) $\int \sqrt{8 - 3x}\mathrm{d}x$　　　(8) $\int \dfrac{\mathrm{d}x}{\sqrt[3]{7 - 5x}}$　　　(9) $\int x\sin x^2\mathrm{d}x$

(10) $\int \dfrac{\mathrm{d}x}{\sin^2\left(2x + \dfrac{\pi}{4}\right)}$　　　(11) $\int \dfrac{\mathrm{d}x}{1 + \cos x}$　　　(12) $\int \dfrac{\mathrm{d}x}{1 + \sin x}$

(13) $\int \csc x\mathrm{d}x$　　　(14) $\int \dfrac{x}{\sqrt{1 - x^2}}\mathrm{d}x$　　　(15) $\int \dfrac{x}{4 + x^4}\mathrm{d}x$

(16) $\int \dfrac{\mathrm{d}x}{x\ln x}$　　　(17) $\int \dfrac{x^4}{(1 - x^5)^3}\mathrm{d}x$　　　(18) $\int \dfrac{x^3}{x^8 - 2}\mathrm{d}x$

(19) $\int \dfrac{\mathrm{d}x}{x(1 + x)}$　　　(20) $\int \cot x\mathrm{d}x$　　　(21) $\int \cos^5 x\mathrm{d}x$

(22) $\int \dfrac{\mathrm{d}x}{\sin x\cos x}$　　　(23) $\int \dfrac{\mathrm{d}x}{e^x + e^{-x}}$　　　(24) $\int \dfrac{2x - 3}{x^2 - 3x + 8}\mathrm{d}x$

$(25) \int \dfrac{x^2+2}{(x+1)^3}dx$ $(26) \int \dfrac{dx}{\sqrt{x^2+a^2}}$ $(27) \int \dfrac{dx}{(x^2+a^2)^{\frac{3}{2}}}$

$(28) \int \dfrac{x^5}{\sqrt{1-x^2}}dx$ $(29) \int \dfrac{\sqrt{x}}{1-\sqrt[3]{x}}dx$ $(30) \int \dfrac{\sqrt{x+1}-1}{\sqrt{x+1}+1}dx$

2. 应用分部积分法求下列不定积分.

$(1) \int \arcsin x\,dx$ $(2) \int \ln x\,dx$ $(3) \int x^2 \cos x\,dx$

$(4) \int \dfrac{\ln x}{x^3}dx$ $(5) \int (\ln x)^2 dx$ $(6) \int x \arctan x\,dx$

$(7) \int \left[\ln(\ln x)+\dfrac{1}{\ln x}\right]dx$ $(8) \int (\arcsin x)^2 dx$ $(9) \int \sec^3 x\,dx$

$(10) \int \sqrt{x^2+a^2}\,dx$

3. 求下列不定积分.

$(1) \int [f(x)]^a f'(x)\,dx$ $(2) \int \dfrac{f'(x)}{1+[f(x)]^2}dx$ $(3) \int \dfrac{f'(x)}{f(x)}dx$

$(4) \int e^{f(x)} f'(x)\,dx$

第 **4** 章
定积分及其应用

第 3 章讨论了一元函数积分学的第一个问题,即求原函数的问题.本章讨论定积分,它是积分和式的极限,属于积分学的第二个基本问题.定积分与不定积分是两个不同的概念,但它们之间有着密切的联系,牛顿-莱布尼兹公式建立了这种联系,它是一元函数微积分中一个最基本的公式,定积分在实际中有着广泛的应用.

4.1 定积分的基本概念

4.1.1 问题的引出

初等数学已经讨论了直边图形面积的计算问题,那么如何求任意曲边图形的面积呢?为了解决这一问题,先讨论最简单的曲边图形,即曲边梯形面积的计算问题.

引例 1 曲边梯形的面积

曲边梯形:设函数 $y=f(x)$ 在区间 $[a,b]$ 上非负、连续.由直线 $x=a,x=b,y=0$ 及曲线 $y=f(x)$ 所围成的平面图形称为曲边梯形,其中曲线弧称为曲边,如图 4.1 所示.众所周知,

$$矩形面积 = 底 \times 高$$

现在,曲边梯形在其底边上各点处的高 $f(x)$ 是不同的,它的面积显然不能按矩形面积公式来直接计算.然而,由于 $f(x)$ 在区间 $[a,b]$ 上连续,当 x 的变化很小时,$f(x)$ 的变化也很小.利用这一性质及面积的"可加性"(整个图形的面积等于各个部分图形面积之和),可以将整个曲边梯形分割成若干小曲边梯形,每个小曲边梯形的面积用小矩形的面积来近似,所有小矩形面积之和就是整个曲边梯形面积的一个近似值.基于这样的想法,通过如下步骤来计算曲边梯形的面积:

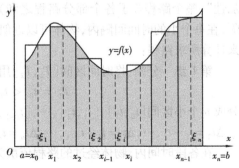

图 4.1

第 1 步 分割:在区间$[a,b]$中任意插入 $n-1$ 个分点

$$a = x_0 < x_1 < x_2 < \cdots < x_n = b$$

把$[a,b]$分成 n 个小区间$[x_0,x_1],[x_1,x_2],\cdots,[x_{i-1},x_i],\cdots,[x_{n-1},x_n]$,它们的长度依次为 $\Delta x_1 = x_1 - x_0, \Delta x_2 = x_2 - x_1, \cdots, \Delta x_i = x_i - x_{i-1}, \cdots, \Delta x_n = x_n - x_{n-1}$. 用直线 $x = x_i (i = 1,2,\cdots, n-1)$把曲边梯形分割成 n 个小曲边梯形,第 i 个小曲边梯形的面积记为 $\Delta A_i (i = 1,2,\cdots,n)$, 则曲边梯形的面积

$$A = \Delta A_1 + \Delta A_2 + \cdots + \Delta A_n = \sum_{i=1}^{n} \Delta A_i$$

第 2 步 近似:在每个小区间$[x_i,x_{i-1}]$上任取一点 ξ_i,用以$[x_i,x_{i-1}]$为底、$f(\xi_i)$为高的小矩形近似替代第 $i(i = 1,2,\cdots,n)$ 个小曲边梯形,从而得到

$$\Delta A_i \approx f(\xi_i)\Delta x_i \quad (i = 1,2,\cdots,n)$$

第 3 步 求和:对这样得到的 n 个小矩形面积求和,就得到曲边梯形面积 A 的一个近似值,即曲边梯形的面积

$$\begin{aligned} A &= \Delta A_1 + \Delta A_2 + \cdots + \Delta A_n \\ &\approx f(\xi_1)\Delta x_1 + f(\xi_2)\Delta x_2 + \cdots + f(\xi_n)\Delta x_n \\ &= \sum_{i=1}^{n} f(\xi_i)\Delta x_i \end{aligned}$$

第 4 步 取极限:显然,分点越多,每个小曲边梯形越窄,所求得的曲边梯形面积 A 的近似值就越接近曲边梯形面积 A 的精确值. 因此,要求曲边梯形面积 A 的精确值,只需无限地增加分点,使每个小曲边梯形的宽度趋于零. 记 $\lambda = \max\{\Delta x_1, \Delta x_2, \cdots, \Delta x_n\}$,于是,上述增加分点,使每个小曲边梯形的宽度趋于零,相当于令 $\lambda \to 0$,所以曲边梯形的面积为

$$A = \lim_{\lambda \to 0} \sum_{i=1}^{n} f(\xi_i)\Delta x_i$$

引例 2 变速直线运动的路程

设物体作直线运动,已知速度 $v = v(t)$ 是时间间隔$[T_1, T_2]$上的连续函数,且 $v(t) \geq 0$,计算在这段时间内物体所通过的路程 s.

我们知道,如果物体作匀速直线运动,那么

路程 = 速度 × 时间

现在,速度不是常量而是变量,路程显然不能按上述公式来直接计算. 然而,由于速度函数 $v(t)$ 在区间$[T_1, T_2]$上连续,当 t 的变化很小时,$v(t)$ 的变化也很小. 利用这一性质及路程的"可加性"(整个路程等于各个部分路程之和),可以将时间间隔$[T_1, T_2]$分割成若干小的时间间隔,在每个小的时间间隔内,物体可以近似地看作匀速运动. 基于这样的想法,可通过如下步骤来计算所求路程:

第 1 步 分割:将时间区间$[T_1, T_2]$用分点

$$T_1 = t_0 < t_1 < t_2 < \cdots < t_n = T_2$$

分成 n 个小区间$[t_0,t_1],[t_1,t_2],\cdots,[t_{i-1},t_i],\cdots,[t_{n-1},t_n]$,它们的时间间隔依次为 $\Delta t_1 = t_1 - t_0, \Delta t_2 = t_2 - t_1, \cdots, \Delta t_i = t_i - t_{i-1}, \cdots, \Delta t_n = t_n - t_{n-1}$.

在各段时间内,物体经过的路程依次为 $\Delta S_i (i = 1,2,\cdots,n)$,则物体所走的路程为

$$S = \Delta S_1 + \Delta S_2 + \cdots + \Delta S_n = \sum_{i=1}^{n} \Delta S_i$$

第 2 步　近似:在每个小的时间间隔 $\Delta t_i(i=1,2,\cdots,n)$ 内,物体运动可看成是匀速的,其速度近似为物体在时间间隔 Δt_i 内某点 τ_i 的速度 $v(\tau_i)$,物体在时间间隔 Δt_i 内运动的距离近似为 $\Delta s_i = v(\tau_i)\Delta t_i(i=1,2,\cdots,n)$.

第 3 步　求和:把物体在每一小的时间间隔 Δt_i 内运动的路程 Δs_i 加起来作为物体在时间间隔 $[T_1,T_2]$ 内所经过的路程 S 的近似值,即

$$质点的路程\ S = \Delta S_1 + \Delta S_2 + \cdots + \Delta S_n = \sum_{i=1}^{n}\Delta S_i$$

$$\approx v(\tau_1)\Delta t_1 + v(\tau_2)\Delta t_2 + \cdots + v(\tau_n)\Delta t_n = \sum_{i=1}^{n}v(\tau_i)\Delta t_i$$

第 4 步　取极限:显然,分点越多,所求得路程 S 的近似值 $\sum_{i=1}^{n}v(\tau_i)\Delta t_i$ 就越接近路程 S 的精确值,因此,当所分区间无限增多,每个区间的长度都无限减小时,上述和式的极限就是所求路程,记 $\lambda = \max\{\Delta t_1,\Delta t_2,\cdots,\Delta t_n\}$. 于是

$$S = \lim_{\lambda \to 0}\sum_{i=1}^{n}v(\tau_i)\Delta t_i$$

在上述两个问题中,所需计算的量的实际意义是不同的,但解决问题的思路和步骤却是一致的,最终都归结为求结构相同的和式的极限. 还有许多实际问题的解决也是归结为求这类和式的极限问题,因此撇开它们的具体内容而从数量关系上予以概括,得到定积分的概念.

4.1.2　定积分的定义及几何意义

(1)定积分的定义及存在定理

定义 4.1　设函数 $f(x)$ 在 $[a,b]$ 上有界,用任意的满足下述关系的分点

$$a = x_0 < x_1 < x_2 < \cdots < x_{i-1} < x_i < \cdots < x_n = b$$

将区间 $[a,b]$ 分成 n 个小区间 $[x_{i-1},x_i](i=1,2,\cdots,n)$,在每个小区间 $[x_{i-1},x_i]$ 上任取一点 ξ_i,作出和式

$$\sum_{i=1}^{n}f(\xi_i)\Delta x_i$$

其中 $\Delta x_i = x_i - x_{i-1}$,此和式称为 $f(x)$ 在 $[a,b]$ 上的积分和,它和区间的分法和 ξ_i 的取法有关,如果当 $n\to\infty$,且最大小区间的长度 $\lambda\to 0$ 时,上述和式都有确定的极限:

$$\lim_{\lambda \to 0}\sum_{i=1}^{n}f(\xi_i)\Delta x_i = I$$

而且,极限值与区间的分法及点 ξ_i 的取法无关,则称此极限值为 $f(x)$ 在 $[a,b]$ 上的定积分,记作 $\int_a^b f(x)\mathrm{d}x$,即

$$\int_a^b f(x)\mathrm{d}x = \lim_{\lambda \to 0}\sum_{i=1}^{n}f(\xi_i)\Delta x_i$$

其中 $f(x)$ 称为**被积函数**,$f(x)\mathrm{d}x$ 称为**被积表达式**,x 称为**积分变量**,$[a,b]$ 称为**积分区间**,a 称为**积分下限**,b 称为**积分上限**.

根据定积分的定义,上面讨论的两个问题可以分别叙述为:

①曲边梯形的面积等于其曲边 $f(x)$ 在区间 $[a,b]$ 上的定积分,即

$$A = \int_a^b f(x)\,\mathrm{d}x$$

②变速直线运动质点的路程等于速度函数 $v(t)$ 在时间间隔 $[T_1, T_2]$ 上的定积分,即

$$S = \int_{T_1}^{T_2} v(t)\,\mathrm{d}t$$

如果函数 $f(x)$ 在 $[a,b]$ 上的定积分存在,就说 $f(x)$ 在 $[a,b]$ 上可积. 那么,函数 $f(x)$ 在 $[a,b]$ 上满足什么条件时,$f(x)$ 在 $[a,b]$ 上可积呢?

定理 4.1(定积分存在定理) 若 $f(x)$ 在 $[a,b]$ 上连续,则 $f(x)$ 在 $[a,b]$ 上可积;若 $f(x)$ 在区间 $[a,b]$ 上有界,且只有有限个第一类间断点,则 $f(x)$ 在 $[a,b]$ 上可积(证明略).

注意:

①定积分 $\int_a^b f(x)\,\mathrm{d}x$ 表示一个数,而不定积分 $\int f(x)\,\mathrm{d}x$ 表示的是函数.

②定积分 $\int_a^b f(x)\,\mathrm{d}x$ 的值只与被积函数及积分区间有关,而与积分变量的记法无关,即

$$\int_a^b f(x)\,\mathrm{d}x = \int_a^b f(t)\,\mathrm{d}t = \int_a^b f(u)\,\mathrm{d}u$$

③在定积分的定义中,假定 $a < b$,对于 $a > b$ 与 $a = b$ 的情况,作如下规定:

当 $a > b$ 时,$\int_a^b f(x)\,\mathrm{d}x = -\int_b^a f(x)\,\mathrm{d}x$(为什么如此规定,请回顾定积分的定义);

当 $a = b$ 时,$\int_a^b f(x)\,\mathrm{d}x = 0$.

作了这样的规定以后,无论 $a < b, a > b$ 或 $a = b$,定积分 $\int_a^b f(x)\,\mathrm{d}x$ 都有意义.

(2)定积分的几何意义

①当 $f(x) \geqslant 0 (x \in [a,b])$ 时,定积分 $\int_a^b f(x)\,\mathrm{d}x$ 在几何上表示由曲线 $y = f(x)$ 和三条直线 $x = a, x = b, y = 0$ 所围成的曲边梯形的面积;

②当 $f(x) \leqslant 0 (x \in [a,b])$ 时,由曲线 $y = f(x)$ 和三条直线 $x = a, x = b, y = 0$ 所围成的曲边梯形位于 x 轴的下方,定积分 $\int_a^b f(x)\,\mathrm{d}x$ 在几何上表示上述曲边梯形面积的负值,如果该曲边梯形的面积为 A,则 $\int_a^b f(x)\,\mathrm{d}x = -A$,如图 4.2 所示.

③当 $f(x)$ 在 $[a,b]$ 上既取得正值,又取得负值时,函数 $f(x)$ 的图形某些部分在 x 轴的上方,某些部分在 x 轴的下方. 如果对面积赋以正、负号,在 x 轴上方的图形面积赋以正号,在 x 轴下方的图形面积赋以负号,则在一般情形下,定积分 $\int_a^b f(x)\,\mathrm{d}x$ 的几何意义为:**它是介于 x 轴、函数 $f(x)$ 的曲线及两条直线 $x = a, x = b$ 之间的各部分面积的代数和**,如图 4.3 所示.

例 4.1 用定积分的几何意义求 $\int_0^1 x\,\mathrm{d}x$.

解 函数 $y = x$ 在区间 $[0,1]$ 上的定积分是以 $y = x$ 为曲边,以区间 $[0,1]$ 为底的曲边梯形的面积. 因为以 $y = x$ 为曲边,以区间 $[0,1]$ 为底的曲边梯形是一直角三角形,其底边长及高均为 1,所以 $\int_0^1 x\,\mathrm{d}x = \frac{1}{2} \times 1 \times 1 = \frac{1}{2}$.

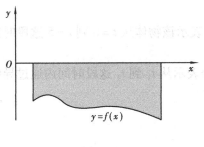

图 4.2

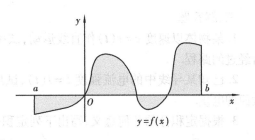

图 4.3

习题 4.1

一、单项选择题

1. 定积分 $\int_a^b f(x)\mathrm{d}x$ 表示为和式的极限是(　　).

A. $\lim\limits_{n\to\infty}\dfrac{b-a}{n}\sum\limits_{k=1}^{n}f\left(\dfrac{k}{n}(b-a)\right)$

B. $\lim\limits_{n\to\infty}\dfrac{b-a}{n}\sum\limits_{k=1}^{n}f\left(\dfrac{k-1}{n}(b-a)\right)$

C. $\lim\limits_{n\to\infty}\sum\limits_{k=1}^{n}f(\xi_k)\Delta x_k$　（ξ_i 为 Δx_i 中任一点）

D. $\lim\limits_{\lambda\to0}\sum\limits_{k=1}^{n}f(\xi_k)\Delta x_k$　（$\lambda=\max\limits_{1\le i\le n}\{\Delta x_i\}$，$\xi_i$ 为 Δx_i 中任一点）

2. 定积分 $\int_a^b f(x)\mathrm{d}x=\lim\limits_{\lambda\to\infty}\sum\limits_{k=1}^{n}f(\xi_k)\Delta x_k$ 要求(　　).

A. $[a,b]$ 必须 n 等分，ξ_k 是 $[x_{k-1},x_k]$ 的端点

B. $[a,b]$ 可以任意分，ξ_k 必是 $[x_{k-1},x_k]$ 的端点

C. $[a,b]$ 可以任意分，$\lambda=\max\limits_{1\le k\le n}\{\Delta x_k\}$，$\xi_k$ 可在 $[x_{k-1},x_k]$ 上任取

D. $[a,b]$ 必须等分，$\lambda=\max\limits_{1\le k\le n}\{\Delta x_k\}$，$\xi_k$ 可在 $[x_{k-1},x_k]$ 上任取

二、填空题

1. $f(x)$ 在 $[a,b]$ 上可积的充分条件是＿＿＿＿.

2. 由定积分的几何意义知 $\int_{-\pi}^{\pi}\sin x\mathrm{d}x$ ＿＿＿＿.

3. 定积分 $\int_{-a}^{a}\sqrt{a^2-x^2}\mathrm{d}x$ 的几何意义是＿＿＿＿.

4. 设 $f(x)$ 为 $[-a,a]$ 上连续的奇函数，则 $\int_{-a}^{a}f(x)\mathrm{d}x=$ ＿＿＿＿.

5. 设 $f(x)$ 为 $[-a,a]$ 上连续的偶函数，则 $\int_{-a}^{a}f(x)\mathrm{d}x=$ ＿＿＿＿.

三、解答题

1. 某物体以速度 $v = v(t)$ 作直线运动,试用定积分表示该物体从 $t=0$ 到 $t=5$ 这段时间内所经过的路程.

2. 已知某导线中的电流强度 $I = I(t)$,试用定积分表示从 t_1 到 t_2 这段时间内通过导线横截面的电量.

3. 根据定积分的几何意义,写出下列定积分的值.

(1) $\int_1^2 x\,dx$

(2) $\int_{-a}^0 \sqrt{a^2 - x^2}\,dx$

(3) $\int_2^3 (2x + 1)\,dx$

(4) $\int_{-2}^2 x^3\,dx$

4.2　定积分的性质

假设下面定积分中的被积函数在积分区间上连续,由定积分的定义及极限运算法则可得定积分的如下性质:

①函数的和(差)的定积分等于它们的定积分的和(差),即
$$\int_a^b [f(x) \pm g(x)]\,dx = \int_a^b f(x)\,dx \pm \int_a^b g(x)\,dx$$

②被积函数的常数因子可以提到积分号外面,即
$$\int_a^b kf(x)\,dx = k\int_a^b f(x)\,dx$$

③如果将积分区间分成两部分,则在整个区间上的定积分等于这两部分区间上定积分之和,即
$$\int_a^b f(x)\,dx = \int_a^c f(x)\,dx + \int_c^b f(x)\,dx$$

这个性质表明定积分对于积分区间具有可加性. 值得注意的是,不论 a,b,c 的相对位置如何,总有等式
$$\int_a^b f(x)\,dx = \int_a^c f(x)\,dx + \int_c^b f(x)\,dx$$
成立. 例如,当 $a < b < c$ 时,由于 $\int_a^c f(x)\,dx = \int_a^b f(x)\,dx + \int_b^c f(x)\,dx$,于是有
$$\int_a^b f(x)\,dx = \int_a^c f(x)\,dx - \int_b^c f(x)\,dx = \int_a^c f(x)\,dx + \int_c^b f(x)\,dx$$

④如果在区间 $[a,b]$ 上 $f(x) \equiv 1$,则
$$\int_a^b 1\,dx = \int_a^b dx = b - a$$

⑤如果在区间 $[a,b]$ 上 $f(x) \geq 0$,则
$$\int_a^b f(x)\,dx \geq 0 \quad (a < b)$$

推论 1　如果在区间 $[a,b]$ 上 $f(x) \leq g(x)$,则
$$\int_a^b f(x)\,dx \leq \int_a^b g(x)\,dx \quad (a < b)$$

这是因为 $g(x) - f(x) \geqslant 0$，从而

$$\int_a^b g(x)\mathrm{d}x - \int_a^b f(x)\mathrm{d}x = \int_a^b [g(x) - f(x)]\mathrm{d}x \geqslant 0$$

所以

$$\int_a^b f(x)\mathrm{d}x \leqslant \int_a^b g(x)\mathrm{d}x$$

推论 2　$\left| \int_a^b f(x)\mathrm{d}x \right| \leqslant \int_a^b |f(x)|\mathrm{d}x\,(a < b)$，这是因为 $-|f(x)| \leqslant f(x) \leqslant |f(x)|$，

所以

$$-\int_a^b |f(x)|\mathrm{d}x \leqslant \int_a^b f(x)\mathrm{d}x \leqslant \int_a^b |f(x)|\mathrm{d}x$$

即

$$\left| \int_a^b f(x)\mathrm{d}x \right| \leqslant \int_a^b |f(x)|\mathrm{d}x$$

⑥（**定积分估值定理**）　设 M 及 m 分别是函数 $f(x)$ 在区间 $[a,b]$ 上的最大值及最小值，则

$$m(b - a) \leqslant \int_a^b f(x)\mathrm{d}x \leqslant M(b - a) \quad (a < b)$$

证明　因为 $m \leqslant f(x) \leqslant M$，所以 $\int_a^b m\mathrm{d}x \leqslant \int_a^b f(x)\mathrm{d}x \leqslant \int_a^b M\mathrm{d}x$，从而

$$m(b - a) \leqslant \int_a^b f(x)\mathrm{d}x \leqslant M(b - a)$$

⑦（**定积分中值定理**）　如果函数 $f(x)$ 在闭区间 $[a,b]$ 上连续，则在积分区间 $[a,b]$ 上至少存在一个点 ξ，使

$$\int_a^b f(x)\mathrm{d}x = f(\xi)(b - a)$$

成立. 这个公式叫做积分中值公式.

证明　由性质 6 可知

$$m(b - a) \leqslant \int_a^b f(x)\mathrm{d}x \leqslant M(b - a)$$

各项除以 $b - a$ 得

$$m \leqslant \frac{1}{b - a}\int_a^b f(x)\mathrm{d}x \leqslant M$$

再由连续函数的介值定理可知，在 $[a,b]$ 上至少存在一点 ξ，使 $f(\xi) = \dfrac{1}{b - a}\int_a^b f(x)\mathrm{d}x$，于是两

端乘以 $b - a$，得中值定理

$$\int_a^b f(x)\mathrm{d}x = f(\xi)(b - a) \quad (a \leqslant \xi \leqslant b)$$

积分中值定理的几何解释（图 4.4）：当 $f(x) \geqslant 0$ 时，在 $[a,b]$ 上至少存在一点 ξ，使以曲线 $y = f(x)$ 为曲边的曲边梯形面积等于同底，而高为 $f(\xi)$ 的矩形面积.

例 4.2　在下列各题中，确定哪个积分值较大.

（1）$\int_0^{\frac{\pi}{2}} \sin^5 x\mathrm{d}x$ 及 $\int_0^{\frac{\pi}{2}} \sin^2 x\mathrm{d}x$

（2）$\int_0^1 \mathrm{e}^{-x}\mathrm{d}x$ 及 $\int_0^1 \mathrm{e}^{-x^2}\mathrm{d}x$

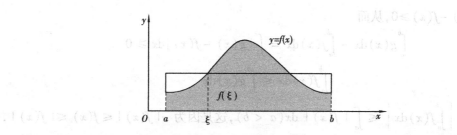

图 4.4

解 （1）在区间 $\left[0,\dfrac{\pi}{2}\right]$ 上，因为 $\sin^5 x \leqslant \sin^2 x$，所以 $\displaystyle\int_0^{\frac{\pi}{2}} \sin^5 x \mathrm{d}x \leqslant \int_0^{\frac{\pi}{2}} \sin^2 x \mathrm{d}x$.

（2）在区间 $[0,1]$ 上，因为 $\mathrm{e}^{-x} \leqslant \mathrm{e}^{-x^2}$，所以 $\displaystyle\int_0^1 \mathrm{e}^{-x} \mathrm{d}x \leqslant \int_0^1 \mathrm{e}^{-x^2} \mathrm{d}x$.

例 4.3 利用估值定理估计定积分 $\displaystyle\int_{-1}^1 \mathrm{e}^{-x^2} \mathrm{d}x$ 的值.

解 首先求被积函数 $f(x) = \mathrm{e}^{-x^2}$ 在区间 $[0,1]$ 上的最大值和最小值，因为 $f'(x) = -2x\mathrm{e}^{-x^2}$，令 $f'(x) = -2x\mathrm{e}^{-x^2} = 0$，得驻点 $x = 0$. 比较函数在驻点及区间端点处的函数值，$f(0) = 1, f(\pm 1) = \mathrm{e}^{-1}$，故 $f(x) = \mathrm{e}^{-x^2}$ 在区间 $[0,1]$ 上的最大值为 $M = 1$，最小值为 $m = \dfrac{1}{e}$，于是由估值定理可得

$$\frac{2}{e} \leqslant \int_{-1}^1 \mathrm{e}^{-x^2} \mathrm{d}x \leqslant 2$$

习题 4.2

一、单项选择题

1. 积分中值定理 $\displaystyle\int_a^b f(x) \mathrm{d}x = f(\xi)(b-a)$ 中的 ξ 是 $[a,b]$ 上（ ）.

　　A. 任意一点　　　　B. 必存在的某一点　　　　C. 唯一的某点　　　　D. 中点

2. 积分 $\displaystyle\int_{\frac{1}{3}}^1 x^2 \ln x \mathrm{d}x$ 的符号是（ ）.

　　A. 大于零　　　　B. 小于零　　　　　　C. 等于零　　　　　　D. 不确定

3. 积分 $I_1 = \displaystyle\int_1^2 \ln x \mathrm{d}x$ 与 $I_2 = \displaystyle\int_1^2 \ln^2 x \mathrm{d}x$ 的大小关系是（ ）.

　　A. $I_1 < I_2$　　　　B. $I_1 > I_2$　　　　　　C. $I_1 = I_2$　　　　　　D. $I_1 \geqslant I_2$

4. $I = \displaystyle\lim_{n \to \infty} \int_n^{n+a} x \sin \dfrac{1}{x} \mathrm{d}x$（$a$ 为常数）$\xrightarrow{\text{积分中值定理}} \displaystyle\lim_{\xi \to \infty} a \cdot \xi \sin \dfrac{1}{\xi} = $（ ）.

　　A. $\displaystyle\lim_{\xi \to \infty} a \cdot \xi \sin \dfrac{1}{\xi} = a^2 \sin \dfrac{1}{a}$　　　　　　B. $\displaystyle\lim_{\xi \to \infty} a \cdot \xi \sin \dfrac{1}{\xi} = 0$

　　C. $\displaystyle\lim_{\xi \to \infty} a \cdot \xi \sin \dfrac{1}{\xi} = a$　　　　　　D. $\displaystyle\lim_{\xi \to \infty} a \cdot \xi \sin \dfrac{1}{\xi} = \infty$

二、填空题

1. 积分 $I_1 = \int_3^4 \ln x \mathrm{d}x$ 与 $I_2 = \int_3^4 \ln^2 x \mathrm{d}x$ 的大小关系是_____.

2. 设 $f(x)$ 在 $[a,b]$ 上非负连续,若区间 $[c,d] \subset [a,b]$,$I_1 = \int_c^d f(x) \mathrm{d}x$,$I_2 = \int_a^b f(x) \mathrm{d}x$,则 I_1 与 I_2 的大小关系是_____.

3. 设 $f(x)$ 在 $[a,b]$ 上连续,且 $f(x) > 0$,则 $\int_b^a f(x) \mathrm{d}x$ 的符号是_____.

4. 设 $f(x)$ 在 $[a,b]$ 上连续,定积分 $I_1 = \left| \int_a^b f(x) \mathrm{d}x \right|$ 与 $I_2 = \int_a^b | f(x) | \mathrm{d}x$ 的值的大小关系是_____.

5. 若函数 $f(x)$ 在 $[a,b]$ 上连续,则至少有一点 $\xi \in [a,b]$,使 $\dfrac{1}{b-a}\int_a^b f(x) \mathrm{d}x = $ _____.

三、解答题

1. 比较下列各对积分值的大小.

(1) $\int_1^2 (\ln x)^2 \mathrm{d}x$ 与 $\int_1^2 (\ln x)^3 \mathrm{d}x$

(2) $\int_0^1 x^2 \sin^2 x \mathrm{d}x$ 与 $\int_0^1 x \sin^2 x \mathrm{d}x$

2. 估计下列各积分值.

(1) $\int_1^4 (1 + x^2) \mathrm{d}x$ (2) $\int_1^2 \dfrac{x}{1 + x^2} \mathrm{d}x$

4.3 微积分基本定理

前面两节介绍了定积分的定义及其基本性质,根据定积分的定义可以想象,即使再简单的被积函数,用定义求定积分都将是一件困难的事,因此,必须设法解决定积分的计算问题.

问题的解决途径:

由定积分的定义知,如果某物体以速度 $v = v(t)$ 作直线运动,那么由 T_1 到 T_2 时间间隔内,物体的路程等于 $\int_{T_1}^{T_2} v(t) \mathrm{d}t$;另一方面,路程又可以通过路程函数 $s(t)$ 在时间区间 $[T_1,T_2]$ 上的增量 $s(T_2) - s(T_1)$ 来表示,从而可得

$$\int_{T_1}^{T_2} v(t) \mathrm{d}t = s(T_2) - s(T_1)$$

又知道,$s'(t) = v(t)$,即 $s(t)$ 是 $v(t)$ 的一个原函数,于是上式表明 $v(t)$ 在 $[T_1,T_2]$ 上的定积分等于 $v(t)$ 的原函数 $s(t)$ 在 $[T_1,T_2]$ 的增量. 这一结果对于一般函数的定积分 $\int_{T_1}^{T_2} f(t) \mathrm{d}t$ 是否成立呢?如果成立的话,定积分的计算就转化为求原函数的增量了. 对于这一问题,英国数学家牛顿(Newton)和德国数学家莱布尼兹(Leibniz)在 17 世纪中叶就先后给出了肯定的答案. 下面就来讨论这一问题.

4.3.1 变上限的积分函数

(1)变上限积分函数的定义

设函数 $f(x)$ 在区间 $[a,b]$ 上连续,并且设 x 为 $[a,b]$ 上的一点,考察定积分

$$\int_a^x f(t)\,\mathrm{d}t$$

如果上限 x 在区间 $[a,b]$ 上任意变动,则对于任意 $x \in [a,b]$,$\int_a^x f(t)\,\mathrm{d}x$ 都有一个对应值,所以它在 $[a,b]$ 上定义了一个函数,记为 $\Phi(x) = \int_a^x f(t)\,\mathrm{d}x$,并将其称为变上限的积分函数.

(2)变上限积分函数的性质

定理4.2 如果函数 $f(x)$ 在区间 $[a,b]$ 上连续,则变上限的积分函数 $\Phi(x) = \int_a^x f(t)\,\mathrm{d}x$ 在 $[a,b]$ 上具有导数,并且它的导数为

$$\Phi'(x) = \frac{\mathrm{d}}{\mathrm{d}x}\int_a^x f(t)\,\mathrm{d}t = f(x) \quad (a \leqslant x \leqslant b)$$

证明 设 $x \in (a,b)$,给 x 以增量 Δx,使 $(x + \Delta x) \in (a,b)$,则

$$\Delta\Phi = \Phi(x + \Delta x) - \Phi(x) = \int_a^{x+\Delta x} f(t)\,\mathrm{d}t - \int_a^x f(t)\,\mathrm{d}t$$

$$= \int_a^x f(t)\,\mathrm{d}t + \int_x^{x+\Delta x} f(t)\,\mathrm{d}t - \int_a^x f(t)\,\mathrm{d}t = \int_x^{x+\Delta x} f(t)\,\mathrm{d}t$$

由积分中值定理得

$$\int_x^{x+\Delta x} f(t)\,\mathrm{d}t = f(\xi)\Delta x$$

其中 ξ 在 x 与 $x + \Delta x$ 之间,于是

$$\Phi'(x) = \lim_{\Delta x \to 0}\frac{\Delta\Phi}{\Delta x} = \lim_{\Delta x \to 0}f(\xi) = \lim_{\xi \to x}f(\xi) = f(x)$$

若 $x = a$,取 $\Delta x > 0$,则同理可证 $\Phi'_+(x) = f(a)$;若 $x = b$,取 $\Delta x < 0$,则同理可证 $\Phi'_-(x) = f(b)$,即

$$\Phi'(x) = \frac{\mathrm{d}}{\mathrm{d}x}\int_a^x f(t)\,\mathrm{d}t = f(x)$$

这就是说,当被积函数连续时,变上限的积分函数对其上限的导数等于被积函数在上限的值,换句话说,$\Phi(x) = \int_a^x f(t)\,\mathrm{d}t$ 是 $f(x)$ 的一个原函数,由此,立即可得出以下**原函数存在定理**.

定理4.3 如果 $f(x)$ 在区间 $[a,b]$ 上连续,则变上限积分函数 $\Phi(x) = \int_a^x f(t)\,\mathrm{d}x$ 就是 $f(x)$ 在 $[a,b]$ 上的一个原函数.

(3)定理的重要意义

①肯定了连续函数的原函数是存在的.

②揭示了积分学中定积分与被积函数的原函数之间的联系.

例4.4 对于下列各题,求 $\dfrac{\mathrm{d}y}{\mathrm{d}x}$.

$(1) y = \int_0^x \sin(3t - t^2) \,\mathrm{d}t$　　　　　　$(2) y = \int_x^0 \tan(1 - t^3) \,\mathrm{d}t$

$(3) y = \int_0^{x^3} \ln(1 + t) \,\mathrm{d}t$　　　　　　$(4) y = \int_{\sin x}^{\cos x} \mathrm{e}^{t^2} \,\mathrm{d}t$

解　$(1) \dfrac{\mathrm{d}}{\mathrm{d}x}\left(\int_0^x \sin(3t - t^2) \,\mathrm{d}t \right) = \sin(3x - x^2).$

$(2) \dfrac{\mathrm{d}}{\mathrm{d}x}\left[\int_x^0 \tan(1 - t^3) \,\mathrm{d}t \right] = -\dfrac{\mathrm{d}}{\mathrm{d}x}\left[\int_0^x \tan(1 - t^3) \,\mathrm{d}t \right] = -\tan(1 - x^3).$

(3) 令 $u = x^3$，则 $y = \int_0^u \ln(1 + t) \,\mathrm{d}t, u = x^3.$ 由复合函数微分法得

$$\frac{\mathrm{d}}{\mathrm{d}x}\left[\int_0^{x^3} \ln(1 + t) \,\mathrm{d}t \right] = \frac{\mathrm{d}}{\mathrm{d}u}\left[\int_0^u \ln(1 + t) \,\mathrm{d}t \right] \cdot \frac{\mathrm{d}u}{\mathrm{d}x} = \ln(1 + u) \cdot 3x^2 = 3x^2 \ln(1 + x^3)$$

(4) 设 a 是任意常数，则

$$y = \int_{\sin x}^{\cos x} \mathrm{e}^{t^2} \,\mathrm{d}t = \int_{\sin x}^{a} \mathrm{e}^{t^2} \,\mathrm{d}t + \int_{a}^{\cos x} \mathrm{e}^{t^2} \,\mathrm{d}t$$

$$= -\int_{a}^{\sin x} \mathrm{e}^{t^2} \,\mathrm{d}t + \int_{a}^{\cos x} \mathrm{e}^{t^2} \,\mathrm{d}t$$

由复合函数微分法得

$$\frac{\mathrm{d}}{\mathrm{d}x}\left[\int_{\sin x}^{\cos x} \mathrm{e}^{t^2} \,\mathrm{d}t \right] = \frac{\mathrm{d}}{\mathrm{d}x}\left[-\int_{a}^{\sin x} \mathrm{e}^{t^2} \,\mathrm{d}t \right] + \frac{\mathrm{d}}{\mathrm{d}x}\left[\int_{a}^{\cos x} \mathrm{e}^{t^2} \,\mathrm{d}t \right]$$

$$= -\mathrm{e}^{\sin^2 x}(\sin x)' + \mathrm{e}^{\cos^2 x}(\cos x)'$$

$$= -(\mathrm{e}^{\sin^2 x} \cos x + \mathrm{e}^{\cos^2 x} \sin x)$$

例 4.5　计算下列各题.

$(1) \dfrac{\mathrm{d}}{\mathrm{d}x} \int f(x) \,\mathrm{d}x$　　　　　$(2) \dfrac{\mathrm{d}}{\mathrm{d}x} \int_a^x f(t) \,\mathrm{d}t$　　　　　$(3) \dfrac{\mathrm{d}}{\mathrm{d}x} \int_a^b f(x) \,\mathrm{d}x.$

解　(1) 因为 $\int f(x) \,\mathrm{d}x$ 是 $f(x)$ 的所有原函数，所以由原函数的定义可知

$$\frac{\mathrm{d}}{\mathrm{d}x} \int f(x) \,\mathrm{d}x = f(x)$$

(2) 由定理 4.2 可知

$$\frac{\mathrm{d}}{\mathrm{d}x} \int_a^x f(t) \,\mathrm{d}t = f(x)$$

(3) 因为 $\int_a^b f(x) \,\mathrm{d}x$ 是一个常数，所以

$$\frac{\mathrm{d}}{\mathrm{d}x} \int_a^b f(x) \,\mathrm{d}x = 0$$

例 4.6　求 $\lim\limits_{x \to 0} \dfrac{\int_{\cos x}^{1} \mathrm{e}^{-t^2} \,\mathrm{d}t}{x^2}$.

解　这是一个 $\dfrac{0}{0}$ 型未定式，由罗必达法则，得

$$\lim_{x \to 0} \frac{\int_{\cos x}^{1} \mathrm{e}^{-t^2} \,\mathrm{d}t}{x^2} = \lim_{x \to 0} \frac{-\int_{1}^{\cos x} \mathrm{e}^{-t^2} \,\mathrm{d}t}{x^2} = \lim_{x \to 0} \frac{\sin x \mathrm{e}^{-\cos^2 x}}{2x} = \frac{1}{2\mathrm{e}}$$

4.3.2 牛顿-莱布尼茨公式

定理4.4 如果函数$f(x)$在区间$[a,b]$上连续,$F(x)$是$f(x)$在区间$[a,b]$上的一个原函数,则

$$\int_a^b f(x)\,\mathrm{d}x = F(b) - F(a)$$

此公式称为**牛顿-莱布尼茨公式**,也称为**微积分基本公式**.

证明 已知函数$F(x)$是连续函数$f(x)$的一个原函数,又根据定理4.3,变上限的积分函数 $\Phi(x) = \int_a^x f(t)\,\mathrm{d}t$ 也是$f(x)$的一个原函数. 于是存在一常数C,使$F(x) - \Phi(x) = C$对任意 $x \in [a,b]$ 都成立,于是,当$x = a$时,有$F(a) - \Phi(a) = C$,而$\Phi(a) = 0$,所以$C = F(a)$;当 $x = b$ 时,$F(b) - \Phi(b) = F(a)$,所以$\Phi(b) = F(b) - F(a)$,即$\Phi(b) = \int_a^b f(x)\,\mathrm{d}x = F(b) - F(a)$,故

$$\int_a^b f(x)\,\mathrm{d}x = F(b) - F(a)$$

为了方便起见,可把$F(b) - F(a)$记成$[F(x)]_a^b$,于是公式又可以记为

$$\int_a^b f(x)\,\mathrm{d}x = [F(x)]_a^b = F(b) - F(a)$$

牛顿-莱布尼茨公式是微积分的基本公式,它建立了定积分与原函数之间,实质上也是定积分与不定积分之间的关系,较为圆满地解决了连续函数定积分的计算问题.

例4.7 计算$\int_0^1 x^2\,\mathrm{d}x$.

解 由于$\dfrac{1}{3}x^3$是x^2的一个原函数,所以

$$\int_0^1 x^2\,\mathrm{d}x = \left[\frac{1}{3}x^3\right]_0^1 = \frac{1}{3}\cdot 1^3 - \frac{1}{3}\cdot 0^3 = \frac{1}{3}$$

例4.8 计算$\int_{-1}^{\sqrt{3}} \dfrac{\mathrm{d}x}{1 + x^2}$.

解 由于$\arctan x$是$\dfrac{1}{1 + x^2}$的一个原函数,所以

$$\int_{-1}^{\sqrt{3}} \frac{\mathrm{d}x}{1 + x^2} = [\arctan x]_{-1}^{\sqrt{3}} = \arctan\sqrt{3} - \arctan(-1) = \frac{\pi}{3} - \left(-\frac{\pi}{4}\right) = \frac{7}{12}\pi$$

例4.9 计算$\int_{-2}^{-1} \dfrac{1}{x}\,\mathrm{d}x$.

解 $\int_{-2}^{-1} \dfrac{1}{x}\,\mathrm{d}x = [\ln|x|]_{-2}^{-1} = \ln 1 - \ln 2 = -\ln 2$.

例4.10 计算正弦曲线$y = \sin x$在$[0,\pi]$上与x轴所围成的平面图形的面积.

解 该图形是曲边梯形的一个特例,它的面积

$$A = \int_0^\pi \sin x\,\mathrm{d}x = [-\cos x]_0^\pi = -(\cos\pi - \cos 0) = -(-1 - 1) = 2$$

习题 4.3

一、单项选择题

1. 设 $f(x)$ 为连续函数，且 $F(x) = \displaystyle\int_{x}^{\ln x} f(t)\,\mathrm{d}t$，则 $F'(x)$ 等于(　　).

　A. $\dfrac{1}{x}f(x) + \dfrac{1}{x^2}f\!\left(\dfrac{1}{x}\right)$ 　　　　　　　B. $f(\ln x) + f\!\left(\dfrac{1}{x}\right)$

　C. $\dfrac{1}{x}f(\ln x) + \dfrac{1}{x^2}f\!\left(\dfrac{1}{x}\right)$ 　　　　　　D. $f(\ln x) - f\!\left(\dfrac{1}{x}\right)$

2. $F(x) = \dfrac{x^2}{x-a}\displaystyle\int_{a}^{x} f(t)\,\mathrm{d}t$，其中 $f(x)$ 为连续函数，则 $\displaystyle\lim_{x \to a} F(x)$ 等于(　　).

　A. a^2 　　　　　B. $a^2 f(a)$ 　　　　　C. 0 　　　　　D. 不存在

3. $f(x) = \begin{cases} \dfrac{1}{\cos^2 x} & 0 \leqslant x \leqslant b \\[2mm] \dfrac{1}{\sin^2 x} & b < x \leqslant \dfrac{\pi}{2} \end{cases}$，且 $\displaystyle\int_{0}^{\frac{\pi}{2}} f(x)\,\mathrm{d}x = 2$，则 $b = ($　　$)$.

　A. $\dfrac{\pi}{2}$ 　　　　　B. $\dfrac{\pi}{3}$ 　　　　　C. $\dfrac{\pi}{4}$ 　　　　　D. $\dfrac{\pi}{6}$

二、填空题

1. $\dfrac{\mathrm{d}}{\mathrm{d}x}\displaystyle\int_{0}^{\frac{\pi}{2}} \sin x^2\,\mathrm{d}x = $ _____.

2. $\dfrac{\mathrm{d}}{\mathrm{d}x}\displaystyle\int_{0}^{x} \sin t^2\,\mathrm{d}t = $ _____.

3. $\dfrac{\mathrm{d}}{\mathrm{d}x}\displaystyle\int_{0}^{x^2} \sin t^2\,\mathrm{d}t = $ _____.

4. $\displaystyle\lim_{x \to 0} \dfrac{\displaystyle\int_{0}^{x^2} \sin\sqrt{t}\,\mathrm{d}t}{x^3} = $ _____.

5. $\displaystyle\lim_{x \to +\infty} \dfrac{\displaystyle\int_{0}^{x}(\arctan t)^2\,\mathrm{d}t}{\sqrt{x^2+1}} = $ _____.

6. $\dfrac{\mathrm{d}}{\mathrm{d}x}\displaystyle\int_{0}^{x^2}(x-t)\sin t\,\mathrm{d}t = $ _____.

7. $\dfrac{\mathrm{d}}{\mathrm{d}x}\displaystyle\int_{0}^{1} \dfrac{1}{1+\mathrm{e}^x}\,\mathrm{d}x = $ _____.

8. $\displaystyle\int_{0}^{2} f(x)\,\mathrm{d}x = $ _____，其中 $f(x) = \begin{cases} x^2 & 0 \leqslant x \leqslant 1 \\ 2-x & 1 < x \leqslant 2 \end{cases}$.

三、解答题

1. 计算下列定积分.

(1) $\displaystyle\int_{0}^{2} x^2\,\mathrm{d}x$ 　　　　　　(2) $\displaystyle\int_{1}^{3}(\sqrt{x}+1)\,\mathrm{d}x$ 　　　　　(3) $\displaystyle\int_{0}^{1} 5\mathrm{e}^x\,\mathrm{d}x$

(4) $\displaystyle\int_{0}^{\frac{\pi}{2}} \cos^2\dfrac{x}{2}\,\mathrm{d}x$ 　　　(5) $\displaystyle\int_{\frac{1}{2}}^{1}\left(x + \dfrac{1}{\sqrt{x}}\right)\mathrm{d}x$ 　　(6) $\displaystyle\int_{-\frac{1}{2}}^{\frac{1}{2}} \dfrac{\mathrm{d}x}{\sqrt{1-x^2}}$

(7) $\displaystyle\int_{0}^{1} \dfrac{3x^4+3x^2+1}{x^2+1}\,\mathrm{d}x$ 　　(8) $\displaystyle\int_{0}^{2} |1-x^2|\,\mathrm{d}x$

2. 求下列函数的导数.

$(1)\Phi(x) = \int_0^x t\sin t\,dt$ $(2)\Phi(x) = \int_x^0 \sqrt{1+t^3}\,dt$ $(3)\Phi(x) = \int_0^{x^2} e^t\,dt$

4.4 定积分的换元积分法与分部积分法

牛顿-莱布尼茨公式较为圆满地解决了连续函数定积分的计算问题,利用该公式计算定积分需要先求出不定积分,再代上、下限. 计算不定积分的基本方法是换元积分法与分部积分法,能否将这两个方法直接用于定积分的计算上,以达到简化计算的目的呢? 下面就讨论这一问题:

4.4.1 定积分的换元积分法

定理 4.5 假设函数 $f(x)$ 在区间 $[a,b]$ 上连续,函数 $x=\varphi(t)$ 满足条件:

①$\varphi(\alpha)=a,\varphi(\beta)=b$;

②$\varphi(t)$ 在 $[\alpha,\beta]$(或$[\beta,\alpha]$)上单调且有连续导数,则有

$$\int_a^b f(x)\,dx = \int_\alpha^\beta f[\varphi(t)]\varphi'(t)\,dt$$

这个公式称为定积分的换元公式.

证明 由假设知,$f(x)$ 在区间 $[a,b]$ 上是连续的,因而是可积的;$f[\varphi(t)]\varphi'(t)$ 在区间 $[\alpha,\beta]$(或$[\beta,\alpha]$)上也是连续的,因而是可积的. 假设 $F(x)$ 是 $f(x)$ 的一个原函数,则由牛顿-莱布尼茨公式有

$$\int_a^b f(x)\,dx = F(b) - F(a) \tag{1}$$

另一方面,因为 $\{F[\varphi(t)]\}' = F'[\varphi(t)]\varphi'(t) = f[\varphi(t)]\varphi'(t)$,所以 $F[\varphi(t)]$ 是 $f[\varphi(t)]\varphi'(t)$ 的一个原函数,从而

$$\int_\alpha^\beta f[\varphi(t)]\varphi'(t)\,dt = F[\varphi(\beta)] - F[\varphi(\alpha)] = F(b) - F(a) \tag{2}$$

比较式(1)和式(2)得

$$\int_a^b f(x)\,dx = \int_\alpha^\beta f[\varphi(t)]\varphi'(t)\,dt \tag{3}$$

利用公式(3)求定积分的方法称为定积分的换元积分法. 该方法使用的关键可以总结为:**换元同时换限,再对新变量积分**.

例 4.11 计算 $\int_0^a \sqrt{a^2-x^2}\,dx\,(a>0)$.

解 第 1 步:换元(根据不定积分的换元积分法,对被积表达式换元). 为此令 $x=a\sin t$,则

$$\sqrt{a^2-x^2} = a\cos t,\quad dx = a\cos t\,dt.$$

第 2 步:换限. $x=0\to t=0,x=a\to t=\dfrac{\pi}{2}$.

第 3 步:对新变量积分.

$$\int_0^a \sqrt{a^2 - x^2}\,\mathrm{d}x = \int_0^{\frac{\pi}{2}} a\cos t \cdot a\cos t\,\mathrm{d}t$$

$$= a^2 \int_0^{\frac{\pi}{2}} \cos^2 t\,\mathrm{d}t = \frac{a^2}{2}\int_0^{\frac{\pi}{2}}(1 + \cos 2t)\,\mathrm{d}t$$

$$= \frac{a^2}{2}\left[t + \frac{1}{2}\sin 2t\right]_0^{\frac{\pi}{2}} = \frac{1}{4}\pi a^2$$

例 4.12 计算 $\displaystyle\int_0^{\frac{\pi}{2}} \cos^5 x \sin x\,\mathrm{d}x$.

解 第 1 步:换元. 令 $t = \cos x$, 则 $\mathrm{d}t = -\sin x\,\mathrm{d}x, \cos^5 x \sin x\,\mathrm{d}x = -t^5\,\mathrm{d}t$.

第 2 步:换限. $x = 0 \to t = 1, x = \dfrac{\pi}{2} \to t = 0$.

第 3 步:对新变量积分.

$$\int_0^{\frac{\pi}{2}} \cos^5 x \sin x\,\mathrm{d}x = -\int_1^0 t^5\,\mathrm{d}t = \int_0^1 t^5\,\mathrm{d}t = \left[\frac{1}{6}t^6\right]_0^1 = \frac{1}{6}$$

例 4.13 计算 $\displaystyle\int_0^4 \frac{x + 2}{\sqrt{2x + 1}}\,\mathrm{d}x$.

解 第 1 步:换元.

令 $\sqrt{2x + 1} = t$, 则 $x = \dfrac{t^2 - 1}{2}, \mathrm{d}x = t\,\mathrm{d}t, \dfrac{x + 2}{\sqrt{2x + 1}}\,\mathrm{d}x = \dfrac{1}{2}(t^2 + 3)\,\mathrm{d}t$.

第 2 步:换限. $x = 0 \to t = 1, x = 4 \to t = 3$.

第 3 步:对新变量积分.

$$\int_0^4 \frac{x + 2}{\sqrt{2x + 1}}\,\mathrm{d}x = \frac{1}{2}\int_1^3 (t^2 + 3)\,\mathrm{d}t = \frac{22}{3}$$

注意:运算过程熟悉后,可以简化计算过程.

例 4.14 计算 $\displaystyle\int_0^{\pi} \sqrt{\sin^3 x - \sin^5 x}\,\mathrm{d}x$.

解 $\displaystyle\int_0^{\pi} \sqrt{\sin^3 x - \sin^5 x}\,\mathrm{d}x = \int_0^{\pi} \sin^{\frac{3}{2}} x \,|\cos x|\,\mathrm{d}x$

$$= \int_0^{\frac{\pi}{2}} \sin^{\frac{3}{2}} x \cos x\,\mathrm{d}x - \int_{\frac{\pi}{2}}^{\pi} \sin^{\frac{3}{2}} x \cos x\,\mathrm{d}x$$

$$= \int_0^{\frac{\pi}{2}} \sin^{\frac{3}{2}} x\,\mathrm{d}\sin x - \int_{\frac{\pi}{2}}^{\pi} \sin^{\frac{3}{2}} x\,\mathrm{d}\sin x$$

$$= \left[\frac{2}{5}\sin^{\frac{5}{2}} x\right]_0^{\frac{\pi}{2}} - \left[\frac{2}{5}\sin^{\frac{5}{2}} x\right]_{\frac{\pi}{2}}^{\pi} = \frac{2}{5} - \left(-\frac{2}{5}\right) = \frac{4}{5}$$

提示:$\sqrt{\sin^3 x - \sin^5 x} = \sqrt{\sin^3 x(1 - \sin^2 x)} = \sin^{\frac{3}{2}} x\,|\cos x|$. 在 $\left[0, \dfrac{\pi}{2}\right]$ 上, $|\cos x| = \cos x$, 在 $\left[\dfrac{\pi}{2}, \pi\right]$ 上, $|\cos x| = -\cos x$.

例 4.15 证明:若 $f(x)$ 在 $[-a, a]$ 上连续且为偶函数,则

$$\int_{-a}^a f(x)\,\mathrm{d}x = 2\int_0^a f(x)\,\mathrm{d}x$$

若 $f(x)$ 在 $[-a,a]$ 上连续且为奇函数,则

$$\int_{-a}^{a} f(x)\,\mathrm{d}x = 0$$

证明　因为 $\int_{-a}^{a} f(x)\,\mathrm{d}x = \int_{-a}^{0} f(x)\,\mathrm{d}x + \int_{0}^{a} f(x)\,\mathrm{d}x$,而

$$\int_{-a}^{0} f(x)\,\mathrm{d}x \xlongequal{\,\text{令}\,x=-t\,} -\int_{a}^{0} f(-t)\,\mathrm{d}t = \int_{0}^{a} f(-t)\,\mathrm{d}t = \int_{0}^{a} f(-x)\,\mathrm{d}x \quad （换元换限）$$

所以
$$\int_{-a}^{a} f(x)\,\mathrm{d}x = \int_{0}^{a} f(-x)\,\mathrm{d}x + \int_{0}^{a} f(x)\,\mathrm{d}x$$

故,若 $f(x)$ 为 $[-a,a]$ 上的偶函数,则 $\int_{-a}^{a} f(x)\,\mathrm{d}x = 2\int_{0}^{a} f(x)\,\mathrm{d}x$;若 $f(x)$ 为 $[-a,a]$ 上的奇函数,则 $\int_{-a}^{a} f(x)\,\mathrm{d}x = 0$.

根据定积分的几何意义,上述结果是显然的,如图 4.5 所示.

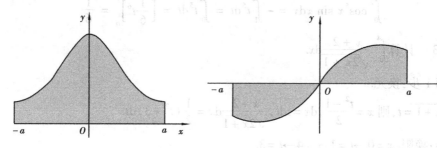

图 4.5

例 4.16　若 $f(x)$ 在 $[0,1]$ 上连续,证明:

(1) $\int_{0}^{\frac{\pi}{2}} f(\sin x)\,\mathrm{d}x = \int_{0}^{\frac{\pi}{2}} f(\cos x)\,\mathrm{d}x$

(2) $\int_{0}^{\pi} x f(\sin x)\,\mathrm{d}x = \dfrac{\pi}{2}\int_{0}^{\pi} f(\sin x)\,\mathrm{d}x$

证明　(1) 令 $x = \dfrac{\pi}{2} - t$,则

$$\int_{0}^{\frac{\pi}{2}} f(\sin x)\,\mathrm{d}x = -\int_{\frac{\pi}{2}}^{0} f\left[\sin\left(\frac{\pi}{2}-t\right)\right]\mathrm{d}t = \int_{0}^{\frac{\pi}{2}} f\left[\sin\left(\frac{\pi}{2}-t\right)\right]\mathrm{d}t = \int_{0}^{\frac{\pi}{2}} f(\cos x)\,\mathrm{d}x$$

所以
$$\int_{0}^{\frac{\pi}{2}} f(\sin x)\,\mathrm{d}x = \int_{0}^{\frac{\pi}{2}} f(\cos x)\,\mathrm{d}x$$

(2) 令 $x = \pi - t$,则

$$\int_{0}^{\pi} x f(\sin x)\,\mathrm{d}x = -\int_{\pi}^{0} (\pi - t) f\left[\sin(\pi - t)\right]\mathrm{d}t$$

$$= \int_{0}^{\pi} (\pi - t) f\left[\sin(\pi - t)\right]\mathrm{d}t$$

$$= \int_{0}^{\pi} (\pi - t) f(\sin t)\,\mathrm{d}t$$

$$= \pi \int_{0}^{\pi} f(\sin t)\,\mathrm{d}t - \int_{0}^{\pi} t f(\sin t)\,\mathrm{d}t$$

$$= \pi \int_0^\pi f(\sin x)\,\mathrm{d}x - \int_0^\pi xf(\sin x)\,\mathrm{d}x$$

所以
$$\int_0^\pi xf(\sin x)\,\mathrm{d}x = \frac{\pi}{2}\int_0^\pi f(\sin x)\,\mathrm{d}x$$

例 4.17 设函数 $f(x) = \begin{cases} xe^{-x^2} & x \geqslant 0 \\ \dfrac{1}{1+\cos x} & -1 < x < 0 \end{cases}$，计算 $\int_1^4 f(x-2)\,\mathrm{d}x$.

解 设 $x - 2 = t$，则

$$\int_1^4 f(x-2)\,\mathrm{d}x = \int_{-1}^2 f(t)\,\mathrm{d}t = \int_{-1}^0 \frac{1}{1+\cos t}\,\mathrm{d}t + \int_0^2 te^{-t^2}\,\mathrm{d}t$$

$$= \left[\tan\frac{t}{2}\right]_{-1}^0 - \left[\frac{1}{2}e^{-t^2}\right]_0^2 = \tan\frac{1}{2} - \frac{1}{2}e^{-4} + \frac{1}{2}$$

4.4.2 定积分的分部积分法

设函数 $u = u(x)$，$v = v(x)$ 在区间 $[a,b]$ 上具有连续导数，根据不定积分的分部积分法，有

$$\int u\,\mathrm{d}v = uv - \int v\,\mathrm{d}u$$

即
$$\int uv'\,\mathrm{d}x = uv - \int vu'\,\mathrm{d}x$$

从而
$$\int_a^b uv'\,\mathrm{d}x = \left[uv - \int u'v\,\mathrm{d}x\right]_a^b$$

而
$$\left[uv - \int u'v\,\mathrm{d}x\right]_a^b = [uv]_a^b - \left[\int u'v\,\mathrm{d}x\right]_a^b = [uv]_a^b - \int_a^b u'v\,\mathrm{d}x$$

因此
$$\int_a^b uv'\,\mathrm{d}x = [uv]_a^b - \int_a^b u'v\,\mathrm{d}x$$

简记为
$$\int_a^b u\,\mathrm{d}v = [uv]_a^b - \int_a^b v\,\mathrm{d}u$$

这就是**定积分的分部积分公式**.

在使用定积分的分部积分公式时,关键还是 u,v 的选择,注意事项与不定积分的分部积分法是一致的.

例 4.18 计算 $\int_0^{\frac{1}{2}} \arcsin x\,\mathrm{d}x$.

解 $\int_0^{\frac{1}{2}} \arcsin x\,\mathrm{d}x = [x\arcsin x]_0^{\frac{1}{2}} - \int_0^{\frac{1}{2}} x\,\mathrm{d}\arcsin x$

$$= \frac{1}{2} \cdot \frac{\pi}{6} - \int_0^{\frac{1}{2}} \frac{x}{\sqrt{1-x^2}}\,\mathrm{d}x = \frac{\pi}{12} + \frac{1}{2}\int_0^{\frac{1}{2}} \frac{1}{\sqrt{1-x^2}}\,\mathrm{d}(1-x^2)$$

$$= \frac{\pi}{12} + \left[\sqrt{1-x^2}\right]_0^{\frac{1}{2}} = \frac{\pi}{12} + \frac{\sqrt{3}}{2} - 1$$

例 4.19 计算 $\int_0^1 e^{\sqrt{x}}\,\mathrm{d}x$.

解 令 $\sqrt{x} = t$，则

$$\int_0^1 e^{\sqrt{x}} dx = 2\int_0^1 e^t t dt = 2\int_0^1 t de^t$$

$$= 2\left[te^t\right]_0^1 - 2\int_0^1 e^t dt = 2e - 2\left[e^t\right]_0^1 = 2$$

习题 4.4

一、单项选择题

1. 积分 $-\int_1^2 \dfrac{1}{x^2} e^{\frac{1}{x}} dx$ 的值是( ).

   A. $e^{\frac{1}{2}}$ B. $e^{\frac{1}{2}} - e$ C. 1   D. 不存在

2. 设 $I = \int_0^a x^3 f(x^2) dx (a > 0)$,则 $I = ($).

   A. $\int_0^{a^2} xf(x) dx$ B. $\int_0^{a^2} xf(x) dx$ C. $\dfrac{1}{2}\int_0^{a^2} xf(x) dx$ D. $\int_0^a xf(x) dx$

3. $f''(x)$ 在 $[a,b]$ 上连续,则 $\int_a^b xf''(x) dx = ($).

   A. $a[f'(a) - f(a)] - [bf'(b) - f(b)]$ B. $[bf'(b) - f(b)] + [af'(a) - f(a)]$

   C. $[bf'(b) - f(b)] - [af'(a) - f(a)]$ D. $[af'(a) - f(a)] + [bf'(b) - f(b)]$

4. $\int_1^2 x\log_2 x dx = ($).

   A. $\left(\dfrac{x^2}{2}\log_2 x\right)\Big|_1^2 - \dfrac{x^2}{4}\Big|_1^2$ B. $\left(\dfrac{x^2}{2}\log_2 x\right)\Big|_1^2 - \left(\dfrac{\ln 2}{4}x^2\right)\Big|_1^2$

   C. $\left(\dfrac{x^2}{2}\log_2 x\right)\Big|_1^2 - \dfrac{x^2}{\ln 2}\Big|_1^2$ D. $\left(\dfrac{x^2}{2}\log_2 x\right)\Big|_1^2 - \dfrac{x^2}{4\ln 2}\Big|_1^2$

二、填空题

1. 若函数 $f(x)$ 在 $[-a,a]$ 上连续,则 $\int_{-a}^a [f(x) - f(-x)] dx = $ _____.

2. 设 $f'(x)$ 连续,则 $\int_a^b f'(2x) dx = $ _____.

3. $\dfrac{d}{dx}\int_0^x \cos(t - x) dt = $ _____.

4. $\int_{-3}^3 (x^3 + 4)\sqrt{9 - x^2} dx = $ _____.

5. 设 $f(x)$ 是以 T 为周期的连续函数,且 $\int_0^T f(x) dx = 1$,则 $\int_1^{1+2\,008T} f(x) dx = $ _____.

三、解答题

1. 计算下列定积分.

  (1) $\int_{\frac{\pi}{6}}^{\frac{\pi}{3}} \sin\left(x + \dfrac{\pi}{6}\right) dx$ (2) $\int_0^1 \dfrac{dx}{\sqrt{1 + x^2}}$ (3) $\int_0^1 \sqrt{1 - x^2} dx$

$(4) \int_0^{\frac{\pi}{2}} \sin x \cos^2 x \, dx$ $\qquad$ $(5) \int_{\frac{\pi}{6}}^{\frac{\pi}{2}} \sin^2 \theta \, d\theta$ $\qquad$ $(6) \int_0^1 x e^{-x^2} \, dx$

$(7) \int_0^1 \dfrac{\sqrt{x}}{1 + \sqrt{x}} \, dx$

2. 计算下列定积分.

$(1) \int_0^{\pi} x \cos x \, dx$ $\quad$ $(2) \int_0^{\frac{\pi}{2}} e^{2x} \cos x \, dx$ $\quad$ $(3) \int_1^e \sin(\ln x) \, dx$ $\quad$ $(4) \int_0^1 x \arctan x \, dx$

3. 求定积分 $\int_{-2}^0 |2x + 1| \, dx$.

4. 设 $f(x) = \begin{cases} x & 0 \leqslant x \leqslant 1 \\ 2 - x & 1 < x \leqslant 2 \end{cases}$，求 $\int_0^2 f(x) \, dx$.

4.5　定积分的应用

定积分在几何、物理、工程技术、经济学等诸多领域具有广泛的应用,本节先介绍用定积分解决实际问题的基本方法,然后再用其去解决一些具体问题.

4.5.1　微元法

从前边已经解决的曲边梯形的面积和变速直线运动质点的路程两个问题可以看出,尽管问题的实际背景不同,但其具有以下共同特点:

①所求量 I 由某个变量 x 的一个变化区间 $[a,b]$ 及定义在该区间上的一个函数 $f(x)$ 所确定.

②所求量 I 对于区间具有可加性,即将 $[a,b]$ 任意分成 n 个小区间 $[x_{i-1}, x_i]$ $(i = 1, 2, \cdots, n)$,则所求量 I 相应地被分成 n 个部分量 ΔI_i $(i = 1, 2, \cdots, n)$,总量 I 等于所有部分量之和,即 $I = \sum_{i=1}^n \Delta I_i$.

③在每个小区间 $[x_{i-1}, x_i]$ 上的部分量 ΔI_i,可以用 $f(\xi_i) \Delta \xi_i$ $(\xi_i \in [x_{i-1}, x_i])$ 近似表示,且 ΔI_i 与 $f(\xi_i) \Delta x_i$ 之差是比 Δx_i 高阶的无穷小.

在实际应用过程中,如果所求量具有以上3个特点,则该问题就可以用定积分加以解决.

在解决实际问题时可以将定积分解决问题的步骤:分割—近似—求和—取极限简化为以下两步:

第1步　确定所求量 I 的自变量 x 的变化区间 $[a,b]$ 及函数 $f(x)$,在区间 $[a,b]$ 内取一微小区间 $[x, x+dx]$,求出 $f(x) dx$, $f(x) dx$ 称为所求量 I 的微元,并记为 $dI = f(x) dx$.

第2步　把这些微元从 a 到 b 无限求和,即求定积分,则所求量

$$I = \int_a^b f(x) \, dx$$

这种解决实际问题的方法,通常称为**微元法**.下面就用微元法解决一些具体问题.

4.5.2 定积分在几何上的应用

(1)平面图形的面积

设平面图形由上下两条曲线 $y = f_下(x)$ 与 $y = f_上(x)$ 及左右两条直线 $x = a$ 与 $x = b$ 所围成,如图 4.6 所示,则面积微元为 $[f_上(x) - (f_下(x)]dx$,于是平面图形的面积为

$$S = \int_a^b [f_上(x) - f_下(x)]dx$$

类似地,由左右两条曲线 $x = \varphi_左(y)$ 与 $x = \varphi_右(y)$ 及上下两条直线 $y = d$ 与 $y = c$ 所围成,如图 4.7 所示,则平面图形的面积(见图 4.7)为

$$S = \int_c^d [\varphi_右(y) - \varphi_左(y)]dy$$

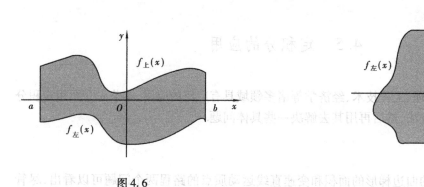

图 4.6

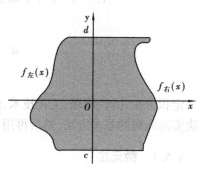

图 4.7

例 4.20 计算抛物线 $y^2 = x, x^2 = y$ 所围成的图形的面积.

解 (1)画草图(图 4.8);

(2)解方程组 $\begin{cases} y^2 = x \\ x^2 = y \end{cases}$,得两曲线的交点为 $(0,0)$ 及 $(1,1)$,从而得知自变量 x 的变化区间为 $[0,1]$;

(3)确定上下曲线,$f_上(x) = \sqrt{x}, f_下(x) = x^2$,得面积微元
$$dS = [f_上(x) - f_下(x)]dx$$

(4)积分得图形面积
$$S = \int_0^1 (\sqrt{x} - x^2)dx = \left[\frac{2}{3}x^{\frac{3}{2}} - \frac{1}{3}x^3\right]_0^1 = \frac{1}{3}$$

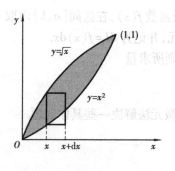

图 4.8

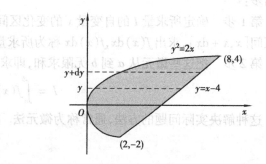

图 4.9

例 4.21　计算抛物线 $y^2 = 2x$ 与直线 $y = x - 4$ 所围成的图形的面积.

解　(1)画草图(图 4.9);

(2)解方程组 $\begin{cases} y^2 = 2x \\ y = x - 4 \end{cases}$,得两曲线的交点为 $A(2, -2)$ 及 $B(8, 4)$,选 y 作为积分变量,则 y 的变化区间为 $[-2, 4]$;

(3)确定左右曲线

$$\varphi_{左}(y) = \frac{1}{2}y^2, \quad \varphi_{右}(y) = y + 4,$$

面积微元为 $dS = [\varphi_{右}(y) - \varphi_{左}(y)]dy$

(4)积分得图形面积

$$S = \int_{-2}^{4} \left(y + 4 - \frac{1}{2}y^2 \right) dy = \left[\frac{1}{2}y^2 + 4y - \frac{1}{6}y^3 \right]_{-2}^{4} = 18$$

(本题若选 x 作为积分变量,则计算量相对要大一些)

例 4.22　求椭圆 $\dfrac{x^2}{a^2} + \dfrac{y^2}{b^2} = 1$ 所围成的图形的面积(图 4.10).

解　由对称性知,整个椭圆的面积是椭圆在第一象限部分的 4 倍,在第一象限部分若选 x 为积分变量,则其变化区间为 $[0, a]$,面积微元为 $dS = ydx$,所以,整个椭圆的面积为

$$S = 4\int_0^a ydx$$

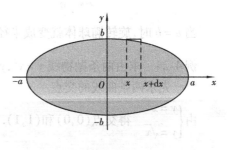

椭圆的参数方程为: $\begin{cases} x = a\cos x \\ y = b\sin x \end{cases}$,于是(换元积分)

$$S = 4\int_0^a ydx = 4\int_{\frac{\pi}{2}}^0 b\sin t\,d(a\cos t)$$

$$= -4ab\int_{\frac{\pi}{2}}^0 \sin^2 t\,dt = 2ab\int_0^{\frac{\pi}{2}} (1 - \cos 2t)\,dt$$

$$= 2ab \cdot \frac{\pi}{2} = \pi ab$$

图 4.10

*(2)体积

1)旋转体的体积

平面图形绕着它所在平面内的一条直线旋转一周所形成的立体称为旋转体,这条直线称为旋转轴,圆柱、圆锥、圆台、球体等都是旋转体. 现在讨论由曲线 $y = f(x)$、直线 $x = a$、$x = b$ 及 x 轴围成的曲边梯形(其中 $a < b$,且在 $[a, b]$ 上 $f(x) \geqslant 0$)绕 x 轴旋转一周所形成的旋转体的体积问题(图 4.11).

用微元法,取 x 为积分变量,则它的变化区间为 $[a, b]$,在 $[a, b]$ 上任取一小区间 $[x, x + dx]$,相应的窄曲边梯形绕 x 轴旋转一周而成的薄片的体积近似等于以 $f(x)$ 为底半径,dx 为高的扁圆柱体的体积,从而得到体积微元

$$dV = \pi[f(x)]^2 dx$$

在闭区间 $[a, b]$ 上作定积分,便得到所求旋转体的体积为

$$V = \int_a^b \pi[f(x)]^2 dx$$

同理,由曲线 $x = \varphi(y)$,直线 $y = c$,$y = d$ 及 y 轴围成的曲边梯形(其中 $c < d$,且在 $[c, d]$ 上

$\varphi(y) \geq 0$)绕 y 轴旋转一周而成的旋转体体积为

$$V = \int_c^d \pi [\varphi(y)]^2 \mathrm{d}y$$

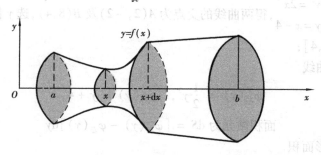

图 4.11

例 4.23 计算由椭圆 $\dfrac{x^2}{a^2} + \dfrac{y^2}{b^2} = 1$ 所围成的图形绕 x 轴旋转而成的旋转体(旋转椭球体)的体积.

解 这个旋转椭球体也可以看作是由半个椭圆 $y = \dfrac{b}{a}\sqrt{a^2 - x^2}$ 及 x 轴围成的图形绕 x 轴旋转而成的立体,体积微元为 $\mathrm{d}V = \pi y^2 \mathrm{d}x$,于是所求旋转椭球体的体积为

$$V = \int_{-a}^a \pi \frac{b^2}{a^2}(a^2 - x^2)\mathrm{d}x = \pi \frac{b^2}{a^2}\left[a^2 x - \frac{1}{3}x^3\right]_{-a}^a = \frac{4}{3}\pi a b^2$$

当 $a = b$ 时,旋转椭球体就变成半径为 a 的球体,它的体积为 $\dfrac{4}{3}\pi a^3$.

例 4.24 求由两条抛物线 $y = x^2$,$y = \sqrt{x}$ 所围成的图形绕 x 轴旋转而成的旋转体的体积.

解 先求两条曲线的交点.

由 $\begin{cases} y = x^2 \\ y = \sqrt{x} \end{cases}$ 得交点 $(0,0)$ 和 $(1,1)$.

如图 4.12 所示,旋转体可以看成由 $y = \sqrt{x}$,$x = 1$ 及 $y = 0$ 所围成的图形与 $y = x^2$,$x = 1$ 及 $y = 0$ 所围成的图形分别绕 x 轴旋转而成的两个旋转体的体积之差,从而有

$$V = \int_0^1 \pi x \mathrm{d}x - \int_0^1 \pi x^4 \mathrm{d}x = \pi \left[\frac{x^2}{2} - \frac{x^5}{5}\right]_0^1 = \frac{3}{10}\pi$$

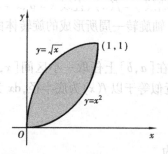

图 4.12

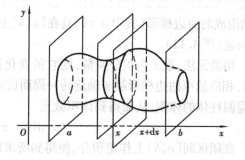

图 4.13

2)平行截面面积为已知的立体的体积

设立体由一曲面及垂直于 x 轴的两个平面 $x = a, x = b$ 所围成(图4.13),过 $[a, b]$ 内任一点 x 作平面垂直于 x 轴,若此平面与立体相截所得的截面面积可以表示为 x 的连续函数 $S(x)$,则称此立体为**平行截面面积为已知的立体**.

用微元法求解,取 x 为积分变量,其变化区间为 $[a, b]$,在 $[a, b]$ 上任取一小区间 $[x, x + dx]$,与它相应的立体体积可以近似看成小正柱体,上底面积和下底面积都是 $S(x)$,高是 dx,从而得到所求体积的体积微元为 $dV = S(x) dx$. 所以,立体的体积为

$$V = \int_a^b S(x) dx$$

例4.25 一平面经过半径为 a 的圆柱体的底圆中心,并与底面相交成 α 角,如图4.14所示. 计算该平面截圆柱所得立体的体积.

解 取该平面与圆柱体的底面的交线为 x 轴,底面上过圆中心,且垂直于 x 轴的直线为 y 轴,那么底圆的方程为 $x^2 + y^2 = a^2$,立体中过点 x 且垂直于 x 轴的截面是直角三角形 PMN,由于 $|MN| = |PM| \tan \alpha$,当 P 点的坐标为 x 时,$|PM| = y$,故 ΔPMN 的面积为

$$S(x) = \frac{1}{2}(a^2 - x^2) \tan \alpha$$

所求立体的体积为

$$V = \int_{-a}^a \frac{1}{2}(a^2 - x^2) \tan \alpha dx$$

$$= \frac{1}{2} \tan \alpha \left[a^2 x - \frac{1}{3} x^3 \right]_{-a}^a = \frac{2}{3} a^3 \tan \alpha$$

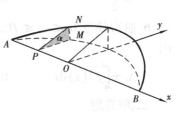

图4.14

注意:

①简化定积分定义中,区间分割、近似、求和、取极限,突出累积量的微元(微量)近似,是微元法的基本思想.

②应用微元法讨论求总量实际问题时,关键是以不变代变、均匀代非均匀及已有知识,导出准确的微元表示式.

③微元的取法不是唯一的,微元可以有多种正确选择,选择的原则就是使微元表示式尽量简单,且积分易求.

习题4.5

一、单项选择题

1. 由曲线 $y = \ln x, y = \ln a, y = \ln b (0 < a < b)$ 及 y 轴所围成的平面图形的面积为( ).

    A. $\int_{\ln a}^{\ln b} \ln x dx$ B. $\int_{\ln a}^{\ln b} e^y dy$ C. $\int_{e^a}^{e^b} e^x dx$ D. $\int_{e^a}^{e^b} \ln x dx$

2. 由曲线 $y = e^x, y = e^{-x}$ 及 $x = e$ 所围成的平面图形的面积为( ).

    A. $\int_{e^{-e}}^{e^e} (e^x - e^{-x}) dx$ B. $\int_{e^{-e}}^{e^e} \left(\ln y - \ln \frac{1}{y} \right) dy$

    C. $\int_0^e (e^x - e^{-x}) dx$ D. $\int_0^e (e^{-x} - e^x) dx$

3. 由曲线 $y = \dfrac{1}{x}, y = x, x = 2$ 所围成的平面图形的面积等于(   ).

    A. $\displaystyle\int_1^2 \left(\dfrac{1}{x} - x \right) \mathrm{d}x$
                          B. $\displaystyle\int_1^2 \left(x - \dfrac{1}{x} \right) \mathrm{d}x$

    C. $\displaystyle\int_1^2 \left(2 - \dfrac{1}{y} \right) \mathrm{d}y + \int_1^2 (2 - y) \mathrm{d}y$
     D. $\displaystyle\int_1^2 \left(2 - \dfrac{1}{x} \right) \mathrm{d}x + \int_1^2 (2 - x) \mathrm{d}x$

4. 由曲线 $y = 3x, y = 4 - x^2$ 所围成的平面图形的面积等于(   ).

    A. $\displaystyle\int_{-4}^1 (4 - x^2 - 3x) \mathrm{d}x$
                 B. $\displaystyle\int_{-12}^3 \left(\dfrac{y}{3} - \sqrt{4 - y} \right) \mathrm{d}y$

    C. $\displaystyle\int_4^1 (4 - x^2 - 3x) \mathrm{d}x$
                    D. $\displaystyle\int_{12}^3 \left(\dfrac{y}{3} - \sqrt{4 - y} \right) \mathrm{d}y$

5. 由 $y = x^2, y = 0, x = 1$ 所围成的平面图形绕 y 轴旋转一周而成的旋转体的体积等于(   ).

    A. $\dfrac{\pi}{2}$
             B. $\dfrac{\pi}{3}$
             C. $\dfrac{\pi}{4}$
             D. $\dfrac{\pi}{5}$

6. 曲边梯形 $0 \leqslant y \leqslant f(x), 0 \leqslant a \leqslant x \leqslant b$ 绕 x 轴旋转一周而成的旋转体的体积等于(   ).

    A. $\pi \displaystyle\int_a^b f^2(x) \mathrm{d}x$
      B. $\displaystyle\int_a^b f^2(x) \mathrm{d}x$
      C. $2\pi \displaystyle\int_a^b f^2(x) \mathrm{d}x$
    D. $\displaystyle\int_a^b x f^2(x) \mathrm{d}x$

二、解答题

1. 计算题图 1 中各分图斜线部分图形的面积.

2. 求由曲线 $y = 2 - x^2, y = 0, y = x$ 所围成的小图形的面积 S.

3. 求由摆线 $\begin{cases} x = a(t - \sin t) \\ y = a(1 - \cos t) \end{cases}$ 的一拱 $(0 \leqslant t \leqslant 2\pi)$ 与 x 轴所围成的图形的面积(题图 3).

4. 求双曲线 $xy = 2$ 与直线 $x = 2, x = 4$ 及 x 轴所围成的曲边梯形绕 x 轴旋转一周所形成的旋转体的体积.

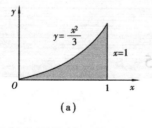

(a)

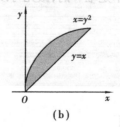

(b)

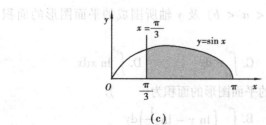

(c)

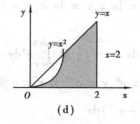

(d)

题图 1

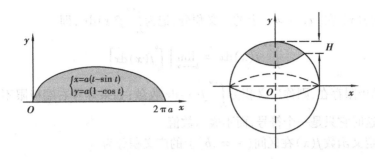

题图 3　　　　　　　　　　　题图 7

5. 求由曲线 $y = x^2$，直线 $x = 2$ 及 x 轴围成的平面图形分别绕 x 轴和 y 轴旋转所形成的旋转体的体积.

6. 已知曲线 $y = \sqrt{2x - 4}$，求：

(1)过曲线上点 $(4, 2)$ 的切线方程；

(2)此切线与曲线及 x 轴所围成的平面图形的面积 A；

(3)该平面图形分别绕 x 轴和 y 轴旋转所得的旋转体的体积 V_x，V_y.

7. 用积分法证明题图 7 中半径为 R 的球缺体积为

$$V = \pi H^2 \left(R - \frac{H}{3} \right)$$

4.6　广义积分

前面讨论的定积分，事实上有两个前提：一是积分区间是有限区间，二是被积函数在积分区间上有界. 但在自然学科和工程技术中往往会碰到无界函数或无限区间的积分问题. 如 $\int_1^{+\infty} \frac{1}{x} \mathrm{d}x$，$\int_{-1}^1 \frac{1}{1+x} \mathrm{d}x$，它们已经不属于前面所说的定积分，因此，有必要把积分概念就这两种情形加以推广，这种推广后的积分称为**广义积分**. 以前讨论过的定积分称为**常义积分**.

4.6.1　无穷区间上的广义积分

先看一个实例，在正电荷 Q 形成的电场中，单位正电荷沿 r 轴正方向由 a 点移动到点 b 时，电场力所做的功为

$$W = \int_a^b k \frac{Q}{r^2} \mathrm{d}r = kQ \left(\frac{1}{a} - \frac{1}{b} \right)$$

如果单位正电荷由 a 移至"无穷远处"，即令 $b \to +\infty$，则电场力所做的功是

$$W = \lim_{b \to +\infty} \int_a^b k \frac{Q}{r^2} \mathrm{d}r = \lim_{b \to +\infty} kQ \left(\frac{1}{a} - \frac{1}{b} \right) = \frac{kQ}{a}$$

这个数值就是电场在点 a 处的电位. 这个问题就是在无穷区间 $[a, +\infty)$ 上的积分问题，一般地，有下面的定义.

定义 4.2　设函数 $f(x)$ 在区间 $[a, +\infty)$ 上连续，取 $b > a$，如果极限 $\lim\limits_{b \to +\infty} \int_a^b f(x) \mathrm{d}x$ 存在，

则称此极限值为 $f(x)$ 在 $[a, +\infty)$ 上的广义积分,记为 $\int_a^{+\infty} f(x)\mathrm{d}x$,即

$$\int_a^{+\infty} f(x)\mathrm{d}x = \lim_{b \to +\infty} \left[\int_a^b f(x)\mathrm{d}x \right]$$

如果等号右端的极限存在,则称广义积分 $\int_a^{+\infty} f(x)\mathrm{d}x$ 收敛;如果等号右端极限不存在,则称此广义积分发散,这时它只是一个符号,而不表示数值.

类似地,可定义函数 $f(x)$ 在区间 $(-\infty, b]$ 上的广义积分为

$$\int_{-\infty}^b f(x)\mathrm{d}x = \lim_{a \to -\infty} \left[\int_a^b f(x)\mathrm{d}x \right]$$

对于 $f(x)$ 在 $(-\infty, +\infty)$ 上的广义积分,定义为

$$\int_{-\infty}^{+\infty} f(x)\mathrm{d}x = \lim_{a \to -\infty} \left[\int_a^c f(x)\mathrm{d}x \right] + \lim_{b \to +\infty} \left[\int_c^b f(x)\mathrm{d}x \right]$$

其中,c 为介于 a, b 之间的任意实数,a, b 各自独立地趋向于无穷大,当且仅当右端两个极限都存在时,广义积分 $\int_{-\infty}^{+\infty} f(x)\mathrm{d}x$ 才收敛,否则是发散的.

例 4.26   求 $\int_1^{+\infty} \dfrac{1}{x^4}\mathrm{d}x$.

解   由广义积分定义,得

$$\int_1^{+\infty} \frac{1}{x^4}\mathrm{d}x = \lim_{b \to +\infty} \left[\int_1^b \frac{1}{x^4}\mathrm{d}x \right] = \lim_{b \to +\infty} \left[-\frac{1}{3x^3} \Big|_1^b \right] = \lim_{b \to +\infty} \frac{1}{3}\left(1 - \frac{1}{b^3} \right) = \frac{1}{3}.$$

例 4.27   求 $\int_{-\infty}^0 \mathrm{e}^{2x}\mathrm{d}x$.

解 $\int_{-\infty}^0 \mathrm{e}^{2x}\mathrm{d}x = \lim_{a \to -\infty} \left[\int_a^0 \mathrm{e}^{2x}\mathrm{d}x \right] = \lim_{a \to -\infty} \left[\dfrac{1}{2}\mathrm{e}^{2x} \Big|_a^0 \right] = \lim_{a \to -\infty} \dfrac{1}{2}(1 - \mathrm{e}^{2a}) = \dfrac{1}{2}.$

仿照牛顿-莱布尼兹公式的形式,假设 $F(x)$ 是 $f(x)$ 在积分区间上的一个原函数,若记

$$F(+\infty) = \lim_{b \to +\infty} F(b)$$
$$F(-\infty) = \lim_{a \to -\infty} F(a)$$

则广义积分也可记为

$$\int_a^{+\infty} f(x)\mathrm{d}x = F(+\infty) - F(a) = F(x) \Big|_a^{+\infty}$$

另外,两种广义积分也有类似的简记法,需要注意的是,积分限 $+\infty$,$-\infty$ 代入 $F(x)$ 时,应理解为对 $F(x)$ 求极限. 根据这一法则,例 4.26,例 4.27 的解法可表示为

$$\int_1^{+\infty} \frac{1}{x^4}\mathrm{d}x = -\frac{1}{3x^3} \Big|_1^{+\infty} = \frac{1}{3}$$

$$\int_{-\infty}^0 \mathrm{e}^{2x}\mathrm{d}x = \frac{1}{2}\mathrm{e}^{2x} \Big|_{-\infty}^0 = \frac{1}{2}$$

例 4.28   求 $\int_{-\infty}^{+\infty} \dfrac{1}{1+x^2}\mathrm{d}x$.

解   由定义,得

$$\int_{-\infty}^{+\infty} \frac{1}{1+x^2}\mathrm{d}x = \int_{-\infty}^0 \frac{1}{1+x^2}\mathrm{d}x + \int_0^{+\infty} \frac{1}{1+x^2}\mathrm{d}x = \arctan x \Big|_{-\infty}^0 + \arctan x \Big|_0^{+\infty}$$

$$= -\left(-\frac{\pi}{2}\right) + \frac{\pi}{2} = \pi$$

例 4.29　求 $\int_{-\infty}^{0} x e^{x} dx$.

解　$\int_{-\infty}^{0} x e^{x} dx = \int_{-\infty}^{0} x d(e^{x}) = x e^{x} \Big|_{-\infty}^{0} - \int_{-\infty}^{0} e^{x} dx = x e^{x} \Big|_{-\infty}^{0} - e^{x} \Big|_{-\infty}^{0}$

注意到 $x e^{x} \Big|_{-\infty}^{0} = \lim_{a \to -\infty} \left(x e^{x} \Big|_{a}^{0}\right) = \lim_{a \to -\infty} (0 e^{0} - a e^{a}) = -\lim_{a \to -\infty} a e^{a}$

$$= -\lim_{a \to -\infty} \frac{a}{e^{-a}} = -\lim_{a \to -\infty} \frac{1}{-e^{-a}} = 0$$

$$e^{x} \Big|_{-\infty}^{0} = \lim_{a \to -\infty} \left(e^{x} \Big|_{a}^{0}\right) = \lim_{a \to -\infty} (e^{0} - e^{a}) = 1 - \lim_{a \to -\infty} e^{a} = 1 - 0 = 1$$

于是

$$\int_{-\infty}^{0} x e^{x} dx = -1$$

例 4.30　讨论广义积分 $\int_{1}^{+\infty} \frac{1}{x^{p}} dx$ 的收敛性.

解　当 $p = 1$ 时，$\int_{1}^{+\infty} \frac{1}{x} dx = \ln|x| \Big|_{1}^{+\infty} = +\infty$，发散；

当 $p \neq 1$ 时，

$$\int_{1}^{+\infty} \frac{1}{x^{p}} dx = \left[\frac{1}{1-p} x^{1-p}\right]_{1}^{+\infty} = \begin{cases} +\infty & p < 1 \\ \dfrac{1}{p-1} & p > 1 \end{cases}$$

所以，当 $p > 1$ 时，此广义积分收敛，其值为 $\dfrac{1}{p-1}$；而当 $p \leq 1$ 时，此广义积分发散.

4.6.2　无界函数的广义积分

定义 4.3　设函数 $f(x)$ 在区间 $[a,b)$ 上连续，当 $x \to b^{-}$ 时，$f(x) \to \infty$. 设 $\delta > 0$，那么积分 $I(\delta) = \int_{a}^{b-\delta} f(x) dx$ 是存在的，将当 $\delta \to 0^{+}$ 时，$I(\delta)$ 的极限

$$\lim_{\delta \to 0^{+}} I(\delta) = \lim_{\delta \to 0^{+}} \int_{a}^{b-\delta} f(x) dx$$

称为无界函数 $f(x)$ 在区间 $[a,b]$ 上的**广义积分**，仍记作 $\int_{a}^{b} f(x) dx$，即

$$\int_{a}^{b} f(x) dx = \lim_{\delta \to 0^{+}} \int_{a}^{b-\delta} f(x) dx$$

如果极限 $\lim_{\delta \to 0^{+}} \int_{a}^{b-\delta} f(x) dx$ 存在，则称广义积分 $\int_{a}^{b} f(x) dx$ **存在**或**收敛**；如果极限 $\lim_{\delta \to 0^{+}} \int_{a}^{b-\delta} f(x) dx$ 不存在，则称广义积分 $\int_{a}^{b} f(x) dx$ **不存在**或**发散**.

同样，若 $f(x)$ 在区间 $(a,b]$ 上连续，当 $x \to a^{+}$ 时，$f(x) \to \infty$，定义广义积分为

$$\int_{a}^{b} f(x) dx = \lim_{\varepsilon \to 0^{+}} \int_{a+\varepsilon}^{b} f(x) dx$$

当极限存在时,称广义积分 $\int_a^b f(x)\mathrm{d}x$ **存在**或**收敛**;当极限不存在时,称广义积分**不存在**或**发散**.

如果函数 $f(x)$ 在区间 (a,b) 内有唯一一个无穷间断点 $x=c$,则定义广义积分为

$$\int_a^b f(x)\mathrm{d}x = \lim_{\delta \to 0^+}\int_a^{c-\delta} f(x)\mathrm{d}x + \lim_{\varepsilon \to 0^+}\int_{c+\varepsilon}^b f(x)\mathrm{d}x$$

其中 δ 与 ε 为各自独立趋于零的正数.

当上式右端的两个极限都存在时,则广义积分 $\int_a^c f(x)\mathrm{d}x$ 与 $\int_c^b f(x)\mathrm{d}x$ 都收敛,从而 $\int_a^b f(x)\mathrm{d}x$ 收敛,且有 $\int_a^b f(x)\mathrm{d}x = \int_a^c f(x)\mathrm{d}x + \int_c^b f(x)\mathrm{d}x$;若广义积分 $\int_a^c f(x)\mathrm{d}x$ 与 $\int_c^b f(x)\mathrm{d}x$ 中有一个发散,那么 $\int_a^b f(x)\mathrm{d}x$ 也发散.

例 4.31 讨论下列广义积分的敛散性.

(1) $\displaystyle\int_0^1 \frac{x\mathrm{d}x}{\sqrt{1-x^2}}$ 　　　　(2) $\displaystyle\int_{-1}^1 \frac{1}{x^2}\mathrm{d}x$ 　　　　(3) $\displaystyle\int_0^1 \ln x\mathrm{d}x$

解 (1) 因为 $f(x) = \dfrac{x}{\sqrt{1-x^2}}$ 在 $[0,1]$ 的右端点 $x=1$ 处是无穷间断点,所以

$$\int_0^1 \frac{x\mathrm{d}x}{\sqrt{1-x^2}} = \lim_{\varepsilon \to 0^+}\left[\int_0^{1-\varepsilon}\frac{x}{\sqrt{1-x^2}}\mathrm{d}x\right] = \lim_{\varepsilon \to 0^+}\left[-\frac{1}{2}\int_0^{1-\varepsilon}(1-x^2)^{-\frac{1}{2}}\mathrm{d}(1-x^2)\right]$$

$$= -\lim_{\varepsilon \to 0^+}\left(\sqrt{1-x^2}\,\Big|_0^{1-\varepsilon}\right) = -\lim_{\varepsilon \to 0^+}\left(\sqrt{2\varepsilon - \varepsilon^2} - 1\right) = 1$$

(2) 因为 $f(x) = \dfrac{1}{x^2}$ 在 $[-1,1]$ 内有无穷间断点 $x=0$,所以

$$\int_{-1}^1 \frac{1}{x^2}\mathrm{d}x = \int_{-1}^0 \frac{1}{x^2}\mathrm{d}x + \int_0^1 \frac{1}{x^2}\mathrm{d}x = \lim_{\varepsilon_1 \to 0^+}\left[\int_{-1}^{-\varepsilon_1}\frac{1}{x^2}\mathrm{d}x\right] + \lim_{\varepsilon_2 \to 0^+}\left[\int_{\varepsilon_2}^1 \frac{1}{x^2}\mathrm{d}x\right]$$

$$= \lim_{\varepsilon_1 \to 0^+}\left(-\frac{1}{x}\,\Big|_{-1}^{-\varepsilon_1}\right) + \lim_{\varepsilon_2 \to 0^+}\left(-\frac{1}{x}\,\Big|_{\varepsilon_2}^1\right)$$

不存在,所以广义积分 $\int_{-1}^1 \dfrac{1}{x^2}\mathrm{d}x$ 发散.

注意 如果忽略了 $x=0$ 是被积函数的无穷间断点,自然就会将其当成通常的定积分去计算,即

$$\int_{-1}^1 \frac{1}{x^2}\mathrm{d}x = \left[-\frac{1}{x}\right]_{-1}^1 = -1 - 1 = -2$$

结果显然是错误的.

(3) 因为 $f(x) = \ln x$ 在 $[0,1]$ 的左端点 $x=0$ 处是无穷间断点,所以

$$\int_0^1 \ln x\mathrm{d}x = \lim_{\varepsilon \to 0^+}\left[\int_\varepsilon^1 \ln x\mathrm{d}x\right] = \lim_{\varepsilon \to 0^+}\left(x\ln x\,\Big|_\varepsilon^1 - \int_\varepsilon^1 \mathrm{d}x\right) = \lim_{\varepsilon \to 0^+}(-\varepsilon\ln\varepsilon - 1 + \varepsilon)$$

$$= -\lim_{\varepsilon \to 0^+}\frac{\ln\varepsilon}{\frac{1}{\varepsilon}} - 1 = -\lim_{\varepsilon \to 0^+}\frac{\frac{1}{\varepsilon}}{-\frac{1}{\varepsilon^2}} - 1 = -1$$

例 4.32　证明 $\int_0^1 \dfrac{1}{x^q}\mathrm{d}x$ 当 $q < 1$ 时收敛,当 $q \geqslant 1$ 时发散.

证明　当 $q = 1$ 时,$\int_0^1 \dfrac{1}{x}\mathrm{d}x = \lim\limits_{\varepsilon \to 0^+}\left[\int_\varepsilon^1 \dfrac{1}{x}\mathrm{d}x\right] = \lim\limits_{\varepsilon \to 0^+}\left(\ln|x|\ \Big|_\varepsilon^1\right) = \infty$,发散;

当 $q < 1$ 时,$\int_0^1 \dfrac{1}{x^q}\mathrm{d}x = \lim\limits_{\varepsilon \to 0^+}\left(\dfrac{x^{1-q}}{1-q}\ \Big|_\varepsilon^1\right) = \dfrac{1}{1-q} - \lim\limits_{\varepsilon \to 0^+}\dfrac{\varepsilon^{1-q}}{1-q} = \dfrac{1}{1-q}$,收敛;

当 $q > 1$ 时,$\int_0^1 \dfrac{1}{x^q}\mathrm{d}x = \dfrac{1}{1-q} - \lim\limits_{\varepsilon \to 0^+}\dfrac{\varepsilon^{1-q}}{1-q} = \infty$,发散.

故 $\int_0^1 \dfrac{1}{x^q}\mathrm{d}x$ 当 $q < 1$ 时,收敛,且收敛于 $\dfrac{1}{1-q}$;当 $q \geqslant 1$ 时,发散.

以上只讨论了 $[a,b]$ 中只有一个无穷间断点的广义积分,如果有多个无穷间断点,可作类似的讨论.

由以上例题可以看出,根据广义积分的定义来讨论它们的敛散性,以及当积分收敛时计算它们的值,都可归结为三步:首先求出被积函数 $f(x)$ 的原函数 $F(x)$,其次使用牛顿-莱布尼兹公式,最后求极限.

为了书写的统一与简便起见,可以把三步合起来写,不论是对常义积分还是广义积分,都写成

$$\int_a^b f(x)\,\mathrm{d}x = F(x)\ \Big|_a^b = F(b) - F(a)$$

不过在广义积分的情形下,对 $F(b)$ 与 $F(a)$ 的理解要视广义积分的不同情况而不同. 例如,当 $f(x)$ 在 b 或 a 为无界时,$F(b)$ 与 $F(a)$ 应分别理解为 $\lim\limits_{x \to b^-}F(x)$ 与 $\lim\limits_{x \to a^+}F(x)$;当 b 或 a 分别为 $+\infty$ 与 $-\infty$ 时,$F(+\infty)$ 与 $F(-\infty)$ 应分别理解为 $\lim\limits_{x \to +\infty}F(x)$ 与 $\lim\limits_{x \to -\infty}F(x)$.

习题 4.6

一、判断题

1. 因为 $\sin x$ 为奇函数,所以 $\int_{-\infty}^{+\infty}\sin x\,\mathrm{d}x = 0$.　　　　　　　　　　（　　）

2. $\int_0^4 \dfrac{\mathrm{d}x}{(x-3)^2} = -\dfrac{1}{x-3}\ \Big|_0^4 = -\dfrac{4}{3}$.　　　　　　　　　　（　　）

二、单项选择题

1. 若 $\int_0^{+\infty} a\mathrm{e}^{-\sqrt{x}}\mathrm{d}x = 1$,则 $a = $（　　　）.

　　A. 1　　　　　　　B. 2　　　　　　　C. $\dfrac{1}{2}$　　　　　　D. $-\dfrac{1}{2}$

2. 广义积分 $\int_1^{+\infty} x\mathrm{e}^{-x^2}\mathrm{d}x = $（　　　）.

　　A. $\dfrac{1}{2\mathrm{e}}$　　　　　B. $-\dfrac{1}{2\mathrm{e}}$　　　　　C. e　　　　　D. $+\infty$

3. 若广义积分 $\int_{-\infty}^0 \mathrm{e}^{-kx}\mathrm{d}x$ 收敛,则必有（　　　）.

A. $k > 0$　　　　B. $k \geqslant 0$　　　　C. $k < 0$　　　　D. $k \leqslant 0$

4. $\int_a^b \dfrac{\mathrm{d}x}{\sqrt{b-x}}\mathrm{d}x$（其中 $a < b$）是（　　）.

A. 发散的　　　　　　　　B. 收敛于 $\dfrac{b-a}{2}$

C. 收敛于 $2(b-a)^{\frac{1}{2}}$　　　　D. 收敛于 $(b-a)^2$

三、填空题

1. 若广义积分 $\int_1^{+\infty} \dfrac{\mathrm{d}x}{x^n}$ 收敛,则自然数 $n = $ _____.

2. 若广义积分 $\int_1^{+\infty} \dfrac{\mathrm{d}x}{x^q}$ 发散,则必有 $q = $ _____.

3. 若广义积分 $\int_0^1 \dfrac{\mathrm{d}x}{x^p}$ 收敛,则必有 $p = $ _____.

4. 若广义积分 $\int_0^1 \dfrac{\mathrm{d}x}{x^p}$ 发散,则必有 $p = $ _____.

5. 广义积分 $\int_0^1 \dfrac{\mathrm{d}x}{\sqrt{1-x}} = $ _____.

四、解答题

(1) $\int_0^{+\infty} \dfrac{\mathrm{d}x}{(1+x)^4}$　　　(2) $\int_0^{+\infty} \dfrac{x}{(1+x)^3}\mathrm{d}x$　　　(3) $\int_1^{+\infty} \dfrac{\mathrm{d}x}{x^2(1+x^2)}$

(4) $\int_0^1 \sqrt{\dfrac{x}{1-x}}\mathrm{d}x$　　　(5) $\int_1^2 \dfrac{x}{\sqrt{x-1}}\mathrm{d}x$

复 习 题

一、判断题

1. 设 $f(x)$ 为连续函数,则由曲线 $y = f(x)$,直线 $x = a, x = b(a < b)$ 及 $y = 0$ 所围成的曲边梯形的面积值为 $\int_a^b f(x)\mathrm{d}x$. （　　）

2. 设 $f(x)$、$g(x)$ 为连续函数,且 $f(x) \leqslant g(x)$,则当 $a \leqslant b$ 时必有 $\int_a^b f(x)\mathrm{d}x \leqslant \int_a^b g(x)\mathrm{d}x$. （　　）

3. 设 $f(x)$ 为连续函数,则必有 $\int f(x)\mathrm{d}x = \int_a^x f(t)\mathrm{d}t + C$. （　　）

4. 设 $f(x)$ 为连续函数,且 $\int_{-a}^a f(x)\mathrm{d}x = 0$,则 $f(x)$ 必为奇函数. （　　）

5. 设 $f(x)$ 为连续函数,则 $\int_a^b f(x)\mathrm{d}x = \int_a^b f(t)\mathrm{d}t$. （　　）

6. 设 $f(x)$ 为连续的偶函数,则 $\int_{-a}^a f(x)\mathrm{d}x = 2\int_0^a f(x)\mathrm{d}x$. （　　）

7. 设 $f(x)$ 为以 T 为周期的连续函数,则 $\int_0^T f(x)\,\mathrm{d}x = \int_a^{a+T} f(x)\,\mathrm{d}x$,其中 $a > 0$.   (   )

8. $\dfrac{\mathrm{d}}{\mathrm{d}x}\int_a^b f(x)\,\mathrm{d}x = f(x)$.   (   )

9. $\left(\int_0^{x^3} \cos t\,\mathrm{d}t\right)' = \cos x^3 - 1$.   (   )

10. $\int_0^\pi \sqrt{1+\cos 2x}\,\mathrm{d}x = \int_0^\pi \sqrt{2\cos^2 x}\,\mathrm{d}x = \sqrt{2}\int_0^\pi \cos x\,\mathrm{d}x = \sqrt{2}\sin x\,\Big|_0^\pi = 0$.   (   )

11. $\dfrac{\mathrm{d}}{\mathrm{d}x}\left[\int_a^x (x-t)^2\,\mathrm{d}t\right] = 0$.   (   )

二、单项选择题

1. $\dfrac{\mathrm{d}}{\mathrm{d}x}\int_a^b \arctan x\,\mathrm{d}x = ($ $)$.

    A. $\arctan x$ B. $\dfrac{1}{1+x^2}$ C. $\arctan b - \arctan a$ D. 0

2. 在 $[a,b]$ 上的连续函数 $y = f(x)$ 及直线 $x = a, x = b\,(a < b)$ 与 x 轴所围图形的面积 $S = ($ $)$.

    A. $\int_a^b f(x)\,\mathrm{d}x$ B. $\left|\int_a^b f(x)\,\mathrm{d}x\right|$

    C. $\int_a^b |f(x)|\,\mathrm{d}x$ D. $\dfrac{[f(b)+f(a)](b-a)}{2}$

3. $\int_{-1}^0 |3x+1|\,\mathrm{d}x = ($ $)$.

    A. $\dfrac{5}{6}$ B. $-\dfrac{5}{6}$ C. $-\dfrac{3}{2}$ D. $\dfrac{3}{2}$

4. 若 $f(x) = \begin{cases} x & x \geqslant 0 \\ e^x & x < 0 \end{cases}$,则 $\int_{-1}^2 f(x)\,\mathrm{d}x = ($ $)$.

    A. $3 - e^{-1}$ B. $3 + e^{-1}$ C. $3 - e$ D. $3 + e$

5. 设 $f(x)$ 在 $[a,b]$ 上连续,$F(x) = \int_a^x f(t)\,\mathrm{d}t\,(a \leqslant x \leqslant b)$,则 $F(x)$ 是 $f(x)$ 的(   ).

    A. 原函数一般表示式   B. 一个原函数

    C. 在 $[a,b]$ 上的积分与一个常数之差   D. 在 $[a,b]$ 上的定积分

6. 设 $f(x)$ 为连续函数,$x > 0$,且 $\int_1^{x^2} f(t)\,\mathrm{d}t = x^2(1+x)$,则 $f(2) = ($ $)$.

    A. 4 B. $2\sqrt{2} + 12$ C. $1 + \dfrac{3}{\sqrt{2}}$ D. $12 - 2\sqrt{2}$

7. 已知 $\int_0^a x(2+3x)\,\mathrm{d}x = 2$,则 $a = ($ $)$.

    A. 1 B. -1 C. 2 D. 0

8. 定积分 $\int_0^\pi |\cos x|\,\mathrm{d}x = ($ $)$.

    A. 0 B. 1 C. 2 D. 4

9. $y = \int_0^x (t-1)^3 (t-2) \mathrm{d}t$，则 $\left. \dfrac{\mathrm{d}y}{\mathrm{d}x} \right|_{x=0} = ($ $)$.

    A. 2   B. -2 C. 5   D. -5

10. 若 $f(x) = \begin{cases} \dfrac{\int_0^x (e^{t^2} - 1) \mathrm{d}t}{x^2} & x \neq 0 \\ a & x = 0 \end{cases}$，且已知 $f(x)$ 在 $x = 0$ 点连续，则（   ）.

    A. $a = 1$ B. $a = 2$ C. $a = 0$ D. $a = -1$

11. 封闭曲线 $|x| + |y| = 1$ 所围成的平面图形的面积为（   ）.

    A. $\dfrac{1}{2}$ B. 1   C. $\dfrac{3}{2}$ D. 2

12. 在 $\left[-\dfrac{\pi}{2}, \dfrac{\pi}{2} \right]$ 上曲线 $y = \sin x$ 与 x 轴围成的图形的面积为（   ）.

    A. $\int_{-\frac{\pi}{2}}^{\frac{\pi}{2}} \sin x \mathrm{d}x$ B. $\int_0^{\frac{\pi}{2}} \sin x \mathrm{d}x$ C. 0   D. $\int_{-\frac{\pi}{2}}^{\frac{\pi}{2}} |\sin x| \mathrm{d}x$

13. 函数 $f(x) = \int_0^x (2\cos t + \cos 3t) \mathrm{d}t$ 在 $x = \dfrac{3\pi}{2}$ 处必（   ）.

    A. 取得极小值   B. 取得极大值   C. 不为极值   D. 是单调的

14. 若 $f(x)$ 为可导函数，且已知 $f(0) = 0, f'(0) = 2$，则 $\lim\limits_{x \to 0} \dfrac{\int_0^x f(x) \mathrm{d}x}{x^2}$ 之值为（   ）.

    A. 0   B. 1   C. 2   D. $\dfrac{1}{2}$

15. 设 $f(x)$ 在给定区间上连续，则 $\int_0^a x^3 f(x^2) \mathrm{d}x = ($ $)$.

    A. $\dfrac{1}{2} \int_0^a x f(x) \mathrm{d}x$ B. $\dfrac{1}{2} \int_0^{a^2} x f(x) \mathrm{d}x$ C. $2 \int_0^{a^2} x f(x) \mathrm{d}x$ D. $\int_0^a x f(x) \mathrm{d}x$

三、填空题

1. 设 $F(x)$ 是连续函数 $f(x)$ 在区间 $[a, b]$ 上的一个原函数，则 $\int_a^b f(x) \mathrm{d}x = $ _____.

2. 设 $f(x)$ 为 $[-a, a]$ 上连续的奇函数，则 $\int_{-a}^a f(x) \mathrm{d}x = $ _____.

3. 设 $F(x) = \int_0^{x^2} e^{\sqrt{t}} \mathrm{d}t (x > 0)$，则 $F'(x) = $ _____.

4. 函数 $f(x) = \int_0^x t(t-1) \mathrm{d}t$ 的极大值点是 $x = $ _____.

5. 设 $F(x) = \int_x^1 \sqrt{1 + t} \mathrm{d}t$，则 $F'(x) = $ _____.

6. $\int_{-5}^5 \dfrac{\sin^3 x}{1 + x^4} \mathrm{d}x = $ _____.

7. 设 $f(x) = e^{-x}$，则 $\int_1^2 \dfrac{f'(\ln x)}{x} \mathrm{d}x = $ _____.

8. 设 $f(x)$ 连续, 且 $F(x) = (x - a)\int_a^x f(t)\mathrm{d}t$ (a 为常数), 则 $F'(a) = $ _____.

9. 设 $F(x) = \begin{cases} \dfrac{\int_0^x tf(t)\mathrm{d}t}{x^2} & x \neq 0 \\ a & x = 0 \end{cases}$, 其中 $f(x)$ 是连续函数, 且 $f(0) = 1$, 则当 $F(x)$ 在 $x = 0$

处连续时, $a = $ _____.

10. $\int_0^{\frac{1}{2}} \dfrac{x\mathrm{d}x}{\sqrt{1 - x^2}} = $ _____.

11. 设 $f(x)$ 在 $[0, +\infty)$ 上连续, 且 $\int_0^{x^2} f(t)\mathrm{d}t = x^3 + 1$, 则 $f(2) = $ _____.

四、解答题

1. 计算下列积分.

(1) $\int_1^4 \left(2\sqrt{x} + \dfrac{1}{\sqrt{x}} \right)\mathrm{d}x$

(2) $\int_0^1 \dfrac{\mathrm{e}^{2x} - 1}{\mathrm{e}^x + 1}\mathrm{d}x$

(3) $\int_0^{\frac{1}{2}} \dfrac{1 + x}{1 - x}\mathrm{d}x$

(4) $\int_1^2 \dfrac{(x + 1)(x^2 - 3)}{x^3}\mathrm{d}x$

(5) $\int_0^1 \dfrac{x^4(1 - x^4)}{1 + x^2}\mathrm{d}x$

(6) $\int_0^1 (\sqrt{x} + 1)(x - 1)\mathrm{d}x$

(7) $\int_0^1 \dfrac{x^4}{1 + x^2}\mathrm{d}x$

(8) $\int_0^1 \dfrac{1 - x}{\sqrt{x} + 1}\mathrm{d}x$

(9) $\int_0^{\frac{\pi}{4}} (\tan^2 x + \sec^2 x)\mathrm{d}x$

(10) $\int_0^{\frac{\pi}{2}} \dfrac{\sin^3 x - \cos^3 x}{\cos x - \sin x}\mathrm{d}x$

(11) $\int_1^{\sqrt{3}} \dfrac{\mathrm{d}x}{x^2(1 + x^2)}$

(12) $\int_0^2 \dfrac{|x - 1|}{(x + 1)(x - 3)}\mathrm{d}x$

(13) $\int_3^5 \dfrac{\mathrm{d}x}{x^2 - x - 2}$

(14) $\int_0^4 |x^2 - 3x + 2|\mathrm{d}x$

(15) $\int_{-1}^1 (1 - |x|)\mathrm{d}x$

(16) $\int_0^{\pi} |\sin x - \cos x|\mathrm{d}x$

(17) $\int_0^5 |2x - 4|\mathrm{d}x$

(18) $\int_0^1 \dfrac{x\arctan x}{\sqrt{1 + x^2}}\mathrm{d}x$

(19) $\int_0^1 \arctan x\mathrm{d}x$

(20) $\int_0^1 x\arctan x\mathrm{d}x$

(21) $\int_0^1 \arcsin\sqrt{x}\mathrm{d}x$

(22) $\int_0^1 x\arcsin x\mathrm{d}x$

(23) $\int_0^{\pi} x^2\cos x\mathrm{d}x$

(24) $\int_0^{\frac{\pi}{4}} x\sin x\mathrm{d}x$

(25) $\int_1^{\mathrm{e}} \cos(\ln x)\mathrm{d}x$

(26) $\int_0^{2\pi} x\cos^2 x\mathrm{d}x$

(27) $I = \int_0^{\frac{\pi}{2}} \mathrm{e}^{2x}\cos x\mathrm{d}x$

(28) $\int_0^{\pi} \mathrm{e}^x\cos^2 x\mathrm{d}x$

(29) $\int_{\frac{1}{\mathrm{e}}}^{\mathrm{e}} |\ln x|\mathrm{d}x$

(30) $\int_0^{\mathrm{e}-1} \ln(1 + x)\mathrm{d}x$

2. 设 $f(3x) = x\mathrm{e}^{\frac{x}{2}}$, 求 $\int_0^1 f(t)\mathrm{d}t$.

3. 设 $f(t) = \int_1^{t^2} \mathrm{e}^{-x^2}\mathrm{d}x$, 求 $I = \int_0^1 tf(t)\mathrm{d}t$.

4. 求曲线 $y = x^2$, $y = x^3$ 在 $[0, 1]$ 上所围成的平面图形的面积.

5. 用两种方法(对 x 和对 y 积分), 求曲线 $y = \tan x$, $y = 0$ 及 $x = \dfrac{\pi}{4}$ ($x \geq 0$) 所围成的平面图形的面积.

6. 用两种方法(对 x 和对 y 积分),求曲线 $y = \dfrac{1}{x^2}$, $y = 0$, $x = 1$ 及 $x = 3$ 所围成的平面图形的面积.

7. 求由曲线 $y^2 = x$, $x^2 = y$ 所围成的平面图形绕 x 轴旋转所得旋转体的体积.

第 **5** 章
向量代数与空间解析几何

空间解析几何是用代数方法研究空间图形的一门数学学科,它在其他学科特别是工程技术上有着较为广泛的应用,此外,也为我们学习多元函数微积分提供直观的几何解释,它包括两个相互关联的部分:空间解析几何与向量代数. 本章概要介绍向量代数与空间解析几何的主要内容. 首先介绍空间直角坐标系,然后引进向量及其代数运算,最后以向量为工具研究空间解析几何.

5.1 空间直角坐标系

5.1.1 空间直角坐标系的建立

过空间定点 O 作三条互相垂直的数轴,它们都以 O 为原点,且一般取相同的长度单位,这三条数轴分别称为 x 轴(横轴)、y 轴(纵轴)、z 轴(竖轴),统称为坐标轴. 定点 O 称为坐标原点. 坐标轴的正向可按右手法则确定:以右手握住 z 轴,让右手的四指从 x 轴的正向以 $\frac{\pi}{2}$ 的角度转向 y 轴的正向,这时大拇指所指向的方向就是 z 轴的正方向. 这样就建成了空间直角坐标系如图 5.1 所示.

三条坐标轴两两确定的三个平面即 xOy 面、yOz 面和 xOz 面称为坐标面,它们两两互相垂直,且将空间分为八个部分,每部分称为卦限,八个卦限的编号如图 5.2 所示.

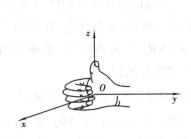

图 5.1

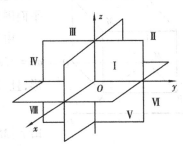

图 5.2

145

5.1.2 空间点与三维有序数组的一一对应关系

设 M 为空间一点,过点 M 作三个平面分别垂直于 x 轴、y 轴、z 轴,其交点分别为 P、Q 和 R。设这三点在三条轴上的坐标分别为 x,y,z,于是空间一点 M 就唯一地确定了一个有序数组 x,y 和 z,称为点 M 的坐标,记作 $M(x,y,z)$.这三个实数依次称为点 M 的横标、纵标、竖标.

反之,已知一有序数组 (x,y,z),且它们分别在 x 轴、y 轴和 z 轴上依次对应于 P、Q 和 R 点,若过 P、Q 和 R 点分别作平面垂直于所在坐标轴,则这三张平面确定了唯一的交点 M.

这样,通过空间直角坐标系,就建立了空间点 M 与有序数组 (x,y,z) 之间的一一对应关系.这就使用代数方法研究几何问题成为可能,如图 5.3 所示.

显然,在空间直角坐标系中,原点的坐标为 $(0,0,0)$,x 轴、y 轴和 z 轴上点的坐标分别为 $(x,0,0)$,$(0,y,0)$,$(0,0,z)$.三个坐标面 xOy、yOz 和 xOz 上的点的坐标分别为 $(x,y,0)$,$(0,y,z)$,$(x,0,z)$.

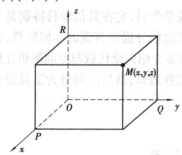

图 5.3

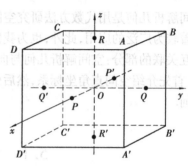

图 5.4

例 5.1 已知边长为 2 的正方体,其对称中心与坐标原点重合,其表面分别与三个坐标面平行,如图 5.4 所示.试写出正方体的顶点坐标以及其表面与三个坐标轴交点的坐标.

解 八个顶点的坐标依次为 $A(1,1,1)$,$B(-1,1,1)$,$C(-1,-1,1)$,$D(1,-1,1)$,$A'(1,1,-1)$,$B'(-1,1,-1)$,$C'(-1,-1,-1)$,$D'(1,-1,-1)$.

其表面与三坐标轴交点的坐标依次为 $P(1,0,0)$,$Q(0,1,0)$,$R(0,0,1)$,$P'(-1,0,0)$,$Q'(0,-1,0)$,$R'(0,0,-1)$.

5.1.3 空间两点间的距离公式

已知空间两点 $M_1(x_1,y_1,z_1)$ 和 $M_2(x_2,y_2,z_2)$,求它们之间的距离 $d=|M_1M_2|$.

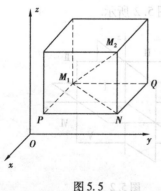

图 5.5

过点 M_1 和 M_2 分别作三个平面垂直于三条坐标轴,这六个平面围成一个以 M_1M_2 为对角线的长方体,如图 5.5 所示.

由于 $\triangle M_1NM_2$ 为直角三角形,$\angle M_1NM_2$ 为直角,所以,$d^2=|M_1M_2|^2=|M_1N|^2+|NM_2|^2$.又 $\triangle M_1NP$ 也是直角三角形,且 $|M_1N|^2=|M_1P|^2+|PN|^2$.所以

$$d^2=|M_1M_2|^2=|M_1P|^2+|PN|^2+|NM_2|^2$$

由于 $|M_1P|=|x_2-x_1|$,$|PN|=|y_2-y_1|$,$|NM_2|=|z_2-z_1|$

故 $d=|M_1M_2|=\sqrt{(x_2-x_1)^2+(y_2-y_1)^2+(z_2-z_1)^2}$,这

就是空间两点间的距离公式.

特殊地,点 $M(x,y,z)$ 与坐标原点 $O(0,0,0)$ 的距离为

$$d = |OM| = \sqrt{x^2 + y^2 + x^2}$$

例 5.2 在 x 轴上找一点 P,使它与点 $Q(4,1,2)$ 的距离为 $\sqrt{30}$.

解 P 点在 x 轴上,可设其坐标为 $(x,0,0)$ 由题意得 $|PQ| = \sqrt{30}$,则

$$30 = (4 - x)^2 + (1 - 0)^2 + (2 - 0)^2$$

即

$$x^2 - 8x - 9 = 0$$

解得

$$x_1 = 9 \quad x_2 = -1$$

故在 x 轴上所找的点为 $P_1(9,0,0)$ 和 $P_2(-1,0,0)$.

例 5.3 试证以 $M_1(4,3,1)$,$M_2(7,1,2)$,$M_3(5,2,3)$ 为顶点的三角形是等腰三角形.

证明 因为 $|M_2M_3|^2 = (5-7)^2 + (2-1)^2 + (3-2)^2 = 6$

$$|M_3M_1|^2 = (4-5)^2 + (3-2)^2 + (1-3)^2 = 6$$

所以

$$|M_2M_3| = |M_3M_1|$$

故 $\triangle M_1M_2M_3$ 是等腰三角形.

习题 5.1

1. 在空间直角坐标系中,指出下列各点在哪个卦限?

$A(1,2,3)$　$B(2,3,-4)$　$C(2,-3,-4)$　$D(-2,-3,1)$

2. 自点 $P(1,2,3)$ 分别作各坐标面和坐标轴的垂线,试写出各垂足的坐标.

3. 求点 $P(2,-3,-4)$ 到坐标面和坐标轴的距离.

4. 在 z 轴上求 $A(-4,1,7)$ 与 $B(3,5,-2)$ 点等距离的点的坐标.

5. 试证明以 $A(4,1,9)$,$B(10,-1,6)$,$C(2,4,3)$ 为顶点的三角形是等腰直角三角形.

5.2 向量及其线性运算

5.2.1 向量的基本概念

在现实生活中有许多量,有些量当取定单位后,用一个实数即可表示,如物体的质量、温度、体积等,这样的量称为标量或数量. 此外,还有许多量不能仅用一个实数表示,如物体运动的速度、加速度、位移,以及力和力矩等,它们既有大小又有方向,这样的量称为向量或矢量.

向量常用有向线段来表示,即有向线段的长度表示向量的大小,有向线段的方向表示向量的方向,以 A 为起点,B 为终点的有向线段所表示的向量记作 $\overrightarrow{AB}$,也可用黑体字母表示,如 **a**、**b**、**F** 等,如图 5.6 所示. 向量的大小称为向量的模,向量 **a** 的模记作 $|\boldsymbol{a}|$.

常用的特殊向量有:

零向量:模等于零的向量称为零向量,记作 **0**,零向量无确定方向.

单位向量:模等于1的向量,称为单位向量.

矢径:在直角坐标系中,以坐标原点为起点,以 M 为终点的向量 $\overrightarrow{OM}$ 通常称为点 M 的矢径,常记作 r,即 $r = \overrightarrow{OM}$(图5.7).于是,空间任何点 M 都对应一个矢径 $\overrightarrow{OM}$;反之,矢径 $\overrightarrow{OM}$ 也对应着空间一点 M,即这个矢径的终点.

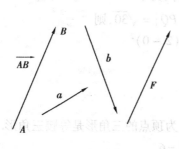

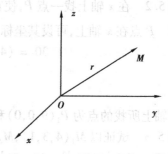

图5.6　　　　　　　　　　　　　　　　　　图5.7

自由向量:只考虑大小和方向,而不考虑起点位置的向量,称为自由向量.本章只讨论自由向量.

a^0:表示和向量 a 同方向的单位向量.

$-a$:表示和向量 a 方向相反、模相等的向量,称为 a 的负向量.

这里所说的向量,不仅有大小和方向,还须符合以下线性运算(相等、加减法及数量与向量的乘法)法则.

5.2.2　向量运算

(1)向量的相等

如果向量 a 和 b 的模相等且方向相同,就称向量 a 和 b 是相等的,并记 $a = b$.

注意　$a = b$ 有两层含义:其一是它们的模相等,其二是它们的方向相同,缺一不可.例如,二向量 a 和 b 的起点为同一个圆的圆心,终点为圆周上不同的二点,虽然它们的模相等,但方向不相同,所以 $a \neq b$.

(2)向量的加(减)法运算

定义5.1　设有两个非零向量 a,b,以 a,b 为边的平行四边形的对角线所表示的向量称为 a 与 b 的和(图5.8),记作 $c = a + b$,这就是向量加法的平行四边形法则,显然这个法则是根据力学中力、速度、加速度的合成法则规定的.

由图5.8可以看出,若以向量 a 的终点作为向量 b 的起点,则由 a 的起点到 b 的终点的向量也是 a 与 b 的和向量(图5.9),这是向量加法的三角形法则.这个法则可以推广到任意有限个向量相加的情形.

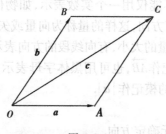

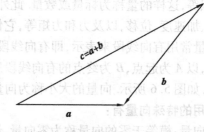

图5.8　　　　　　　　　　　　　　　　　　图5.9

如果两个向量在同一直线上,那么规定它们的和是这样一个向量:当两个向量的方向相同时,和向量的方向与两向量的方向相同,其模等于两向量的和;当两向量的方向相反时,和向量的方向与模较大的向量的方向相同,其模等于两向量之差的绝对值.

如果两个以上的向量相加,例如求 a,b,c,d 的和时,可将其依次首尾相接,由第一个向量的起点到最后一个向量的终点的向量即为此四个向量之和 R(图 5.10).这种规则称为多边形规则.

与数量的加法类似,向量的减法是向量加法的逆运算,如果 $b+c=a$,则称向量 c 为 a 与 b 的差,记作 $c=a-b$,如图 5.11 所示.

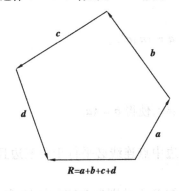

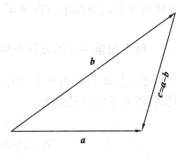

图 5.10　　　　　　　　　　　　　　　　　图 5.11

向量加(减)法满足图 5.12:

①交换律　$a+b=b+a$

②结合律　$(a+b)+c=a+(b+c)$

(3)向量的数乘运算

定义 5.2　设 a 是一个非零向量,λ 是一个非零实数,则 a 与 λ 的乘积仍是一个向量,记作 λa,且

①$|\lambda a|=|\lambda||a|$

②λa 的方向$\begin{cases}与 a 同方向,当 \lambda>0 \\ 与 a 反向,当 \lambda<0\end{cases}$

当 $\lambda=0$ 或 $a=0$ 时,规定 $\lambda a=0$,λa 无确定方向,也可看作是与 a 平行的.

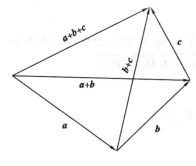

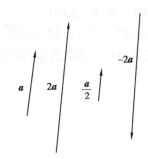

图 5.12　　　　　　　　　　　　　　　　　图 5.13

根据以上定义,数量 λ 与向量 a 相乘时,可先将 a 的模放大(或缩小)为 $|\lambda||a|$,再根据 λ

的符号确定 λa 的方向. 例如,已知向量 a,当 λ 分别为 $2, \dfrac{1}{2}, 2$ 时,λa 乘积如图 5.13 所示. 特别地,当 $\lambda = -1$ 时,简记 $-1a = -a$,它是与向量 a 的模相等,而方向相反的向量,常称为 a 的负向量. 由此可见,一个向量,如果将其起点与终点颠倒,所得的向量是原向量的负向量,即 $\overrightarrow{AB} = -\overrightarrow{BA}$,由此向量的减法可以看成 a 加 $-b$,即 $a - b = a + (-b)$.

数量的乘法满足:

①结合律 $\mu(\lambda a) = (\mu\lambda)a$

②分配律 $\lambda(a + b) = \lambda a + \lambda b$

$\qquad\qquad (\mu + \lambda)a = \lambda a + \lambda b$

非零向量 a 与同方向单位向量 a^0 的关系:$a^0 = \dfrac{a}{|a|}$,$a = |a|a^0$.

5.2.3 两个向量平行的充要条件

两个非零向量 a 与 b 相互平行的充要条件是:存在 $\lambda \neq 0$,使得 $b = \lambda a$.

证明略,请同学们自己思考.

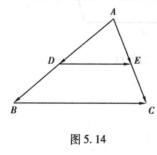

图 5.14

例 5.4 证明三角形两边中点连线必平行于第三边且等于第三边的一半.

证 如图 5.14 所示,已知 D、E 分别为 $\triangle ABC$ 中 AB 和 AC 的中点,设 $\overrightarrow{AB} = a$,$\overrightarrow{AC} = b$,则 $\overrightarrow{BC} = \overrightarrow{AC} - \overrightarrow{AB} = b - a$,又 $\overrightarrow{AD} = \dfrac{1}{2}a$,$\overrightarrow{AE} = \dfrac{1}{2}b$,则 $\overrightarrow{DE} = \overrightarrow{AE} - \overrightarrow{AD} = \dfrac{1}{2}(b - a) = \dfrac{1}{2}\overrightarrow{BC}$,故 $\overrightarrow{DE} \ /\!/ \ \overrightarrow{BC}$,且 $|\overrightarrow{DE}| = \dfrac{1}{2}|\overrightarrow{BC}|$.

习题 5.2

1. 在平行四边形 $ABCD$ 中,已知 $\overrightarrow{OA} = a$,$\overrightarrow{AD} = b$. M 是平行四边形对角线的交点,试用 a, b 表示向量 $\overrightarrow{MA}$、$\overrightarrow{MB}$、$\overrightarrow{MC}$ 和 $\overrightarrow{MD}$.

2. 设 $\triangle ABC$ 的两边,$\overrightarrow{AB} = c$,$\overrightarrow{BC} = a$,现将 $\triangle ABC$ 的 AB 边 5 等分,设分点依次为 D_1, D_2, D_3, D_4,再将各点与点 A 依次连接. 试用 a, c 表示向量 $\overrightarrow{D_1A}$、$\overrightarrow{D_2A}$、$\overrightarrow{D_3A}$ 和 $\overrightarrow{D_4A}$.

5.3 向量的坐标

5.3.1 向量在轴上的投影

(1)两个向量的夹角

设有两个非零向量 a, b,任取空间一点 O,作 $\overrightarrow{OA} = a$,$\overrightarrow{OB} = b$,规定不超过 π 的角 $\angle AOB(\varphi$

$\angle AOB, 0 \le \varphi \le \pi$)为向量 a 与 b 的夹角(图 5.15),记作 $(\overset{\wedge}{a,b})$ 或 $(\overset{\wedge}{b,a})$,即 $(\overset{\wedge}{a,b}) = \varphi$。如果向量 a 与 b 中有一个是零向量,规定它们的夹角可在 0 与 π 之间任意取值. 类似地,可以规定向量与一轴的夹角或空间两轴的夹角,不再赘述.

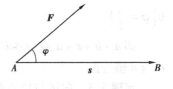

图 5.15

(2)空间一点与一向量在轴上的投影

设已知空间一点 A 以及一轴 u,通过点 A 作轴 u 的垂直平面 α,那么平面 α 与 u 轴的交点 A' 称为点 A 在 u 轴上的投影,如图 5.16 所示. 设已知向量 $\overrightarrow{AB}$ 的起点 A 和终点 B 在 u 轴上的投影分别为点 A' 和 B',那么轴 u 上的有向线段 $\overrightarrow{A'B'}$ 的值 $A'B'$ 称为向量 $\overrightarrow{AB}$ 在 u 轴上的投影(图 5.17),记作 $\mathrm{prj}_u\overrightarrow{AB}$.

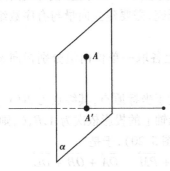

图 5.16

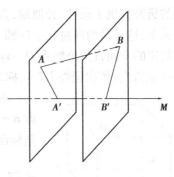

图 5.17

(3)投影定理

定理 5.1　向量 $\overrightarrow{AB}$ 在 u 轴上的投影等于向量的模乘以轴与向量间的角 φ 的余弦,即 $\mathrm{prj}_u\overrightarrow{AB} = |\overrightarrow{AB}|\cos\varphi.$ (证明略,如图 5.18 所示)

由此定理可以得到:相等的向量在同一轴上的投影必相等,但其逆不真,即两向量在同一轴上的投影相等,并不能肯定这两个向量必相等;换句话说,由向量在同一轴上的投影并不能唯一地确定这一向量.

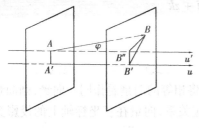

图 5.18

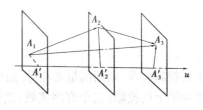

图 5.19

定理 5.2　有限个向量的和在轴上的投影,等于各个向量在该轴上的投影之和,即 $\mathrm{prj}_u(a_1 + a_2 + \cdots + a_n) = \mathrm{prj}_u a_1 + \mathrm{prj}_u a_2 + \cdots + \mathrm{prj}_u a_n.$ (证明略, 如图 5.18 所示)

例 5.5　已知 $\mathrm{prj}_u a = -1, \mathrm{prj}_u b = 5, \mathrm{prj}_u c = 2, \mathrm{prj}_u d = -6$,证明 $a + b + c + d$ 与 u 轴垂直.

证明　由定理 2 知

$\mathrm{prj}_u(a + b + c + d) = \mathrm{prj}_u a + \mathrm{prj}_u b + \mathrm{prj}_u c + \mathrm{prj}_u d = -1 + 5 + 2 + (-6) = 0,$设 $a + b + c + d$ 与 u 轴之间的夹角为 φ,则 $|a + b + c + d|\cos\varphi = 0$,所以 $|a + b + c + d| = 0$ 或 $\cos\varphi =$

$0\left(\varphi = \dfrac{\pi}{2}\right)$.

即 $a + b + c + d$ 或为零向量,或与 u 轴垂直. 但零向量也可看作是与 u 轴垂直,故 $a + b + c + d$ 与 u 轴垂直.

定理 5.3   向量与数的乘积在轴上的投影等于向量在轴上的投影与数的乘积,即

$$\text{prj}_u(\lambda a) = \lambda \text{prj}_u a (证明略)$$

5.3.2　向量在坐标轴上的分向量与向量的坐标

通过坐标法,使平面上(或空间)的点与有序数组之间建立了一一对应关系,从而为沟通数与形的研究提供了条件. 类似地,为了沟通数与向量的研究,需要建立向量与有序数组之间的对应关系,这可借助向量在坐标轴上的投影来实现.

在给定的空间直角坐标系 $O - xyz$ 中,在三个坐标轴上各取一单位向量分别指向 x 轴、y 轴、z 轴的正方向,依次记作 i、j、k,称为基本单位向量。

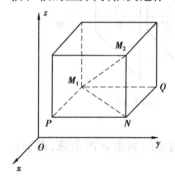

图 5.20

将任一向量 a 的起点置于坐标原点,其终点为 $M(x,y,z)$,即 $a = \overrightarrow{OM}$,设点 M 在三坐标轴上的投影依次为 A,B,C,则 M 在坐标面 xOy 上的投影为 P(图 5.20),于是

$$\overrightarrow{OM} = \overrightarrow{OA} + \overrightarrow{AP} + \overrightarrow{PM} = \overrightarrow{OA} + \overrightarrow{OB} + \overrightarrow{OC} \tag{1}$$

将 $\overrightarrow{OA}$、$\overrightarrow{OB}$、$\overrightarrow{OC}$ 称为向量 $\overrightarrow{OM}$ 在三个坐标上的分向量,将向量 $\overrightarrow{OM}$ 表示为三个坐标轴上的分向量之和(即写成式(1)),称为向量在三个坐标轴上按基本单位向量的分解式.

设点 M 的坐标为 (x,y,z),则 $|\overrightarrow{OA}| = |x|$,与 $\overrightarrow{OA}$ 同方向的单位向量为 $\pm i$,当 $x \geq 0$ 时,取"$+$"号,当 $x < 0$ 时,取"$-$"号,于是

$$\overrightarrow{OA} = \pm |x| i = xi,同理 \overrightarrow{OB} = yj, \overrightarrow{OC} = zk,代入式(1),得$$

$$a = \overrightarrow{OM} = xi + yj + zk \tag{2}$$

其中 $x = OA, y = OB, z = OC$,即为 $\overrightarrow{OM}$ 在三坐标轴上的投影.

注意   如果向量的起点在原点,则向量的终点坐标恰为向量在三个坐标轴上的投影.

由定理 1 可知,两个相等的向量在同轴上投影相等,由式(2)可知,如果两向量在每一坐标轴上的投影相等,则两向量必相等. 由此可见,如果将相等的向量看作同一向量,则向量与其在三个标轴上的投影(三个有序实效)之间有一一对应关系,向量在三坐标轴上的投影又称为向量的坐标. 一般地,设向量 a 在三坐标轴上的投影为 a_x, a_y, a_z,则

$$a = a_x i + a_y j + a_z k \tag{3}$$

简记为

$$a = \{a_x, a_y, a_z\} \tag{4}$$

式(3)和式(4)称为向量的坐标表示式(或投影表示式). 由此可以看出,空间任一向量 a 和一个三维数组 $\{a_x, a_y, a_z\}$ 一一对应.

例 5.6   已知三点 $A(1,2,4)$,$B(-2,3,1)$,$C(2,5,0)$,分别写出三个向量 $\overrightarrow{OA}$,$\overrightarrow{OB}$,$\overrightarrow{OC}$ 的坐标表示.

解　$\overrightarrow{OA} = \boldsymbol{i} + 2\boldsymbol{j} + 4\boldsymbol{k} = \{1,2,4\}$；

$\overrightarrow{OB} = -2\boldsymbol{i} + 3\boldsymbol{j} + \boldsymbol{k} = \{-2,3,1\}$；

$\overrightarrow{OC} = 2\boldsymbol{i} + 5\boldsymbol{j} + 0\boldsymbol{k} = \{2,5,0\}$.

5.3.3　向量的加减法及向量与数量乘法的坐标表示

利用向量的坐标表示式,可将向量的运算转化为数量的运算.

设　$\boldsymbol{a} = a_x\boldsymbol{i} + a_y\boldsymbol{j} + a_z\boldsymbol{k}, \boldsymbol{b} = b_x\boldsymbol{i} + b_y\boldsymbol{j} + b_z\boldsymbol{k}$,则　$\boldsymbol{a} \pm \boldsymbol{b} = (a_x \pm b_x)\boldsymbol{i} + (a_y \pm b_y)\boldsymbol{j} + (a_z \pm b_z)\boldsymbol{k}$,
$\lambda\boldsymbol{a} = \lambda a_x\boldsymbol{i} + \lambda a_y\boldsymbol{j} + a_z\boldsymbol{k}$　（λ 为数量）.

显然有 $\boldsymbol{a} = \boldsymbol{b} \Leftrightarrow a_x = b_x, a_y = b_y, a_z = b_z$.

例 5.7　设 $\boldsymbol{a} = 3\boldsymbol{i} + 4\boldsymbol{j} - \boldsymbol{k}, \boldsymbol{b} = \boldsymbol{i} - 2\boldsymbol{j} + 3\boldsymbol{k}$,求 $3\boldsymbol{a} - 2\boldsymbol{b}$.

解　$3\boldsymbol{a} - 2\boldsymbol{b} = 3(3\boldsymbol{i} + 4\boldsymbol{j} - \boldsymbol{k}) - 2(\boldsymbol{i} - 2\boldsymbol{j} + 3\boldsymbol{k}) = 9\boldsymbol{i} + 12\boldsymbol{j} - 3\boldsymbol{k} - 2\boldsymbol{i} + 4\boldsymbol{j} - 6\boldsymbol{k} = 7\boldsymbol{i} + 16\boldsymbol{j} - 9\boldsymbol{k}$

例 5.8　已知两点 $M_1 = (x_1, y_1, z_1), M_2 = (x_2, y_2, z_2)$,求向量 $\overrightarrow{M_1M_2}$ 的坐标.

解　如图 5.21 所示,作向量 $\overrightarrow{OM_1}$ 和 $\overrightarrow{OM_2}$,则 $\overrightarrow{M_1M_2} = \overrightarrow{OM_2} - \overrightarrow{OM_1}$,而 $\overrightarrow{OM_2} = x_2\boldsymbol{i} + y_2\boldsymbol{j} + z_2\boldsymbol{k}$,
$\overrightarrow{OM_1} = x_1\boldsymbol{i} + y_1\boldsymbol{j} + z_1\boldsymbol{k}$

$$\begin{aligned}
\overrightarrow{M_1M_2} &= (x_2 - x_1)\boldsymbol{i} + (y_2 - y_1)\boldsymbol{j} + (z_2 - z_1)\boldsymbol{k} \\
&= \{x_2 - x_1, y_2 - y_1, z_2 - z_1\}
\end{aligned} \tag{5}$$

即向量坐标为 $x_2 - x_1, y_2 - y_1, z_2 - z_1$,也就是说,任何向量的坐标,等于其终点的坐标与起点的坐标之差.

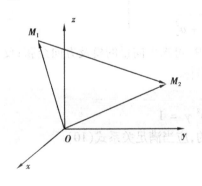　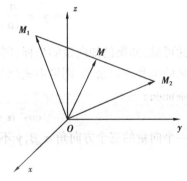

图 5.21　　　　　　　　　　　　　　　　图 5.22

例 5.9　已知两点 $M_1(x_1, y_1, z_1), M_2(x_2, y_2, z_2)$,求线段 M_1M_2 的中点坐标.

解　设线段 M_1M_2 的中点为 $M(x, y, z)$,如图 5.22 所示,作向量 $\overrightarrow{OM_1}, \overrightarrow{OM_2}, \overrightarrow{OM}$,因为 M 是线段 M_1M_2 的中点,由 $\overrightarrow{OM} - \overrightarrow{OM_1} = \overrightarrow{OM_2} - \overrightarrow{OM}$ 得 $\overrightarrow{OM} = \dfrac{1}{2}(\overrightarrow{OM_1} + \overrightarrow{OM_2})$,而 $\overrightarrow{OM} = x\boldsymbol{i} + y\boldsymbol{j} + z\boldsymbol{k}$,
$\overrightarrow{OM_1} = x_1\boldsymbol{i} + y_1\boldsymbol{j} + z_1\boldsymbol{k}, \overrightarrow{OM_2} = x_2\boldsymbol{i} + y_2\boldsymbol{j} + z_2\boldsymbol{k}$

$$\{x, y, z\} = \left\{\frac{1}{2}(x_1 + x_2), \frac{1}{2}(y_1 + y_2), \frac{1}{2}(z_1 + z_2)\right\}$$

即
$$x = \frac{x_1 + x_2}{2}, y = \frac{y_1 + y_2}{2}, z = \frac{z_1 + z_2}{2} \tag{6}$$

这就是线段中点坐标公式.

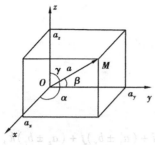

图 5.23

5.3.4　向量的模与方向余弦

向量的模可以用向量的坐标来表示. 设向量 $a = \{a_x, a_y, a_z\}$, 将 a 的起点移至原点, 终点为 M(图 5.23), 则由两点间的距离公式.

$$|a| = \sqrt{a_x^2 + a_y^2 + a_z^2} \tag{7}$$

设向量 a 与 x 轴、y 轴、z 轴的正向间的夹角依次为 α, β, γ, 称为向量 a 的方向角, 它们的余弦 $\cos \alpha$, $\cos \beta$, $\cos \gamma$ 称为向量 a 的方向余弦, 规定 $0 \leqslant \alpha, \beta, \gamma \leqslant \pi$.

一个向量当它的三个方向角确定, 则其方向也就确定了. 下面给出向量坐标与方向角(或方向余弦)的关系, 由定理 1 可知

$$a_x = |a| \cos \alpha, a_y = |a| \cos \beta, a_z = |a| \cos \gamma \tag{8}$$

当 $|a| \neq 0$ 时

$$\left. \begin{array}{l} \cos \alpha = \dfrac{a_x}{|a|} = \dfrac{a_x}{\sqrt{a_x^2 + a_y^2 + a_z^2}} \\[3mm] \cos \beta = \dfrac{a_y}{|a|} = \dfrac{a_y}{\sqrt{a_x^2 + a_y^2 + a_z^2}} \\[3mm] \cos \gamma = \dfrac{a_z}{|a|} = \dfrac{a_z}{\sqrt{a_x^2 + a_y^2 + a_z^2}} \end{array} \right\} \tag{9}$$

由此可见, 如果已知向量的坐标, 则由式(7)、式(9)可求出向量的模及方向余弦; 反之, 若已知向量的模和方向余弦, 则可由式(8)求出向量的坐标.

不难证明:

$$\cos^2 \alpha + \cos^2 \beta + \cos^2 \gamma = 1 \tag{10}$$

这说明一个向量的三个方向角 α, β, γ 不是相互独立的, 应当满足关系式(10).

例 5.10　设 $a = \{1, -1, 2\}$, 求 a 的模及方向余弦.

解　由式(7)和式(9)得

$$|a| = \sqrt{1^2 + (-1)^2 + 2^2} = \sqrt{6}$$

$$\cos \alpha = \frac{1}{\sqrt{6}}, \cos \beta = -\frac{1}{\sqrt{6}}, \cos \gamma = \frac{2}{\sqrt{6}}$$

例 5.11　已知 $a = 5i - 2j - 14k$, 求单位向量 a^0.

解　由式(7)得

$$|a| = \sqrt{5^2 + (-2)^2 + (-14)^2} = 15$$

故所求单位向量为

$$a^0 = \frac{a}{|a|} = \frac{1}{3}i - \frac{2}{15}j - \frac{14}{15}k.$$

例 5.12　三个力同时作用于一点, 设这三个力分别为 $F_1 = \{1, 2, 3\}$, $F_2 = \{-2, 3, -4\}$, $F_3 = \{3, -4, 5\}$, 求合力 R 的大小和方向.

解 $R = F_1 + F_2 + F_3 = \{1 + (-2) + 3, 2 + 3 + (-4), 3 + (-4) + 5\} = \{2, 1, 4\}$，故合力的大小即模为 $|R| = \sqrt{2^2 + 1^2 + 4^2} = \sqrt{21}$

R 的方向余弦为 $\cos \alpha = \dfrac{2}{\sqrt{21}}, \cos \beta = \dfrac{1}{\sqrt{21}}, \cos \gamma = \dfrac{4}{\sqrt{21}}$.

例 5.13 已知一向量 a 的两个方向余弦分别为 $\cos \alpha = \dfrac{2}{7}, \cos \beta = \dfrac{3}{7}$，又知 a 与 z 轴间的夹角为钝角，求 $\cos \gamma$.

解 由式(10)得，$\cos^2 \gamma = 1 - \cos^2 \alpha - \cos^2 \gamma = 1 - \dfrac{4}{49} - \dfrac{9}{49} = \dfrac{36}{49}$，则 $\cos \gamma = \pm \dfrac{6}{7}$，由于 γ 是钝角，所以 $\cos \gamma = -\dfrac{6}{7}$.

习题 5.3

1. 设向量 a 的模是 4，它与 x 轴的夹角是 $60°$，求 a 在 x 轴上的投影 $\mathrm{prj}_x a$.
2. 已知向量 $\overrightarrow{AB} = a$ 是以 $A(x_1, y_1, z_1)$ 为起点，$B(x_2, y_2, z_2)$ 为终点的向量，求向量 a 的坐标表示式.
3. 已知两点 $A(0, 1, 2)$ 和 $B(1, -1, 0)$. 试用坐标表示式表示向量 $\overrightarrow{AB}$ 及 $-2\overrightarrow{AB}$.
4. 已知 $A(1, -2, 3)$、$B(4, 2, -1)$，求向量 $\overrightarrow{AB}$ 的模及方向余弦.
5. 求于向量 $p = \{6, 7, -6\}$ 平行的单位向量 p^0.
6. 设向量 m 的两个方向余弦为 $\cos \alpha = 1/3, \cos \beta = 2/3, |m| = 6$，求向量 m 的坐标.
7. 三个力 $F_1 = i + 2j + 3k, F_2 = -2i + 3j - 4k, F_3 = 3i - 4j + 5k$，求合力 R 的大小和方向.

5.4 向量的数量积、向量积

5.4.1 数量积的概念

(1)基本概念

分析常力做功问题:若有一质点在常力(大小与方向均不改变)F 的作用下，由点 A 沿直线移动到点 B，产生位移 $s = \overrightarrow{AB}$(图 5.24)，则由物理学知识可知，力 F 所做的功为

$$W = |F||s| \cos \varphi$$

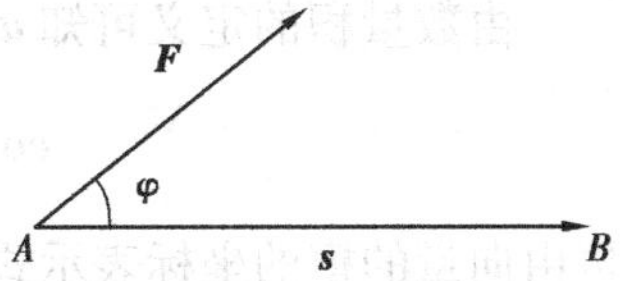

图 5.24

像这样由两个向量的模及其正向夹角的余弦的乘积构成的算式，在其他问题中还会经常遇到，为此，抽象出向量数量积的概念.

定义 5.3 设有向量 a 和 b，它们的夹角记作 $(a \overset{\wedge}{,} b)$，称数值

$$|a||b| \cos(a \overset{\wedge}{,} b), \quad 0 \leqslant (a \overset{\wedge}{,} b) \leqslant \pi.$$

为 a 与 b 的数量积(或点积),记作 $a \cdot b$ 或 ab,即

$$a \cdot b = |a||b| \cos(\overset{\wedge}{a,b}) \tag{1}$$

特别地,当 $b = a$ 时,$a \cdot b = |a||b| \cos(\overset{\wedge}{a,b}) = |a|^2$.

根据定义,常力 F 所做的功 W 是力 F 和位移 s 的数量积,即 $W = F \cdot s$.

(2)向量数量积的运算规律

①交换律 $a \cdot b = b \cdot a$

②分配律 $a \cdot (b + c) = a \cdot b + a \cdot c$

③结合律 $\lambda(a \cdot b) = (\lambda a) \cdot b = a \cdot (\lambda b)$ (λ 为常数).

定理 5.4 两非零向量 a 与 b 相互垂直的充分必要条件是 $a \cdot b = 0$(证明略).

例 5.14 证明向量 $(b \cdot c)a - (a \cdot c)b$ 与向量 c 垂直.

证明 要证明两向量垂直,只要证其点积为零即可,为此作点乘

$$[(b \cdot c)a - (a \cdot c)b] \cdot c = (b \cdot c)(a \cdot c) - (a \cdot c)(b \cdot c) = 0 \quad 证毕.$$

(3)数量积的坐标表示式

设 $a = a_x i + a_y j + a_z k, b = b_x i + b_y j + b_z k$,

$a \cdot b = (a_x i + a_y j + a_z k) \cdot (b_x i + b_y j + b_z k)$

$= a_x b_x i \cdot i + a_x b_y i \cdot j + a_x b_z i \cdot k + a_y b_x j \cdot i + a_y b_y j \cdot j + a_y b_z j \cdot k + a_z b_x k \cdot i + a_z b_y k \cdot j + a_z b_z k \cdot k$

因为三个基本单位向量 i, j, k 是两两相互垂直的单位向量,故有

$$i \cdot j = 0, j \cdot k = 0, k \cdot i = 0, i \cdot i = 1, j \cdot j = 1, k \cdot k = 1$$

所以

$$a \cdot b = a_x b_x + a_y b_y + a_z b_z. \tag{2}$$

即二向量的数量积等于各对同名坐标的乘积之和.

例 5.15 已知 $a = \{1, 0, -2\}, b = \{-3, 1, 1\}$,求 $a \cdot b$ 及 $\mathrm{prj}_b a$.

解 由式(2)得

$$a \cdot b = 1 \times (-3) + 0 \times 1 + (-2) \times 1 = -5. \quad 又 |b| = \sqrt{(-3)^2 + 1^2 + 1^2} = 11$$

故

$$\mathrm{prj}_b a = |a| \cos(\overset{\wedge}{a,b}) = \frac{|a||b| \cos(\overset{\wedge}{a,b})}{|b|} = \frac{a \cdot b}{|b|} = -\frac{5}{\sqrt{11}}$$

(4)两向量的夹角

由数量积的定义可知 a, b 夹角的余弦为

$$\cos(\overset{\wedge}{a,b}) = \frac{a \cdot b}{|a||b|} \quad (|a| \neq 0, |b| \neq 0) \tag{3}$$

再由向量的模的坐标表示式及式(2)可得

$$\cos(\overset{\wedge}{a,b}) = \frac{a_x b_x + a_y b_y + a_z b_z}{\sqrt{a_x^2 + a_y^2 + a_z^2} \sqrt{b_x^2 + b_y^2 + b_z^2}} \tag{4}$$

由式(4)可得:两非零向量 a 与 b 相互垂直的充分必要条件是

$$a_x b_x + a_y b_y + a_z b_z = 0.$$

例 5.16 已知点 $A(1,1,2), B(2,2,1), C(2,1,2)$,求 $\overrightarrow{AB}$ 和 $\overrightarrow{AC}$ 的夹角.

解 $\overrightarrow{AB} = \{1, 1, -1\}, \overrightarrow{AC} = \{1, 0, 0\}$,由式(4)得

$$\cos(\overset{\wedge}{AB,AC}) = \frac{1 \times 1 + 1 \times 0 + (-1) \times 0}{\sqrt{1^2 + 1^2 + (-1)^2}\sqrt{1^2 + 0^2 + 0^2}} = \frac{1}{\sqrt{3}}$$

故 $(\overset{\wedge}{AB,AC}) = \arccos \dfrac{1}{\sqrt{3}}$

5.4.2　两向量的向量积

(1)向量积的概念

考虑力矩问题,O 为一定点,A 为力 F 的作用点,$\overrightarrow{OA} = r$,现求力 F 对于定点 O 的力矩(图 5.25).

首先应明确,力矩是一个向量,其大小等于力乘以力臂(即点 O 到力 F 的作用线的距离 ρ),记力矩为 M;r 与 F 间的角为 θ,则力臂为 $\rho = |r| \sin \theta$,力矩的大小应为 $|M| = |F| \rho = |F||r| \sin \theta$,力矩 M 的方向垂直于 r 及 F,且当 r 转到 F 的转向与右手螺旋的转向相同时,M 的指向与螺旋前进的方向相同,在图 5.25 中,M 垂直于由 r 及 F 所决定的平面,且指向朝上.

这样的问题在其他方面还经常遇到,数学上据此抽象出了两个向量向量积的运算.

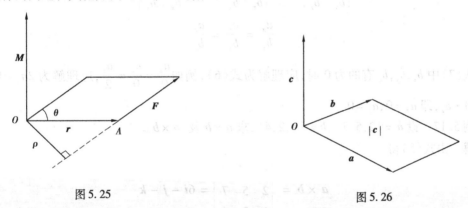

图 5.25　　　　　　　　　　　　图 5.26

定义 5.4　两向量 a 和 b 的向量积(或称叉积)是一个向量 c,记作 $c = a \times b$,它满足下列三个条件:

①$|c| = |a||b| \sin(\overset{\wedge}{a,b})$,$0 \leqslant (\overset{\wedge}{a,b}) \leqslant \pi$,即向量 c 的模等于 a 的模乘 b 的模再乘它们夹角的正弦,亦即以 a 和 b 为边的平行四边形的面积。

②$c \perp a, c \perp b$.

③a,b,c 成右手系,即如果 a,b,c 有共同的起点,当 a 同右手拇指的指向、b 同食指的指向,则中指所指的方向即为 c 的方向(图 5.26).根据向量积的定义可知,力矩 $M = R \times F$.

(2)向量积的运算性质

①结合律　$(\lambda a) \times b = \lambda(a \times b) = a \times (\lambda b)$.

②分配律　$a \times (b + c) = a \times b + a \times c, (a + b) \times c = a \times c + b \times c$.

注意　两向量的向量积一般不满足交换律,即 $a \times b \neq b \times a$(除非 $a \times b$ 为零向量),而是 $a \times b = -(b \times a)$.

定理 5.5　两非零向量 a 与 b 相互平行的充分必要条件是 $a \times b = 0$(读者自己证).

为方便计,在此规定零向量与任何向量平行,于是本定理中"非零"二字可以去掉.特别地,$a \times a = 0$.

(3)向量积的坐标表示式

由向量积的定义可知,对空间直角坐标系中的三个基本单位向量 i,j,k,有:$i \times i = j \times j = k \times k = 0, i \times j = k, j \times i = -k, j \times k = i, k \times j = -i, k \times i = j, i \times k = -j.$

设 $a = a_x i + a_y j + a_z k, b = b_x i + b_y j + b_z k$,则

$$a \times b = (a_y b_z - a_z b_y)i + (a_z b_x - a_x b_z)j + (a_x b_y - a_y b_x)k$$

$$= \begin{vmatrix} a_y & a_z \\ b_y & b_z \end{vmatrix} i + \begin{vmatrix} a_z & a_x \\ b_z & b_x \end{vmatrix} j + \begin{vmatrix} a_x & a_y \\ b_x & b_y \end{vmatrix} k$$

为便于记忆,利用三阶行列式记号,将上式记作

$$a \times b = \begin{vmatrix} i & j & k \\ a_x & a_y & a_z \\ b_x & b_y & b_z \end{vmatrix} \tag{5}$$

由此可见,两向量平行的充分必要条件为

$$\begin{vmatrix} a_y & a_z \\ b_y & b_z \end{vmatrix} = 0, \begin{vmatrix} a_z & a_x \\ b_z & b_x \end{vmatrix} = 0, \begin{vmatrix} a_x & a_y \\ b_x & b_y \end{vmatrix} = 0 \tag{6}$$

即

$$\frac{a_x}{b_x} = \frac{a_y}{b_y} = \frac{a_z}{b_z} \tag{7}$$

如果式(7)中 b_x, b_y, b_z 有的为 0 时,应理解为式(6),例如 $\frac{a_x}{0} = \frac{a_z}{0} = \frac{a_z}{2}$,应理解为 $2a_x = 0 \cdot a_z$,$2a_y = 0 \cdot a_z$,即 $a_x = 0, a_y = 0$.

例 5.17 设 $a = \{2,5,7\}, b = \{1,2,4\}$,求 $a \times b$ 及 $|a \times b|$.

解 由式(5)得

$$a \times b = \begin{vmatrix} i & j & k \\ 2 & 5 & 7 \\ 1 & 2 & 4 \end{vmatrix} = 6i - j - k$$

$$|a \times b| = \sqrt{6^2 + (-1)^2 + (-1)^2} = \sqrt{38}$$

例 5.18 已知三角形的顶点为 $A(1,2,3), B(3,4,5), C(2,4,7)$,试求三角形的面积.

解 由向量积的定义可知,$|\vec{AB} \times \vec{AC}|$ 为以 $\vec{AB}$ 与 $\vec{AC}$ 为边的平行四边形的面积,故 $\triangle ABC$ 的面积为

$$S_{\triangle ABC} = \frac{1}{2}|\vec{AB} \times \vec{AC}|$$

而 $\vec{AB} = \{2,2,2\}, \vec{AC} = \{1,2,4\}, \vec{AB} \times \vec{AC} = \{4,-6,2\}$

故 $S_{\triangle ABC} = \frac{1}{2}|\vec{AB} \times \vec{AC}| = \sqrt{4^2 + (-6)^2 + 2^2} = \sqrt{56} = 2\sqrt{14}$

例 5.19 已知 $a = 2i - j, b = j + 2k$,求 $\tan(\overset{\wedge}{a,b})$.

解 因为 $|a \times b| = |a||b| \sin(\overset{\wedge}{a,b}), a \cdot b = |a||b| \cos(\overset{\wedge}{a,b})$

所以 $\tan(\overset{\wedge}{a,b}) = \frac{\sin(\overset{\wedge}{a,b})}{\cos(\overset{\wedge}{a,b})} = \frac{|a \times b|}{a \cdot b}$

而 $a \times b = \begin{vmatrix} i & j & k \\ 2 & -1 & 0 \\ 0 & 1 & 2 \end{vmatrix} = -2i - 4j + 2k, a \cdot b = 2 \times 0 + (-1) \times 1 + 0 \times 2 = -1$

故 $\tan(\overset{\wedge}{a,b}) = \dfrac{|a \times b|}{a \cdot b} = \dfrac{\sqrt{24}}{-1} = -2\sqrt{6}$

习题 5.4

1. 已知 $a = \{1,1,0\}$, $b = \{1,,1\}$, 求 $a \cdot b$ 及 $\mathrm{prj}_b a$.

2. 设 $a = a_x i + a_y j + a_z k$, 求 $\mathrm{prj}_i a$, $\mathrm{prj}_j a$, $\mathrm{prj}_k a$.

3. 已知 $a = \{4, -2, -4\}$, $b = \{6, -3, 2\}$, 试求:

(1) $a \cdot b$　(2) $a \cdot a$　(3) $(3a - 2b) \cdot (a + 3b)$.

4. 求在 xOy 坐标面上与向量 $a = \{-4, 3, 7\}$ 垂直的单位向量.

5. 设力 $F = 2i - 3j + 4k$ 作用于一质点上, 在 F 的作用下质点由沿直线由 $A(1, 2, -1)$ 移动到 $B(1, 2, -1)$, 求力 F 所做的功(力的单位为 N, 位移的单位为 m).

6. 已知 $a = \{2, -1, 1\}$, $b = \{1, 2, -1\}$, 试求:

(1) $a \times b$　(2) $(a + b) \times (a - b)$.

7. 求与向量 $m = \{4, 5, 3\}$ 及 $n = \{2, 2, 1\}$ 垂直的单位向量 p^0.

8. 已知三角形的顶点为 $A(2, -2, 0)$, $B(-1, 0, 1)$, $C(1, 1, 2)$, 试求 $\triangle ABC$ 的面积.

5.5　空间曲面及其方程

曲面是日常生活中很常见的几何形状, 在空间解析几何中, 任何曲面都看作是满足某种共同性质的点的几何轨迹. 如球面, 可以看作是与一定点等距离的点的轨迹; 再如平面, 可看作是与两定点等距离的点的轨迹等. 在建立空间直角坐标系以后, 设曲面上任一点的坐标为 $M(x, y, z)$, 则曲面上一切具有共同性质的点可用 x, y, z 间的一个方程表示出来.

5.5.1　曲面方程的概念

如果曲面 S 与一个三元方程

$$F(x, y, z) = 0$$

有下述关系:

①曲面 S 上任一点的坐标都满足该方程;

②不在曲面 S 上的点的坐标都不满足该方程.

那么该方程称为曲面 S 的方程, 而曲面 S 称为该方程的图形, 如图 5.27 所示. 在建立了曲面的方程以后, 就可以将曲面几何性质的研究化为方程的解析性质的研究.

在解析几何关于曲面的研究中, 有两个基本问题:

①已知作为点的几何轨迹的曲面, 要建立它的方程;

②已知曲面的方程,要研究它所表示的曲面的形状.

下面给出几个建立曲面方程的例子:

例5.20 一平面垂直平分两点 $A(1,2,3)$ 和 $B(2,-1,4)$ 间的线段,如图5.28所示.求这平面的方程.

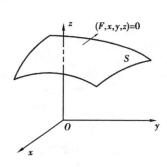

图 5.27

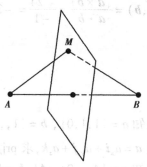

图 5.28

解 显然所求平面是与 A 及 B 点等距离的点的轨迹,在平面上任取一点 $M(x,y,z)$,则有 $|MA| = |MB|$,而

$$|MA| = \sqrt{(x-1)^2 + (y-2)^2 + (z-3)^2}$$

$$|MB| = \sqrt{(x-2)^2 + (y+1)^2 + (z-4)^2}$$

$$\sqrt{(x-1)^2 + (y-2)^2 + (z-3)^2} = \sqrt{(x-2)^2 + (y+1)^2 + (z-4)^2}$$

两边平方,化简得

$$2x - 6y + 2z - 7 = 0$$

即为所求平面方程.

5.5.2 常见的二次曲面及其方程

(1)球面方程

一动点到一定点的距离保持常数,此动点在空间运动的轨迹称为**球面**,定点称为**球心**,动点到定点的距离称为球的**半径**.下面在直角坐标系中建立球面的方程.

设球心在点 $C(a,b,c)$,半径为 R,在球面上任取一点 $M(x,y,z)$,有 $|MC| = R$ 即 $M(x,y,z)$ 到曲面上一点且具有以下两下方程表示出来.

$$\sqrt{(x-a)^2 + (y-b)^2 + (z-c)^2} = R$$

两边平方,得

$$(x-a)^2 + (y-b)^2 + (z-c)^2 = R^2 \tag{1}$$

此即所求球心在 $C(a,b,c)$,半径为 R 的球面方程.

当方程(1)中 C 点恰为坐标原点 O 时,方程(1)就转化为

$$x^2 + y^2 + z^2 = R^2 \tag{2}$$

此即球心在原点,半径为 R 的球面方程.

将方程(1)展开,整理得

$$x^2 + y^2 + x^2 - 2ax - 2by - 2cz + (a^2 + b^2 + c^2 - R^2) = 0$$

若令 $D = -2a, E = -2b, F = -2c, G = a^2 + b^2 + c^2 - R^2$,则上式转化为

$$x^2 + y^2 + x^2 + Dx + Ey + Fz + G = 0 \tag{3}$$

称方程(3)为球面方程的展开式,它是具有以下两个特点的二次方程:

①x^2, y^2, z^2 项的系数相等;

②xy, xz, yz 各项的系数为零.

反之,具有以上两个特点的二次方程的图形,一般情况下是球面,特殊情况是一个点,称为点球;或没有任何点的坐标满足这方程,称它为虚球面.

例 5.21　下列方程表示什么曲面?

(1)$x^2 + y^2 + z^2 - 2x - 4y - 4 = 0$;

(2)$x^2 + y^2 + z^2 - 2x - 4y + 5 = 0$;

(3)$x^2 + y^2 + z^2 - 2x - 4y + 6 = 0$.

解　将方程左端配方:

(1)$(x - 1)^2 + (y - 2)^2 + z^2 = 9$

它表示球心在点$(1, 2, 0)$,半径为 3 的球面.

(2)$(x - 1)^2 + (y - 2)^2 + z^2 = 0$

它表示空间一个点$(1, 2, 0)$,即点球.

(3)$(x - 1)^2 + (y - 2)^2 + z^2 = -1$

没有任何点的坐标满足这一方程,它表示虚球面.

(2) 母线平行于坐标轴的柱面方程

设方程 $F(x, y, z) = 0$ 中不含某一坐标,如不含竖坐标 z,即

$$F(x, y) = 0, \tag{4}$$

它在 xOy 平面上的图形是一条曲线 L. 由于方程中不含 z,故在空间一切与 L 上的点 $P(x, y, 0)$ 有相同横、纵坐标的点 $M(x, y, z)$ 均满足此方程. 也就是说,经过 L 上的任一点 P 而平行于 z 轴的直线上的一切点的坐标,均满足此方程;反之,如果点 $M'(x', y', z')$ 与曲线 L 上的任何点不具有相同的横纵坐标,则点 M' 的坐标必不满足此方程.

满足方程(4)的一切点的全体构成一曲面,它是由平行于 z 轴的直线沿 xOy 平面上的曲线 L 移动所形成的. 这种曲面称为柱面(图 5.29),曲线 L 称为**准线**,形成柱面所移动的直线称为柱面的**母线**. 因此,方程(4)在空间的图形是**母线平行于 z 轴的柱面**.

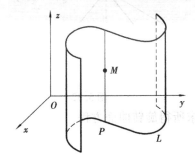

图 5.29

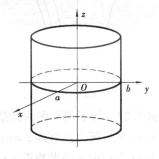

图 5.30

同理,方程 $F(y, z) = 0$ 的图形是**母线平行于 x 轴的柱面**,方程 $F(x, z) = 0$ 的图形是**母线平行于 y 轴的柱面**.

例 5.22　方程

$$\frac{x^2}{a^2} + \frac{y^2}{b^2} = 1 \tag{5}$$

表示以 xOy 平面上的椭圆为准线,母线平行于 z 轴的**椭圆柱面**(图 5.30). 在方程(5)中,若

$a = b$ 则 $x^2 + y^2 = a^2$ 表示圆柱面。

椭圆柱面、双曲柱面、抛物柱面的方程都是二次方程,统称为二次柱面.

(3)以坐标轴为旋转轴的旋转曲面的方程

平面曲线 C 绕同一平面上定直线 L 旋转所形成的曲面,称为旋转曲面。定直线 L 称为旋转轴。

现在建立 yz 面上以曲线 $C: f(y, z) = 0$ 绕 z 轴旋转所形成的曲面的方程(图 5.31)。

设 $M(x, y, z)$ 为旋转曲面上任一点,过点 M 作平面垂直于 z 轴,交 z 轴于点 $P(0, 0, z)$,交曲线 C 于点 $M_0(0, y_0, z_0)$,由于点 M 可以由点 M_0 绕 z 轴旋转得到,因此有

$$|PM| = |PM_0|, z = z_0 \qquad (6)$$

因为

$$|PM| = \sqrt{x^2 + y^2}, |PM_0| = |y_0|$$

所以

$$y_0 = \pm \sqrt{x^2 + y^2} \qquad (7)$$

又因为 M_0 在曲线 C 上,所以 $f(y_0, z_0) = 0$,将方程(6)、方程(7)代入 $f(y_0, z_0) = 0$ 即得旋转曲面方程:

$$f(\pm \sqrt{x^2 + y^2}, z) = 0$$

因此,求平面曲线 $f(y, z) = 0$ 绕 z 轴旋转的旋转曲面方程,只要将 $f(y, z) = 0$ 中 y 换成 $\pm \sqrt{x^2 + y^2}$ 而 z 保持不变,即得旋转曲面方程.

同理,曲线绕 y 轴旋转的旋转曲面方程为 $f(y, \pm \sqrt{x^2 + z^2}) = 0$.

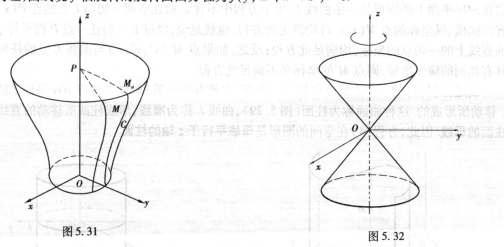

图 5.31

图 5.32

例 5.23 将下列平面曲线绕指定坐标轴旋转,试求所得旋转曲面方程:

(1) yz 坐标面上的直线 $z = ay(a \neq 0)$,绕 z 轴;

(2) yz 坐标面上的抛物面 $z = ay^2(a > 0)$ 绕 z 轴;

(3) xy 坐标面上的椭圆 $\dfrac{x^2}{a^2} + \dfrac{y^2}{b^2} = 1$,绕 x 轴.

解 (1) $z = a(\pm \sqrt{x^2 + y^2})$ 或 $z^2 = a(x^2 + y^2)$,该曲面称为圆锥面(图 5.32),点 O 称为圆锥的顶点.

(2) $z = a(x^2 + y^2)$,该曲面称为旋转抛物面(图 5.33),其特征是:当 $a > 0$ 时,抛物面的开口向上;当 $a < 0$ 时,抛物面的开口向下.

（3）$\dfrac{x^2}{a^2} + \dfrac{y^2}{b^2} + \dfrac{z^2}{b^2} = 1$，该曲面称为旋转椭球面（图 5.34）．

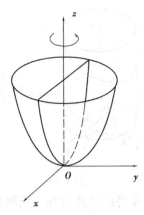

图 5.33

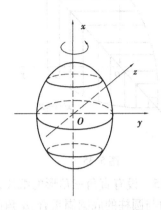

图 5.34

习题 5.5

1. 一动点与两定点等距离，求动点的轨迹方程．

2. 求以（1,3,-2）为球心，且通过坐标原点的球面方程．

3. 指出下列方程在平面解析几何和空间解析几何中分别表示什么图形．

（1）$x = 1$　　　　　　　　　　　（2）$x + y = 1$

（3）$x^2 + y^2 = 4$　　　　　　　　（4）$y^2 = 2x$

4. 将 xOy 坐标平面上的圆 $x^2 + y^2 = 9$ 绕 x 轴旋转一周，求所生成的旋转曲面的方程．

5.6　空间曲线及其方程

5.6.1　空间曲线的一般方程

我们知道，空间直线可以看作两个平面的交线，同样，空间曲线 L 也可以看作是两个曲面的交线．若两个曲面的方程为 $F_1(x,y,z) = 0$，$F_2(x,y,z) = 0$，则其交线 L 的方程为

$$\begin{cases} F_1(x,y,z) = 0, \\ F_2(x,y,z) = 0; \end{cases} \tag{1}$$

方程组（1）称为空间曲线 L 的一般方程．

例 5.24　方程组

$$\begin{cases} x^2 + y^2 = R^2 \\ x^2 + z^2 = R^2 \end{cases}$$

表示两个半径相等、对称轴垂直相交的圆柱面的交线，如图 5.35 所示（只画出第Ⅰ卦限部分）．

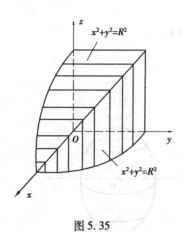

图 5.35

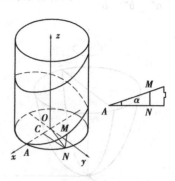

图 5.36

例 5.25 设有直角三角形的纸片,它的一个锐角为 α,今将此纸片卷在一正圆柱面上,使 α 角的一边与圆柱的底圆周重合,α 角的另一边则在圆柱面上盘旋上升,形成一条空间曲线,这空间曲线称为圆柱螺旋线,如图 5.36 所示.

下面建立螺旋线的参数方程,取坐标系如图 5.36 所示,设正圆柱的半径为 r,角的顶点 A 在圆柱的底圆周上的位置为 $A(r,0,0)$,在螺旋线上任取一点 $M(x,y,z)$,它在 xOy 平面上的投影为 $N(x,y,0)$,显然点 N 在圆柱的底圆周上,点 N 在 Ox 轴上的投影为 $C(x,0,0)$. 取 $\angle AON = t$ 为参数,于是有

$$\begin{cases} x = OC = |ON| \cos t = r\cos t \\ y = CN = |ON| \sin t = r\sin t \\ z = NM = AN \tan \alpha = rt \tan \alpha \end{cases}$$

令 $k = r \tan \alpha$,则 $z = kt$,因此,所求螺旋线的参数方程为

$$\begin{cases} x = r \cos t \\ y = r \sin t \\ z = kt \end{cases}$$

5.6.2 空间曲线的参数方程

在平面解析几何中,平面曲线的参数方程为 $\begin{cases} x = x(t) \\ y = y(t) \end{cases}$,同样,空间曲线也可以用参数方程表示,将空间曲线上任意点的直角坐标表示为参数 t 的函数,即

$$\begin{cases} x = x(t) \\ y = y(t), (t \text{ 为参数}) \\ z = z(t) \end{cases} \tag{2}$$

称方程组(2)为空间曲线的参数方程.

5.6.3 空间曲线在坐标面上的投影

设空间曲线 L 的方程为

$$\begin{cases} F_1(x,y,z) = 0 \\ F_2(x,y,z) = 0 \end{cases} \tag{3}$$

从方程组(3)中消去 z,得
$$F(x,y) = 0 \qquad (4)$$

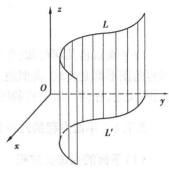

图 5.37

显然,空间曲线 L 上每点的坐标都满足方程(4),方程(4)是母线平行于 z 轴的柱面,L 在此柱面上,称此柱面为 **L 向平面 xOy 的投影柱面**.它与 xOy 平面的交线称为 L 在平面 xOy 上的**投影曲线**,简称为**投影**(图 5.37),记作 L'.其方程为
$$\begin{cases} F(x,y) = 0 \\ z = 0 \end{cases} \qquad (5)$$

同理,由方程组(3)中消去 x,得
$$G(y,z) = 0 \qquad (6)$$

为空间曲线 L 向平面 yOz 的投影柱面,空间曲线 L 在 xoy 面的投影曲线为
$$\begin{cases} G(y,z) = 0 \\ x = 0 \end{cases} \qquad (7)$$

由方程组(3)中消去 y,得
$$H(x,z) = 0 \qquad (8)$$

为空间曲线 L 向平面 xOz 的投影柱面.空间曲线 L 在 xOz 面的投影曲线为
$$\begin{cases} H(x,z) = 0 \\ y = 0 \end{cases} \qquad (9)$$

例 5.26　求空间曲线 $\begin{cases} 2x^2 + z^2 - 4y = 4z \\ x^2 + 3z^2 + 8y = 12z \end{cases}$,向平面 xOy 的投影柱面与在该面上的投影曲线.

解　从方程组中消去 z,得 $x^2 = 4y$,为曲线在 xOy 面上的投影柱面,投影曲线为
$$\begin{cases} x^2 = 4y \\ z = 0 \end{cases}$$

习题 5.6

1. 画出下列曲线在第一卦限的图形.

(1) $\begin{cases} x = 2 \\ y = 3 \end{cases}$ 　　　　　　(2) $\begin{cases} x^2 + y^2 + z^2 = 4 \\ x - y = 0 \end{cases}$

2. 指出下列方程在平面解析几何和空间解析几何中分别表示什么图形.

(1) $\begin{cases} y = 5x + 1 \\ y = 2x - 3 \end{cases}$ 　　　　　(2) $\begin{cases} \dfrac{x^2}{4} + \dfrac{y^2}{9} = 1 \\ y = 3 \end{cases}$

3. 求曲线 $\begin{cases} x^2 + y - z = 0 \\ z = x + 1 \end{cases}$,在 xOy 面上投影曲线的方程.

5.7 平面及其方程

由平面解析几何可知：在平面直角坐标系中，任何直线方程都是一次方程；反之，任何一次方程的图形都是直线. 类似地，本节将会看到，在空间直角坐标系中，任何平面的方程都是一次方程；反之，任何一次方程的图形都是平面.

5.7.1 平面方程的几种常见形式

(1)平面的点法式方程

垂直于平面的任一非零向量称为该平面的**法向量**.

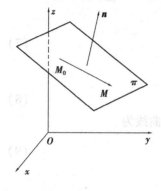

图 5.38

设在空间直角坐标系中，一平面 π 经过点 $M_0(x_0,y_0,z_0)$ 且有法向量 $n=\{A,B,C\}$（图 5.38），试求此平面的方程.

在平面 π 上任取一点 M，设 M 点的坐标为 (x,y,z)，作向量 $\overrightarrow{M_0M}$，由于向量 n 垂直于平面 π，因此也就垂直于平面上的一切向量，即 $\overrightarrow{M_0M}\perp n$，于是

$$n \cdot \overrightarrow{M_0M} = 0 \tag{1}$$

又因为，$n=\{A,B,C\}$，$\overrightarrow{MM_0}=\{x-x_0,y-y_0,z-z_0\}$，故有

$$n \cdot \overrightarrow{M_0M} = 0 \Leftrightarrow A(x-x_0) + B(y-y_0) + C(z-z_0) = 0 \tag{2}$$

这就是平面 π 的方程，这种形式的平面方程称为平面的**点法式方程**.

注意

①式(2)中的 A,B,C,x_0,y_0,z_0 匀为已知数，且 A,B,C 不全为零.

②平面的法向量不是唯一的，若 n 为平面的法向量，则任一与 n 平行的非零向量 $\lambda n(\lambda \neq 0)$ 均为平面的法向量.

(2)平面的一般方程

将式(2)展可得

$$Ax + By_0 + Cz_0 + (-Ax_0 - By_0 - Cz_0) = 0$$

若令 $D = -Ax - By_0 - Cz_0$，则式(2)可化为

$$Ax + By + Cz + D = 0 \tag{3}$$

其中 A,B,C 不全为零，显然方程(3)为一次方程.

对于任何平面，总可在其上取一点 $M_0(x_0,y_0,z_0)$，并可以取该平面的一个法向量 n，因此，任何平面的方程都可以写成方程(2)或方程(3)的形式. 也就是说，任何平面的方程都是 x,y,z 的一次方程；反之，任何一次方程都可写成方程(3)的形式.

设点 $M_0(x_0,y_0,z_0)$ 满足式(3)，即

$$Ax_0 + By_0 + Cz_0 + D = 0 \tag{4}$$

由式(3)减去式(4)，得

$$A(x-x_0) + B(y-y_0) + C(z-z_0) = 0 \tag{5}$$

方程(5)的图形是经过定点 $M_0(x_0,y_0,z_0)$ 且有法向量 $\boldsymbol{n}=\{A,B,C\}$ 的平面,而方程(5)与方程(3)是同解方程. 由此可见,任何 x,y,z 的一次方程的图形都是平面,方程(3)称为平面的**一般方程**,向量 $\boldsymbol{n}=\{A,B,C\}$ 为平面的法向量.

例5.27 求过点 $P_0(3,0,5)$ 且平行于已知平面 $2x-8y+z=0$ 的平面方程.

解 由已知平面方程可知其法向量为 $\boldsymbol{n}=\{2,-8,1\}$,由于所求平面与已知平面平行,故 $\boldsymbol{n}$ 为所求平面的法向量,代入点法式方程(2),得所求平面方程为

$$z(x-3)-8(y-0)+(z-5)=0$$

即

$$zx-8y+z-11=0$$

例5.28 求过点 $M_1(a,0,0),M_2(0,b,0),M_3(0,0,c)$ 的平面的方程,其中 a,b,c 全不为零(图5.39).

解 设所求平面方程为

$$Ax+By+Cz+D=0$$

由于点 $M_1(a,0,0),M_2(0,b,0),M_3(0,0,c)$ 在平面上,故它们的坐标必满足方程,即

$$\begin{cases} Aa+D=0 \\ Bb+D=0 \\ Cc+D=0 \end{cases}$$

解之,得 $A=-\dfrac{D}{a},B=-\dfrac{D}{b},D=-\dfrac{D}{c}$,将其代入上式,得所求方程为

$$-\frac{D}{a}x-\frac{D}{b}y-\frac{D}{c}z+D=0,(D\neq 0)$$

即

$$\frac{x}{a}+\frac{y}{b}+\frac{z}{c}=1 \tag{6}$$

式中 a,b,c 依次称为该平面在 x 轴、y 轴、z 轴上的截距,方程(6)称为平面的**截距式方程**.

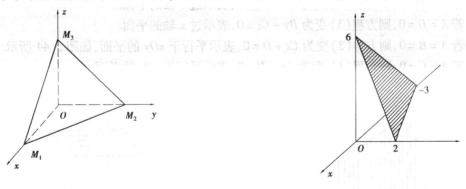

图5.39　　　　　　　　　　　　　图5.40

例5.29 已知平面方程为 $2x-3y-z+6=0$,求平面在坐标轴上的截距,并作图.

解 为求平面在坐标轴上的截距,只需将平面方程化为截距式方程,将原方程两边同时除以 -6,得

$$-\frac{x}{3}+\frac{y}{2}+\frac{z}{6}=1$$

由此可见,平面在 x 轴、y 轴、z 轴上的截距分别为 $-3,2,6$. 连结平面与三坐标轴的交点得该平面的图形,如图5.40所示.

(3)特殊位置的平面方程

下面研究一般方程(3)中的 A,B,C,D 有某些为零时平面位置的特殊性.

①若 $D=0$,则方程(3)变为

$$Ax + By + Cz = 0 \qquad (7)$$

显然,$x=0,y=0,z=0$ 一定满足此方程,故方程(7)表示一个通过原点的平面,如图 5.41 所示.

②若 $C=0$,则方程(3)变为

$$Ax + By + D = 0 \qquad (8)$$

方程的法向量为 $\{A,B,0\}$,它与向量 $K=\{0,0,1\}$ 垂直,故平面与 z 轴平行,如图 5.42 所示.

同理,若 $B=0$,则方程(3)变为 $Ax + Cz + D = 0$,表示平行于 y 轴的平面;若 $A=0$,则方程(3)为 $By + Cz + D = 0$,表示平行于 x 轴的平面.

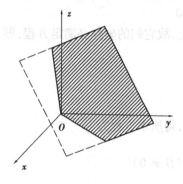

图 5.41

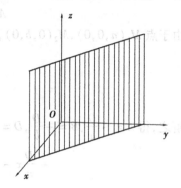

图 5.42

③若 $C=D=0$,则方程(3)变为 $Ax + By = 0$,表示过 z 轴的平面,如图 5.43 所示.

若 $B=D=0$,则方程(3)变为 $Ax + Cz = 0$,表示过 y 轴的平面.

若 $A=D=0$,则方程(3)变为 $By + Cz = 0$,表示过 x 轴的平面.

④若 $A=B=0$,则方程(3)变为 $Cz + D = 0$,表示平行于 xOy 的平面,如图 5.44 所示.

若 $A=C=0$,则方程(3) 变为 $By + D = 0$,表示平行于 xOz 的平面.

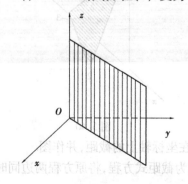

图 5.43

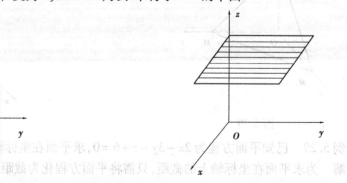

图 5.44

若 $B=C=0$,则方程(3)变为 $Ax + D = 0$,表示平行于 yOz 的平面.

特别地,$z=0$ 表示 xOy 平面,$y=0$ 表示 xOz 平面,$x=0$ 表示 yOz 平面.

例 5.30 一平面过 z 轴及点 $M_0(4,5,1)$,求此平面方程.

解 所求平面过 z 轴,可设其方程为 $Ax + By = 0$. 将 $M_0(4,5,1)$ 代入,得 $A = -\dfrac{5}{4}B$,故所求平面方程为 $-\dfrac{5}{4}Bx + By = 0$,其中 $B \neq 0$,即 $5x - 4y = 0$.

注意 方程 $5x - 4y = 0$ 在 xOy 平面上表示一条直线 L,而在空间却表示一个平面,如图 5.45所示. 此平面过直线 L 及 z 轴.

5.7.2 平面的位置关系

两相交平面的夹角是指两平面间的两个相邻的二面角中任何一个。由于两平面的法向量之间的夹角必与两平面间的二面角中的某一个相等,因此可定义两平面的法向量之间的夹角为这两平面的夹角,如图 5.46 所示. 当两平面平行时,夹角为 0 或 π。

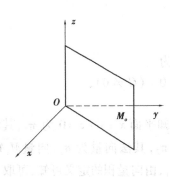

图 5.45

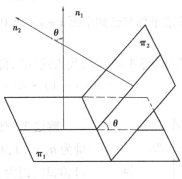

图 5.46

设两平面 π_1 和 π_2 的方程分别为

$$A_1x + B_1y + C_1z + D_1 = 0$$
$$A_2x + B_2y + C_2z + D_2 = 0$$

由于平面 π_1、π_2 的法向量为 $\boldsymbol{n}_1 = \{A_1, B_1, C_1\}$,$\boldsymbol{n}_2 = \{A_2, B_2, C_2\}$,由 5.4 节的式(4)可得 $\boldsymbol{n}_1$ 和 $\boldsymbol{n}_2$ 的夹角 θ 为

$$\cos\theta = \frac{A_1A_2 + B_1B_2 + C_1C_2}{\sqrt{A_1^2 + B_1^2 + C_1^2}\,\sqrt{A_2^2 + B_2^2 + C_2^2}} \tag{9}$$

式(9)就是两个平面夹角的计算公式. 如果两平面的法向量相互平行,则此两平面相互平行,反之亦然. 由此得两平面 π_1 和 π_2 相互**平行**的充分必要条件为

$$\frac{A_1}{A_2} = \frac{B_1}{B_2} = \frac{C_1}{C_2} \tag{10}$$

如果两平面的法向量相互垂直,则两平面相互垂直,反之亦然. 由此得两平面 π_1 和 π_2 相互**垂直的充分必要条件**为

$$A_1A_2 + B_1B_2 + C_1C_2 = 0 \tag{11}$$

例 5.31 求两平面 $x - y - 11 = 0$ 和 $3x + 8 = 0$ 之间的夹角.

解 设两平面的夹角为 φ,由式(9)得

$$\cos\varphi = \frac{1 \cdot 3 + (-1) \cdot 0 + 0 \cdot 0}{\sqrt{1^2 + (-1)^2 + 0^2}\,\sqrt{3^2 + 0^2 + 0^2}} = \frac{1}{\sqrt{2}}$$

故

$$\varphi = \frac{\pi}{4}$$

例 5.32 以下诸平面中哪两个垂直,哪两个平行?(读者自做).

(1) $2x + 3y + 4z + 7 = 0 = 0$;

(2) $4x + 6y + 8z + 11 = 0$;

(3) $x + 2y - 2z = 0 = 0$;

(4) $3x + 6y - 6z + 1 = 0 = 0$.

例 5.33 一平面通过点 $M_1(1,1,1)$ 和点 $M_2(0,1,-1)$ 且垂直于平面 $x + y + z = 0$,试求其方程.

解法 1 因平面通过点 $M_1(1,1,1)$,故可设其方程为

$$A(x-1) + B(y-1) + C(z-1) = 0 \qquad (a)$$

又因为平面还通过点 $M_2(0,1,-1)$,代入方程(a),则有

$$-A - 2C = 0 \qquad (b)$$

又所求平面与已知平面 $x + y + z = 0$ 垂直,由式(11)得

$$A + B + C = 0 \qquad (c)$$

由式(b)得 $A = -2C$,代入式(c),得 $B = C$,故所求方程为

$$-2C(x-1) + C(y-1) + C(z-1) = 0 \quad (C \neq 0),$$

即

$$2x - y - z = 0$$

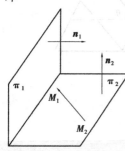

图 5.47

解法 2 如图 5.47 所示,设已知平面 $x + y + z = 0$ 为 π_1,其法向量为 $\boldsymbol{n}_1 = \{1,1,1,\}$,所求平面为 π_2,其法向量为 $\boldsymbol{n}_2$,向量 $\overrightarrow{M_2M_1} = \{1,0,2\}$,因为 $\boldsymbol{n}_2 \perp \overrightarrow{M_2M_1}$,且 $\boldsymbol{n}_2 \perp \boldsymbol{n}_1$,由向量积的定义可知,可取

$$\boldsymbol{n}_2 = \boldsymbol{n}_1 \times \overrightarrow{M_2M_1} = \begin{vmatrix} \boldsymbol{i} & \boldsymbol{j} & \boldsymbol{k} \\ 1 & 1 & 1 \\ 1 & 0 & 2 \end{vmatrix} = \{2, -1. -1\}$$

由点法式方程可得平面 π_2 的方程为 $2(x-0) + (y-1) + (z+1) = 0$

即 $2x - y - z = 0$

习题 5.7

1. 求过点 $(2,1,1)$ 且与向量 $\boldsymbol{n} = \{1,2,3\}$ 垂直的平面方程.

2. 求过点 $(1,-2,3)$ 且与平面 $7x - 3y + z - 6 = 0$ 平行的平面方程.

3. 指出下列各平面的位置特点,并画出各平面.

(1) $x = 0$ \qquad\qquad (2) $z = 1$

(3) $x + y + z = 0$ \qquad (4) $x - y = 0$

(5) $x + y = 1$ \qquad\qquad (6) $y = z$

4. 已知一平面过点 $(0,0,1)$,向量 $\boldsymbol{a} = -2\boldsymbol{i} + \boldsymbol{j} + \boldsymbol{k}$ 及 $\boldsymbol{b} = -\boldsymbol{i}$ 在平面上,求此平面的方程.

5. 已知一平面过点 $(1,0,-1)$,且平行于向量 $\boldsymbol{a} = 2\boldsymbol{i} + \boldsymbol{j} + \boldsymbol{k}$ 及 $\boldsymbol{b} = \boldsymbol{i} - \boldsymbol{j}$ 在平面,求此平面的方程.

6. 已知一平面过点 $(5,-7,4)$ 且在三个坐标轴上的截距相等,求此平面的方程.

7. 求平面 $2x - y + z - 7 = 0$ 与 $x + y + 2z - 11 = 0$ 的夹角.

8. 求平面 $2x - 2y + z + 5 = 0$ 与各坐标面的夹角的余弦.

9. 求过点 $(1,1,1)$ 且同时垂直于平面 $x - y + z - 7 = 0$ 及 $3x - 2y - 12z + 5 = 0$ 的平面方程.

10. 判断下列各对平面的位置关系.

(1) $x - 2y + 7z + 3 = 0$ 与 $3x + 5y + z - 1 = 0$

(2) $x + y + z - 7 = 0$ 与 $2x + 2y + 2z - 1 = 0$

(3) $2x - 3y + z - 1 = 0$ 与 $x + y - 2z + 1 = 0$

5.8　空间直线及其方程

5.8.1　直线的标准方程

任一与直线平行的非零向量称为直线的**方向量**,它可以用来确定直线的方向.

设直线 L 过空间一点 $M_0(x_0, y_0, z_0)$,且有方向量 $S = \{m, n, p\}$,求此直线方程.

在直线 L 上任取一点 $M(x, y, z)$,作向量 $\overrightarrow{M_0M} = \{x - x_0, y - y_0, z - z_0\}$ 如图 5.48 所示,且有 $\overrightarrow{M_0M} \parallel S$,因此,二向量对应坐标成比例,即

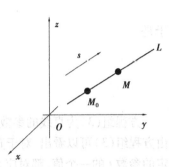

图 5.48

$$\frac{x - x_0}{m} = \frac{y - y_0}{n} = \frac{z - z_0}{p} \tag{1}$$

方程(1)就是直线 L 的方程,称它为直线 L 的**标准方程或对称方程**.

注意　一条直线的方向向量不是唯一的,若 S 为直线 L 的方向量,则任何与 S 平行的非零向量,λS 亦为 L 的方向量($\lambda \neq 0$).

例 5.34　求过点 $M(1, 2, -3)$ 且垂直于一平面 $2x + 3y - 5z + 8 = 0$ 的直线方程.

解　因为所求直线与已知平面垂直, 所以已知平面的法向量可以作为所求直线的方向量,即 $S = \{2, 3, -5\}$,由方程(1)可得直线方程为

$$\frac{x - 1}{2} = \frac{y - 2}{3} = \frac{z + 3}{-5}$$

例 5.35　设直线经过两点 $M_1(1, -2, -3)$,$M_2(4, 4, 6)$,试求其方程.

解　可取 $\overrightarrow{M_1M_2} = \{3, 6, 9\}$ 为直线的方向量,从 M_1 与 M_2 中任选一点(如 M_1),由方程(1)可得所求直线方程为

$$\frac{x - 1}{3} = \frac{y + 2}{6} = \frac{z + 3}{9}$$

即

$$\frac{x - 1}{1} = \frac{y + 2}{2} = \frac{z + 3}{3}$$

直线的标准方程中,方向量的坐标 m, n, p 不能全部为零, 但可以有一个或两个为零,这时方程(1)应理解为比例式,当分母为零,分子也必为零. 例如,一直线过点 $M_0(0, 1, -1)$,方向量为 $S = \{-1, 0, 2\}$,则此直线的标准方程为

$$\frac{x}{-1} = \frac{y-1}{0} = \frac{z+1}{2}$$

即

$$\begin{cases} y - 1 = 0 \\ \dfrac{x}{-1} = \dfrac{z+1}{2} \end{cases}$$

5.8.2 直线的参数方程

设 t 为参数,令

$$\frac{x - x_0}{m} = \frac{y - y_0}{n} = \frac{z - z_0}{p} = t \qquad (2)$$

于是

$$\begin{cases} x = x_0 + mt \\ y = y_0 + nt \\ z = z_0 + pt \end{cases} \qquad (t \text{ 为参数}) \qquad (3)$$

方程组(3)为直线的参数方程.

由方程组(3)可以看出,对于直线上任一点 (x,y,z),都对应唯一确定的 t 值;反之,对于任意取定的参数 t 的一个值,都对应直线上一个确定的点 (x,y,z). 在物理学中,用参数 t 表示时间,用 (x,y,z) 表示运动的质点在时刻 t 的位置,则参数方程组就是质点作匀速直线运动的运动方程.

设已知直线的标准方程,按方程(2)引入参数 t,即可将它化为参数方程;反之,由参数方程组(3)消去参数 t,即得标准方程.

5.8.3 直线的一般方程

空间直线 L 可以看作是过该直线的两个不重合的平面 π_1 和 π_2 的交线,如果平面 π_1 的方程为 $A_1 x + B_1 y + C_1 z + D_1 = 0$,$\pi_2$ 的方程为 $A_2 x + B_2 y + C_2 z + D_2 = 0$,那么空间直线 L 上的任一点既在平面上 π_1 又在 π_2 上. 因此,直线 L 上的任一点的坐标都满足方程组,即

$$\begin{cases} A_1 x + B_1 y + C_1 z + D_1 = 0 \\ A_2 x + B_2 y + C_2 z + D_2 = 0 \end{cases} \qquad (4)$$

反之,不在直线 L 上的点,不能同时在平面 π_1 和 π_2 上,因此,不在直线 L 上的任何点的坐标,都不能满足方程组(4),方程组(4)称为**直线的一般方程**,其中 A_1,B_1,C_1 与 A_2,B_2,C_2 不成比例.

通过空间一直线 L 的平面有无穷多个,只要任意选取其中两个,将其方程联立,便得到空间直线 L 的一般方程.

标准方程为

$$\frac{x - x_0}{m} = \frac{y - y_0}{n} = \frac{z - z_0}{p}$$

所表示的空间直线 L,可以看作平面 $\dfrac{x - x_0}{m} = \dfrac{y - y_0}{n}$ 和平面 $\dfrac{x - x_0}{m} = \dfrac{z - z_0}{p}$ 的交线,即

$$\begin{cases} \dfrac{x-x_0}{m} = \dfrac{y-y_0}{n} \\[3mm] \dfrac{x-x_0}{m} = \dfrac{z-z_0}{p} \end{cases}$$

这样就将直线的标准方程化成了一般方程,直线的一般方程也可以化为标准方程.

例 5.36　将直线的一般方程 $\begin{cases} 2x-3y+z-5=0 \\ 3x+y-2z-4=0 \end{cases}$ 化为标准方程.

解　首先,求出直线上的一个定点,为此任意选定该点的一个坐标,设 $z=1$,代入原方程组,得

$$\begin{cases} 2x-3y=4 \\ 3x+y=6 \end{cases}$$

解之,得 $x=2,y=0$,于是得直线上的一定点 $(2,0,1)$.

其次,确定直线的一个方向量,由于直线 L 与方程组中两平面 π_1 和 π_2 的法向量 $\boldsymbol{n}_1$ 及 $\boldsymbol{n}_2$ 都垂直,故直线的方向量可取为

$$\boldsymbol{S} = \boldsymbol{n}_1 \times \boldsymbol{n}_2 = \{2,-3,1\} \times \{3,1,-2\} = \{5,7,11\}$$

于是直线 L 的标准方程为

$$\frac{x-2}{5} = \frac{y-0}{7} = \frac{z-1}{11}$$

5.8.4　两直线的夹角,平行与垂直条件

将两直线 L_1 与 L_2 的方向矢量的夹角作为这两直线的夹角.设两直线方程为

$$L_1: \qquad \frac{x-x_1}{m_1} = \frac{y-y_1}{n_1} = \frac{z-z_1}{p_1}$$

$$L_2: \qquad \frac{x-x_2}{m_2} = \frac{y-y_2}{n_2} = \frac{z-z_2}{p_2}$$

它们的方向量分别为

$$\boldsymbol{S}_1 = \{m_1,n_1,p_1\}, \boldsymbol{S}_2 = \{m_2,n_2,p_2\}$$

故它们的夹角 φ 的余弦为

$$\cos\varphi = \frac{m_1 m_2 + n_1 n_2 + p_1 p_2}{\sqrt{m_1^2 + n_1^2 + p_1^2} + \sqrt{m_2^2 + n_2^2 + p_2^2}} \qquad (5)$$

两直线 L_1 与 L_2 平行的充分必要条件为

$$\frac{m_1}{m_2} = \frac{n_1}{n_2} = \frac{p_1}{p_2}$$

两直线 L_1 与 L_2 垂直的充分必要条件为

$$m_1 m_2 + n_1 n_2 + p_1 p_2 = 0$$

5.8.5　直线与平面的夹角,平行与垂直的条件

直线 L 和它在平面 π 上的投影 L 所成的两邻角之一称为直线与平面的夹角(图 5.49),记作 φ.为确定起见,规定

$$0 \leqslant \varphi \leqslant \frac{\pi}{2}$$

设直线方程为

$$\frac{x - x_0}{m} = \frac{y - y_0}{n} = \frac{z - z_0}{p}$$

平面方程为

$$Ax + By + Cz + D = 0$$

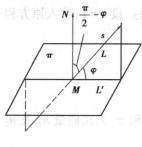

图 5.49

由图 5.49 可见，直线 L 与平面 π 的法线 MN 之间的夹角为 $\frac{\pi}{2} - \varphi$，且 $0 \leqslant \frac{\pi}{2} - \varphi \leqslant \frac{\pi}{2}$，又直线的方向量 $S = \{m, n, p\}$，平面的法向量 $n = \{A, B, C\}$，代入两向量的夹角公式，并注意到 $\cos\left(\frac{\pi}{2} - \varphi\right) = \sin\varphi$，故有

$$\sin\varphi = \frac{|Am + Bn + Cp|}{\sqrt{A^2 + B^2 + C^2}\sqrt{m^2 + n^2 + p^2}} \qquad (6)$$

因为 $\sin\varphi \geqslant 0$，故对式(6)中的分子取绝对值.

当直线与平面平行时，直线的方向量 S 与平面的法向量 n 垂直，反之亦然. 故直线与平面平行的充要条件为

$$Am + Bn + Cp = 0$$

当直线与平面垂直时，直线的方向量 S 与平面的法向量 n 平行，反之亦然. 故直线与平面垂直的充要条件为

$$\frac{A}{m} = \frac{B}{n} = \frac{C}{p}$$

例 5.37　一直线通过点 $M_0(-3, 2, 5)$ 且与平面 $x - 4z = 3$ 和 $2x - y - 5z = 1$ 的交线平行，求该直线的方程.

解　由于所求直线与两平面的交线平行，故可将两平面交线的方向量作为所求的直线的方向量，即其方向量为

$$S = \{1, 0, -4\} \times \{2, -1, -5\} = \{-4, -3, -1\}$$

所求直线方程为

$$\frac{x + 3}{-4} = \frac{y - 2}{-3} = \frac{z - 5}{-1}$$

即

$$\frac{x + 3}{4} = \frac{y - 2}{3} = \frac{z - 5}{1}$$

习题 5.8

1. 求过点 $(4, -1, 3)$ 且与平面 $x + 2y + 3z - 1 = 0$ 垂直的直线方程.

2. 求过点 $(4, -1, 3)$ 且与直线 $\frac{x - 3}{2} = \frac{y}{1} = \frac{z - 1}{5}$ 平行的直线方程.

3. 求过两点 $A(3, -2, 1)$ 和 $B(-1, 0, 2)$ 的直线方程.

4. 求过点 $(2, -3, 2)$ 且平行于平面 $3x - y + 5z + 2 = 0$ 及 $x + 2y - 3z + 4$ 的直线方程.

5. 求直线 $\begin{cases} x + y + 3z = 0 \\ x - y - z = 0 \end{cases}$ 与平面 $x - y - z + 1 = 0$ 的夹角 θ.

6. 确定下列直线与平面的位置关系.

$(1) \dfrac{x+3}{-2} = \dfrac{y+4}{-7} = \dfrac{z}{3}$ 与 $4x - 2y - 2z - 3 = 0$.

$(2) \dfrac{x}{3} = \dfrac{y}{2} = \dfrac{z}{7}$ 与 $3x - 2y + 7z - 8 = 0$.

$(3) \dfrac{x-2}{3} = \dfrac{y+2}{1} = \dfrac{z-3}{-4}$ 与 $x + y + z - 3 = 0$.

$(4) x = 2y = 4z$ 和 $4x + 2y + z - 1 = 0$

复 习 题

一、填空题

1. 向量是指_____的量.

2. 向量 a, b 只有满足_____时, 向量 $a + b$ 才能平分 a, b 之间的夹角.

3. 设向量 $a = \{1, 1, 1\}$, 则与 a 同方向的单位向量 $a^0 =$ _____.

4. 设向量 a, b 是非零向量, 若 $a \cdot b = 0$, 则必有_____.

5. 设向量 a, b 是非零向量, 若 $a \times b = 0$, 则必有_____.

6. 已知三角形 ABC 的顶点坐标, 则三角形的面积 $S_{\triangle ABC} =$ _____.

7. 设向量 $a = \{a_x, a_y, a_z\}$, 则 $\mathrm{prj}_i a =$ _____, $\mathrm{prj}_j a =$ _____, $\mathrm{prj}_k a =$ _____.

8. 直线与平面垂直的充分必要条件是_____.

9. 已知两个平面的方程为 $A_1 x + B_1 y + C_1 z + D_1 = 0$, $A_2 x + B_2 y + C_2 z + D_2 = 0$, 则两个平面垂直的充分必要条件是_____.

10. 已知两个平面的方程为 $A_1 x + B_1 y + C_1 z + D_1 = 0$, $A_2 x + B_2 y + C_2 z + D_2 = 0$, 则两个平面平行的充分必要条件是_____.

二、计算题

1. 指出下列方程在平面解析几何与空间解析几何中分别表示什么几何图形:

$(1) x = 1$ $\qquad\qquad$ $(2) x + y = 1$

$(3) y^2 = x$ $\qquad\qquad$ $(4) \dfrac{x^2}{4} + \dfrac{y^2}{9} = 1$

2. 在 z 轴上求一点, 使它与两点 $A(-4, 1, 7)$ 与 $B(3, 5, -2)$ 的距离相等.

3. 设向量 $a = \{1, 1, 1\}$, 试求 a 的模及方向余弦.

4. 已知向量 $a = i + 2j - k$, $b = -i + j$, 求 $a \cdot b$ 及 $a \times b$.

5. 求过点 $(3, 0, -1)$ 且与平面 $3x - 7y + 5z = 0$ 平行的平面方程.

6. 求过三点 $(1, 1, -1)$, $(-2, -2, 2)$ 和 $(1, -1, 2)$ 的平面方程.

7. 求过两点 $P_1(3, -2, 1)$ 和 $P_2(-1, 0, 2)$ 的直线方程.

8. 求过点 $(2, -3, 1)$ 且垂直与平面 $2x + 3y + z + 1 = 0$ 直线方程.

9. 试确定 k 的值, 使平面 $kx + y + z + k = 0$ 与平面 $x + ky + kz + k = 0$:

(1) 相互垂直; (2) 相互平行; (3) 重合.

10. 设重量为 100 kg 的物体从点 $M_1(3, 1, 8)$ 沿直线移动到点 $M_2(1, 4, 2)$ 计算重力所做的功 (长度单位为 m).

11. 求以 $A(3, 4, 1)$, $B(2, 3, 0)$, $C(3, 5, 1)$, $D(2, 4, 0)$ 为顶点的四边形的面积.

*第 **6** 章
多元函数微分学

在自然科学和工程技术问题中常常会遇到含有两个或两个以上自变量的函数,即多元函数. 多元函数是一元函数的推广和发展,多元函数的概念和解决问题的方法与一元函数相似. 本章将在一元函数微分学的基础上讨论多元函数微分学,讨论中将以二元函数微分学为主,进而把讨论推广到一般的多元函数.

6.1 多元函数的基本概念

6.1.1 多元函数的概念

(1)两个实例

例 6.1 三角形面积 S 与它的底边长 a 和底边上的高 h 具有如下关系:

$$S = \frac{1}{2}a \cdot h$$

S, a, h 是 3 个变量,当 a, h 在一定范围($a > 0, h > 0$)内每取定一对数值 a_0, h_0 时,S 总有一个确定值 $S_0 = \frac{1}{2}a_0 h_0$ 与之对应.

例 6.2 理想气体的压强 P,体积 V 和绝对温度 T 之间有关系:

$$P = \frac{RT}{V} \quad (R \text{ 是常数})$$

P, V, T 是 3 个变量,当 V, T 在一定范围($V > 0, T > 0$)内每取一对数值 V_0, T_0 时,P 总有一个确定值 $P_0 = \frac{RT_0}{V_0}$ 与之对应.

上述二例的具体意义各不相同,但它们在数量关系上有共同的属性,即一个变量依赖于另两个变量,据此概括出二元函数定义.

(2)二元函数的定义

定义 6.1 设有 3 个变量 x, y 和 z,如果当 x, y 在一定范围内任取一对数值时,变量 z 按照一定的法则 f 总有一个确定的数值与之对应,则称 z 是 x, y 的二元函数,记为

$$z = f(x,y)$$

其中 x,y 称为**自变量**，z 称为**因变量**；自变量 x,y 的取值范围称为函数的**定义域**.

二元函数在 (x_0,y_0) 所取得的函数值记为

$$f(x_0,y_0), z\big|_{\substack{x=x_0 \\ y=y_0}} \quad \text{或} \quad z\big|_{(x_0,y_0)}$$

例 6.3 设函数 $f(x,y) = \sqrt{2x+y} - e^x \sin(xy^2)$，求 $f(2,0)$、$f(y,x+1)$.

解
$$f(2,0) = \sqrt{2\cdot2+0} - e^2\sin(2\cdot0^2) = 2-0 = 2$$
$$f(y,x+1) = \sqrt{2y+(x+1)} - e^y\sin\left[y\cdot(x+1)^2\right]$$

类似地，可以定义三元函数 $u=f(x,y,z)$ 以及 n 元函数 $u=f(x_1,x_2,\cdots,x_n)$，二元及二元以上的函数统称为**多元函数**.

对一元函数 $y=f(x)$，若 x 表示数轴上一点 P，则一元函数可以表示为 $y=f(P)$；若数组 (x,y) 表示平面上一点 P，则二元函数也可表示为 $z=f(P)$；同样，若数组 (x,y,z) 表示空间中的一点 P，三元函数 $u=f(x,y,z)$ 也可表示为 $u=f(P)$.

类似地，n 元函数 $u=f(x_1,x_2,\cdots,x_n)$ 也可记为 $u=f(P)$，$(x_1,x_2,\cdots,x_n)$ 称为点 P 的坐标. 以点 P 表示自变量的函数称为**点函数**.

(3)二元函数的定义域

与一元函数类似，定义域与对应法则是确定二元函数的两要素. 实际问题得到的二元函数其定义域由实际意义而定（如例 6.1）；由解析式所表示的二元函数，其定义域就是使子有意义的自变量的变化范围.

二元函数的定义域，它可能是一个点，也可能是一条曲线或由几条曲线所围成的部分平面，甚至可能是全部平面. 我们把全部平面或由曲线围成的部分平面称为**区域**；围成该区域的曲线称为该区域的**边界**；不包括边界的区域称为**开区域**，连同边界在内的区域称为**闭区域**. 以点 $P_0(x_0,y_0)$ 为中心、δ 为半径的圆内所有点的集合

$$\{(x,y) \mid (x-x_0)^2 + (y-y_0)^2 < \delta^2\}$$

称为点 P_0 的 δ-**邻域**；如果一个区域可以被包含在原点的某个邻域内，则称该区域为**有界区域**，否则称为**无界区域**. 区域可以用不等式或不等式组表示.

例 6.4 求下列函数的定义域 D，并画出 D 的图形.

$(1)\ z = \arcsin \dfrac{x}{2} + \sqrt{9-y^2}$

$(2)\ z = \sqrt{2-x^2-y^2} + \dfrac{1}{\sqrt{x^2+y^2-1}}$

解 （1）要使函数 $z = \arcsin \dfrac{x}{2} + \sqrt{9-y^2}$ 有意义，应有

$$\begin{cases} \left|\dfrac{x}{2}\right| \le 1 \\ 9-y^2 \ge 0 \end{cases}$$

即 $\begin{cases} -2 \le x \le 2 \\ -3 \le y \le 3 \end{cases}$，或 $D = \{(x,y) \mid -2 \le x \le 2,\ -3 \le y \le 3\}$，如图 6.1 所示.

（2）定义域为 $\begin{cases} 2-x^2-y^2 \ge 0 \\ x^2+y^2-1 > 0 \end{cases}$ 的点 (x,y) 全体，即 $1 < x^2+y^2 \le 2$ 或

$D = \{(x,y) \mid 1 < x^2 + y^2 \leqslant 2\}$,如图 6.2 所示.

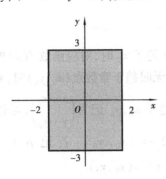

图 6.1   图 6.2

例 6.5   试用不等式表示由 $y = x, y = 1, x = 2$ 所围成的平面区域 D.

解   先作出区域 D 的图形(图 6.3),直线 $y = x$ 与 $y = 1$ 交于点$(1,1)$,直线 $y = x$ 与 $x = 2$ 交于点$(2,2)$. 再将 D 投影到 x 轴上,得到区间$[1,2]$,则区域 D 内任一点的横坐标 x 满足不等式

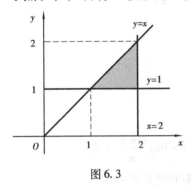

$$1 \leqslant x \leqslant 2$$

在$[1,2]$内任取一点 x,作平行于 y 轴的直线,由图可知,对于所给的 x,D 内对应点的纵坐标 y 满足

$$1 \leqslant y \leqslant x$$

所以,区域 D 用不等式组表示为

$$\begin{cases} 1 \leqslant x \leqslant 2 \\ 1 \leqslant y \leqslant x \end{cases}$$

图 6.3

对于此例,若把区域 D 投影到 y 轴上,则区域 D 也可用另一不等式组表示,请读者自行讨论.

(4)二元函数的几何意义

设函数 $z = f(x,y)$ 的定义域为 D,对任意点 $P(x,y) \in D$,相应有函数值 $z = f(x,y)$,有序数组(x,y,z)确定空间一点 $M(x,y,z)$,当点 P 在 D 内变动时,对应点 M 就在空间变动,一般形成一个曲面 Σ,称它为函数 $z = f(x,y)$ 的图形,如图 6.4 所示,定义域 D 就是曲面 Σ 在 xOy 面上的投影区域.

例如,函数 $z = \sqrt{a^2 - x^2 - y^2}\ (a > 0)$ 是球心在原点,半径为 a 的上半球面,如图 6.5 所示.

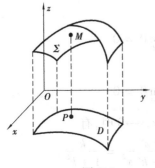

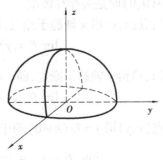

图 6.4   图 6.5

6.1.2 二元函数的极限与连续性

(1)二元函数的极限

对一元函数 $y=f(x)$ 在 x_0 处的极限,考察当自变量 x 趋于 x_0 时,对应函数 $f(x)$ 的变化趋势. 同样,对二元函数 $z=f(x,y)$ 需要考察当自变量 (x,y) 无限趋于常数点 (x_0,y_0) 时,对应函数值的变化趋势. 这就是二元函数的极限问题. x,y 分别趋于 x_0,y_0 记为 $\left(\begin{matrix} x \to x_0 \\ y \to y_0 \end{matrix}\right)$,可以看成点 $P(x,y)$ 趋于点 $P_0(x_0,y_0)$,记为 $P \to P_0$ 或 $(x,y) \to (x_0,y_0)$. 若记 $\rho = |PP_0| = \sqrt{(x-x_0)^2+(y-y_0)^2}$,则可以用 $\rho \to 0$ 表示 $P \to P_0$ 或 $(x,y) \to (x_0,y_0)$.

定义 6.2 设函数 $z=f(x,y)$ 在点 $P_0(x_0,y_0)$ 的某一去心邻域内有定义. 如果对于任意给定的正数 ε,总存在正数 δ,使得当点 $P(x,y)$ 满足 $0 < |PP_0| < \delta$ 时,恒有 $|f(x,y)-A| < \varepsilon$,则称 A 为函数 $z=f(x,y)$ 当 $(x,y) \to (x_0,y_0)$ 时的极限,记为

$$\lim_{\substack{x \to x_0 \\ y \to y_0}} f(x,y) = A$$

或

$$\lim_{P \to P_0} f(x,y) = A$$

或

$$\lim_{(x,y) \to (x_0,y_0)} f(x,y) = A$$

例 6.6 求极限 $\lim\limits_{\substack{x \to 3 \\ y \to 0}} \dfrac{\sin(xy)}{y}$.

解 令 $u=xy$,当 $x \to 3, y \to 0$ 时,$u \to 0$. 所以

$$\lim_{\substack{x \to 3 \\ y \to 0}} \frac{\sin(xy)}{y} = \lim_{\substack{x \to 3 \\ y \to 0}} \frac{x \sin(xy)}{xy} = \lim_{\substack{x \to 3 \\ u \to 0}} \frac{x \sin u}{u} = \lim_{x \to 3} x \cdot \lim_{u \to 0} \frac{\sin u}{u} = 3$$

本例说明,有些二元函数的极限可以转化为一元函数的极限问题后再求解.

应当注意,在一元函数 $y=f(x)$ 的极限定义中,点 x 只是沿 x 轴趋于点 x_0,但在二元函数极限定义中,$\lim\limits_{P \to P_0} f(P)$ 存在,是指点 $P(x,y)$ 以任何方式趋于点 $P_0(x_0,y_0)$ 时,函数 $f(x,y)$ 都无限接近某个常数 A. 如果当点 P 以不同方式趋于点 $P_0(x_0,y_0)$ 时,函数趋于不同的值,则该函数极限不存在.

例 6.7 讨论函数

$$f(x,y) = \begin{cases} \dfrac{xy}{x^2+y^2} & x^2+y^2 \neq 0 \\ 0 & x=y=0 \end{cases}$$

当 $(x,y) \to (0,0)$ 时是否存在极限.

解 当点 (x,y) 沿 x 轴趋于原点,即 $x \to 0, y=0$ 时,

$$\lim_{\substack{x \to 0 \\ y \to 0}} f(x,y) = \lim_{x \to 0} f(x,0) = \lim_{x \to 0} 0 = 0$$

当点 (x,y) 沿 y 轴趋于原点,即 $x=0, y \to 0$ 时,

$$\lim_{\substack{x \to 0 \\ y \to 0}} f(x,y) = \lim_{y \to 0} f(0,y) = \lim_{y \to 0} 0 = 0$$

但当点 (x,y) 沿 $y=kx(k \neq 0)$ 趋于点 $(0,0)$,即当 $y=kx, x \to 0$ 时,有

$$\lim_{\substack{x \to 0 \\ y=kx \to 0}} f(x,y) = \lim_{x \to 0} f(x,kx) = \lim_{x \to 0} \frac{kx^2}{x^2+k^2x^2} = \frac{k}{1+k^2}$$

随 k 取不同的值, $\dfrac{k}{1+k^2}$ 的值也不同,故 $\lim\limits_{\substack{x\to 0\\y\to 0}}f(x,y)$ 不存在.

(2)二元函数的连续性

类似一元函数连续的定义,有如下定义:

定义 6.3 设函数 $z=f(x,y)$ 在点 $P_0(x_0,y_0)$ 的某一邻域内有定义,如果

$$\lim_{\substack{x\to x_0\\y\to y_0}}f(x,y)=f(x_0,y_0) \tag{1}$$

则称函数 $z=f(x,y)$ 在点 $P_0(x_0,y_0)$ 处**连续**.

若令 $x=x_0+\Delta x,y=y_0+\Delta y$,则 $\Delta z=f(x_0+\Delta x,y_0+\Delta y)-f(x_0,y_0)$,称为函数 $z=f(x,y)$ 在点 $P_0(x_0,y_0)$ 处的**全增量**.

由于当 $x\to x_0$ 时, $\Delta x\to 0$; $y\to y_0$ 时, $\Delta y\to 0$. 因此,定义 5.3 中的(1)式可改写成

$$\lim_{\substack{\Delta x\to 0\\\Delta y\to 0}}\left[f(x_0+\Delta x,y_0+\Delta y)-f(x_0,y_0)\right]=0$$

即
$$\lim_{\substack{\Delta x\to 0\\\Delta y\to 0}}\Delta z=0 \tag{2}$$

如果函数 $z=f(x,y)$ 在区域 D 内每一点连续,则称函数 $z=f(x,y)$ 在区域 D 内连续.

如果函数 $z=f(x,y)$ 在点 $P_0(x_0,y_0)$ 处不连续,则称点 P_0 是函数 $f(x,y)$ 的间断点.

如 $f(x,y)=\begin{cases}\dfrac{xy}{x^2+y^2} & x^2+y^2\neq 0\\0 & x=y=0\end{cases}$ 在点 $(0,0)$ 处有定义,但 $\lim\limits_{\substack{x\to 0\\y\to 0}}f(x,y)$ 不存在,则点 $(0,0)$ 是 $f(x,y)$ 的间断点.

对函数 $f(x,y)=\dfrac{1}{x^2+y^2-1}$,当 $x^2+y^2=1$ 时, $f(x,y)$ 的函数表达式中分母为零, $f(x,y)$ 在该圆周上无定义,故圆周 $x^2+y^2=1$ 上的点全是函数 $f(x,y)$ 的间断点.

与一元函数相似,二元连续函数的和、差、积、商(分母不为零)及复合函数仍是连续函数. **因此,二元初等函数在其定义域内连续.**

在有界闭区域上,二元连续函数也有如下性质:

性质 1(最大值、最小值定理) 在有界闭区域上连续的二元函数,在该区域上必能取到最大值和最小值.

性质 2(介值定理) 在有界闭区域上连续的二元函数,必能取得介于它在该区域最小值与最大值之间的任何值.

以上关于二元函数极限与连续的讨论完全可以推广到三元及三元以上的函数.

习题 6.1

一、单项选择题

1. 函数 $f(x,y)=\dfrac{1}{\ln(x^2+y^2-1)}$ 的定义域是( ).

    A. $x^2+y^2>0$ B. $x^2+y^2\geq 0$

    C. $x^2+y^2>1$ D. $x^2+y^2>1,x^2+y^2\neq 2$

2. 设函数 $z = f(x,y)$ 的定义域为 $D = \{(x,y) \mid 0 \leqslant x \leqslant 1, 0 \leqslant y \leqslant 1\}$，则函数 $f(x^2, y^2)$ 的定义域为(　　).

    A. $D = \{(x,y) \mid 0 \leqslant x \leqslant 1, 0 \leqslant y \leqslant 1\}$　　 B. $D = \{(x,y) \mid -1 \leqslant x \leqslant 1, 0 \leqslant y \leqslant 1\}$

    C. $D = \{(x,y) \mid 0 \leqslant x \leqslant 1, -1 \leqslant y \leqslant 1\}$　　 D. $D = \{(x,y) \mid -1 \leqslant x \leqslant 1, -1 \leqslant y \leqslant 1\}$

3. 设 $f(x+y, x-y) = x^2 - y^2$，则 $f(x,y) = ($　　$)$.

    A. xy　　 B. $x^2 - y^2$　　 C. $x^2 + y^2$　　 D. $(x-y)^2$

4. 函数 $f(x,y) = \begin{cases} x\sin\dfrac{1}{y} + y\sin\dfrac{1}{x} & xy \neq 0 \\ 0 & xy = 0 \end{cases}$，则极限 $\lim\limits_{\substack{x\to 0 \\ y\to 0}} f(x,y)$ 等于(　　).

    A. 不存在　　 B. 1　　 C. 0　　 D. 2

5. 极限 $\lim\limits_{\substack{x\to 0 \\ y\to 0}} \dfrac{x^2 y}{x^4 + y^2} = ($　　$)$.

    A. 0　　 B. 不存在　　 C. $\dfrac{1}{2}$　　 D. 存在且不等于 0 或 $\dfrac{1}{2}$

6. 函数 $f(x,y) = \begin{cases} \dfrac{\sin(xy)}{x} & x \neq 0 \\ y & x = 0 \end{cases}$ 不连续的点集为(　　).

    A. y 轴上的所有点　　 B. 空集

    C. $x > 0$ 且 $y = 0$ 的点集　　 D. $x < 0$ 且 $y = 0$ 的点集

二、填空题

1. 函数 $z = \sqrt{\ln(x+y)}$ 的定义域为 _____.

2. 设函数 $f(x,y) = x^2 + y^2 + xy\ln\left(\dfrac{y}{x}\right)$，则 $f(kx, ky) = $ _____.

3. 设函数 $f(x,y) = x^2 + y^2, \varphi(x,y) = xy$，则 $f[f(x,y), \varphi(x,y)] = $ _____.

4. 设函数 $f(x,y) = \dfrac{xy}{x+y}$，则 $f(x+y, x-y) = $ _____.

5. 极限 $\lim\limits_{\substack{x\to 0 \\ y\to \pi}} \dfrac{\sin(xy)}{x} = $ _____.

6. 极限 $\lim\limits_{\substack{x\to 0 \\ y\to 1}} (1 + xe^y)^{\frac{2y+x}{x}} = $ _____.

三、解答题

1. 求下列函数的定义域 D，并作出 D 的图形.

    $(1) z = \sqrt{x - \sqrt{y}}$　　 $(2) z = \ln(y-x) + \dfrac{\sqrt{x}}{\sqrt{1 - x^2 - y^2}}$

2. 设 $f\left(\dfrac{y}{x}\right) = \dfrac{\sqrt{x^2 + y^2}}{x}, x > 0$，求 $f(x)$.

3. 设 $f(x,y) = \dfrac{x^2 + y^2}{xy}$，求 $f\left(\dfrac{1}{x}, \dfrac{1}{y}\right)$.

4. 设 $f\left(x+y, \dfrac{y}{x}\right) = x^2 - y^2$，求 $f(x,y)$.

5. 设 $z = xf\left(\dfrac{y}{x}\right)$，其中 $x \neq 0$，如果当 $x = 1$ 时，$z = \sqrt{1 + y^2}$．试确定 $f(x)$ 及 z．

6. 设 $z = x + y + f(x - y)$，已知 $y = 0$ 时，$z = x^2$．求 $f(x)$ 和 z．

6.2　偏导数

6.2.1　偏导数的概念

一元函数 $y = f(x)$ 的导数

$$\frac{\mathrm{d}y}{\mathrm{d}x} = \lim_{\Delta x \to 0} \frac{f(x + \Delta x) - f(x)}{\Delta x}$$

讨论的是因变量 y 对于自变量 x 的变化率问题．对于二元函数的变化率，由于自变量多了一个，情况要复杂得多．在 xOy 平面，当 (x_0, y_0) 沿不同方向变化时，函数 $f(x, y)$ 的变化快慢一般是不相同的．本书仅讨论 (x, y) 沿 x 轴和 y 轴两个方向变化时 $f(x, y)$ 的变化率，这就是我们将要讨论的偏导数问题．

（1）偏导数的定义

定义 6.4　设函数 $z = f(x, y)$ 在点 (x_0, y_0) 的某邻域内有定义，固定 $y = y_0$，而 x 在 x_0 处取得增量 Δx 时，函数 z 取得增量 $\Delta_x z$，即

$$\Delta_x z = f(x_0 + \Delta x, y_0) - f(x_0, y_0)$$

称之为函数 z 在点 (x_0, y_0) 处对 x 的**偏增量**．如果极限 $\lim\limits_{\Delta x \to 0} \dfrac{\Delta_x z}{\Delta x}$ 存在，则称此极限值为函数 $z = f(x, y)$ 在点 (x_0, y_0) 处对 x 的**偏导数**，记作

$$\left.\frac{\partial z}{\partial x}\right|_{\substack{x = x_0 \\ y = y_0}}, \left.\frac{\partial f}{\partial x}\right|_{\substack{x = x_0 \\ y = y_0}}, \left.z'_x\right|_{\substack{x = x_0 \\ y = y_0}} \quad \text{或} \quad f'_x(x_0, y_0)$$

即

$$f'_x(x_0, y_0) = \lim_{\Delta x \to 0} \frac{f(x_0 + \Delta x, y_0) - f(x_0, y_0)}{\Delta x}$$

类似地，函数 $z = f(x, y)$ 在点 (x_0, y_0) 处对 y 的偏导数定义为

$$\lim_{\Delta y \to 0} \frac{\Delta_y z}{\Delta y} = \lim_{\Delta y \to 0} \frac{f(x_0, y_0 + \Delta y) - f(x_0, y_0)}{\Delta y}$$

记作

$$\left.\frac{\partial z}{\partial y}\right|_{\substack{x = x_0 \\ y = y_0}}, \left.\frac{\partial f}{\partial y}\right|_{\substack{x = x_0 \\ y = y_0}}, \left.z'_y\right|_{\substack{x = x_0 \\ y = y_0}} \quad \text{或} \quad f'_y(x_0, y_0)$$

其中，$\Delta_y z = f(x_0, y_0 + \Delta y) - f(x_0, y_0)$ 称为函数 $z = f(x, y)$ 在点 (x_0, y_0) 处对 y 的偏增量．

如果函数 $z = f(x, y)$ 在区域 D 内每一点 (x, y) 处对 x 的偏导数都存在，那么这个偏导数是 x, y 的函数，此函数称为函数 $z = f(x, y)$ 对自变量 x 的**偏导函数**．记作

$$\frac{\partial z}{\partial x}, \quad \frac{\partial f}{\partial x}, \quad z'_x \quad \text{或} \quad f'_x(x, y)$$

类似地,函数 $z = f(x,y)$ 对自变量 y 的偏导函数记为

$$\frac{\partial z}{\partial y}, \quad \frac{\partial f}{\partial y}, \quad z'_y \quad 或 \quad f'_y(x,y)$$

在不混淆的情况下,偏导函数也称偏导数. 类似地能把偏导数概念推广到三元以上的函数.

(2) 偏导数的求法

根据偏导数的定义,对某一个变量求偏导,就是将其余自变量看作常量,视多元函数为一元函数求导. 因此,一元函数的求导法则与求导公式在求偏导数时均适用.

例 6.8 求函数 $z = x^2 - 2xy + y^2$ 在点 $(1,3)$ 处的两个偏导数.

解 $\dfrac{\partial z}{\partial x} = (x^2 - 2xy + y^2)'_x = 2x - 2y$

$\dfrac{\partial z}{\partial y} = (x^2 - 2xy + y^2)'_y = -2x + 2y$

所以

$$\frac{\partial z}{\partial x}\Big|_{\substack{x=1\\y=3}} = 2 \cdot 1 - 2 \cdot 3 = -4$$

$$\frac{\partial z}{\partial y}\Big|_{\substack{x=1\\y=3}} = -2 \cdot 1 + 2 \cdot 3 = 4$$

例 6.9 求函数 $z = x^y$ 的偏导数.

解 $z'_x = (x^y)'_x = yx^{y-1}$, $z'_y = (x^y)'_y = x^y \ln x$. 在求 z'_x 时,使用的是幂函数求导公式;而求 z'_y 时,使用的是对数函数求导公式.

例 6.10 求函数 $f(x,y) = \arctan \dfrac{x}{y}$ 的偏导数.

解 $\dfrac{\partial z}{\partial x} = \left(\arctan \dfrac{x}{y}\right)'_x = \dfrac{1}{1 + \left(\dfrac{x}{y}\right)^2} \cdot \dfrac{1}{y} = \dfrac{y}{x^2 + y^2}$

$\dfrac{\partial z}{\partial y} = \left(\arctan \dfrac{x}{y}\right)'_y = \dfrac{1}{1 + \left(\dfrac{x}{y}\right)^2} \cdot \left(-\dfrac{x}{y^2}\right) = -\dfrac{x}{x^2 + y^2}$

例 6.11 设 $f(x,y) = x + y + (y-1)\arcsin\sqrt[3]{\dfrac{x}{y}}$,求 $f'_x\left(\dfrac{1}{2},1\right)$.

解 由偏导数的定义,求函数关于变量 x 的偏导数时,变量 y 视为常数,即与 y 的取值无关. 考虑到函数 $f(x,y)$ 当 $y = 1$ 时有 $f(x,1) = x + y$,所以

$$f'_x(x,1) = 1$$

$$f'_x\left(\frac{1}{2},1\right) = 1$$

在一元函数中,$\dfrac{\mathrm{d}y}{\mathrm{d}x}$ 可看作微分之商,而偏导数 $\dfrac{\partial z}{\partial x}$、$\dfrac{\partial z}{\partial y}$ 的记号是一个整体,不能看作商.

例 6.12 设 $f(x,y) = \begin{cases} \dfrac{xy}{x^2 + y^2} & x^2 + y^2 \neq 0 \\ 0 & x = y = 0 \end{cases}$,求 $f'_x(0,0)$、$f'_y(0,0)$.

解　所求偏导数必须按定义计算.

$$f_x'(0,0) = \lim_{\Delta x \to 0} \frac{f(0+\Delta x,0) - f(0,0)}{\Delta x} = \lim_{\Delta x \to 0} \frac{0-0}{\Delta x} = 0$$

$$f_y'(0,0) = \lim_{\Delta y \to 0} \frac{f(0,0+\Delta y) - f(0,0)}{\Delta y} = \lim_{\Delta y \to 0} \frac{0-0}{\Delta y} = 0$$

前面已讨论过函数 $f(x,y) = \begin{cases} \dfrac{xy}{x^2+y^2} & x^2+y^2 \neq 0 \\ 0 & x=y=0 \end{cases}$ 在点 $(0,0)$ 处不存在极限,也不连续. 但

该例表明,该函数在点 $(0,0)$ 处存在偏导数,即对多元函数在某点存在偏导数,并不一定在该点连续. 这与一元函数可导必连续是不相同的.

(3)偏导数的几何意义

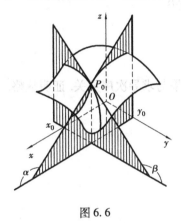

图 6.6

一元函数 $y=f(x)$ 的导数的几何意义是曲线 $y=f(x)$ 在 (x_0,y_0) 处的切线斜率. 二元函数 $z=f(x,y)$ 在点 $P(x_0,y_0)$ 处的偏导数 $f_x'(x_0,y_0)$ 是曲面 $z=f(x,y)$ 与 $y=y_0$ 的交线,如图 6.6 所示.

$$\begin{cases} z=f(x,y) \\ y=y_0 \end{cases}$$

在点 $(x_0,y_0,f(x_0,y_0))$ 处切线对 x 轴的斜率,即 $f_x'(x_0,y_0) = \tan \alpha$,同理偏导数 $f_y'(x_0,y_0)$ 是曲面 $z=f(x,y)$ 与平面 $x=x_0$ 的交线在点 $(x_0,y_0,f(x_0,y_0))$ 处切线对 y 轴的斜率,即 $f_y'(x_0,y_0) = \tan \beta$.

6.2.2　高阶偏导数

函数 $z=f(x,y)$ 的两个偏导数 $\dfrac{\partial z}{\partial x} = f_x'(x,y)$,$\dfrac{\partial z}{\partial y} = f_y'(x,y)$,一般说来仍然是 x,y 的函数,如果这两个函数对 x,y 的偏导数也存在,则称它们的偏导数是 $f(x,y)$ 的二阶偏导数. 按照对自变量 x,y 的不同求导次序,有 4 个二阶偏导数,即

$$\frac{\partial}{\partial x}\left(\frac{\partial z}{\partial x}\right) = \frac{\partial^2 z}{\partial x^2} = f_{xx}''(x,y)$$

$$\frac{\partial}{\partial y}\left(\frac{\partial z}{\partial x}\right) = \frac{\partial^2 z}{\partial x \partial y} = f_{xy}''(x,y)$$

$$\frac{\partial}{\partial x}\left(\frac{\partial z}{\partial y}\right) = \frac{\partial^2 z}{\partial y \partial x} = f_{yx}''(x,y)$$

$$\frac{\partial}{\partial y}\left(\frac{\partial z}{\partial y}\right) = \frac{\partial^2 z}{\partial y^2} = f_{yy}''(x,y)$$

其中 $f_{xy}''(x,y)$ 与 $f_{yx}''(x,y)$ 称为**混合偏导数**.

类似地,可定义三阶、四阶……n 阶偏导数,二阶及二阶以上的偏导数统称为**高阶偏导数**.

例 6.13　求 $z=y^2 e^x + x^2 y^3 - e$ 的所有二阶偏导数.

解　因为 $\dfrac{\partial z}{\partial x} = y^2 e^x + 2xy^3$,$\dfrac{\partial z}{\partial y} = 2ye^x + 3x^2 y^2$,所以

$$\frac{\partial^2 z}{\partial x^2} = y^2 e^x + 2y^3$$

$$\frac{\partial^2 z}{\partial y^2} = 2e^x + 6x^2 y$$

$$\frac{\partial^2 z}{\partial x \partial y} = 2ye^x + 6xy^2$$

$$\frac{\partial^2 z}{\partial y \partial x} = 2ye^x + 6xy^2$$

本例中 $\dfrac{\partial^2 z}{\partial x \partial y} = \dfrac{\partial^2 z}{\partial y \partial x}$,这不是偶然的,有下述定理:

定理 6.1 如果函数 $z = f(x,y)$ 的两个混合偏导数 $\dfrac{\partial^2 z}{\partial x \partial y}$、$\dfrac{\partial^2 z}{\partial y \partial x}$ 在区域 D 内连续,则在区域 D 内有

$$\frac{\partial^2 z}{\partial x \partial y} = \frac{\partial^2 z}{\partial y \partial x}$$

该定理说明了二阶混合偏导数在区域 D 内连续时,求导结果与求导次序无关. 证明从略. 该定理可推广到二元以上的函数.

例 6.14 设 $z = \arctan \dfrac{y}{x}$,求 $\dfrac{\partial^2 z}{\partial x \partial y}$、$\dfrac{\partial^2 z}{\partial y \partial x}$.

解 $\dfrac{\partial z}{\partial x} = \dfrac{1}{1 + \left(\dfrac{y}{x}\right)^2} \cdot \left(-\dfrac{y}{x^2}\right) = -\dfrac{y}{x^2 + y^2}$

$$\frac{\partial z}{\partial y} = \frac{1}{1 + \left(\dfrac{y}{x}\right)^2} \cdot \frac{1}{x} = \frac{x}{x^2 + y^2}$$

所以 $\dfrac{\partial^2 z}{\partial x \partial y} = \left(-\dfrac{y}{x^2 + y^2}\right)'_y = -\dfrac{x^2 + y^2 - 2y^2}{(x^2 + y^2)^2} = \dfrac{y^2 - x^2}{(x^2 + y^2)^2}$

$$\frac{\partial^2 z}{\partial y \partial x} = \left(\frac{x}{x^2 + y^2}\right)'_x = \frac{x^2 + y^2 - 2x^2}{(x^2 + y^2)^2} = \frac{y^2 - x^2}{(x^2 + y^2)^2}$$

习题 6.2

一、单项选择题

1. 函数 $z = f(x,y)$ 在点 (x_0, y_0) 处连续是它在该点偏导数存在的( ).

    A. 必要而非充分条件   B. 充分而非必要条件

    C. 充分必要条件   D. 既非充分,又非必要条件

2. 函数 $z(x,y) = \begin{cases} \dfrac{1}{x + y^2} & x + y^2 \neq 0 \\ 0 & x + y^2 = 0 \end{cases}$ 在点 $(0,0)$ 处( ).

    A. 连续但不可导   B. 不连续但可导

    C. 可导且连续   D. 既不连续,又不可导

3. 函数 $f(x,y) = \begin{cases} \dfrac{2xy}{x^2+y^2} & x^2+y^2 \neq 0 \\ 0 & x^2+y^2 = 0 \end{cases}$ 在点 $(0,0)$ 处( ).

    A. 连续且可导   B. 不连续且不可导

    C. 连续但不可导   D. 可导但不连续

4. 函数 $f(x,y) = \begin{cases} \dfrac{x^2 y^2}{x^4+y^4} & (x,y) \neq (0,0) \\ 0 & (x,y) = (0,0) \end{cases}$ 在点 $(0,0)$ 处( ).

    A. 连续但不可导   B. 连续

    C. 可导   D. 既不连续,又不可导

5. 函数 $z = f(x,y)$ 在点 (x,y) 处的二阶偏导数 $f_{xy}(x,y)$ 及 $f_{yx}(x,y)$ 都存在,则 $f_{xy}(x,y)$ 及 $f_{yx}(x,y)$ 在点 (x,y) 处连续是 $f_{xy} = f_{yx}$ 的( ).

    A. 充分而非必要条件   B. 必要而非充分条件

    C. 充分必要条件   D. 既非充分,又非必要条件

二、填空题

1. 设 $z = \sin(3x - y) + y$,则 $\dfrac{\partial z}{\partial x}\Big|_{\substack{x=2 \\ y=1}} = $ _____.

2. 设 $f(x,y) = \sqrt{x^2 + y^2}$,则 $f_y(0,1) = $ _____.

3. 设 $f(x,y) = \sin 2x \cos y$,则 $f_x\left(\dfrac{\pi}{2}, \pi\right) = $ _____.

4. 设 $f(x,y,z) = \left(\dfrac{x}{y}\right)^{\frac{1}{z}}$,则 $\dfrac{\partial f}{\partial y}\Big|_{(1,1,1)} = $ _____.

5. 设函数 $f(x,y)$ 在点 (a,b) 处的偏导数存在,则 $\lim\limits_{x \to 0} \dfrac{f(a+x,b) - f(a-x,b)}{x} = $ _____.

三、解答题

1. 求下列函数的一阶偏导数.

  (1) $z = x + y\cos x$ (2) $z = \dfrac{\cos x^2}{y}$

  (3) $z = e^{-\frac{y}{x}}$ (4) $z = \sqrt{x^2 + xy + y^2}$

  (5) $z = \sqrt{\ln(xy)}$ (6) $z = (\sin x)^{\cos y}$

  (7) $u = z^{\frac{y}{x}}$ (8) $z = (1 + xy)^y$

2. 计算下列各题.

  (1) 设 $f(x,y) = e^{-\sin x}(x + 2y)$,求在点 $\left(0, \dfrac{\pi}{4}\right)$ 处的偏导数.

  (2) 设 $z = ax^2 + 2bxy + cy^2$,求 $\dfrac{\partial z}{\partial x}\Big|_{(1,0)}$,$\dfrac{\partial z}{\partial y}\Big|_{(1,0)}$.

3. 曲线 $\begin{cases} z = \ln(x^2 + y^2) \\ y = \sqrt{3} \end{cases}$ 在点 $(\sqrt{3}, \sqrt{3}, \ln 6)$ 处切线对 x 轴的倾角是多少?

4. 求下列函数的二阶偏导数.

(1) $z = x^4 - 4x^2y^2 + y^4$ $\qquad\qquad$ (2) $z = \cos^2(2x + 3y)$

(3) $z = \ln(xy)$ $\qquad\qquad\qquad\qquad$ (4) $z = \arctan(xy)$

5. 设 $u = e^{xyz}$, 求 $\dfrac{\partial^3 u}{\partial x^2 \partial y}, \dfrac{\partial^3 u}{\partial x \partial y \partial z}$.

6. 设 $u = \ln(x^2 + y^2 + z^2)$, 求证:

$$\frac{\partial^2 u}{\partial x^2} + \frac{\partial^2 u}{\partial y^2} + \frac{\partial^2 u}{\partial z^2} = \frac{2}{x^2 + y^2 + z^2}$$

7. 设 $r = \sqrt{x^2 + y^2 + z^2}, u = \dfrac{1}{r}$, 证明:

$$\frac{\partial^2 u}{\partial x^2} + \frac{\partial^2 u}{\partial y^2} + \frac{\partial^2 u}{\partial z^2} = 0$$

6.3 全微分

6.3.1 全微分的定义

一元函数 $y = f(x)$ 在 x_0 处可导时, 其微分 $\mathrm{d}y = f'(x_0)\mathrm{d}x$ 是函数的改变量 Δy 关于自变量的改变量 Δx 的线性主部, 且 $\Delta y - \mathrm{d}y = o(\Delta x)$ ($o(\Delta x)$ 表示比 Δx 高阶的无穷小).

对于多元函数, 也有类似的情形, 由此引入二元函数全微分概念.

定义 6.5 如果二元函数 $z = f(x, y)$ 在点 (x_0, y_0) 的某一邻域内有定义, 若全增量

$$\Delta z = f(x_0 + \Delta x, y_0 + \Delta y) - f(x_0, y_0) = A\Delta x + B\Delta y + o(\rho) \qquad (1)$$

其中 A, B 仅与点 (x_0, y_0) 有关, 而与 $\Delta x, \Delta y$ 无关, $\rho = \sqrt{(\Delta x)^2 + (\Delta y)^2}, o(\rho)$ 是比 ρ 高阶的无穷小, 则称 $z = f(x, y)$ 在点 (x_0, y_0) **可微**, $A\Delta x + B\Delta y$ 称为 $z = f(x, y)$ 在点 (x_0, y_0) 处的**全微分**. 记作 $\mathrm{d}z = A\Delta x + B\Delta y$.

如果函数 $z = f(x, y)$ 在区域 D 内每一点可微, 则称函数 $z = f(x, y)$ 在区域 D 内可微.

定理 6.2 如果函数 $z = f(x, y)$ 在点 (x_0, y_0) 处可微, 则函数 $z = f(x, y)$ 在点 (x_0, y_0) 处连续.

证明 因函数 $z = f(x, y)$ 在点 (x_0, y_0) 处可微, 由定义 5.5, 有

$$\Delta z = A\Delta x + B\Delta y + o(\rho)$$

$$\lim_{\substack{\Delta x \to 0 \\ \Delta y \to 0}} \Delta z = \lim_{\substack{\Delta x \to 0 \\ \Delta y \to 0}} (A\Delta x + B\Delta y + o(\rho)) = \lim_{\substack{\Delta x \to 0 \\ \Delta y \to 0}} (A\Delta x + B\Delta y) + \lim_{\substack{\Delta x \to 0 \\ \Delta y \to 0}} o(\rho) = 0$$

所以, 函数 $z = f(x, y)$ 在点 (x_0, y_0) 处连续.

由定理 6.2 易知: 函数 $z = f(x, y)$ 在点 (x_0, y_0) 处不连续, 则在 (x_0, y_0) 处不可微.

定理 6.3 函数 $z = f(x, y)$ 在点 (x_0, y_0) 处可微, 则 $f(x, y)$ 的两个偏导数存在, 且

$$f'_x(x_0, y_0) = A$$
$$f'_y(x_0, y_0) = B$$

证明   因为函数可微,由定义知,$z = f(x, y)$ 在点 (x_0, y_0) 处的全增量为

$$\Delta z = f(x_0 + \Delta x, y_0 + \Delta y) - f(x_0, y_0) = A\Delta x + B\Delta y + o(\rho)$$

由于 A, B 的取值与 $\Delta x, \Delta y$ 无关,特别地取 $\Delta y = 0$,则

$$\Delta z = \Delta_x z = f(x_0 + \Delta x, y_0) - f(x_0, y_0) = A\Delta x + o(\rho)$$

而
$$\rho = |\Delta x|$$

$$\lim_{\Delta x \to 0} \frac{\Delta z}{\Delta x} = \lim_{\Delta x \to 0} \frac{\Delta_x z}{\Delta x} = A + \lim_{\Delta x \to 0} \frac{o(\rho)}{\rho} = A + \lim_{\Delta x \to 0} \frac{o(\rho)}{\rho} \cdot \frac{\rho}{\Delta x} = A$$

得
$$A = f'_x(x_0, y_0)$$

同理可得
$$B = f'_y(x_0, y_0)$$

所以
$$dz = f'_x(x_0, y_0)\Delta x + f'_y(x_0, y_0)\Delta y$$

由于
$$\Delta x = dx, \Delta y = dy$$

故
$$dz = f'_x(x_0, y_0)dx + f'_y(x_0, y_0)dy \tag{2}$$

例 6.15   讨论 $f(x, y) = \begin{cases} \dfrac{x^2 y}{x^2 + y^2} & x^2 + y^2 \neq 0 \\ 0 & x = y = 0 \end{cases}$ 在点 $(0, 0)$ 处是否可微.

解   在点 $(0, 0)$ 处,

$$f'_x(0, 0) = \lim_{\Delta x \to 0} \frac{f(0 + \Delta x, 0) - f(0, 0)}{\Delta x} = \lim_{\Delta x \to 0} \frac{\frac{(0 + \Delta x)^2 \cdot 0}{(0 + \Delta x)^2 + 0^2} - 0}{\Delta x} = 0$$

$$f'_y(0, 0) = \lim_{\Delta y \to 0} \frac{f(0, 0 + \Delta y) - f(0, 0)}{\Delta y} = \lim_{\Delta y \to 0} \frac{\frac{0^2 \cdot (0 + \Delta y)}{0^2 + (0 + \Delta y)^2} - 0}{\Delta y} = 0$$

$$\Delta z - dz = \frac{(\Delta x)^2 \cdot \Delta y}{(\Delta x)^2 + (\Delta y)^2}$$

$$\frac{\Delta z - dz}{\rho} = \frac{(\Delta x)^2 \cdot \Delta y}{[(\Delta x)^2 + (\Delta y)^2]^{\frac{3}{2}}}$$

如果让 $(0 + \Delta x, 0 + \Delta y)$ 沿 $y = x$ 趋于点 $(0, 0)$,则 $\Delta x = \Delta y$,

$$\lim_{\Delta y = \Delta x \to 0} \frac{\Delta z - dz}{\rho} = \lim_{\Delta x \to 0} \frac{(\Delta x)^3}{[(\Delta x)^2 + (\Delta y)^2]^{\frac{3}{2}}} = \pm \frac{1}{2\sqrt{2}}$$

当 $\rho \to 0$ 时,$\Delta z - dz$ 不是比 ρ 高阶的无穷小,所以在点 $(0, 0)$ 处全微分不存在.

由例 6.15 可知,对于二元函数,偏导数存在仅仅是可微的必要条件,不是充分条件.

定理 6.4(可微的充分条件)   如果函数 $z = f(x, y)$ 的偏导数在点 (x, y) 的邻域内存在,且在点 (x, y) 处连续,则函数 $z = f(x, y)$ 在点 (x, y) 处可微.

证明略.

例 6.16   求函数 $z = xy$ 在点 $(2, -1)$ 处关于 $\Delta x = 0.1, \Delta y = -0.2$ 的全增量与全微分.

解 $\Delta z = (x + \Delta x)(y + \Delta y) - xy = x\Delta y + y\Delta x + \Delta x\Delta y$

$$dz = f_x'(x,y)\,dx + f_y'(x,y)\,dy = y\Delta x + x\Delta y$$

所以 $\Delta z\big|_{(2,-1)} = (-1)\times 0.1 + 2\times(-0.2) + 0.1\times(-0.2) = -0.52$

$dz\big|_{(2,-1)} = (-1)\times 0.1 + 2\times(-0.2) = -0.5$

例 6.17 求函数 $z = e^x \sin(x+y)$ 的全微分.

解 $\dfrac{\partial z}{\partial x} = e^x \sin(x+y) + e^x \cos(x+y)$

$\dfrac{\partial z}{\partial y} = e^x \cos(x+y)$

所以 $dz = \dfrac{\partial z}{\partial x}dx + \dfrac{\partial z}{\partial y}dy = e^x[\sin(x+y)+\cos(x+y)]dx + e^x\cos(x+y)dy$

例 6.18 求 $u = \ln(x^2+y^2+z^2)$ 的全微分.

解 $u_x' = \dfrac{1}{x^2+y^2+z^2}\cdot(x^2+y^2+z^2)_x' = \dfrac{2x}{x^2+y^2+z^2}$

$$u_y' = \frac{2y}{x^2+y^2+z^2}$$

$$u_z' = \frac{2z}{x^2+y^2+z^2}$$

$$du = u_x'dx + u_y'dy + u_z'dz = \frac{2}{x^2+y^2+z^2}(xdx+ydy+zdz)$$

6.3.2 全微分在近似计算中的应用

设函数 $z = f(x,y)$ 在点 (x,y) 处可微,当 x,y 分别取得改变量 $\Delta x, \Delta y$ 时,

$$\Delta z = f(x+\Delta x, y+\Delta y) - f(x,y)$$
$$f(x+\Delta x, y+\Delta y) = f(x,y) + \Delta z \tag{3}$$

由全微分的定义,Δz 与 dz 的差是比 ρ 更高阶的无穷小,当 $|\Delta x|$ 与 $|\Delta y|$ 充分小时,

$$\Delta z \approx dz = f_x'(x,y)\Delta x + f_y'(x,y)\Delta y \tag{4}$$

代式(4)入式(3)得

$$f(x+\Delta x, y+\Delta y) \approx f(x,y) + f_x'(x,y)\Delta x + f_y'(x,y)\Delta y \tag{5}$$

例 6.19 制作一个无盖正方形的玻璃钢桶,内壁的长为 3 m,高为 2 m,桶底及桶壁的厚度分别为 5 cm 和 3 cm,试计算所需材料的近似值.

解 设矩形内壁的体积为 V,矩形内壁的长为 x,高为 h,则 $V = x^2 h$. $\Delta x = 0.05$, $\Delta h = 0.03$, $x_0 = 3$, $h_0 = 2$,

$$\Delta V \approx dV = \frac{\partial V}{\partial x}\bigg|_{(3,2)}\Delta x + \frac{\partial V}{\partial h}\bigg|_{(3,2)}\Delta h$$
$$= 2xh\big|_{(3,2)}\Delta x + x^2\big|_{(3,2)}\Delta h$$
$$= 2\times 3\times 2\times 0.05 + 3^2\times 0.03$$
$$= 0.87(\text{m}^3)$$

例 6.20 计算 $\sqrt{(1.01)^3 + (1.96)^3}$ 的近似值.

解 把 $\sqrt{(1.01)^3 + (1.96)^3}$ 看作函数 $z = f(x,y) = \sqrt{x^3+y^3}$ 在 $x+\Delta x = 1.01$, $y+\Delta y =$

1.96的函数值. 取 $x = 1, \Delta x = 0.01, y = 2, \Delta y = -0.04$，则

$$\sqrt{(1.01)^3 + (1.96)^3} \approx f(1,2) + f'_x(1,2) \times 0.01 + f'_y(1,2) \times (-0.04)$$

$$= \sqrt{1^3 + 2^3} + \frac{3x^2}{2\sqrt{x^3 + y^3}}\bigg|_{(1,2)} \times 0.01 + \frac{3y^2}{2\sqrt{x^3 + y^3}}\bigg|_{(1,2)} \times (-0.04)$$

$$= 3 + \frac{1}{2} \times 0.01 - 2 \times 0.04 = 2.925$$

习题 6.3

一、单项选择题

1. 函数 $z = f(x,y)$ 在点 (x_0, y_0) 处具有偏导数是它在该点可微的（　　）.

A. 必要而非充分条件　　　　　　B. 充分而非必要条件

C. 充分必要条件　　　　　　　　D. 既非充分，又非必要条件

2. 函数 $z = f(x,y)$ 在点 (x_0, y_0) 处两个偏导数存在且连续是函数在该点可微的（　　）.

A. 充分条件　　　　　　　　　　B. 必要条件

C. 充要条件　　　　　　　　　　D. 无关条件

3. 函数 $z = f(x,y)$ 在点 (x_0, y_0) 处全微分存在是函数在该点处连续的（　　）.

A. 充分条件　　　　　　　　　　B. 必要条件

C. 充要条件　　　　　　　　　　D. 无关条件

4. 函数 $z = f(x,y)$ 在点 (x_0, y_0) 处全微分存在是函数在点 (x_0, y_0) 处偏导数存在的（　　）.

A. 充分条件　　　　　　　　　　B. 必要条件

C. 充要条件　　　　　　　　　　D. 无关条件

二、填空题

1. 设 $f(x,y) = \sqrt{x^2 + y^2}$，则 $\mathrm{d}f = $ _____.

2. 设 $u(x,y) = \ln(x + \sqrt{x^2 + y^2})$，则 $\mathrm{d}u = $ _____.

3. 设 $z = xye^{x+y}$，则 $\mathrm{d}z = $ _____.

4. 设 $u(x,y) = \dfrac{x+y}{x-y}$，则 $\mathrm{d}u = $ _____.

5. 设 $z = x^3 y^2 - x^2 - e^y$，则 $\mathrm{d}z = $ _____.

6. 设 $z = (1+x)^y$，则 $\mathrm{d}z = $ _____.

三、解答题

1. 求下列函数的全微分.

(1) $z = xy - \dfrac{x}{y}$ 　　　　　　　　　(2) $z = e^{\frac{y}{x}}$

(3) $z = \ln(x^2 + y^2)$ 　　　　　　　　(4) $u = x^{yz}$

2. 求函数 $z = x^2 y$ 当 $x = 2, y = -1, \Delta x = 0.02, \Delta y = -0.01$ 时的全微分及全增量.

3. 计算 $(2.01)^{0.96}$ 的近似值. $(\ln 2 \approx 0.693)$

4.已知长为 8 m,宽为 6 m 的矩形,如果长增加 5 cm,宽减少 10 cm,求这个矩形的对角线的近似变化情况.

6.4 复合函数与隐函数求导法

6.4.1 复合函数求导法

设函数 $z=f(u,v)$ 是通过中间变量 $u=\varphi(x,y)$,$v=\psi(x,y)$ 复合成为 x,y 的函数,则称 $z=f[\varphi(x,y),\psi(x,y)]$ 是 x,y 的**复合函数**.

对上述二元复合函数有如下求导法则:

定理 6.5 设函数 $u=\varphi(x,y)$,$v=\psi(x,y)$ 在点 (x,y) 处有偏导数,函数 $z=f(u,v)$ 在对应点 (u,v) 处有连续偏导数,那么复合函数 $z=f[\varphi(x,y),\psi(x,y)]$ 在 (x,y) 处有对 x 及 y 的偏导数,且

$$\frac{\partial z}{\partial x} = \frac{\partial z}{\partial u} \cdot \frac{\partial u}{\partial x} + \frac{\partial z}{\partial v} \cdot \frac{\partial v}{\partial x} \qquad (1)$$

$$\frac{\partial z}{\partial y} = \frac{\partial z}{\partial u} \cdot \frac{\partial u}{\partial y} + \frac{\partial z}{\partial v} \cdot \frac{\partial v}{\partial y} \qquad (2)$$

证明 当 y 保持不变,给 x 以增量 Δx,函数 $u=\varphi(x,y)$,$v=\psi(x,y)$ 获得相应的增量 $\Delta_x u$,$\Delta_x v$,函数 $z=f(u,v)$ 获得相应的增量 $\Delta_x z$,则

$$\Delta_x z = \frac{\partial z}{\partial u}\Delta_x u + \frac{\partial z}{\partial v}\Delta_x v + \alpha_1 \cdot \Delta_x u + \alpha_2 \cdot \Delta_x v$$

其中,当 $\Delta_x u \to 0$,$\Delta_x v \to 0$ 时有 $\alpha_1 \to 0$,$\alpha_2 \to 0$,

$$\frac{\Delta_x z}{\Delta x} = \frac{\partial z}{\partial u}\frac{\Delta_x u}{\Delta x} + \frac{\partial z}{\partial v}\frac{\Delta_x v}{\Delta x} + \alpha_1 \frac{\Delta_x u}{\Delta x} + \alpha_2 \frac{\Delta_x v}{\Delta x}$$

$$\frac{\partial z}{\partial x} = \lim_{\Delta x \to 0}\frac{\Delta_x z}{\Delta x} = \frac{\partial z}{\partial u}\lim_{\Delta x \to 0}\frac{\Delta_x u}{\Delta x} + \frac{\partial z}{\partial v}\lim_{\Delta x \to 0}\frac{\Delta_x v}{\Delta x} + \alpha_1 \lim_{\Delta x \to 0}\frac{\Delta_x u}{\Delta x} + \alpha_2 \lim_{\Delta x \to 0}\frac{\Delta_x v}{\Delta x} \qquad (3)$$

由于 u,v 对 x 的偏导数存在,所以 u,v 关于 x 连续,即当 $\Delta x \to 0$ 时有 $\Delta_x u \to 0$,$\Delta_x v \to 0$,从而当 $\Delta x \to 0$ 时有 $\alpha_1 \to 0$,$\alpha_2 \to 0$. 又由(3)式得

$$\frac{\partial z}{\partial x} = \frac{\partial z}{\partial u} \cdot \frac{\partial u}{\partial x} + \frac{\partial z}{\partial v} \cdot \frac{\partial v}{\partial x}$$

同理可得

$$\frac{\partial z}{\partial y} = \frac{\partial z}{\partial u} \cdot \frac{\partial u}{\partial y} + \frac{\partial z}{\partial v} \cdot \frac{\partial v}{\partial y}$$

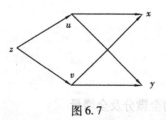

图 6.7

定理给出的二元复合函数求偏导数的公式仅为一般情况,多元复合函数的复合关系由中间变量个数和最终变量个数确定,我们不可能对复合函数的每一种情形都给出求导公式,也没有必要. 在求偏导数时,可根据所给复合函数的变量关系图得出求导公式. 如函数 $z=f(u,v)$,$u=\varphi(x,y)$,$v=\psi(x,y)$ 作出变量关系如图 6.7 所示,把从 z 到 x 的路径数看成项数,每条线段代表一个因

式.那么,从 z 到 x 有两条路径可到达,表示偏导数是两项之和;从 z 到 x 的每条路径由两条线段组成,表示每项由两个导数相乘而得.其中每条线段表示左边变量对右边变量的导数.由此可写出式(1).

类似地,考虑 z 到 y 的路径,就可得出式(2).

如设 $z = f(x,y)$,$x = \varphi(t)$,$y = \psi(t)$,写出 z 对 t 的求导公式.

作出变量关系如图 6.8 所示,从 z 到 t 有两条路径,应有两项;每条路径有两条线段,每项应是两个导数之积,得

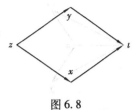

图 6.8

$$\frac{dz}{dt} = \frac{\partial z}{\partial x} \cdot \frac{dx}{dt} + \frac{\partial z}{\partial y} \cdot \frac{dy}{dt}$$

因为此时只有一个自变量,称 $\dfrac{dz}{dt}$ 为**全导数**.

多元复合函数求导步骤如下:

①由所给复合函数画出变量关系图.

②对所求偏导数,由变量关系图得出求导公式.

③求出求导公式中所需的偏导数(或导数).

④将所求导数代入求导公式后,化简即可.

例 6.21　设 $z = e^u \cos v$,$u = xy$,$v = 2x - y$,求 $\dfrac{\partial z}{\partial x}$、$\dfrac{\partial z}{\partial y}$.

解　本题可代式(1)、式(2)

$$\frac{\partial z}{\partial x} = \frac{\partial z}{\partial u} \cdot \frac{\partial u}{\partial x} + \frac{\partial z}{\partial v} \cdot \frac{\partial v}{\partial x}$$

$$\frac{\partial z}{\partial y} = \frac{\partial z}{\partial u} \cdot \frac{\partial u}{\partial y} + \frac{\partial z}{\partial v} \cdot \frac{\partial v}{\partial y}$$

因为 $\dfrac{\partial z}{\partial u} = e^u \cos v$,$\dfrac{\partial z}{\partial v} = -e^u \sin v$,$\dfrac{\partial u}{\partial x} = y$,$\dfrac{\partial u}{\partial y} = x$,$\dfrac{\partial v}{\partial x} = 2$,$\dfrac{\partial v}{\partial y} = -1$,所以

$$\frac{\partial z}{\partial x} = e^u \cos v \cdot y - e^u \sin v \cdot 2$$

$$= e^u(y \cos v - 2 \sin v)$$

$$= e^{xy}[y \cos(2x - y) - 2 \sin(2x - y)]$$

$$\frac{\partial z}{\partial y} = e^u \cos v \cdot x - e^u \sin v \cdot (-1)$$

$$= e^u(x \cos v + \sin v)$$

$$= e^{xy}[x \cos(2x - y) + \sin(2x - y)]$$

例 6.22　已知 $z = f(x,y) = e^x + \sqrt{y}$,$y = \tan x$,求 $\dfrac{dz}{dx}$.

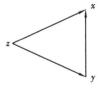

图 6.9

解　画出变量关系如图 6.9 所示,由关系图得公式

$$\frac{dz}{dx} = \frac{\partial f}{\partial x} + \frac{\partial z}{\partial y} \cdot \frac{dy}{dx}$$

而 $\dfrac{\partial f}{\partial x} = e^x$,$\dfrac{\partial z}{\partial y} = \dfrac{1}{2\sqrt{y}}$,$\dfrac{dy}{dx} = \sec^2 x$,所以

$$\frac{\mathrm{d}z}{\mathrm{d}x} = \mathrm{e}^x + \frac{\sec^2 x}{2\sqrt{\tan x}}$$

例 6.23 设 $u = f(x,y,z) = \mathrm{e}^{2x+y^2-2z}$，$z = x^2 \sin y$，求 $\frac{\partial u}{\partial x}$、$\frac{\partial u}{\partial y}$.

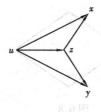

图 6.10

解 画出变量关系如图 6.10 所示，由关系图得公式

$$\frac{\partial u}{\partial x} = \frac{\partial f}{\partial x} + \frac{\partial f}{\partial z} \cdot \frac{\partial z}{\partial x}$$

$$\frac{\partial u}{\partial y} = \frac{\partial f}{\partial y} + \frac{\partial f}{\partial z} \cdot \frac{\partial z}{\partial y}$$

而

$$\frac{\partial f}{\partial x} = 2\mathrm{e}^{2x+y^2-2z}$$

$$\frac{\partial f}{\partial y} = 2y\mathrm{e}^{2x+y^2-2z}$$

$$\frac{\partial f}{\partial z} = -2\mathrm{e}^{2x+y^2-2z}$$

$$\frac{\partial z}{\partial x} = 2x \sin y$$

$$\frac{\partial z}{\partial y} = x^2 \cos y$$

所以

$$\frac{\partial u}{\partial x} = 2(1 - 2x \sin y)\mathrm{e}^{2x+y^2-2z}$$

$$\frac{\partial u}{\partial y} = 2(y - x^2 \cos y)\mathrm{e}^{2x+y^2-2z}$$

注意在例 6.22、例 6.23 中，$\frac{\partial f}{\partial x}$ 是把 $f(x,y,z)$ 中除 x 以外任何量看成常量而对 x 求导；$\frac{\partial u}{\partial x}$ 仅把 $f(x,y,z)$ 中 y 看成常量而对 x 求导（因为 z 是 x 的函数），对 $\frac{\partial f}{\partial y}$、$\frac{\partial f}{\partial z}$ 也如此.

例 6.24 设 $z = f(xy, x^2 - y^2)$，求 $\frac{\partial z}{\partial x}$ 与 $\frac{\partial z}{\partial y}$.

解 令 $u = xy, v = x^2 - y^2$，则 $z = f(u,v)$. 画出变量关系如图 6.11 所示，得公式

$$\frac{\partial z}{\partial x} = \frac{\partial f}{\partial u} \cdot \frac{\partial u}{\partial x} + \frac{\partial f}{\partial v} \cdot \frac{\partial v}{\partial x}$$

$$\frac{\partial z}{\partial y} = \frac{\partial f}{\partial u} \cdot \frac{\partial u}{\partial y} + \frac{\partial f}{\partial v} \cdot \frac{\partial v}{\partial y}$$

而

$$\frac{\partial f}{\partial u} = f'_u, \qquad \frac{\partial f}{\partial v} = f'_v$$

$$\frac{\partial u}{\partial x} = y, \qquad \frac{\partial v}{\partial x} = 2x$$

$$\frac{\partial u}{\partial y} = x, \qquad \frac{\partial v}{\partial y} = -2y$$

图 6.11

所以

$$\frac{\partial z}{\partial x} = yf'_u + 2xf'_v, \qquad \frac{\partial z}{\partial y} = xf'_u - 2yf'_v$$

6.4.2 隐函数求导法

(1)一元隐函数求导公式

设方程 $F(x,y)=0$ 确定了函数 $y=f(x)$,代入方程后,得

$$F[x,f(x)]=0 \tag{4}$$

画出变量关系如图6.12所示,式(4)两边对 x 求导,$F'_x+F'_y\cdot\dfrac{dy}{dx}=0$,若 $F'_y\neq0$,则

$$\frac{dy}{dx}=-\frac{F'_x}{F'_y} \tag{5}$$

式(5)为一元隐函数求导公式.

例 6.25 求由方程 $x+y=xe^y$ 所确定的隐函数 $y=f(x)$ 的导数.

解 令 $F(x,y)=x+y-xe^y$,则

$$F'_x=1-e^y, \quad F'_y=1-xe^y$$

由公式(5)得

$$\frac{dy}{dx}=-\frac{F'_x}{F'_y}=-\frac{1-e^y}{1-xe^y}=\frac{e^y-1}{1-xe^y}$$

(2)二元隐函数求导公式

1)一个方程的情形

设方程 $F(x,y,z)=0$ 确定了隐含数 $z=f(x,y)$,代入方程后,得

$$F[x,y,f(x,y)]=0 \tag{6}$$

设 F'_x,F'_y 连续,且 $F'_z\neq0$,由式(6)作出变量关系如图6.13所示.

式(6)两边分别对 x,y 求导,得

$$F'_x+F'_z\cdot\frac{\partial z}{\partial x}=0$$

$$F'_y+F'_z\cdot\frac{\partial z}{\partial y}=0$$

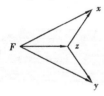

图6.13

因为 $F'_z\neq0$,所以

$$\frac{\partial z}{\partial x}=-\frac{F'_x}{F'_z}$$

$$\frac{\partial z}{\partial y}=-\frac{F'_y}{F'_z} \tag{7}$$

此即为二元隐函数求导公式.

例 6.26 已知 $e^z-xyz=0$,求 $\dfrac{\partial z}{\partial x}$、$\dfrac{\partial z}{\partial y}$、$\dfrac{\partial^2 z}{\partial x\partial y}$.

解 令 $F(x,y,z)=e^z-xyz$,因为 $F'_x=-yz$,$F'_y=-xz$,$F'_z=e^z-xy$. 所以

$$\frac{\partial z}{\partial x}=-\frac{-yz}{e^z-xy}=\frac{yz}{xyz-xy}=\frac{z}{x(z-1)}$$

$$\frac{\partial z}{\partial y}=-\frac{-xz}{e^z-xy}=\frac{xz}{xyz-xy}=\frac{z}{y(z-1)}$$

$$\frac{\partial^2 z}{\partial x \partial y} = \left(\frac{z}{x(z-1)}\right)'_y = \frac{1}{x} \cdot \frac{z'_y(z-1) - z(z-1)'_y}{(z-1)^2} = -\frac{z'_y}{x(z-1)^2}$$

$$= -\frac{z/(y(z-1))}{x(z-1)^2} = -\frac{z}{xy(z-1)^3}$$

例 6.27 设 $y = f(x,t)$,而 t 是由方程 $F(x,y,t) = 0$ 所确定的 x,y 的函数,其中 f,F 都具有一阶连续偏导数. 证明:$\dfrac{\mathrm{d}y}{\mathrm{d}x} = \dfrac{f'_x F'_t - f'_t F'_x}{f'_t F'_y + F'_t}$.

证明 对 $y = f(x,t)$ 和 $F(x,y,t) = 0$ 两边求 x 的导数,得

$$\frac{\mathrm{d}y}{\mathrm{d}x} = f'_x + f'_t \cdot t'_x$$

所以

$$t'_x = \frac{\dfrac{\mathrm{d}y}{\mathrm{d}x} - f'_x}{f'_t}$$

及

$$F'_x + F'_y \cdot \frac{\mathrm{d}y}{\mathrm{d}x} + F'_t \cdot t'_x = 0$$

代 $t'_x = \dfrac{\dfrac{\mathrm{d}y}{\mathrm{d}x} - f'_x}{f'_t}$ 入上式,化简得

$$\frac{\mathrm{d}y}{\mathrm{d}x}(f'_t \cdot F'_y + F'_t) = f'_x \cdot F'_t - f'_t \cdot F'_x$$

所以

$$\frac{\mathrm{d}y}{\mathrm{d}x} = \frac{f'_x \cdot F'_t - f'_t \cdot F'_x}{f'_t \cdot F'_y + F'_t}$$

2)两个方程的情形

若隐函数以方程组

$$\begin{cases} F(x,y,u,v) = 0 \\ G(x,y,u,v) = 0 \end{cases} \tag{8}$$

的形式出现,其中 u,v 是关于 x,y 的函数,可以用式(9)(证明略)计算.

$$\frac{\partial u}{\partial x} = -\frac{1}{J}\frac{\partial(F,G)}{\partial(x,v)}$$

$$\frac{\partial v}{\partial x} = -\frac{1}{J}\frac{\partial(F,G)}{\partial(u,x)}$$

$$\frac{\partial u}{\partial y} = -\frac{1}{J}\frac{\partial(F,G)}{\partial(y,v)} \tag{9}$$

$$\frac{\partial v}{\partial y} = -\frac{1}{J}\frac{\partial(F,G)}{\partial(u,y)}$$

其中,$J = \dfrac{\partial(F,G)}{\partial(u,v)} = \begin{vmatrix} \dfrac{\partial F}{\partial u} & \dfrac{\partial F}{\partial v} \\ \dfrac{\partial G}{\partial u} & \dfrac{\partial G}{\partial v} \end{vmatrix}$ 是偏导数所组成的行列式(称 J 为**雅可比行列式**).

例 6.28 求由方程组 $\begin{cases} z = x^2 + y^2 \\ x^2 + 2y^2 + 3z^2 = 10 \end{cases}$ 所确定的函数的导数 $\dfrac{\mathrm{d}y}{\mathrm{d}x}, \dfrac{\mathrm{d}z}{\mathrm{d}x}$.

解法 1 方程组两边求 x 的导数,得

$$\frac{\mathrm{d}z}{\mathrm{d}x} = 2x + 2y\frac{\mathrm{d}y}{\mathrm{d}x} \tag{10}$$

$$2x + 4y\frac{\mathrm{d}y}{\mathrm{d}x} + 6z\frac{\mathrm{d}z}{\mathrm{d}x} = 0 \tag{11}$$

代式(10)入式(11)有

$$2x + 4y\frac{\mathrm{d}y}{\mathrm{d}x} + 6z\left(2x + 2y\frac{\mathrm{d}y}{\mathrm{d}x}\right) = 0$$

即

$$2y(1 + 3z)\frac{\mathrm{d}y}{\mathrm{d}x} = -x(1 + 6z)$$

所以

$$\frac{\mathrm{d}y}{\mathrm{d}x} = -\frac{x(1 + 6z)}{2y(1 + 3z)}, \frac{\mathrm{d}z}{\mathrm{d}x} = \frac{x}{1 + 3z}$$

解法2　设 $\begin{cases} F = x^2 + y^2 - z \\ G = x^2 + 2y^2 + 3z^2 - 10 \end{cases}$,因为 $F_x' = 2x, F_y' = 2y, F_z' = -1, G_x' = 2x, G_y' = 4y, G_z' = 6z$,

所以

$$J = \frac{\partial(F,G)}{\partial(y,z)} = \begin{vmatrix} F_y' & F_z' \\ G_y' & G_z' \end{vmatrix} = \begin{vmatrix} 2y & -1 \\ 4y & 6z \end{vmatrix} = 12yz + 4y = 4y(1 + 3z)$$

$$\frac{\partial(F,G)}{\partial(x,z)} = \begin{vmatrix} F_x' & F_z' \\ G_x' & G_z' \end{vmatrix} = \begin{vmatrix} 2x & -1 \\ 2x & 6z \end{vmatrix} = 2x(6z + 1)$$

$$\frac{\partial(F,G)}{\partial(y,x)} = \begin{vmatrix} F_y' & F_x' \\ G_y' & G_x' \end{vmatrix} = \begin{vmatrix} 2y & 2x \\ 4y & 2x \end{vmatrix} = -4xy$$

由式(9)得

$$\frac{\mathrm{d}y}{\mathrm{d}x} = -\frac{1}{J}\frac{\partial(F,G)}{\partial(x,z)} = -\frac{2x(1 + 6z)}{4y(1 + 3z)} = -\frac{x(1 + 6z)}{2y(1 + 3z)}$$

$$\frac{\mathrm{d}z}{\mathrm{d}x} = -\frac{1}{J}\frac{\partial(F,G)}{\partial(y,x)} = -\frac{-4xy}{4y(1 + 3z)} = \frac{x}{1 + 3z}$$

例6.29　设 $\begin{cases} u = f(ux, v + y) \\ v = g(u - x, v^2y) \end{cases}$ 其中 f, g 具有一阶连续偏导数,求 u_x', v_x'.

解　令 $\begin{cases} F = f(ux, v + y) - u \\ G = g(u - x, v^2y) - v \end{cases}$,求偏导 $F_u' = x \cdot f_1' - 1, F_v' = f_2', F_x' = u \cdot f_1', G_u' = g_1', G_v' = 2yv \cdot g_2' - 1, G_x' = -g_1'$,

$$J = \frac{\partial(F,G)}{\partial(u,v)} = \begin{vmatrix} F_u' & F_v' \\ G_u' & G_v' \end{vmatrix} = \begin{vmatrix} x \cdot f_1' - 1 & f_2' \\ g_1' & 2yv \cdot g_2' - 1 \end{vmatrix}$$
$$= (x \cdot f_1' - 1)(2yv \cdot g_2' - 1) - f_2' \cdot g_1'$$

$$\frac{\partial(F,G)}{\partial(x,v)} = \begin{vmatrix} F_x' & F_v' \\ G_x' & G_v' \end{vmatrix} = \begin{vmatrix} u \cdot f_1' & f_2' \\ -g_1' & 2yv \cdot g_2' - 1 \end{vmatrix} = u \cdot f_1'(2yv \cdot g_2' - 1) +$$

$$f_2' \cdot g_1' \frac{\partial(F,G)}{\partial(u,x)} = \begin{vmatrix} F_u' & F_x' \\ G_u' & G_x' \end{vmatrix} = \begin{vmatrix} x \cdot f_1' - 1 & u \cdot f_1' \\ g_1' & -g_1' \end{vmatrix} = g_1'(1 - x \cdot f_1') - uf_1' \cdot g_1'$$

代入公式(9)得

$$u'_x = -\frac{1}{J}\frac{\partial(F,G)}{\partial(x,v)} = -\frac{u \cdot f'_1(2yv \cdot g'_2 - 1) + f'_2 \cdot g'_1}{(x \cdot f'_1 - 1)(2yv \cdot g'_2 - 1) - f'_2 \cdot g'_1}$$

$$v'_x = -\frac{1}{J}\frac{\partial(F,G)}{\partial(u,x)} = -\frac{g'_1(1 - x \cdot f'_1 - u \cdot f'_1)}{(x \cdot f'_1 - 1)(2yv \cdot g'_2 - 1) - f'_2 \cdot g'_1}$$

习题 6.4

一、单项选择题

1. 设 $z = \sin(xy^2)$，则 $\dfrac{1}{y} \cdot \dfrac{\partial z}{\partial x} + \dfrac{1}{2x} \cdot \dfrac{\partial z}{\partial y} = ($ $)$.

   A. $\cos(xy^2)$ B. $2y\cos(xy^2)$ C. $2x\cos(xy^2)$ D. $y\cos(xy^2)$

2. 设函数 $f(u,v)$ 具有连续的偏导数，而 $z = f(2x + 3y, e^{xy})$，则 $\dfrac{\partial z}{\partial x} = ($ $)$.

   A. $2\dfrac{\partial f}{\partial x} + y\dfrac{\partial f}{\partial x}e^{xy}$ B. $2\dfrac{\partial f}{\partial u} + ye^{xy}\dfrac{\partial f}{\partial v}$ C. $2\dfrac{\partial f}{\partial x}$ D. $y\dfrac{\partial f}{\partial x}e^{xy}$

3. 已知 $f(xy, x - y) = x^2 + y^2$，则 $\dfrac{\partial f(x,y)}{\partial x} + \dfrac{\partial f(x,y)}{\partial y}$ 等于 $($ $)$.

   A. $2 + 2y$ B. $2 - 2y$ C. $2x + 2y$ D. $2x - 2y$

二、填空题

1. 函数 $y = y(x)$ 由 $1 + x^2y = e^y$ 所确定，则 $\dfrac{dy}{dx} = $ _____.

2. 设函数 $z = z(x,y)$ 由方程 $xy^2z = x + y + z$ 所确定，则 $\dfrac{\partial z}{\partial y} = $ _____.

三、解答题

1. 设 $u = e^{x-2y}, x = \sin t, y = t^3$，求 $\dfrac{du}{dt}$.

2. 设 $z = u^2v - uv^2, u = x\cos y, y = x\sin y$，求 $\dfrac{\partial z}{\partial x}, \dfrac{\partial z}{\partial y}$.

3. 求下列函数对各自变量的一阶偏导数. 其中 f 可微.

(1) $z = f(x^2 - y^2, e^{xy})$ (2) $z = f(2x + y, y\ln x)$

(3) $u = f(x, xy, xyz)$ (4) $u = f(x^2 + xy + xyz)$

4. 求下列方程所确定的隐含数的导数 $\dfrac{dy}{dx}$.

(1) $\cos y + e^{xy} - x = 0$ (2) $\ln\sqrt{x^2 + y^2} = \arctan\dfrac{y}{x}$

5. 求下列方程所确定的隐含数 $z = z(x,y)$ 的偏导数.

(1) $z^3 + 2xyz = 4$ (2) $x + y + z = e^{-(x+y+z)}$

(3) $\dfrac{x}{z} = \ln\dfrac{z}{y}$ (4) $x - y\tan(az) = 0 \ (a \neq 0, 常数)$

6. 设 $x^3 + y^3 + z^3 + xyz = 6$ 所确定的隐含数 $z = f(x,y)$. 求 z 在点 $(1,2,-1)$ 的偏导数.

7. 设 $2\sin(x+2y-3z) = x+2y-3z$. 证明: $\dfrac{\partial z}{\partial x} + \dfrac{\partial z}{\partial y} = 1$.

6.5　多元函数的极值

6.5.1　二元函数的极值及求法

定义 6.6　设函数 $z = f(x,y)$ 在点 (x_0,y_0) 的某个邻域内有定义,如果对于该邻域内异于 (x_0,y_0) 的点 (x,y),都有

$$f(x,y) < f(x_0,y_0) \quad 或 \quad (f(x,y) > f(x_0,y_0))$$

则称 $f(x_0,y_0)$ 为函数 $f(x,y)$ 的**极大值**(或**极小值**). 极大值与极小值统称为**极值**,使函数取得极值的点 (x_0,y_0) 称为**极值点**.

定理 6.6(极值存在的必要条件)　设函数 $z = f(x,y)$ 在点 (x_0,y_0) 处的偏导数 $f'_x(x_0,y_0)$、$f'_y(x_0,y_0)$ 存在,且在点 (x_0,y_0) 处有极值,则有

$$\begin{cases} f'_x(x_0,y_0) = 0 \\ f'_y(x_0,y_0) = 0 \end{cases}$$

证明　因为 $z = f(x,y)$ 在点 (x_0,y_0) 处有极值,固定 $y = y_0$,则 $z = f(x,y_0)$ 在点 $x = x_0$ 处也取得极值,根据一元函数极值存在的必要条件,有

$$f'_x(x_0,y_0) = 0$$

同理可得

$$f'_y(x_0,y_0) = 0$$

对满足 $\begin{cases} f'_x(x_0,y_0) = 0 \\ f'_y(x_0,y_0) = 0 \end{cases}$ 的点 (x_0,y_0),称为函数 $f(x,y)$ 的**驻点**. 与一元函数类似,驻点不一定是极值点. 那么,在什么条件下驻点才是极值点呢?

定理 6.7(极值存在的充分条件)　设函数 $z = f(x,y)$ 在点 (x_0,y_0) 的某个邻域内有连续的二阶偏导数,且 $f'_x(x_0,y_0) = 0$,$f'_y(x_0,y_0) = 0$. 令 $A = f''_{xx}(x_0,y_0)$,$B = f''_{xy}(x_0,y_0)$,$C = f''_{yy}(x_0,y_0)$,则

①当 $B^2 - AC < 0$ 时,$f(x_0,y_0)$ 是极值.

若 $A < 0$(即 $C < 0$)时,$f(x_0,y_0)$ 为极大值.

若 $A > 0$(即 $C > 0$)时,$f(x_0,y_0)$ 为极小值.

②当 $B^2 - AC > 0$ 时,$f(x_0,y_0)$ 不是极值.

③当 $B^2 - AC = 0$ 时,$f(x_0,y_0)$ 可能是极值,也可能不是极值.

证明从略.

例 6.30　求函数 $f(x,y) = x^4 + y^4 + 32x - 4y + 52$ 的极值.

解　$f'_x = 4x^3 + 32$,$f'_y = 4y^3 - 4$,令 $\begin{cases} f'_x(x,y) = 0 \\ f'_y(x,y) = 0 \end{cases}$,得方程组

$$\begin{cases} 4x^3 + 32 = 0 \\ 4y^3 - 4 = 0 \end{cases}$$

求得驻点$(-2,1)$.

又$f''_{xx} = 12x^2$, $f''_{xy} = 0$, $f''_{yy} = 12y^2$. 在驻点$(-2,1)$处有$A = 48$, $B = 0$, $C = 12$, $B^2 - AC = -576 < 0$, $A = 48 > 0$, 故$f(x,y)$有极小值$f(-2,1) = 1$.

6.5.2 最大值与最小值

在有界闭区域上连续的函数一定有最大值与最小值, 而取得最大值或最小值的点或者在区域的内部, 或者在区域的边界上. 如果已知函数是可微的, 当该点在区域的内部, 那么该点必是函数的驻点. 因此, 求多元函数在有界闭区域上的最大值和最小值时, 只需求出该函数在该区域内部的驻点处的函数值以及边界上的最大值与最小值, 比较这些值, 即可得出该函数在闭区域上的最大值与最小值. 在实际问题中, 知道函数在该区域内存在最大值或最小值, 又知函数在区域内可微, 且只有唯一驻点, 则该点的函数值就是所求的最大值或最小值, 可不必再进行判别.

例6.31 求函数$z = x^2 y(5 - x - y)$在闭区域$x \geq 0$, $y \geq 0$, $x + y \leq 4$上的最大值和最小值.

解 $z'_x = 2xy(5 - x - y) - x^2 y = xy(10 - 3x - 2y)$

$z'_y = x^2(5 - x - y) - x^2 y = x^2(5 - x - 2y)$

令$z'_x = 0$, $z'_y = 0$, 得方程组

$$\begin{cases} xy(10 - 3x - 2y) = 0 \\ x^2(5 - x - 2y) = 0 \end{cases}$$

解得区域内驻点$\left(\dfrac{5}{2}, \dfrac{5}{4}\right)$, 在此驻点的函数值$z\left(\dfrac{5}{2}, \dfrac{5}{4}\right) = \dfrac{625}{64}$. 在边界上, 当$x = 0$, $y = 0$时$z = 0$; 在边界$x + y = 4$上, 函数z变成x的一元函数: $z = x^2(4 - x)$, $0 \leq x \leq 4$, $z'_x = 8x - 3x^2$, 在$(0,4)$内的驻点$x = \dfrac{8}{3}$, $z\left(\dfrac{8}{3}\right) = \dfrac{256}{27}$. 所以二元函数的最大值是$\dfrac{625}{64}$, 最小值是0.

例6.32 在xOy坐标面上找一点P, 使它到三点$P_1(0,0)$、$P_2(1,0)$、$P_3(0,1)$的距离平方和为最小.

解 设$P(x,y)$为所求点, 则P到P_1, P_2, P_3三点距离的平方和为

$S = |PP_1|^2 + |PP_2|^2 + |PP_3|^2 = x^2 + y^2 + (x - 1)^2 + y^2 + x^2 + (y - 1)^2$

$\quad = 3x^2 + 3y^2 - 2x - 2y + 2$

解方程组

$$\begin{cases} S'_x = 6x - 2 = 0 \\ S'_y = 6y - 2 = 0 \end{cases}$$

得

$$x = y = \frac{1}{3}$$

由实际意义知, 到三点距离平方和最小的点一定存在, 该函数又只有一个驻点, 因此, $\left(\dfrac{1}{3}, \dfrac{1}{3}\right)$为所求点.

例6.33 要制造一个无盖的长方体水箱, 使其体积为2 m^3, 问: 当长、宽、高各取怎样的尺寸, 才能使用料最省?

解 用料最省, 即所用材料面积最小.

设水箱的长、宽、高分别为 x,y,z,所用材料面积为

$$S = xy + 2(xz + yz)$$

由于 $xyz = 2$,则 $z = \dfrac{2}{xy}$. 代入上式得

$$S = xy + \frac{4}{x} + \frac{4}{y} \quad (x > 0, y > 0)$$

解方程组

$$\begin{cases} S'_x = y - \dfrac{4}{x^2} = 0 \\ S'_y = x - \dfrac{4}{y^2} = 0 \end{cases}$$

得 $x = \sqrt[3]{4}, y = \sqrt[3]{4}$,即得驻点 $(\sqrt[3]{4}, \sqrt[3]{4})$.

由题意可知,面积 S 在 $x > 0, y > 0$ 时一定存在最小值,且仅有一驻点. 因此,当长为 $\sqrt[3]{4}$、宽为 $\sqrt[3]{4}$、高为 $\dfrac{2}{\sqrt[3]{4} \cdot \sqrt[3]{4}} = \dfrac{\sqrt[3]{4}}{2}$ 时,用料最省.

6.5.3　条件极值

前面讨论的极值问题,自变量除了被限制在定义域内,没有其他条件的约束,所以也称为**无条件极值**. 但在例 6.33 中,求函数 $S = xy + 2(xz + yz)$ 的最小值,自变量满足 $xyz = 2$. 我们把对自变量有附加约束条件的极值称为**条件极值**.

有些条件极值问题可以转化为无条件极值问题求解(如例 6.33). 但大量的条件极值问题化为无条件极值问题较困难,或者化成无条件极值后计算起来很复杂. 下面介绍**拉格朗日乘数法**解决条件极值问题.

求函数 $z = f(x,y)$ 在条件 $\varphi(x,y) = 0$ 下的极值. 其步骤为:

①构造辅助函数 $F(x,y) = f(x,y) + \lambda\varphi(x,y)$,其中参数 λ 称为**拉格朗日乘数**.

②解联立方程组

$$\begin{cases} F'_x(x,y) = f'_x(x,y) + \lambda\varphi'_x(x,y) = 0 \\ F'_y(x,y) = f'_y(x,y) + \lambda\varphi'_y(x,y) = 0 \\ \varphi(x,y) = 0 \end{cases} \tag{1}$$

得可能极值点 (x,y),在实际问题中往往就是所求极值点,从而求出极值.

拉格朗日乘数法可以推广到两个以上自变量或一个以上约束条件的情况.

例 6.34　用拉格朗日乘数法解例 6.33.

解　按题意,即求函数

$$S = xy + 2(xz + yz)$$

在条件 $xyz = 2$ 下的最小值.

设函数 $F(x,y,z) = xy + 2(xz + yz) + \lambda(xyz - 2)$,令

$$\begin{cases} F'_x = y + 2z + \lambda yz = 0 \\ F'_y = x + 2z + \lambda xz = 0 \\ F'_z = 2x + 2y + \lambda xy = 0 \\ xyz - 2 = 0 \end{cases}$$

解得 $x = y = \sqrt[3]{4}, z = \dfrac{\sqrt[3]{4}}{2}$.

实际问题存在最小值,且驻点只有一个.故当长为 $\sqrt[3]{4}$、宽为 $\sqrt[3]{4}$、高为 $\dfrac{\sqrt[3]{4}}{2}$ 时,用料最省.

用拉格朗日乘数法求条件极值,在解方程组(1)时,求可能极值点的计算是很麻烦的.在实际问题中,求多元函数条件极值时,经常遇见一类很特殊的函数——**对称函数**.对这类函数求极值,下面介绍一种非常简单的方法.

定义 6.7 n 元函数 $u = f(x_1, x_2, \cdots, x_n)$,若存在 $i \neq j (i \leq n, j \leq n)$,有
$$f(x_1, \cdots, x_i, \cdots, x_j, \cdots, x_n) = f(x_1, \cdots, x_j, \cdots, x_i, \cdots, x_n)$$
则称函数 $u = f(x_1, x_2, \cdots, x_n)$ 是关于自变量 x_i 与 x_j 的对称函数. x_i 与 x_j 相互为 u 的对称变量.
如 $f(x, y, z) = xy + 2(xz + yz)$ 是关于 x 与 y 的对称函数.

定义 6.8 若对任意的 $i \neq j (i \leq n, j \leq n)$, n 元函数 $u = f(x_1, x_2, \cdots, x_n)$ 都是关于自变量 x_i 与 x_j 的对称函数,则称函数 $u = f(x_1, x_2, \cdots, x_n)$ 是关于自变量 $x_1, x_2, \cdots, x_n$ 的对称函数(简称对称函数).

对求多元函数 $u = f(x_1, x_2, \cdots, x_n)$ 满足条件 $\varphi(x_1, x_2, \cdots, x_n) = 0$ 的极值,为叙述方便,称 $u = f(x_1, x_2, \cdots, x_n)$ 为目标函数, $\varphi(x_1, x_2, \cdots, x_n)$ 为条件函数.

可以证明,在求多元函数 $u = f(x_1, x_2, \cdots, x_n)$ 满足条件 $\varphi(x_1, x_2, \cdots, x_n) = 0$ 的极值时,只要目标函数 $u = f(x_1, x_2, \cdots, x_n)$ 与条件函数 $\varphi(x_1, x_2, \cdots, x_n)$ 都是对称函数,解方程组
$$\begin{cases} \varphi(x_1, x_2, \cdots, x_n) = 0 \\ x_1 = x_2 = \cdots = x_n \end{cases}$$
就可求出可能极值点,从而求出极值.

例 6.35 周长为 $2p$ 的三角形中,当面积为最大时,三边长各为多少?

解 设 x, y, z 分别为三角形三边的长,其面积为 A,则
$$A = \sqrt{p(p-x)(p-y)(p-z)}$$
且
$$x + y + z = 2p \quad (0 < x < p, 0 < y < p, 0 < z < p)$$
即求函数 $A = \sqrt{p(p-x)(p-y)(p-z)}$ 在条件 $x + y + z - 2p = 0$ 下的极值.

由于目标函数和约束条件函数都是对称函数,解方程组
$$\begin{cases} x + y + z = 2p \\ x = y = z = 0 \end{cases}$$
得
$$x = y = z = \frac{2}{3}p$$

可能极值点只有一个,即点 $\left(\dfrac{2}{3}p, \dfrac{2}{3}p, \dfrac{2}{3}p\right)$. 实际问题存在最大值,所以当三边长各为 $\dfrac{2}{3}p$ 时,三角形面积最大.

例 6.36 利用函数的对称性解例 6.33.

解 按题意,即求函数
$$S = xy + 2(xz + yz)$$
在条件 $xyz = 2$ 下的最小值.

设 $\varphi(x, y, z) = xyz - 2$,显然条件函数 $\varphi(x, y, z)$ 是对称函数,而目标函数 $S = xy + 2(xz +$

yz)仅关于 x,y 对称,这时令,$z=\dfrac{z^*}{2}$,代入目标函数与条件函数后得

$$\begin{cases} S = xy + xz^* + yz^* \\ xyz^* = 4 \end{cases}$$

这时新的目标函数与条件函数均是对称函数,解方程组

$$\begin{cases} xyz^* = 4 \\ x = y = z^* \end{cases}$$

得 $x=y=z^*=\sqrt[3]{4},z=\dfrac{1}{2}z^*=\dfrac{\sqrt[3]{4}}{2}$. 故当长为$\sqrt[3]{4}$、宽为$\sqrt[3]{4}$、高为$\dfrac{\sqrt[3]{4}}{2}$时,用料最省.

用以上方法求条件极值时,目标函数与条件函数一定是对称函数,当不满足对称性条件时,要改用其他方法.

习题 6.5

一、单项选择题

1. 设函数 $z=f(x,y)$ 具有二阶连续偏导数,且 $z_x(x_0,y_0)=0,z_y(x_0,y_0)=0.$ $D=\begin{vmatrix} z_{xx} & z_{xy} \\ z_{yx} & z_{yy} \end{vmatrix}$,则函数 z 在点(x_0,y_0)处取得极大值的充分条件是(　　).

  A. $D(x_0,y_0)>0,z_{xx}(x_0,y_0)>0$　　　　B. $D(x_0,y_0)>0,z_{xx}(x_0,y_0)<0$

  C. $D(x_0,y_0)<0,z_{xx}(x_0,y_0)>0$　　　　D. $D(x_0,y_0)<0,z_{xx}(x_0,y_0)<0$

2. 设函数 $z=f(x,y)$ 具有二阶连续偏导数,在点 $P_0(x_0,y_0)$ 处,有 $f_x(P_0)=0$,$f_y(P_0)=0$,$f_{xx}(P_0)=f_{yy}(P_0)=0,f_{xy}(P_0)=f_{yx}(P_0)=2$,则(　　).

  A. 点 P_0 是函数 z 的极大值点　　　　B. 点 P_0 是函数 z 的极小值点

  C. 点 P_0 非函数 z 的极值点　　　　D. 条件不够,无法判定

3. $z_x(x_0,y_0)=0$ 和 $z_y(x_0,y_0)=0$ 是函数 $z=z(x,y)$ 在点(x_0,y_0)处取得极大值或极小值的(　　).

  A. 必要条件但非充分条件　　　　B. 充分条件但非必要条件

  C. 充要条件　　　　D. 既非必要条件,也非充分条件

4. 对函数 $f(x,y)=xy$,点$(0,0)$(　　).

  A. 不是驻点　　　　B. 是驻点却非极值点

  C. 是极大值点　　　　D. 是极小值点

5. 二元函数 $z=5-x^2-y^2$ 的极大值点是(　　).

  A. $(1,0)$　　　　B. $(0,1)$　　　　C. $(0,0)$　　　　D. $(1,1)$

二、填空题

1. 函数 $z=2x^2-3y^2-4x-6y-1$ 的驻点是_____.

2. 设函数 $z=f(x,y)$ 在点 (x_0,y_0) 处可微,则点(x_0,y_0)是函数 z 的极值点的必要条件为_____.

3. 函数 $z=x^2+4xy-y^2+6x-8y+12$ 的驻点是_____.

4. 若函数 $f(x,y) = x^2 + 2xy + 3y^2 + ax + by + 6$ 在点 $(1, -1)$ 处取得极值,则常数 $a =$ _____, $b =$ _____.

5. 若函数 $z = 2x^2 + 2y^2 + 3xy + ax + by + c$ 在点 $(-2,3)$ 处取得极小值 -3,则常数 a,b,c 之积 $abc =$ _____.

三、解答题

1. 求下列函数的极值.

(1) $z = x^2 - y^3 + 2xy + y + 2$

(2) $z = 2x^2 - 3xy + 2y^2 + 4x - 3y + 1$

(3) $z = 3x^2 + y^2 + 2xy - 10x - 2y + 7$

(4) $z = x^2 - 3xy + 3y^2 - 2x + 3y + 4$

2. 求下列函数在指定区域上的最大值和最小值.

(1) $z = 2x^2 + 3y^2$,闭域 $D: x^2 + 4y^2 \leqslant 4$

(2) $z = 2x^2 + 3y^2 + 4x - 8$,闭域 $D: x^2 + y^2 \leqslant 4$

3. 斜边为 l 的一切直角三角形中,当直角边各为多少时,直角三角形的周长最大?

4. 将一长为 l 的线段分为三段,分别围成圆、正方形和三角形,问怎样分才能使它们面积之和最小?

5. 经过点 $(1,1,1)$ 的所有平面中,哪一个平面与三坐标面在第一卦限所围的立体体积最小,并求最小体积.

6. 某化工厂需造表面涂以贵重材料的桶,桶的形状为无盖长方体,容积为 256 m^3,问:桶的长、宽、高各为多少米时,能使所用的涂料最省?

复 习 题

一、单项选择题

1. 函数 $z = \arcsin \dfrac{x-y}{2} + \ln(y-x)$ 的定义域是(   ).

 A. $0 < y - x \leqslant 1$ B. $0 < y - x \leqslant 2$ C. $0 \leqslant x - y \leqslant 2$ D. $-2 \leqslant x - y \leqslant 0$

2. 设 $f(x,y) = xy - \dfrac{y}{x}$,则 $f(x, x^2) = ($).

 A. $x^3 - x$ B. $x - x^3$ C. $xy^2 - \dfrac{y^2}{x}$ D. $x^2 y - \dfrac{y}{x^2}$

3. 设 $f(x,y) = x^2 - y$,则 $f(xy, x+y) = ($).

 A. $x^2 - x - y$ B. $x^2 y^2 - x - y$ C. $x + y - x^2 y^2$ D. $(x+y)^2 - xy$

4. 设 $f(x,y) = x^3 y + (y-1) \arccos \sqrt{\dfrac{y}{x}}$,则 $f'_x \left(\dfrac{1}{2}, 1 \right) = ($).

 A. $-\dfrac{1}{4}$ B. $\dfrac{3}{4}$ C. 1 D. $\dfrac{7}{4}$

5. 设 $z = \ln(xy)$,则 $\mathrm{d}z = ($).

A. $\dfrac{1}{y}\mathrm{d}x+\dfrac{1}{x}\mathrm{d}y$ 　　　　B. $\dfrac{1}{xy}\mathrm{d}x+\dfrac{1}{xy}\mathrm{d}y$ 　　　C. $\dfrac{1}{x}\mathrm{d}x+\dfrac{1}{y}\mathrm{d}y$ 　　　D. $x\mathrm{d}x+y\mathrm{d}y$

6. 设 $z=\ln(\sqrt{1+x^2+y^2}\,)$, 则 $\mathrm{d}z\big|_{(1,1)}=$ (　　　).

　　A. $\dfrac{1}{3}(\mathrm{d}x+\mathrm{d}y)$ 　　　B. $\mathrm{d}x+\mathrm{d}y$ 　　　C. $2(\mathrm{d}x+\mathrm{d}y)$ 　　　D. $3(\mathrm{d}x+\mathrm{d}y)$

7. 函数 $z=f(x,y)$ 在点 (x_0,y_0) 处偏导数存在是函数在该点可微的(　　　).

　　A. 充分条件 　　　B. 必要条件 　　　C. 充要条件 　　　D. 无关条件

8. 若可微函数 $z=f(x,y)$ 在驻点 (x_0,y_0) 处取得极大值,令 $f''_{xx}(x_0,y_0)=A,f''_{xy}(x_0,y_0)=B$,
$f''_{yy}(x_0,y_0)=C$,则有(　　　).

　　A. $B^2-AC>0,A>0$ 　　　　　　　　　B. $B^2-AC>0,A<0$

　　C. $B^2-AC<0,A>0$ 　　　　　　　　　D. $B^2-AC<0,A<0$

9. 设 $z=z(x,y)$ 是方程 $F(x-az,y-bz)=0$ 所定义的隐函数,其中 $F(u,v)$ 是变量 u,v 的
任意可微函数,a,b 为常数,则必有(　　　).

　　A. $b\dfrac{\partial z}{\partial x}+a\dfrac{\partial z}{\partial y}=1$ 　　　　　　　　　B. $a\dfrac{\partial z}{\partial x}+b\dfrac{\partial z}{\partial y}=1$

　　C. $b\dfrac{\partial z}{\partial x}-a\dfrac{\partial z}{\partial y}=1$ 　　　　　　　　　D. $a\dfrac{\partial z}{\partial x}-b\dfrac{\partial z}{\partial y}=1$

10. 设 $f(x,y)=\ln\left(x+\dfrac{y}{2x}\right)$,则 $f'_y(1,0)=$ (　　　).

　　A. 1 　　　　　B. $\dfrac{1}{2}$ 　　　　　C. 2 　　　　　D. 0

11. 点 $(0,0)$ 是 $z=3-xy$ 的(　　　).

　　A. 驻点 　　　B. 非驻点 　　　C. 极大值点 　　　D. 极小值点

12. $\dfrac{\partial^2}{\partial x\partial y}(e^{\frac{x}{y}})=$ (　　　).

　　A. $\dfrac{x-y}{y^3}e^{\frac{x}{y}}$ 　　　　B. $-\dfrac{1}{y^2}e^{\frac{x}{y}}$ 　　　　C. $-\dfrac{x+y}{y^3}e^{\frac{x}{y}}$ 　　　　D. $e^{\frac{x}{y}}$

13. 已知函数 $u=f(t,x,y)$、$x=\varphi(s,t)$、$y=\psi(s,t)$ 均有一阶连续偏导数,那么 $\dfrac{\partial u}{\partial t}=$ (　　　).

　　A. $f'_x\cdot\varphi'_t+f'_y\cdot\psi'_t$ 　　　　　　　　B. $f'_t+f'_x\cdot\varphi'_t+f'_y\cdot\psi'_t$

　　C. $f\cdot\varphi'_t+f\cdot\psi'_t$ 　　　　　　　　D. $f'_t+f\cdot\varphi'_t+f\cdot\psi'_t$

二、填空题

1. 设 $u=e^{-x}\cos\dfrac{x}{y}$,则 $\dfrac{\partial u}{\partial x}$ 在点 $\left(2,\dfrac{2}{\pi}\right)$ 的值为_____.

2. 设 $f(x,y)=x+y-\sqrt{x^2-y^2}$,则 $f'_x(3,4)=$ _____.

3. 设 $u=\ln\dfrac{xy}{z^2}$,则 $\mathrm{d}u=$ _____.

4. 设 $u=f(x,xy,xyz)$,则 $u'_x=$ _____.

5. 设 $u=\varphi(x^2+y^2)$,则 $\dfrac{\partial^2 u}{\partial x\partial y}=$ _____.

6. 由方程 $x + 2xyz + 2z^2 = 1$ 确定的函数 $z = f(x,y)$，则 $\dfrac{\partial z}{\partial x} =$ _____.

7. 点 $(1,0)$ 是 $f(x,y) = x^2 - 2x + y^2 + 9$ 的极 _____ 值点.

三、解答题

1. 试用不等式组表示下列曲线围成的区域 D.

（1）D 由 $y = x, y = 1, x = 0$ 围成.

（2）D 由 $y = x, y = 0, x + y = 2$ 围成.

2. 求下列函数的一阶偏导数.

（1）$u = x e^{\frac{z}{y}}$ 　　　　　　（2）$z = \left(\dfrac{y}{x} \right)^2$

3. 求下列函数的全微分

（1）$z = \arcsin(xy)$ 　　　　　　（2）$z = e^{x+y} \cos x \cos y$

4. 设函数 $z = 1 + y + \varphi(x + y)$，已知当 $y = 0$ 时，$z = 1 + (\ln x)^2$，试求全微分 dz.

5. 设 $u = f(x,y,z), y = \ln x, z = \tan x$，求 $\dfrac{du}{dx}$.

6. 设 $u = f(x,y,z), z = \ln \sqrt{x^2 + y^2}$，求 $\dfrac{\partial^2 u}{\partial x \partial y}$.

7. 证明函数 $u = xf(x+y) + yg(x+y)$（其中 f, g 为可微函数）满足方程 $\dfrac{\partial^2 u}{\partial x^2} - 2\dfrac{\partial^2 u}{\partial x \partial y} + \dfrac{\partial^2 u}{\partial y^2} = 0$.

8. 设 $e^{xy} - \arctan z + xyz = 0$，求 $\dfrac{\partial z}{\partial x}, \dfrac{\partial z}{\partial y}$.

9. 求函数 $z = (x^2 + y^2 - 2x)^2$ 在圆域 $x^2 + y^2 \leq 2x$ 上的最大值和最小值.

10. 在曲线 $xy = 2$ 上求一点，使它到 $x = 0, y = 0$ 两直线的距离平方和为最小.

11. 将周长为 $2p$ 的矩形绕它的一边旋转而构成一个圆柱体，问矩形的边长各为多少时，圆柱体的体积为最大？

* 第 **7** 章

二重积分

若将定积分中的被积函数推广到二元函数,积分范围推广到平面区域,便得到二重积分的概念.本章将介绍二重积分的概念及它在平面直角坐标系、极坐标系下的计算方法.

7.1 二重积分的概念与性质

7.1.1 二重积分的概念

(1)问题的引出

引例1 曲顶柱体的体积

设有一空间立体 Ω,它的底是 xOy 面上的有界区域 D,侧面是以 D 的边界曲线为准线,母线平行于 z 轴的柱面,它的顶是曲面 $z=f(x,y)$.当 $(x,y)\in D$ 时,$f(x,y)$ 在 D 上连续且 $f(x,y)\geqslant 0$,以后称这种立体为曲顶柱体.

对于平顶柱体,即当 $f(x,y)\equiv h(h$ 为常数,且 $h>0)$ 时,它的体积为

$$V = 高 \times 底面积 = h \times \sigma$$

而对于曲顶柱体的体积,V 可以这样来计算:

①用任意一组曲线网将区域 D 分成 n 个小区域 $\Delta\sigma_1,\Delta\sigma_2,\cdots,\Delta\sigma_n$(图 7.1),以这些小区域的边界曲线为准线,作母线平行于 z 轴的柱面,这些柱面将原来的曲顶柱体 Ω 分划成 n 个小曲顶柱体 $\Delta\Omega_1,\Delta\Omega_2,\cdots,\Delta\Omega_n$(假设 $\Delta\sigma_i$ 所对应的小曲顶柱体为 $\Delta\Omega_i$,这里 $\Delta\sigma_i$ 既代表第 i 个小区域,又表示它的面积值,$\Delta\Omega_i$ 既代表第 i 个小曲顶柱体,又代表它的体积值),从而

$$V = \sum_{i=1}^{n} \Delta\Omega_i \quad (将 \Omega 化整为零)$$

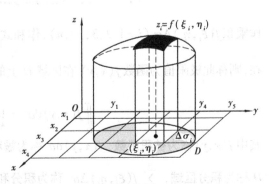

图 7.1

②由于 $f(x,y)$ 连续,对于同一个小区域来说,函数值的变化不大.因此,可以将小曲顶柱

207

体近似地看作小平顶柱体,于是 $\Delta\Omega_i \approx f(\xi_i, \eta_i)\Delta\sigma_i (\forall (\xi_i, \eta_i) \in \Delta\sigma_i)$(以不变之高代替变高,求 $\Delta\Omega_i$ 的近似值).

③整个曲顶柱体的体积近似值为 $V \approx \sum_{i=1}^{n} f(\xi_i, \eta_i)\Delta\sigma_i$(积零为整,得曲顶柱体体积之近似值).

④为得到 V 的精确值,只需让这 n 个小区域越来越小,即让每个小区域向某点收缩. 为此,引入区域直径的概念:一个闭区域的直径是指区域上任意两点距离的最大者,所谓让区域向一点收缩性地变小,意指让区域的直径趋向于零. 设 n 个小区域直径中的最大者为 λ,则

$$V = \lim_{\lambda \to 0} \sum_{i=1}^{n} f(\xi_i, \eta_i)\Delta\sigma_i \quad (\text{取极限,让近似值向精确值转化})$$

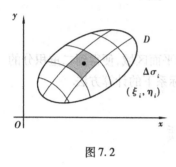

图 7.2

引例 2 平面薄片的质量

设有一平面薄片占有 xOy 面上的区域 D,它在 (x, y) 处的面密度为 $\rho(x, y)$,这里 $\rho(x, y) > 0$,而且 $\rho(x, y)$ 在 D 上连续,现计算该平面薄片的质量 M.

将 D 分成 n 个小区域 $\Delta\sigma_1, \Delta\sigma_2, \cdots, \Delta\sigma_n$(图 7.2),用 λ_i 记 $\Delta\sigma_i$ 的直径,$\Delta\sigma_i$ 既代表第 i 个小区域,又代表它的面积. 当 $\lambda = \max_{1 \le i \le n} \{\lambda_i\}$ 很小时,由于 $\rho(x, y)$ 连续,每小片区域的质量可近似地看作是均匀的,那么第 i 小块区域的近似质量可取为 $\rho(\xi_i, \eta_i)\Delta\sigma_i, \forall (\xi_i, \eta_i) \in \Delta\sigma_i, M \approx \sum_{i=1}^{n} \rho(\xi_i, \eta_i)\Delta\sigma_i$,于是

$$M = \lim_{\lambda \to 0} \sum_{i=1}^{n} \rho(\xi_i, \eta_i)\Delta\sigma_i$$

在上述两个问题中,所需计算量的实际意义是不同的,但解决问题的思路和步骤却是一致的,最终都归结为求结构相同的和式的极限. 还有许多实际问题的解决也是归结为求这类和式的极限问题,因此撇开它们的具体内容,从数量关系上予以概括,从而得到**二重积分**的概念.

(2)二重积分的定义

设 $f(x, y)$ 是闭区域 D 上的有界函数,将区域 D 任意分成 n 个小区域 $\Delta\sigma_1, \Delta\sigma_2, \cdots, \Delta\sigma_n$,其中 $\Delta\sigma_i$ 既表示第 i 个小区域,又表示它的面积,λ_i 表示它的直径,$\lambda = \max_{1 \le i \le n} \{\lambda_i\}$. $\forall (\xi_i, \eta_i) \in \Delta\sigma_i$,作乘积 $f(\xi_i, \eta_i)\Delta\sigma_i (i = 1, 2, 3, \cdots, n)$,作和式 $\sum_{i=1}^{n} f(\xi_i, \eta_i)\Delta\sigma_i$,若极限 $\lim_{\lambda \to 0} \sum_{i=1}^{n} f(\xi_i, \eta_i)\Delta\sigma_i$ 存在,则称此极限值为函数 $f(x, y)$ 在区域 D 上的**二重积分**,记作 $\iint_D f(x, y)\mathrm{d}\sigma$,即

$$\iint_D f(x, y)\mathrm{d}\sigma = \lim_{\lambda \to 0} \sum_{i=1}^{n} f(\xi_i, \eta_i)\Delta\sigma_i$$

其中 $f(x, y)$ 称为**被积函数**,$f(x, y)\mathrm{d}\sigma$ 称为**被积表达式**,$\mathrm{d}\sigma$ 称为**面积元素**,x, y 称为**积分变量**,D 称为**积分区域**,$\sum_{i=1}^{n} f(\xi_i, \eta_i)\Delta\sigma_i$ 称为**积分和式**.

为了更好地理解二重积分这个概念,我们对二重积分的定义作如下两点说明:

①关于分割和取点的任意性. 和一元函数定积分一样,二重积分的定义中也强调了分割和

取点的任意性. 道理很简单,以立体的体积而论,任何一个立体都有确定的体积,不应因计算方法的不同而改变. 现在用"分割、近似、作和、取极限"的方法来计算,当然也不应因为分割和取点的不同而改变. 值得注意的是,一元函数定积分中的分割对区间,分划方式只有一种,即在区间中插入一些分点,分划的任意性只体现在这些分点的自由选择上;二重积分中的分割则不同,它的对象是平面上的区域,分割方式多种多样,比如有直角坐标网的分割,也有极坐标网(以原点为中心的圆簇及从原点出发的半射线簇)的分割及其他曲线坐标网的分割等,在以后讨论二重积分计算时,将利用二重积分中分划的任意性,根据需要选择适当的分割方式.

②关于分割精细度. 对照一元函数定积分的定义提出一个问题:在定积分定义中,是用小区间的长度中最大的长度来刻画分割的精细程度,这里为什么不模仿它,用小区域面积的大小来刻画分割的精细程度呢? 应当指出,所谓精细分割,是指分割后每个小区域内任意两点的距离很小,这样 $f(\xi_i,\eta_i)\cdot\Delta x_i\Delta y_i$ 在小区域上才能近似于实际值. 在直线上,小区间的长度很短就能得到其内任意两点的距离也很小,而在平面上,小区域的面积很小和其内任意两点的距离很小却是两回事,比如非常扁的长条,面积虽小,但在两点的距离却不小,甚至可以非常大.

(3)二重积分的几何意义

由引例 1 及二重积分的定义可知,二重积分的几何意义是:当 $f(x,y)\geqslant 0$ 时,它是以 xOy 平面上的积分区域 D 为底,以 D 的边界曲线为准线,母线平行于 z 轴的柱面为侧面,以被积函数 $z=f(x,y)$ 对应的曲面为顶的曲顶柱体的体积;$f(x,y)\leqslant 0$ 时,柱体就在 xOy 平面的下方,二重积分的绝对值仍等于柱体的体积,但二重积分的值是负的.

(4)二重积分的存在性

若 $f(x,y)$ 在闭区域 D 上连续,则 $f(x,y)$ 在 D 上的二重积分存在. 在以后的讨论中,我们总假定在闭区域上的二重积分存在.

7.1.2　二重积分的性质

二重积分与定积分有着类似的性质,列举如下:
设 $f(x,y)$、$g(x,y)$ 在闭区域 D 上的二重积分存在,则

① $\iint\limits_D kf(x,y)\mathrm{d}\sigma = k\iint\limits_D f(x,y)\mathrm{d}\sigma$,其中 k 为常数.

② $\iint\limits_D [f(x,y)\pm g(x,y)]\mathrm{d}\sigma = \iint\limits_D f(x,y)\mathrm{d}\sigma \pm \iint\limits_D g(x,y)\mathrm{d}\sigma$.

③(**区域可加性**) 如果 $D=D_1\cup D_2$,$D_1\cap D_2=\varnothing$,则

$$\iint\limits_D f(x,y)\mathrm{d}\sigma = \iint\limits_{D_1} f(x,y)\mathrm{d}\sigma + \iint\limits_{D_2} f(x,y)\mathrm{d}\sigma$$

④若 S 为区域 D 的面积,则 $S=\iint\limits_D \mathrm{d}\sigma$. 这表明,高为 1 的平顶柱体的体积在数值上等于其底面积.

⑤若在 D 上恒有 $f(x,y)\leqslant g(x,y)$,则

$$\iint\limits_D f(x,y)\mathrm{d}\sigma \leqslant \iint\limits_D g(x,y)\mathrm{d}\sigma$$

⑥设 $f(x,y)$ 在 D 上有最大值 M,最小值 m,S 是 D 的面积,则

$$mS \leqslant \iint\limits_{D} f(x,y)\,\mathrm{d}\sigma \leqslant MS$$

⑦(**中值定理**)设 $f(x,y)$ 在有界闭区域 D 上连续，S 是区域 D 的面积，则在 D 上至少有一点 $f(\xi,\eta)$，使得 $\iint\limits_{D} f(x,y)\,\mathrm{d}\sigma = f(\xi,\eta) \cdot S$.

⑧(**对称性**)设 $f(x,y)$ 在有界闭区域 D 上为连续函数，D 可以分为 D_1 与 D_2 两个子区域，如果

a.积分域 D_1 与 D_2 是关于 x 轴对称的区域，则

$$\iint\limits_{D} f(x,y)\,\mathrm{d}x\mathrm{d}y = \begin{cases} 2\iint\limits_{D_1} f(x,y)\,\mathrm{d}x\mathrm{d}y & \text{当} f(x,-y) = f(x,y) \text{ 时} \\ 0 & \text{当} f(x,-y) = -f(x,y) \text{ 时} \end{cases}$$

b.积分域 D_1 与 D_2 是关于 y 轴对称的区域，则

$$\iint\limits_{D_1} f(x,y)\,\mathrm{d}x\mathrm{d}y = \begin{cases} 2\iint\limits_{D_1} f(x,y)\,\mathrm{d}x\mathrm{d}x & \text{当} f(-x,y) = f(x,y) \text{ 时} \\ 0 & \text{当} f(-x,y) = -f(x,y) \text{ 时} \end{cases}$$

c.若积分域 D 关于直线 $y = x$ 轴对称，则

$$\iint\limits_{D} f(x,y)\,\mathrm{d}\sigma = \iint\limits_{D} f(y,x)\,\mathrm{d}\sigma$$

例 7.1 判断 $\iint\limits_{D} \ln(x^2 + y^2)\,\mathrm{d}\sigma$ 的正负号，其中 D 由 x 轴及直线 $x = \dfrac{1}{2}$，$x + y = 1$ 所围成.

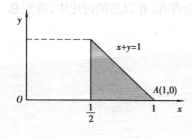

图 7.3

解 画出积分区域 D 的图形(图 7.3). 显然，在 D 上除了点 $A(1,0)$ 以外均有 $x^2 + y^2 < 1$，从而被积函数 $f(x,y) = \ln(x^2 + y^2) < 0$，由二重积分几何意义知 $\iint\limits_{D} \ln(x^2 + y^2)\,\mathrm{d}\sigma < 0$.

例 7.2 估计二重积分 $\iint\limits_{D}(x^2 + 4y^2 + 9)\,\mathrm{d}\sigma$ 的值，D 是圆域 $x^2 + y^2 \leqslant 4$.

解 求被积函数 $f(x,y) = x^2 + 4y^2 + 9$ 在区域 D 上可能的最值.

$$\begin{cases} \dfrac{\partial f}{\partial x} = 2x = 0 \\ \dfrac{\partial f}{\partial y} = 8y = 0 \end{cases}$$

得驻点 $(0,0)$，且 $f(0,0) = 9$. 在边界上，$y^2 = 4 - x^2$. 故

$$f(x,y) = x^2 + 4(4 - x^2) + 9 = 25 - 3x^2 \quad (-2 \leqslant x \leqslant 2)$$

从而有

$$13 \leqslant f(x,y) \leqslant 25$$

所以在整个积分区域 D 上，$f_{\max} = 25$，$f_{\min} = 9$，于是由性质 6 可知

$$9\sigma \leqslant \iint\limits_{D}(x^2 + 4y^2 + 9)\,\mathrm{d}\sigma \leqslant 25\sigma$$

即
$$36\pi \le \iint\limits_{D} (x^2 + 4y^2 + 9)\mathrm{d}\sigma \le 100\pi$$

例 7.3 设 D 是以原点为圆心的圆域, D_1 是其第一象限部分, 试问利用对称性得到的下列简化计算式是否正确?

(1) $\iint\limits_{D} (1 - x^2 - y^2)\mathrm{d}\sigma = 4\iint\limits_{D_1} (1 - x^2 - y^2)\mathrm{d}\sigma$

(2) $\iint\limits_{D} (1 - x - y)\mathrm{d}\sigma = 4\iint\limits_{D_1} (1 - x - y)\mathrm{d}\sigma$

解 从二重积分的几何意义容易看出, 二重积分也可以利用对称性来化简, 但必须注意, 在利用对称性化简二重积分时, 除了要求积分区域是对称的以外, 还要求在对称的区域上被积函数也是对称的. 例如, 区域 D 关于 x 轴和 y 轴对称, 其在第一象限部分为 D_1, 而且被积函数 $z = f(x,y)$ 的图形关于 zOx 平面和 yOz 平面对称, 则有

$$\iint\limits_{D} f(x,y)\mathrm{d}\sigma = 4\iint\limits_{D_1} f(x,y)\mathrm{d}\sigma$$

由此可知, (1) 是正确的, 而 (2) 是错误的.

例 7.4 利用二重积分的对称性求二重积分:

$$\iint\limits_{D} \sin(x - y)\mathrm{d}\sigma \quad D:0 \le x \le \pi, \ 0 \le y \le \pi$$

解 由于二重积分的积分区域 D 关于 $y = x$ 对称, 所以

$$I = \iint\limits_{D} \sin(x - y)\mathrm{d}\sigma = \iint\limits_{D} \sin(y - x)\mathrm{d}\sigma = -\iint\limits_{D} \sin(x - y)\mathrm{d}\sigma$$

解得 $2I = 0$, 即 $I = 0$.

习题 7.1

一、判断题

1. 二重积分 $\iint\limits_{D} f(x,y)\mathrm{d}\sigma$ 表示以曲面 $z = f(x,y)$ 为曲顶, 以区域 D 为底的曲顶柱体的体积.

( )

2. 若函数 $f(x,y)$ 在有界闭区域 D_1 上可积, 且 $D_1 \supset D_2$, 则 $\iint\limits_{D_1} f(x,y)\mathrm{d}x\mathrm{d}y \ge \iint\limits_{D_2} f(x,y)\mathrm{d}x\mathrm{d}y$.

( )

二、单项选择题

1. 根据二重积分的几何意义, 下列不等式中正确的是( ).

A. $\iint\limits_{D} (x - 1)\mathrm{d}\sigma > 0, D:|x| \le 1, |y| \le 1$

B. $\iint\limits_{D} (x + 1)\mathrm{d}\sigma > 0, D:|x| \le 1, |y| \le 1$

C. $\iint\limits_{D} (-x^2 - y^2)\mathrm{d}\sigma > 0, D:x^2 + y^2 \le 1$

D. $\iint\limits_{D}\ln(x^{2}-y^{2})\mathrm{d}\sigma>0,D:|x|+|y|\le 1$

2. $\iint\limits_{D}f(x,y)\mathrm{d}\sigma = \lim\limits_{\lambda\to 0}\sum\limits_{i=1}^{n}f(\xi_{i},\eta_{i})\Delta\sigma_{i}$ 中 λ 是 (　　).

　　A. 最大小区间长　　　　　　　　　　　B. 小区域最大面积

　　C. 小区域直径　　　　　　　　　　　　D. 小区域最大直径

3. 二重积分 $\iint\limits_{D}f(x,y)\mathrm{d}x\mathrm{d}y$ 的值与(　　).

　　A. 函数 f 及变量 x,y 有关　　　　　　B. 区域 D 及变量 x,y 无关

　　C. 函数 f 及区域 D 有关　　　　　　D. 函数 f 无关,区域 D 有关

4. 函数 $f(x,y)$ 在有界闭域 D 上连续是二重积分 $\iint\limits_{D}f(x,y)\mathrm{d}\sigma$ 存在的 (　　).

　　A. 充分必要条件　　　　　　　　　　　B. 充分条件,但非必要条件

　　C. 必要条件,但非充分条件　　　　　　D. 既非充分条件,又非必要条件

三、思考题

1. 二重积分与定积分有哪些相同和不同之处?

2. 二重积分的定义中,为什么令 n 个小区域直径中的最大者 λ 趋于零?

7.2　直角坐标系下二重积分的计算

　　利用二重积分的定义来计算二重积分显然是困难的,这就需要找到计算二重积分的切实可行的计算方法.二重积分的计算是设法将其转换成两个定积分的计算(即**二次积分**)来实现的.

7.2.1　直角坐标下区域的表示

　　直角坐标下,区域一般可分为下面两种区域:

　　x-型区域:若积分区域 D 可以用不等式组 $a\le x\le b,\varphi_{1}(x)\le y\le \varphi_{2}(x)$ 表示,则称 D 是 x-型区域.其特点是:垂直于 x 轴的直线 $x=x_{0}(a<x_{0}<b)$ 至多与区域的边界交于两点,如图 7.4 所示.

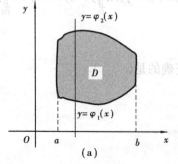
　(a)

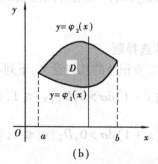
　(b)

图 7.4

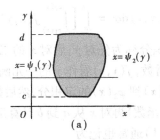 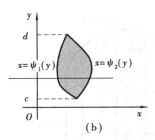

图 7.5

y-型区域：若积分区域 D 可以用不等式组 $c \leqslant y \leqslant d$，$\psi_1(y) \leqslant x \leqslant \psi_2(y)$ 表示，则称 D 是 y-型区域. 其特点是：垂直于 y 轴的直线 $y = y_0 (c < y_0 < d)$ 至多与区域的边界交于两点，如图7.5 所示.

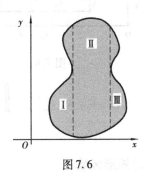

对于不规则的区域总可通过切块分割成有限个 x-型区域和 y-型区域，比如图 7.6 中阴影部分所示区域，Ⅰ 和Ⅲ 是 y-型区域，Ⅱ 是 x-型区域.

图 7.6

7.2.2 直角坐标下二重积分的计算

(1)直角坐标下二重积分的面积元素

由于二重积分定义中对区域 D 的划分是任意的，若用一组平行于坐标轴的直线来划分区域 D，那么除了靠近边界曲线的一些小区域之外，绝大多数的小区域都是矩形，如图7.7 所示. 因此，可以将 $d\sigma$ 记作 $dxdy$，并称 $dxdy$ 为直角坐标系下的面积元素，二重积分因此也可表示成为 $\iint\limits_{D} f(x,y)\,dxdy$.

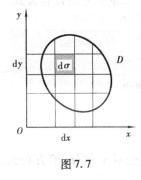

图 7.7

(2)计算公式

下面用几何观点来讨论二重积分 $\iint\limits_{D} f(x,y)\,dxdy$ 的计算问题. 讨论中，假定 $f(x,y) \geqslant 0$.

1)假定积分区域 D 是 x-型区域，在区间$[a,b]$上任意取定一点 x_0 作平行于 yOz 面的平面 $x = x_0$，该平面截曲顶柱体所得截面是一个以区间$[\varphi_1(x_0), \varphi_2(x_0)]$为底，以曲线 $z = f(x_0,y)$ 为曲边的曲边梯形，如图 7.8 所示，其面积为

$$A(x_0) = \int_{\varphi_1(x_0)}^{\varphi_2(x_0)} f(x_0,y)\,dy$$

一般地，过区间$[a,b]$上任一点 x 且平行于 yOz 面的平面截曲顶柱体所得截面的面积为

$$A(x) = \int_{\varphi_1(x)}^{\varphi_2(x)} f(x,y)\,dy$$

利用**计算平行截面面积为已知的立体之体积的方法**，该曲顶柱体的体积为

$$V = \int_a^b A(x)\,dx = \int_a^b \left[\int_{\varphi_1(x)}^{\varphi_2(x)} f(x,y)\,dy \right]dx$$

从而有

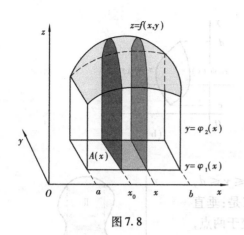

图 7.8

$$\iint\limits_{D} f(x,y)\,\mathrm{d}\sigma = \int_{a}^{b}\left[\int_{\varphi_1(x)}^{\varphi_2(x)} f(x,y)\,\mathrm{d}y\right]\mathrm{d}x \quad (1)$$

上述积分称为先对 y，后对 x 的二次积分，即先把 x 看作常数，$f(x,y)$ 看作 y 的一元函数，对 $f(x,y)$ 计算从 $\varphi_1(x)$ 到 $\varphi_2(x)$ 的定积分，然后把所得的结果（它是 x 的函数）再对 x 从 a 到 b 计算定积分.

公式（1）通常也记为

$$\iint\limits_{D} f(x,y)\,\mathrm{d}\sigma = \int_{a}^{b}\mathrm{d}x\int_{\varphi_1(x)}^{\varphi_2(x)} f(x,y)\,\mathrm{d}y \quad (2)$$

2）类似地，如果区域 D 是 y-型区域，也有先对 x，后对 y 的二次积分公式为

$$\iint\limits_{D} f(x,y)\,\mathrm{d}\sigma = \int_{c}^{d}\left[\int_{\psi_1(y)}^{\psi_2(y)} f(x,y)\,\mathrm{d}x\right]\mathrm{d}y \quad (3)$$

$$\iint\limits_{D} f(x,y)\,\mathrm{d}\sigma = \int_{c}^{d}\mathrm{d}y\int_{\psi_1(y)}^{\psi_2(y)} f(x,y)\,\mathrm{d}x \quad (4)$$

3）矩形区域.

如果积分区域 $D:a\leqslant x\leqslant b,c\leqslant y\leqslant d$，其中 $a<b,c<d$，则

$$\iint\limits_{D} f(x,y)\,\mathrm{d}x\mathrm{d}y = \int_{a}^{b}\left[\int_{c}^{d} f(x,y)\,\mathrm{d}y\right]\mathrm{d}x = \int_{a}^{b}\mathrm{d}x\int_{c}^{d} f(x,y)\,\mathrm{d}y \quad (5)$$

$$\iint\limits_{D} f(x,y)\,\mathrm{d}x\mathrm{d}y = \int_{c}^{d}\left[\int_{a}^{b} f(x,y)\,\mathrm{d}x\right]\mathrm{d}y = \int_{c}^{d}\mathrm{d}y\int_{a}^{b} f(x,y)\,\mathrm{d}x \quad (6)$$

在上述讨论中，假定 $f(x,y)\geqslant 0$，利用二重积分的几何意义，导出了二重积分的计算公式. 实际上，公式并不受此条件限制，对一般的 $f(x,y)$（在 D 上连续），公式（1）至公式（6）总是成立的.

例 7.5 将下列二重积分化为累次积分：

（1）$\iint\limits_{D} f(x,y)\,\mathrm{d}x\mathrm{d}y,D$：由直线 $2x-y-1=0$ 及抛物线 $y^2=x$ 所围成；

（2）$\iint\limits_{D} f(x,y)\,\mathrm{d}x\mathrm{d}y,D$：由直线 $y=x+1$ 及圆 $x^2+y^2=1$ 所围成（第二象限内）.

解　（1）画出积分区域 D 的图形（图 7.9）. 从 D 的形状看，选择先对 x 积分，解方程组 $\begin{cases}2x-y-1=0\\ y^2=x\end{cases}$，得交点 $(1,1)$、$\left(\dfrac{1}{4},-\dfrac{1}{2}\right)$. 积分区域 D 的不等式组表示为 $D:y^2\leqslant x\leqslant\dfrac{1+y}{2}$，

$-\dfrac{1}{2}\leqslant y\leqslant 1$（$y$-型域），由公式（4）得

$$\iint\limits_{D} f(x,y)\,\mathrm{d}x\mathrm{d}y = \int_{-\frac{1}{2}}^{1}\mathrm{d}y\int_{y^2}^{\frac{1+y}{2}} f(x,y)\,\mathrm{d}x$$

（2）画出积分区域 D 的图形（图 7.10），从 D 的形状看，先对 x 或先对 y 都可以. 积分区域 D 的不等式组表示为

$$x+1\leqslant y\leqslant\sqrt{1-x^2}\quad(-1\leqslant x\leqslant 0)$$

或

$$-\sqrt{1-y^2}\leqslant x\leqslant y-1\quad(0\leqslant y\leqslant 1)$$

所以

$$\iint_D f(x,y)\mathrm{d}x\mathrm{d}y = \int_{-1}^0 \mathrm{d}x \int_{x+1}^{\sqrt{1-x^2}} f(x,y)\mathrm{d}y = \int_0^1 \mathrm{d}y \int_{-\sqrt{1-y^2}}^{y-1} f(x,y)\mathrm{d}x$$

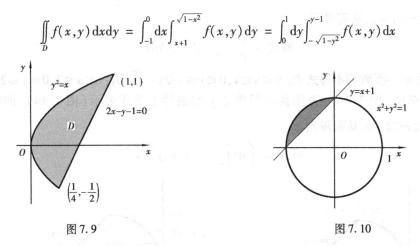

图 7.9　　　　　　　　　　　　　图 7.10

例 7.6　设有二重积分 $I = \iint_D f(x,y)\mathrm{d}x\mathrm{d}y$,其中 D 是单位圆 $x^2+y^2\le 1$ 在第一象限的部分,将它化为如下的累次积分是否正确?为什么?

$(1) I = \int_0^1 \mathrm{d}x \int_0^{\sqrt{1-y^2}} f(x,y)\mathrm{d}y$

$(2) I = \int_0^{\sqrt{1-y^2}} \mathrm{d}x \int_0^{\sqrt{1-x^2}} f(x,y)\mathrm{d}y$

$(3) I = \int_0^1 \mathrm{d}x \int_0^1 f(x,y)\mathrm{d}y$

解　本题给出的 3 个累次积分都是错误的.

(1)先对 y 积分时,积分上限应是 x 的函数而不是 y 的函数 $\sqrt{1-y^2}$;

(2)后对 x 积分时,积分上限应是常数而不是函数;

(3)先对 y 积分时,积分上限应是 $y=\sqrt{1-x^2}$,而不是 $y=1$.

例 7.7　改变下列二次积分的顺序.

$(1) \int_0^1 \mathrm{d}x \int_0^{1-x} f(x,y)\mathrm{d}y$

$(2) \int_0^1 \mathrm{d}x \int_0^{\sqrt{2x-x^2}} f(x,y)\mathrm{d}y + \int_1^2 \mathrm{d}x \int_0^{2-x} f(x,y)\mathrm{d}y$

解　(1)本题是将积分区域当作 x-型域,先对 y 积分,再对 x 积分.题目的要求是将积分区域化为 y-型域,变为先对 x 积分,再对 y 积分.为此,先根据 x-型域的不等式 $0\le x\le 1,0\le y\le 1-x$ 画出积分区域的草图(图 7.11),再根据草图确定 y-型域的不等式表示(图 7.12),即

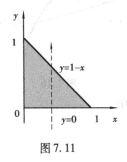

图 7.11

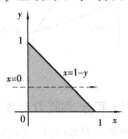

图 7.12

215

$0 \leqslant y \leqslant 1, 0 \leqslant x \leqslant 1 - y$，从而得到

$$原式 = \int_0^1 dy \int_0^{1-y} f(x,y) dx$$

（2）先根据 x-型域的不等式 $D_1 : 0 \leqslant x \leqslant 1, 0 \leqslant y \leqslant \sqrt{2x-x^2}, D_2 : 1 \leqslant x \leqslant 2, 0 \leqslant y \leqslant 2-x$ 画出积分区域的草图（图7.13），再根据草图确定 y-型域的不等式表示（图7.14），即 $0 \leqslant y \leqslant 1$，$1 - \sqrt{1-y^2} \leqslant x \leqslant 2-y$，从而得到

$$原式 = \int_0^1 dy \int_{1-\sqrt{1-y^2}}^{2-y} f(x,y) dx$$

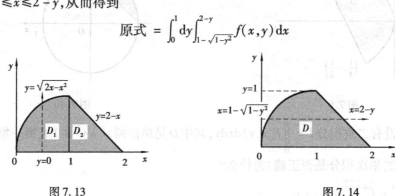

图7.13　　　　　　　　　　　　图7.14

例7.8　计算 $I = \iint\limits_D xy\,dx\,dy$，其中 D 由曲线 $x = y^2$ 及 $x^2 = 6 - 5y$ 所围成.

解　（1）画出积分区域 D 的图形（图7.15）.

（2）确定积分次序，若选择先对 x 积分，则将 D 向 y 轴投影，得 $-2 \leqslant y \leqslant 1$，任取 $y \in (-2, 1)$，过 y 作平行于 x 轴的直线自左而右穿过 D，穿入点及穿出点的横坐标构成区间 $y^2 \leqslant x \leqslant \sqrt{6-5y}$，于是积分区域 D 的不等式组表示为

$$D : y^2 \leqslant x \leqslant \sqrt{6-5y}, \quad -2 \leqslant y \leqslant 1 \quad (y\text{-型域})$$

所以，利用式（4）得

$$I = \int_{-2}^1 dy \int_{y^2}^{\sqrt{6-5y}} xy\,dx = \frac{1}{2} \int_{-2}^1 y(6 - 5y - y^4) dy$$

$$= \frac{1}{2}\left(3y^2 - \frac{5}{3}y^3 - \frac{1}{6}y^6\right)\bigg|_{-2}^1 = -\frac{27}{4}$$

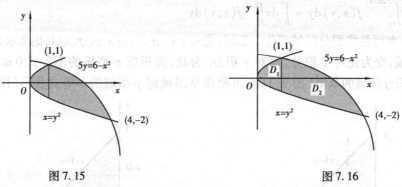

图7.15　　　　　　　　　　　　图7.16

若选择先对 y 积分，须将 D 分成 $D_1 + D_2$（图7.16），其中

$$D_1 : -\sqrt{x} \leqslant y \leqslant \sqrt{x}, 0 \leqslant x \leqslant 1 \quad (x\text{-型域})$$

$$D_2: -\sqrt{x} \leqslant y \leqslant \frac{1}{5}(6-x^2), 1 \leqslant x \leqslant 4 \quad (x\text{-型区域})$$

于是,利用公式(2)得

$$I = \int_0^1 dx \int_{-\sqrt{x}}^{\sqrt{x}} xy\,dy + \int_1^4 dx \int_{-\sqrt{x}}^{\frac{1}{5}(6-x^2)} xy\,dy = -\frac{27}{4}$$

显然比先对 x 积分麻烦得多.

例 7.9 计算 $\iint\limits_D (2x - y)\,dxdy$, 其中 D:由直线 $y = 1$, $y - x - 1 = 0$ 及 $x + y - 3 = 0$ 所围成.

解 画出区域 D 的图形(图 7.17),选择先对 x 积分,这时区域 D 的表达式为

$$\begin{cases} y - 1 \leqslant x \leqslant 3 - y \\ 1 \leqslant y \leqslant 2 \end{cases} \quad (y\text{-型域})$$

于是

$$\iint\limits_D (2x - y)\,dxdy = \int_1^2 dy \int_{y-1}^{3-y} (2x - y)\,dx = \int_1^2 (x^2 - xy)\,\Big|_{y-1}^{3-y} dy$$

$$= \int_1^2 (2y^2 - 8y + 8)\,dy = \left(\frac{2}{3}y^3 - 4y^2 + 8y\right)\,\Big|_1^2 = \frac{2}{3}$$

所以

$$\iint\limits_D (2x - y)\,dxdy = \frac{2}{3}$$

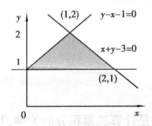

图 7.17　　　　　　　　　　　　　　　　图 7.18

例 7.10 计算 $\iint\limits_D \dfrac{y^2}{x^2}dxdy$, D:由曲线 $xy = 1$, $y^2 = x$ 及直线 $y = 2$ 所围成.

解 画出积分区域 D 的图形(图 7.18). 从 D 的形状看,选择先对 x 积分. 区域 D 的表达式为

$$\begin{cases} \dfrac{1}{y} \leqslant x \leqslant y^2 \quad (y\text{-型域}) \\ 1 \leqslant y \leqslant 2 \end{cases}$$

于是

$$\iint\limits_D \frac{y^2}{x^2}dxdy = \int_1^2 dy \int_{\frac{1}{y}}^{y^2} \frac{y^2}{x^2}dx = \int_1^2 y^2 \left(-\frac{1}{x}\right)\,\Big|_{\frac{1}{y}}^{y^2} dy$$

$$= \int_1^2 (y^3 - 1)\,dy = \left(\frac{y^4}{4} - y\right)\,\Big|_1^2 = \frac{11}{4}$$

所以

$$\iint\limits_D \frac{y^2}{x^2}dxdy = \frac{11}{4}$$

217

例7.11 计算 $\iint\limits_{D} \dfrac{x}{y}\mathrm{d}x\mathrm{d}y$,其中 D 为由 $xy=2$,$y=2x$,$2y-x=0$ 所围成的第一象限部分.

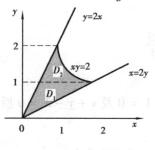

图 7.19

解 画出积分区域 D 的图形(图7.19),从积分区域 D 的形状看,先对哪个变量积分都需将 D 分成两部分. 从被积函数 $f(x,y)=\dfrac{x}{y}$ 看,若先对 y 积分,积分运算较麻烦,因而选择先对 x 积分.

将 D 分成 D_1+D_2,其中

$$D_1 : \frac{y}{2} \leq x \leq 2y, 0 \leq y \leq 1$$

$$D_2 : \frac{y}{2} \leq x \leq \frac{2}{y}, 1 \leq y \leq 2$$

于是
$$\iint\limits_{D} \frac{x}{y}\mathrm{d}x\mathrm{d}y = \int_0^1 \mathrm{d}y \int_{\frac{y}{2}}^{2y} \frac{x}{y}\mathrm{d}x + \int_1^2 \mathrm{d}y \int_{\frac{y}{2}}^{\frac{2}{y}} \frac{x}{y}\mathrm{d}x$$

$$= \int_0^1 \frac{1}{2y}(x^2) \Big|_{\frac{y}{2}}^{2y} \mathrm{d}y + \int_1^2 \frac{1}{2y}(x^2) \Big|_{\frac{y}{2}}^{\frac{2}{y}} \mathrm{d}y = \int_0^1 \frac{15}{8}y\mathrm{d}y + \int_1^2 \left(\frac{2}{y^3} - \frac{y}{8} \right)\mathrm{d}y$$

$$= \frac{15}{16}y^2 \Big|_0^1 + \left(-\frac{1}{y^2} - \frac{y^2}{16} \right)\Big|_1^2 = \frac{3}{2}$$

由以上例题可以看出,直角坐标系下计算二重积分的基本步骤是:

①画出积分区域 D 的图形;

②解方程组,确定积分区域的交点;

③写出 D 的不等式组表示,从而确定累次积分的上、下限;

④选择适当的积分次序(有时需将 D 分成几个区域);

⑤从内到外计算两次定积分.

写出积分区域 D 的不等式组,并确定累次积分的上、下限是计算二重积分的关键,其具体做法是:

以先对 y 积分为例(x-型区域). 将积分区域 D 向 x 轴投影,得到投影区间 $a \leq x \leq b$. a,b 就是"外层"(对 x)积分的下限和上限;任取 $x \in (a,b)$,过 x 作平行于 y 轴的直线,自下而上穿过 D,穿入点和穿出点的纵坐标构成区间 $\varphi_1(x) \leq y \leq \varphi_2(x)$,$\varphi_1(x)$,$\varphi_2(x)$ 就是"内层"(对 y)积分的下限和上限. 这样就将积分区域 D 表示为

$$D : \begin{cases} \varphi_1(x) \leq y \leq \varphi_2(x) \\ a \leq x \leq b \end{cases}$$

于是二重积分就化为累次积分

$$\iint\limits_{D} f(x,y)\mathrm{d}x\mathrm{d}y = \int_a^b \mathrm{d}x \int_{\varphi_1(x)}^{\varphi_2(x)} f(x,y)\mathrm{d}y$$

习题 7.2

一、判断题

1. 设 $D: |x| \le \pi, |y| \le 1$,则 $\iint\limits_{D}(x - \sin y)\mathrm{d}x\mathrm{d}y = 0$. 　　　　　　(　)

2. 设积分区域 D 的面积为 S,则 $\iint\limits_{D}\mathrm{d}\sigma = 2S$. 　　　　　　　　(　)

3. 若积分区域 D 是以 $(0,0)$、$(1,0)$ 及 $(0,1)$ 为顶点的三角形区域,则 $\iint\limits_{D}(1 - x - y)\mathrm{d}x\mathrm{d}y = \frac{1}{6}$. 　　　　　　　　　　　　　　　　　　(　)

4. 设平面薄片占有平面区域 D,其上点 (x,y) 处的面密度为 $\mu(x,y)$,如果 $\mu(x,y)$ 在 D 上连续,则薄片的质量 $m = \iint\limits_{D}\mu(x,y)\mathrm{d}\sigma$. 　　　　　(　)

二、单项选择题

1. 二重积分 $\iint\limits_{D}xy\mathrm{d}x\mathrm{d}y$ (其中 $D: 0 \le y \le x^2, 0 \le x \le 1$) 的值为(　).

　A. $\frac{1}{6}$ 　　　　　B. $\frac{1}{12}$ 　　　　　C. $\frac{1}{2}$ 　　　　　D. $\frac{1}{4}$

2. 若区域 D 为 $0 \le y \le x^2, |x| \le 2$ 所围成的区域,则 $\iint\limits_{D}xy^2\mathrm{d}x\mathrm{d}y = ($ 　).

　A. 0 　　　　　B. $\frac{32}{3}$ 　　　　　C. $\frac{64}{3}$ 　　　　　D. 256

3. 设 $f(x,y)$ 是连续函数,交换二次积分 $\int_1^e \mathrm{d}x \int_0^{\ln x} f(x,y)\mathrm{d}y$ 的积分次序的结果为(　).

　A. $\int_1^e \mathrm{d}y \int_0^{\ln x} f(x,y)\mathrm{d}x$ 　　　　　B. $\int_{e^y}^e \mathrm{d}y \int_0^1 f(x,y)\mathrm{d}x$

　C. $\int_0^{\ln x} \mathrm{d}y \int_1^e f(x,y)\mathrm{d}x$ 　　　　　D. $\int_0^1 \mathrm{d}y \int_{e^y}^e f(x,y)\mathrm{d}x$

4. 设 $f(x,y)$ 是连续函数,交换二次积分 $\int_0^1 \mathrm{d}y \int_0^{\sqrt{1-y}} 3x^2 y^2 \mathrm{d}x$ 的积分次序后的结果为(　).

　A. $\int_0^1 \mathrm{d}x \int_0^{\sqrt{1-x}} 3x^2 y^2 \mathrm{d}y$ 　　　　　B. $\int_0^{\sqrt{1-y}} \mathrm{d}x \int_0^1 3x^2 y^2 \mathrm{d}y$

　C. $\int_0^1 \mathrm{d}x \int_0^{1-x^2} 3x^2 y^2 \mathrm{d}y$ 　　　　　D. $\int_0^1 \mathrm{d}x \int_0^1 3x^2 y^2 \mathrm{d}y$

三、填空题

1. 设 $D: x^2 + y^2 \le 4, y \ge 0$,则二重积分 $\iint\limits_{D}\sin(x^3 y^2)\mathrm{d}\sigma$ 等于_____.

2. 若函数 $f(x,y)$ 在关于 y 轴对称的有界闭区域 D 上连续,且 $f(-x,y)$ 等于 $-f(x,y)$,则

$\iint\limits_{D} f(x,y)\mathrm{d}x\mathrm{d}y$ 等于_____.

3. 设 $D:0 \leq x \leq a, -a \leq y \leq a$,当 n 为奇数时,则 $\iint\limits_{D} x^m y^n \mathrm{d}x\mathrm{d}y =$ _____.

4. 设 $f(x,y)$ 为连续函数,则二次积分 $\int_0^1 \mathrm{d}y \int_{\sqrt{y}}^1 f(x,y)\mathrm{d}x$ 交换积分次序后为_____.

5. 设 $f(x,y)$ 是连续函数,则二次积分 $\int_0^1 \mathrm{d}y \int_y^{\sqrt{y}} f(x,y)\mathrm{d}x$ 交换积分次序后为_____.

四、解答题

1. 计算下列二重积分

(1) $\int_1^3 \mathrm{d}y \int_1^2 (x^2 - 1)\mathrm{d}x$ (2) $\int_2^4 \mathrm{d}x \int_x^{2x} \dfrac{y}{x}\mathrm{d}y$

(3) $\int_1^2 \mathrm{d}y \int_0^{\ln y} e^x \mathrm{d}x$ (4) $\int_1^2 \mathrm{d}x \int_0^{\frac{1}{x}} \sqrt{xy}\,\mathrm{d}y$

2. 计算二重积分 $\iint\limits_{D} e^{x+y}\mathrm{d}x\mathrm{d}y$,其中 D 是由 x 轴、y 轴及 $x = 1$、$y = 1$ 围成的平面区域.

3. 计算二重积分 $\iint\limits_{D} x\mathrm{d}x\mathrm{d}y$,其中 D 是以 $O(0,0)$,$A(1,1)$ 和 $B(0,1)$ 为顶点的三角形区域.

4. 计算二重积分 $\iint\limits_{D} xy\mathrm{d}x\mathrm{d}y$,其中 D 是由曲线 $y = x^2$,直线 $y = 0$,$x = 2$ 围成的平面区域.

5. 计算二重积分 $\iint\limits_{D} \cos(x + y)\mathrm{d}x\mathrm{d}y$,其中 D 是由直线 $x = 0$,$y = \pi$ 和 $y = x$ 围成的区域.

6. 计算二重积分 $\iint\limits_{D} xy\mathrm{d}x\mathrm{d}y$,其中 D 是由双曲线 $y = \dfrac{1}{x}$,直线 $y = x$ 及 $x = 2$ 围成的区域.

7. 计算二重积分 $\iint\limits_{D} \dfrac{y}{x}\mathrm{d}x\mathrm{d}y$,其中 D 是由直线 $y = 2x$,$y = x$,$x = 2$ 及 $x = 4$ 围成的区域.

7.3 极坐标系下二重积分的计算

上节介绍了二重积分在直角坐标系下的计算方法,但有些二重积分、积分区域的边界曲线和被积函数用极坐标方程表示比较方便,利用极坐标计算这些二重积分常常较为简捷.

7.3.1 极坐标系及极坐标系与直角坐标系的关系

与直角坐标系一样,极坐标系也是一种较为广泛采用的坐标系.下面介绍如何建立极坐标系.

图 7.20

在平面上选定一点 O,从点 O 出发引一条射线 Ox,并在射线上规定一个单位长度,这就得到了极坐标系,如图 7.20 所示.其中 O 称为极点,射线 Ox 称为极轴.

对平面上的一点 M,线段 OM 称为极径,记为 r. 显然,$r \geqslant 0$,以极轴为始边,以线段 OM 位置为终边的角称为点 M 的极角,记为 θ.

这样,平面上每一点 M 都可以用它的极径 r 和极角 θ 来确定其位置,称有序数对 (r, θ) 为点 M 的极坐标.

如果将直角坐标系中的原点 O 和 x 轴的正半轴选为极坐标系中的极点和极轴,如图 7.21 所示,则平面上点 M 的直角坐标 (x, y) 与其极坐标 (r, θ) 有以下的关系,即

$$\begin{cases} x = r\cos\theta \\ y = r\sin\theta \end{cases}$$

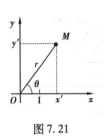

图 7.21

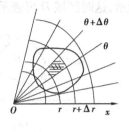

图 7.22

7.3.2 极坐标系下二重积分的面积元素及变换公式

在二重积分的定义中,若函数 $f(x, y)$ 可积,则二重积分的存在与区域 D 的划分无关。在直角坐标系中,是用平行于 x 轴和 y 轴的两组直线来分割区域 D 的,此时面积元素 $d\sigma = dxdy$,所以有

$$\iint\limits_D f(x, y)d\sigma = \iint\limits_D f(x, y)dxdy$$

在极坐标系中,点的极坐标是 (r, θ),$r = $ 常数,是一组圆心在极点的同心圆. $\theta = $ 常数,是一组从极点出发的射线. 用上述的同心圆和射线将区域 D 分成多个小区域,如图 7.22 所示. 其中,任一小区域 $\Delta\sigma$ 是由极角为 θ 和 $\theta + \Delta\theta$ 的两射线与半径为 r 和 $r + \Delta r$ 的两圆弧所围成的区域,则由扇形面积公式得

$$\Delta\sigma = \frac{1}{2}(r + \Delta r)^2 \Delta\theta - \frac{1}{2}r^2\Delta\theta = r\Delta r\Delta\theta + \frac{1}{2}(\Delta r)^2\Delta\theta$$

略去高阶无穷小 $\frac{1}{2}(\Delta r)^2 \Delta\theta$,得 $\Delta\sigma \approx r\Delta r\Delta\theta$,所以面积元素为

$$d\sigma = rdrd\sigma$$

所以在极坐标系下,二重积分成为

$$\iint\limits_D f(x, y)d\sigma = \iint\limits_D f(r\cos\theta, r\sin\theta)rdrd\theta$$

故有

$$\iint\limits_D f(x, y)dxdy = \iint\limits_D f(r\cos\theta, r\sin\theta)rdrd\theta$$

这就是二重积分的变量从直角坐标变换为极坐标的变换公式.

当区域 D 是圆或圆的一部分,或者区域边界的方程用极坐标表示较为简单,或者被积函数为 $\varphi(x^2+y^2)$, $\varphi\left(\dfrac{y}{x}\right)$ 等形式时,一般采用极坐标计算二重积分较为方便.

7.3.3　计算公式

在极坐标系下计算二重积分,仍然需要化为二次积分来计算,通常是按先 r 后 θ 的顺序进行,下面分三种情况予以介绍:

①极点 O 在区域 D 之外,且 D 由射线 $\theta=\alpha$, $\theta=\beta$ 和连续曲线 $r=r_1(\theta)$, $r=r_2(\theta)$ 所围成,如图 7.23 所示,这时区域 D 可表示为

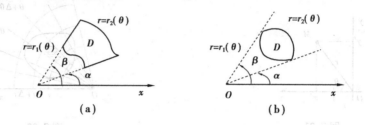

图 7.23

$$D = \left\{ (r,\theta) \mid r_1(\theta) \leqslant r \leqslant r_2(\theta), \alpha \leqslant \theta \leqslant \beta \right\}$$

于是

$$\iint\limits_{D} f(r\cos\theta, r\sin\theta)\, r\,\mathrm{d}r\,\mathrm{d}\theta = \int_\alpha^\beta \mathrm{d}\theta \int_{r_1(\theta)}^{r_2(\theta)} f(r\cos\theta, r\sin\theta)\, r\,\mathrm{d}r$$

②极点 O 在区域 D 的边界上,且 D 由射线 $\theta=\alpha$, $\theta=\beta$ 和连续曲线 $r=r(\theta)$ 所围成,如图 7.24 所示,这时区域 D 可表示为

$$D = \left\{ (r,\theta) \mid 0 \leqslant r \leqslant r(\theta), \alpha \leqslant \theta \leqslant \beta \right\}$$

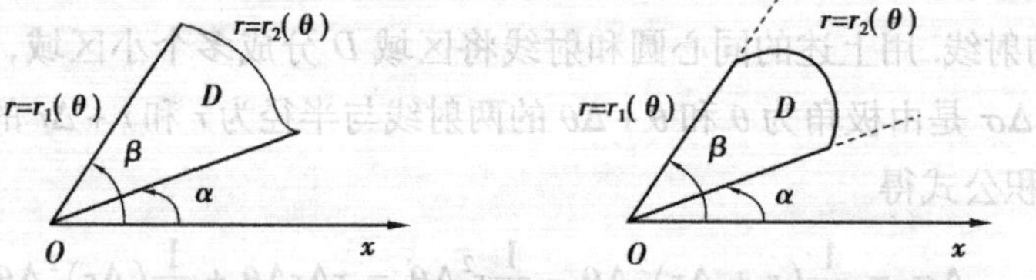

图 7.24

于是

$$\iint\limits_{D} f(r\cos\theta, r\sin\theta)\, r\,\mathrm{d}r\,\mathrm{d}\theta = \int_\alpha^\beta \mathrm{d}\theta \int_0^{r(\theta)} f(r\cos\theta, r\sin\theta)\, r\,\mathrm{d}r$$

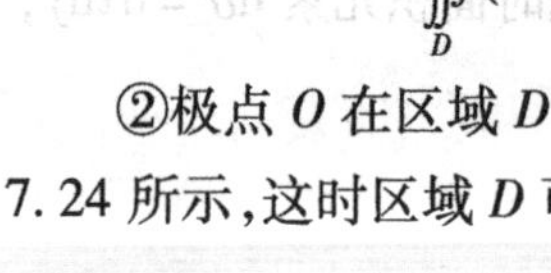

③极点 O 在区域 D 内部,且 D 的边界曲线为连续封闭曲线 $r=r(\theta)$,如图 7.25 所示,这时区域 D 可表示为

$$D = \left\{ (r,\theta) \mid 0 \leqslant r \leqslant r(\theta), 0 \leqslant \theta \leqslant 2\pi \right\}$$

于是

图 7.25

$$\iint\limits_{D} f(r\cos\theta, r\sin\theta) r\mathrm{d}r\mathrm{d}\theta = \int_{0}^{2\pi}\mathrm{d}\theta \int_{0}^{r(\theta)} f(r\cos\theta, r\sin\theta) r\mathrm{d}r$$

例 7.12 计算二重积分 $\iint\limits_{D} \dfrac{1}{1+x^2+y^2}\mathrm{d}x\mathrm{d}y$，其中，$D$ 是由圆 $x^2+y^2=a^2(a>0)$ 围成的闭区域.

解 由于区域 D 在极坐标系下表示为
$$D = \{(r,\theta) \mid 0 \leqslant r \leqslant a, 0 \leqslant \theta \leqslant 2\pi\}$$
所以
$$\iint\limits_{D} \frac{1}{1+x^2+y^2}\mathrm{d}x\mathrm{d}y = \int_{0}^{2\pi}\mathrm{d}\theta \int_{0}^{a}\frac{r}{1+r^2}\mathrm{d}r = 2\pi\left[\frac{1}{2}\ln(1+r^2)\,\Big|_{0}^{a}\right] = \pi\ln(1+a^2)$$

例 7.13 计算二重积分 $\iint\limits_{D}\sin\sqrt{x^2+y^2}\mathrm{d}x\mathrm{d}y$，其中 D 是由圆 $x^2+y^2=\pi^2$ 和 $x^2+y^2=4\pi^2$ 所围成的闭区域.

解 积分区域 D 是由两个圆所围成的圆环，在极坐标系下表示为
$$D = \{(r,\theta) \mid \pi \leqslant r \leqslant 2\pi, 0 \leqslant \theta \leqslant 2\pi\}$$
于是

$$\iint\limits_{D}\sin\sqrt{x^2+y^2}\mathrm{d}x\mathrm{d}y = \int_{0}^{2\pi}\mathrm{d}\theta\int_{\pi}^{2\pi} r\sin r\mathrm{d}r = 2\pi(\sin r - r\cos r)\,\big|_{\pi}^{2\pi} = -6\pi^2$$

例 7.14 计算二重积分 $\iint\limits_{D}\sqrt{x^2+y^2}\mathrm{d}x\mathrm{d}y$，其中，$D$ 是第一象限中同时满足 $x^2+y^2\leqslant 1$ 和 $x^2+(y-1)^2\leqslant 1$ 的点所组成的区域.

解 积分区域 D 如图 7.26 所示，两圆 $x^2+y^2=1$ 和 $x^2+(y-1)^2=1$ 在第一象限的交点为 $P\left(\dfrac{\sqrt{3}}{2},\dfrac{1}{2}\right)$，而点 P 的极坐标为 $\left(1,\dfrac{\pi}{6}\right)$，于是极径 OP 可将 D 分成 D_1 和 D_2 两部分，它们在极坐标系下表示为

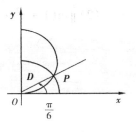

$$D_1 = \left\{(r,\theta) \mid 0 \leqslant r \leqslant 2\sin\theta, 0 \leqslant \theta \leqslant \frac{\pi}{6}\right\}$$

$$D_2 = \left\{(r,\theta) \mid 0 \leqslant r \leqslant 1, \frac{\pi}{6} \leqslant \theta \leqslant \frac{\pi}{2}\right\}$$

图 7.26

所以得

$$\iint\limits_{D}\sqrt{x^2+y^2}\mathrm{d}x\mathrm{d}y = \iint\limits_{D_1} r^2\mathrm{d}r\mathrm{d}\theta + \iint\limits_{D_2} r^2\mathrm{d}r\mathrm{d}\theta$$

$$= \int_{0}^{\frac{\pi}{6}}\mathrm{d}\theta\int_{0}^{2\sin\theta} r^2\mathrm{d}r + \int_{\frac{\pi}{6}}^{\frac{\pi}{2}}\mathrm{d}\theta\int_{0}^{1} r^2\mathrm{d}r$$

$$= \frac{1}{3}\int_{0}^{\frac{\pi}{6}}\left(r^3\,\Big|_{0}^{2\sin\theta}\right)\mathrm{d}\theta + \frac{\pi}{9} = \frac{8}{3}\int_{0}^{\frac{\pi}{6}}\sin^3\theta\mathrm{d}\theta + \frac{\pi}{9} = \frac{\pi+16-9\sqrt{3}}{9}$$

例 7.15 计算 $\iint\limits_{D}\mathrm{e}^{-x^2-y^2}\mathrm{d}x\mathrm{d}y$，其中，$D$ 是由中心在原点、半径为 a 的圆周所围成的闭区域.

解 在极坐标系中，闭区域 D 可表示为：$0\leqslant\rho\leqslant a, 0\leqslant\theta\leqslant 2\pi$
于是

$$\iint\limits_{D} e^{-x^{2}-y^{2}} \mathrm{d}x\mathrm{d}y = \iint\limits_{D} e^{-\rho^{2}}\rho\mathrm{d}\rho\mathrm{d}\theta = \int_{0}^{2\pi}\Big[\int_{0}^{a} e^{-\rho^{2}}\rho\mathrm{d}\rho\Big]\mathrm{d}\theta = \int_{0}^{2\pi}\Big[-\frac{1}{2}e^{-\rho^{2}}\Big]_{0}^{a}\mathrm{d}\theta$$

$$= \frac{1}{2}(1 - e^{-a^{2}})\int_{0}^{2\pi}\mathrm{d}\theta = \pi(1 - e^{-a^{2}})$$

习题 7.3

1. 画出下列积分区域 D，将二重积分 $\iint\limits_{D} f(x,y)\mathrm{d}\sigma$ 化为极坐标中累次积分（先 r 后 θ）.

(1) $D:x^{2}+y^{2}\leqslant a^{2},(a>0)$

(2) $D:x^{2}+y^{2}\leqslant 2ax,(a>0)$

(3) D 由 $y=\sqrt{R^{2}-x^{2}}, y=\pm x$ 围成

2. 化下列积分为极坐标形式，并计算积分值.

(1) $\int_{0}^{2}\mathrm{d}x\int_{0}^{\sqrt{2x-x^{2}}}(x^{2}+y^{2})\mathrm{d}y$

(2) $\int_{0}^{1}\mathrm{d}y\int_{0}^{\sqrt{1-y^{2}}}\sin(x^{2}+y^{2})\mathrm{d}x$

3. 利用极坐标计算下列各题：

(1) $\iint\limits_{D} e^{x^{2}+y^{2}}\mathrm{d}\sigma$，其中 D 是由圆周 $x^{2}+y^{2}=1$ 所围成

(2) $\iint\limits_{D}\ln(1+x^{2}+y^{2})\mathrm{d}\sigma$，其中 D 是由圆周 $x^{2}+y^{2}=1$ 所围成的第一象限内的区域

7.4　二重积分的应用

定积分的应用中经常采用所谓的"元素法"，该方法也可推广到二重积分. 与定积分中用元素法解决问题类似，二重积分中用元素法解决实际问题时，所求量一般应满足以下条件：

①所要计算的某个量 U 对于闭区域 D 具有可加性（即当闭区域 D 分成许多小闭区域 $\mathrm{d}\sigma$ 时，所求量 U 相应地分成许多部分量 ΔU，且 $U=\sum\Delta U$）

②在 D 内任取一个直径充分小的小闭区域 $\mathrm{d}\sigma$ 时，相应的部分量 ΔU 可近似地表示为 $f(x,y)\mathrm{d}\sigma$，其中 $(x,y)\in\mathrm{d}\sigma$，称 $f(x,y)\mathrm{d}\sigma$ 为所求量 ΔU 的元素，并记作 $\mathrm{d}U$.（注：$f(x,y)\mathrm{d}\sigma$ 的选择标准为：$|\Delta U-f(x,y)\mathrm{d}\sigma|$ 是 $\mathrm{d}\sigma$ 直径趋于零时较 $\mathrm{d}\sigma$ 更高阶的无穷小量）

③所求量 U 可表示成积分形式 $U=\iint\limits_{D} f(x,y)\mathrm{d}\sigma$.

7.4.1　求曲面的面积

设曲面 S 由方程 $z=f(x,y)$ 给出，D_{xy} 为曲面 S 在 xOy 面上的投影区域，函数 $f(x,y)$ 在 D_{xy}

上具有连续偏导数 $f_x(x,y)$ 和 $f_y(x,y)$,现计算曲面的面积 A.

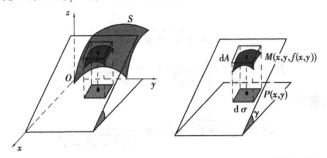

图 7.27

根据问题所给条件,曲面的面积 A 满足微元法的三个条件,现设法求 A 的面积元素 $\mathrm{d}A$.

如图 7.27 所示,在闭区域 D_{xy} 上任取一直径很小的闭区域 $\mathrm{d}\sigma$(它的面积也记作 $\mathrm{d}\sigma$),在 $\mathrm{d}\sigma$ 内取一点 $P(x,y)$,对应着曲面 S 上一点 $M(x,y,f(x,y))$,曲面 S 在点 M 处的切平面设为 T. 以小区域 $\mathrm{d}\sigma$ 的边界为准线作母线平行于 z 轴的柱面,该柱面在曲面 S 上截下一小片曲面,在切平面 T 上截下一小片平面,由于 $\mathrm{d}\sigma$ 的直径很小,那一小片平面面积近似地等于那一小片曲面面积.

曲面 S 在点 M 处的法线向量(指向朝上的那个)为
$$n = \{-f_x(x,y), -f_y(x,y), 1\}$$
它与 z 轴正向所成夹角 γ 的方向余弦为
$$\cos\gamma = \frac{1}{\sqrt{1+f_x^2(x,y)+f_y^2(x,y)}}, \quad 而\ \mathrm{d}A = \frac{\mathrm{d}\sigma}{\cos\gamma}$$

所以　$\mathrm{d}A = \sqrt{1+f_x^2(x,y)+f_y^2(x,y)}\,\mathrm{d}\sigma$,这就是曲面 S 的面积元素.

故曲面 S 的面积为
$$A = \iint\limits_{D_{xy}} \sqrt{1+f_x^2(x,y)+f_y^2(x,y)}\,\mathrm{d}\sigma$$

若曲面的方程为 $x = g(y,z)$ 或 $y = h(z,x)$,可分别将曲面投影到 yOz 面或 zOx 面,设所得到的投影区域分别为 D_{yz} 或 D_{zx} ,类似地有公式
$$A = \iint\limits_{D_{yz}} \sqrt{1+g_y^2(y,z)+g_z^2(y,z)}\,\mathrm{d}\sigma$$
或
$$A = \iint\limits_{D_{zx}} \sqrt{1+h_y^2(x,z)+h_z^2(x,z)}\,\mathrm{d}\sigma$$

例 7.16　求球面 $x^2+y^2+z^2 = a^2$ 含在柱面 $x^2+y^2 = ax(a>0)$ 内部的面积,如图 7.28 所示.

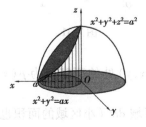

图 7.28

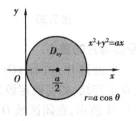

图 7.29

解 所求曲面在 xOy 面的投影区域为 $D_{xy} = \{(x,y) \mid x^2 + y^2 \leqslant ax\}$，如图 7.29 所示，曲面方程应取为

$$z = \sqrt{a^2 - x^2 - y^2}$$

则

$$f_x = \frac{-x}{\sqrt{a^2 - x^2 - y^2}}, \quad f_y = \frac{-y}{\sqrt{a^2 - x^2 - y^2}}$$

所以，曲面的面积元素为

$$dA = \sqrt{1 + f_x^2 + f_y^2} = \frac{a}{\sqrt{a^2 - x^2 - y^2}}$$

根据曲面的对称性，用微元法有

$$A = 2\iint_{D_{xy}} \frac{a}{\sqrt{a^2 - x^2 - y^2}} dxdy$$

$$= 2\int_{-\frac{\pi}{2}}^{\frac{\pi}{2}} d\theta \int_0^{a\cos\theta} \frac{a}{\sqrt{a^2 - r^2}} rdr = 2a\int_{-\frac{\pi}{2}}^{\frac{\pi}{2}} \left(-\sqrt{a^2 - r^2}\,\Big|_0^{a\cos\theta}\right)d\theta = 2a\int_{-\frac{\pi}{2}}^{\frac{\pi}{2}} (a - a|\sin\theta|d\theta)$$

$$= 4a\int_0^{\frac{\pi}{2}} (a - a\sin\theta)d\theta = 2a^2(\pi - 2)$$

7.4.2　求平面薄片的重心

(1) 平面上的质点系的重心

如图 7.30 所示，设 xOy 面上有 n 个质点，分别位于 (x_1, y_1)，(x_2, y_2)，$\cdots$，(x_n, y_n) 处，质量分别为 $m_1, m_2, \cdots, m_n$，由力学知识可知，质点系对 x 轴、y 轴的力矩分别为

$$M_x = \sum_{i=1}^n m_i y_i, \quad M_y = \sum_{i=1}^n m_i x_i, \quad \text{总质量} \ m = \sum_{i=1}^n m_i$$

其质点系的重心坐标为

$$\overline{x} = \frac{M_y}{m} = \frac{\sum\limits_{i=1}^n m_i x_i}{\sum\limits_{i=1}^n m_i}, \quad \overline{y} = \frac{M_x}{m} = \frac{\sum\limits_{i=1}^n m_i y_i}{\sum\limits_{i=1}^n m_i}$$

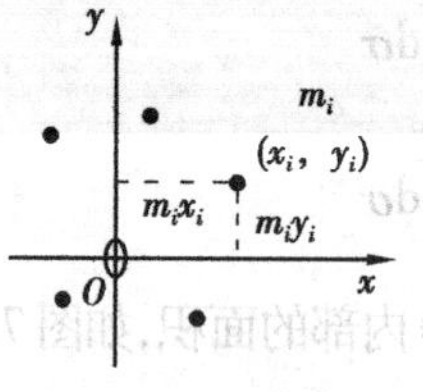

图 7.30

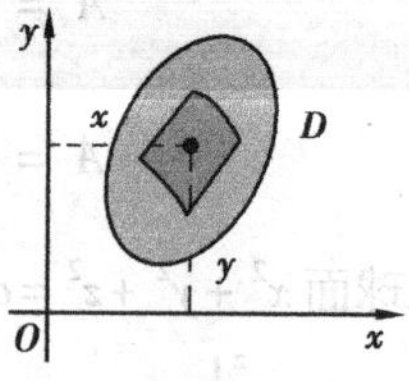

图 7.31

(2) 平面薄片的重心

设有一平面薄片，占有 xOy 面上的闭区域 D，在点 (x,y) 处的面密度为 $\rho(x,y)$，假定 $\rho(x,y)$ 在 D 上连续，如何确定该薄片的重心坐标 $(\overline{x}, \overline{y})$.

如图 7.31 所示，在闭区域 D 上任取一直径很小的闭区域 $d\sigma$（小区域的面积也记作 $d\sigma$）(x,y) 是 $d\sigma$ 内的一点，由于 $d\sigma$ 直径很小且 $\rho(x,y)$ 在 D 上连续，所以，薄片中 $d\sigma$ 部分的质量近似等于 $\rho(x,y)d\sigma$，将这部分质量近似看作集中在点 (x,y) 处，于是，小区域对 x 轴、y 轴的力

矩为

$$dM_x = y\rho(x,y)d\sigma, dM_y = x\rho(x,y)d\sigma$$

这就是**力矩元素**,于是

$$M_x = \iint\limits_D y\rho(x,y)d\sigma, \qquad M_y = \iint\limits_D x\rho(x,y)d\sigma$$

又平面薄片的总质量为

$$m = \iint\limits_D \rho(x,y)d\sigma$$

从而,薄片的重心坐标为

$$\bar{x} = \frac{M_y}{m} = \frac{\iint\limits_D x\rho(x,y)d\sigma}{\iint\limits_D \rho(x,y)d\sigma}, \bar{y} = \frac{M_x}{m} = \frac{\iint\limits_D y\rho(x,y)d\sigma}{\iint\limits_D \rho(x,y)d\sigma}$$

特别地,如果薄片是均匀的,即面密度为常量,则

$$\bar{x} = \frac{1}{A}\iint\limits_D x d\sigma, \bar{y} = \frac{1}{A}\iint\limits_D y d\sigma \quad (A = \iint\limits_D d\sigma \text{ 为闭区域 } D \text{ 的面积})$$

显然,这时薄片的重心完全由闭区域的形状所决定,因此,习惯上将均匀薄片的重心称为该平面薄片所占平面图形的形心.

例 7.17 设薄片所占的闭区域 D 为介于两个圆 $r = a\cos\theta, r = b\cos\theta, (0 < a < b)$ 之间的闭区域(图 7.32),且面密度均匀,求此均匀薄片的重心(或形心).

解 由 D 的对称性可知,$\bar{y} = 0$

$$A = \iint\limits_D d\sigma = \int_{-\frac{\pi}{2}}^{\frac{\pi}{2}} d\theta \int_{a\cos\theta}^{b\cos\theta} r dr = \frac{\pi}{4}(b^2 - a^2)$$

$$M_y = \iint\limits_D x d\sigma = \int_{-\frac{\pi}{2}}^{\frac{\pi}{2}} d\theta \int_{a\cos\theta}^{b\cos\theta} r^2\cos\theta dr$$

$$= \frac{\pi}{8}(b^3 - a^3)$$

故

$$\bar{x} = \frac{M_y}{m} = \frac{M_y}{A} = \frac{b^2 + ba + a^2}{2(b+a)}$$

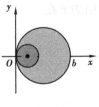

图 7.32

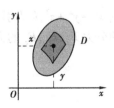

图 7.33

7.4.3 求平面薄片的转动惯量

(1)平面质点系对坐标轴的转动惯量

设 xOy 面上有 n 个质点,分别位于 $(x_1,y_1),(x_2,y_2),\cdots,(x_n,y_n)$ 处,质量分别为 $m_1,m_2,\cdots,$

m_n,则质点系对于 x 轴及 y 轴的转动惯量依次为

$$I_x = \sum_{i=1}^{n} y_i^2 m_i, I_y = \sum_{i=1}^{n} x_i^2 m_i$$

(2)平面薄片对于坐标轴的转动惯量

如图 7.33 所示,设有一薄片,占有 xOy 面上的闭区域 D,在点 (x,y) 处的面密度为 $\rho(x,y)$,假定 $\rho(x,y)$ 在 D 上连续.

现要求该薄片对于 x 轴、y 轴的转动惯量 I_x,I_y.

采用与平面薄片对坐标轴的力矩类似的思路和方法,可得转动惯量元素为

$$dI_x = y^2 \rho(x,y) d\sigma, \quad dI_y = x^2 \rho(x,y) d\sigma$$

从而得到平面薄片对于坐标轴的转动惯量计算公式,即

$$I_x = \iint_D y^2 \rho(x,y) d\sigma, \quad I_y = \iint_D x^2 \rho(x,y) d\sigma$$

例 7.18 求由抛物线 $y=x^2$ 及直线 $y=1$ 所围成的均匀薄片(面密度为常数 ρ)对于直线 $y=-1$ 的转动惯量(图 7.34).

解 转动惯量元素为 $dI = (y+1)^2 \rho d\sigma$

故

$$I = \iint_D (y+1)^2 \rho d\sigma = \rho \int_{-1}^{1} dx \int_{x^2}^{1} (y+1)^2 dy$$

$$= \rho \int_{-1}^{1} \left[\frac{1}{3}(y+1)^3 \right]_{x^2}^{1} dx = \frac{368}{105}\rho$$

图 7.34

7.4.4 求平面薄片对质点的引力

设有一平面薄片,占有 xOy 面上的闭区域 D,在点 (x,y) 处的面密度为 $\rho(x,y)$,假定 $\rho(x,y)$ 在 D 上连续,现计算该薄片对位于 z 轴上点 $M_0(0,0,1)$ 处的单位质量质点的引力.

如图 7.35 所示,在闭区域 D 上任取一直径很小的闭区域 $d\sigma$(小区域的面积也记作 $d\sigma$),(x,y) 是 $d\sigma$ 内的一点,由于 $d\sigma$ 直径很小且 $\rho(x,y)$ 在 D 上连续,所以,薄片中 $d\sigma$ 部分的质量近似等于 $\rho(x,y)d\sigma$,将这部分质量近似看作集中在点 (x,y) 处,于是,由万有引力公式可知,小薄片 $d\sigma$ 对质点的引力近似为 $\dfrac{k\rho(x,y)d\sigma}{r^2}$,引力方向与向量 $\{x,y,0-1\}$

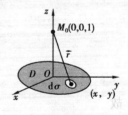

图 7.35

一致,其中 $r = \sqrt{x^2+y^2+z^2}$,k 为引力常数. 于是,薄片对质点的引力 $\boldsymbol{F}$ 在 3 个坐标轴上的分力 F_x,F_y,F_z 的力元素为

$$dF_x = \frac{k\rho(x,y)xd\sigma}{r^3}$$

$$dF_y = \frac{k\rho(x,y)yd\sigma}{r^3}$$

$$dF_z = \frac{k\rho(x,y)zd\sigma}{r^3}$$

故

$$F_x = \iint_D \frac{k\rho(x,y)xd\sigma}{r^3}, \quad F_y = \iint_D \frac{k\rho(x,y)yd\sigma}{r^3}, \quad F_z = \iint_D \frac{k\rho(x,y)zd\sigma}{r^3}$$

习题 7.4

1. 求由直线 $y = x, y = 2x, x = 1$ 所围成的平面图形的面积.

2. 求两个半径相等的圆柱面垂直相交时所围成的体积.

3. 试计算半径为 a 的球的表面积.

4. 设边长为 $2a$ 的正方形薄板的材料密度与点到两对角线交点的距离平方成正比, 且薄板对角线上的密度为 1, 试计算这块薄板的质量.

复习题

一、判断题

1. 以曲面 $f(x, y) = x^2 y$ 为曲顶, 区域 $D: 0 \leqslant x \leqslant 1, -1 \leqslant y \leqslant 0$ 为底的曲顶柱体的体积可表示成: $V = \iint\limits_D x^2 y \, \mathrm{d}\sigma$. 　　　　　　　　　　　　　　　(　)

2. 二重积分 $\iint\limits_D \ln(x^2 + y^2) \, \mathrm{d}\sigma \geqslant 0$, 其中 $D: |x| \leqslant 1, |y| \leqslant 1$. 　　(　)

3. 设积分区域 D 是由直线 $x = 0, x = 1, y = 0, y = 1$ 围城的平面区域, 则二重积分 $\iint\limits_D \mathrm{d}x\mathrm{d}y = 1$. 　　　　　　　　　　　　　　　　　　　　　　　　(　)

4. 设 $I = \iint\limits_D xy(x + y) \, \mathrm{d}\sigma$, 其中 $D: 0 \leqslant x \leqslant 1, 0 \leqslant y \leqslant 1$, 则 $0 \leqslant I \leqslant 2$. 　　(　)

5. 设区域 D 由三点 $(1, 0), (1, 1), (2, 0)$ 围成, 则 $\iint\limits_D \ln(x + y) \, \mathrm{d}\sigma \leqslant \iint\limits_D [\ln(x + y)]^2 \mathrm{d}\sigma$. 　　　　　　　　　　　　　　　　　　　　　　　　　　　　　　(　)

6. 椭圆 $\dfrac{x^2}{a^2} + \dfrac{y^2}{b^2} = 1$ 的面积 S 用二重积分可表示成: $S = \iint\limits_D \mathrm{d}x\mathrm{d}y$, 其中 $D: \dfrac{x^2}{a^2} + \dfrac{y^2}{b^2} \leqslant 1$, $x > 0, y > 0$. 　　　　　　　　　　　　　　　　　　　　　　　　　　(　)

二、单项选择题

1. 设区域 $D: x^2 + y^2 \leqslant 1$, 则 $\iint\limits_D \mathrm{d}\sigma = ($ 　 $)$.

　　A. 2 　　　　　　　　B. π 　　　　　　　　C. 4π 　　　　　　　　D. 8π

2. 设 $I_1 = \iint\limits_{D_1} \mathrm{d}\sigma, I_2 = \iint\limits_{D_2} \mathrm{d}\sigma, I_3 = \iint\limits_{D_3} \mathrm{d}\sigma$, 且 $D_1 \subset D_2 \subset D_3$, 则有(　).

　　A. $I_1 \leqslant I_2 \leqslant I_3$ 　　B. $I_3 \leqslant I_1 \leqslant I_2$ 　　C. $I_2 \leqslant I_3 \leqslant I_1$ 　　D. $I_3 \leqslant I_2 \leqslant I_1$

3. 设 $I_1 = \iint\limits_{D_1} x^2 \mathrm{d}\sigma, I_2 = \iint\limits_{D_2} x \mathrm{d}\sigma, I_3 = \iint\limits_{D_3} x^3 \mathrm{d}\sigma$, 其中 D 是由 $0 \leqslant x \leqslant 1, 0 \leqslant y \leqslant 2$ 围成的平面区域, 则(　).

　　A. $I_1 \leqslant I_2 \leqslant I_3$ 　　B. $I_3 \leqslant I_1 \leqslant I_2$ 　　C. $I_2 \leqslant I_3 \leqslant I_1$ 　　D. $I_3 \leqslant I_2 \leqslant I_1$

4. 设 D, D_1, D_2 分别为 $x^2 + y^2 \leqslant 1; x^2 + y^2 \leqslant 1, x \geqslant 0, y \geqslant 0$ 及 $x^2 + y^2 \leqslant 1, x \geqslant 0$ 围成的

平面区域,则由对称性有 $\iint\limits_{D} x\mathrm{d}\sigma =$ (   ).

A. $4\iint\limits_{D_1} x\mathrm{d}\sigma$ 　　　　B. π 　　　　　　C. $2\iint\limits_{D_2} x\mathrm{d}\sigma$ 　　　　D. 0

5. 设有二重积分 $\iint\limits_{D} f(x,y)\mathrm{d}x\mathrm{d}y$,其中 D 为由 $x+y=1,x=0,y=0$ 所围成的平面区域,则

$\iint\limits_{D} f(x,y)\mathrm{d}x\mathrm{d}y$ 化为先对 x 后对 y 的二次积分为(   ).

A. $\int_0^1 \mathrm{d}y\int_0^1 f(x,y)\,\mathrm{d}x$ 　　　　　　　　B. $\int_0^1 \mathrm{d}y\int_0^{1-x} f(x,y)\,\mathrm{d}x$

C. $\int_0^{1-x} \mathrm{d}y\int_0^1 f(x,y)\,\mathrm{d}x$ 　　　　　　　　D. $\int_0^1 \mathrm{d}y\int_0^{1-y} f(x,y)\,\mathrm{d}x$

三、填空题

1. 设积分区域 D 的面积为 S,则 $\iint\limits_{D} 2\mathrm{d}\sigma =$ _____.

2. 根据二重积分的几何意义,则 $\iint\limits_{D} \sqrt{1-x^2-y^2}\mathrm{d}x\mathrm{d}y =$ _____. 其中 $D:x^2+y^2\le 1$.

3. 如果 $f(x,y)$ 在关于 y 轴对称的有界闭区域 D 上连续,并且 $f(-x,y) = -f(x,y)$,则

$\iint\limits_{D} f(x,y)\mathrm{d}x\mathrm{d}y =$ _____.

4. 如果 $f(x,y)$ 是连续函数,则二次积分 $\int_0^a \mathrm{d}x\int_0^x f(x,y)\mathrm{d}y$ 交换积分次序后为_____.

5. 如果 $f(x,y)$ 是连续函数,则二次积分 $\int_0^1 \mathrm{d}x\int_{x^2}^x f(x,y)\mathrm{d}y$ 交换积分次序后为_____.

四、解答题

1. 利用二重积分的性质,比较下列积分值的大小.

(1) $I_1 = \iint\limits_{D} (x+y)^2\mathrm{d}\sigma$ 与 $I_2 = \iint\limits_{D} (x+y)^3\mathrm{d}\sigma$,其中 D 是由 x 轴、y 轴与直线 $x+y=1$ 所围成的区域.

(2) $I_1 = \iint\limits_{D} \ln(x+y)\mathrm{d}\sigma$ 与 $I_2 = \iint\limits_{D} [\ln(x+y)]^2\mathrm{d}\sigma$,其中 D 是以 $(1,0),(2,0)$ 及 $(1,1)$ 为顶点的三角形区域.

2. 设 $f(x,y)$ 是连续函数,试交换下列二次积分的积分次序.

(1) $\int_0^1 \mathrm{d}x\int_{x^3}^{x^2} f(x,y)\,\mathrm{d}y$ 　　　　　　　　(2) $\int_0^1 \mathrm{d}y\int_{\sqrt{y}}^{3-2y} f(x,y)\,\mathrm{d}x$

3. 计算下列二重积分

(1) $\iint\limits_{D} xy\mathrm{d}\sigma$,其中 D 是由 $y=x,xy=1,x=3$ 所围成的区域.

(2) $\iint\limits_{D} (x^2+y^2-x)\mathrm{d}\sigma$,其中 D 是由 $y=2,y=x,y=2x$ 所围成的区域.

(3) $\iint\limits_{D} xy^2\mathrm{d}\sigma$,其中 D 是由 $x=\sqrt{4-y^2},x=0$ 所围成的区域.

(4) $\iint\limits_{D} x\mathrm{d}x\mathrm{d}y$,其中 D 是由抛物线 $y=\frac{1}{2}x^2,y=x+4$ 所围成的区域.

第 *8* 章
无穷级数

无穷级数是高等数学的一个重要组成部分,它在表示函数、研究函数的性质以及进行数值计算等方面已经成为一种重要的数学工具,在科学技术领域中也有着广泛的应用.本章首先介绍常数项级数的基本知识,然后讨论函数项级数中的幂级数,以及函数展开成幂级数的方法和应用.

8.1 常数项级数的概念与性质

8.1.1 常数项级数的概念

定义 8.1 设给定一个常数列 $u_1, u_2, \cdots, u_n, \cdots$,将它的各项依次相加,则所得的表达式

$$u_1 + u_2 + \cdots + u_n + \cdots$$

称为**常数项无穷级数**,简称**级数**,记为 $\sum_{n=1}^{\infty} u_n$,即

$$\sum_{n=1}^{\infty} u_n = u_1 + u_2 + \cdots + u_n + \cdots \tag{1}$$

其中 u_n 称为级数的**一般项**或**通项**.

对于级数(1),如何理解无穷个数量相加及它们的和呢? 下面从求有限项的和出发,再运用极限的方法来解决这个无穷多项的求和问题.

级数 $\sum_{n=1}^{\infty} u_n$ 的前 n 项之和 $S_n = \sum_{k=1}^{n} u_k = u_1 + u_2 + \cdots + u_n$,称为该级数的**部分和**.由部分和组成的数列

$$S_1, S_2, \cdots, S_n, \cdots$$

称为**部分和数列**,记为 $\{S_n\}$.根据此数列的敛散性,从而引出级数(1)敛散性的定义.

定义 8.2 如果级数 $\sum_{n=1}^{\infty} u_n$ 的部分和数列 $\{S_n\}$ 的极限存在,即

$$\lim_{n \to \infty} S_n = S$$

则称级数 $\sum\limits_{n=1}^{\infty} u_n$ **收敛**,S 称为该级数的和,并记成 $S = \sum\limits_{n=1}^{\infty} u_n$. 若 $\lim\limits_{n\to\infty} S_n$ 不存在,则称级数 $\sum\limits_{n=1}^{\infty} u_n$ 发散.

对于收敛级数,其部分和 S_n 可作为级数的和 S 的近似值,其差值

$$r_n = S - S_n = u_{n+1} + u_{n+2} + \cdots$$

称为级数的**余项**.

例 8.1 判别级数 $\sum\limits_{n=1}^{\infty} \dfrac{1}{n(n+1)}$ 的敛散性.

解 由于 $u_n = \dfrac{1}{n(n+1)} = \dfrac{1}{n} - \dfrac{1}{n+1}$,因此部分和

$$S_n = \frac{1}{1 \cdot 2} + \frac{1}{2 \cdot 3} + \cdots + \frac{1}{n(n+1)}$$

$$= \left(1 - \frac{1}{2}\right) + \left(\frac{1}{2} - \frac{1}{3}\right) + \cdots + \left(\frac{1}{n} - \frac{1}{n+1}\right) = 1 - \frac{1}{n+1}$$

从而 $\lim\limits_{n\to\infty} S_n = \lim\limits_{n\to\infty}\left(1 - \dfrac{1}{n+1}\right) = 1$

所以此级数收敛,其和为 1.

例 8.2 判别级数 $\sum\limits_{n=1}^{\infty} \ln\left(1 + \dfrac{1}{n}\right)$ 的敛散性.

解 由于部分和 $S_n = \ln\dfrac{2}{1} + \ln\dfrac{3}{2} + \cdots + \ln\dfrac{n+1}{n}$

$$= \ln\left(\frac{2}{1} \cdot \frac{3}{2} \cdot \frac{4}{3} \cdot \cdots \cdot \frac{n+1}{n}\right) = \ln(n+1)$$

从而 $\lim\limits_{n\to\infty} S_n = \lim\limits_{n\to\infty} \ln(n+1) = +\infty$,因此,该级数发散.

例 8.3 讨论等比级数(或几何级数) $\sum\limits_{n=1}^{\infty} aq^{n-1} (a \neq 0)$ 的敛散性.

解 (1)如果 $q \neq 1$ 时,则部分和

$$S_n = a + aq + aq^2 + \cdots + aq^{n-1} = \frac{a(1-q^n)}{1-q}$$

当 $|q| < 1$ 时,由于 $\lim\limits_{n\to\infty} q^n = 0$,$\lim\limits_{n\to\infty} S_n = \dfrac{a}{1-q}$,因此级数收敛.

当 $|q| > 1$ 时,由于 $\lim\limits_{n\to\infty} q^n = \infty$,因此 $\lim\limits_{n\to\infty} S_n$ 不存在,故级数发散.

(2)如果 $|q| = 1$,则

当 $q = 1$ 时,由于 $\lim\limits_{n\to\infty} S_n = \lim\limits_{n\to\infty} na = \infty$,所以级数发散.

当 $q = -1$ 时,S_n 交替地取 a 和 0 两个数值,所以 $\lim\limits_{n\to\infty} S_n$ 不存在,因而级数发散.

综上所述,等比级数 $\sum\limits_{n=1}^{\infty} aq^{n-1}$,当 $|q| < 1$ 时,级数收敛,其和为 $S = \dfrac{a}{1-q}$;当 $|q| \geq 1$ 时,级数发散.

8.1.2 常数项级数的基本性质

性质 1 若 $c \neq 0$,则级数 $\sum\limits_{n=1}^{\infty} u_n$ 与 $\sum\limits_{n=1}^{\infty} cu_n$ 同时收敛或同时发散,且

$$\sum_{n=1}^{\infty} cu_n = c \sum_{n=1}^{\infty} u_n$$

性质 2　若 $\sum\limits_{n=1}^{\infty} u_n$ 与 $\sum\limits_{n=1}^{\infty} v_n$ 均收敛,则 $\sum\limits_{n=1}^{\infty}(u_n \pm v_n)$ 也收敛,且

$$\sum_{n=1}^{\infty}(u_n \pm v_n) = \sum_{n=1}^{\infty} u_n \pm \sum_{n=1}^{\infty} v_n$$

例 8.4　判别级数 $\sum\limits_{n=1}^{\infty} \dfrac{3+(-1)^n}{2^n}$ 的敛散性,若收敛,求其和.

解　由于 $\sum\limits_{n=1}^{\infty} \dfrac{3}{2^n}$,$\sum\limits_{n=1}^{\infty} \dfrac{(-1)^n}{2^n}$ 分别是公比为 $\dfrac{1}{2}$,$-\dfrac{1}{2}$ 的等比级数. 因此,由性质 1、性质 2 可知,原级数收敛,且其和为

$$S = 3\sum_{n=1}^{\infty}\left(\frac{1}{2}\right)^n + \sum_{n=1}^{\infty}\left(-\frac{1}{2}\right)^n = 3\frac{\frac{1}{2}}{1-\frac{1}{2}} + \frac{-\frac{1}{2}}{1+\frac{1}{2}} = 3 - \frac{1}{3} = \frac{8}{3}$$

性质 3　一个级数增加或减少有限项,不改变原级数的敛散性.

性质 4　收敛级数加括号后所成的级数仍然收敛,且其和不变.

推论　如果加括号后所成的级数发散,则原级数也发散.

上述性质的证明从略.

8.1.3　级数收敛的必要条件

定理 8.1　若级数 $\sum\limits_{n=1}^{\infty} u_n$ 收敛,则必有 $\lim\limits_{n\to\infty} u_n = 0$.

证明　因为级数 $\sum\limits_{n=1}^{\infty} u_n$ 收敛,所以存在和 $S = \lim\limits_{n\to\infty} S_n$,故

$$\lim_{n\to\infty} u_n = \lim_{n\to\infty}(S_n - S_{n-1}) = \lim_{n\to\infty} S_n - \lim_{n\to\infty} S_{n-1} = 0$$

注意:若 $\lim\limits_{n\to\infty} u_n = 0$,则不能判定级数 $\sum\limits_{n=1}^{\infty} u_n$ 的敛散性.

推论　若 $\lim\limits_{n\to\infty} u_n$ 不存在或 $\lim\limits_{n\to\infty} u_n \neq 0$,则级数 $\sum\limits_{n=1}^{\infty} u_n$ 一定发散.

例 8.5　判别级数 $\sum\limits_{n=1}^{\infty}\left(1+\dfrac{1}{2n}\right)^n$、$\sum\limits_{n=1}^{\infty} n\sin\dfrac{\pi}{n}$ 的敛散性.

解　因为 $\lim\limits_{n\to\infty} u_n = \lim\limits_{n\to\infty}\left(1+\dfrac{1}{2n}\right)^{2n\cdot\frac{1}{2}} = e^{\frac{1}{2}} \neq 0$,所以 $\sum\limits_{n=1}^{\infty}\left(1+\dfrac{1}{2n}\right)^n$ 发散.

又因为　$\lim\limits_{n\to\infty} u_n = \lim\limits_{n\to\infty} n\cdot\dfrac{\pi}{n} = \pi \neq 0$,所以 $\sum\limits_{n=1}^{\infty} n\sin\dfrac{\pi}{n}$ 发散.

习题 8.1

一、单项选择题

1. 级数部分和数列的极限存在是该级数收敛的（　　　）.

　　A. 充分条件　　　　　B. 必要条件　　　　　C. 充要条件　　　　　D. 无关条件

2. 若级数 $\sum\limits_{n=1}^{\infty}(u_n \pm v_n)$ 收敛，则级数 $\sum\limits_{n=1}^{\infty} u_n$ 与 $\sum\limits_{n=1}^{\infty} v_n$ （　　　）.

　　A. 都收敛　　　　　　　　　　　　B. 一个收敛，一个发散

　　C. 都发散　　　　　　　　　　　　D. 不能确定

3. 若 $\lim\limits_{n\to\infty} u_n = 0$，则级数 $\sum\limits_{n=1}^{\infty} u_n$（　　　）.

　　A. 收敛　　　　　　　B. 发散　　　　　　　C. 收敛于 0　　　　　D. 不能确定

4. 如果加括号后所成的级数收敛，则原级数（　　　）.

　　A. 收敛　　　　　　　B. 发散　　　　　　　C. 收敛于 0　　　　　D. 不能确定

5. 若级数 $\sum\limits_{n=1}^{\infty} u_n$ 收敛，$\sum\limits_{n=1}^{\infty} v_n$ 发散，则级数 $\sum\limits_{n=1}^{\infty}(u_n \pm v_n)$（　　　）.

　　A. 收敛　　　　　　　B. 发散　　　　　　　C. 收敛于 0　　　　　D. 不能确定

二、填空题

1. 若级数 $\sum\limits_{n=2}^{\infty} u_n$ 的和为 S_0，则级数 $\sum\limits_{n=1}^{\infty} u_n$ 收敛于 _____.

2. 若级数 $\sum\limits_{n=1}^{\infty} u_n$ 收敛，则级数 $\sum\limits_{n=1}^{\infty}(u_n + 0.000\,1)$ _____.

3. 若级数 $\sum\limits_{n=1}^{\infty} u_n = a$，$\sum\limits_{n=1}^{\infty} v_n = b$，则级数 $\sum\limits_{n=1}^{\infty}(u_n - v_n) = $ _____.

4. 若级数 $\sum\limits_{n=1}^{\infty} \dfrac{a}{q^n}$（$a \neq 0$ 为常数）收敛，则 q 的取值范围为 _____.

5. 若等比级数 $\sum\limits_{n=1}^{\infty} r^{n-1}$ 的和为 4，则实数 $r = $ _____.

三、解答题

1. 根据级数收敛的定义，判别下列级数的敛散性.

(1) $\sum\limits_{n=1}^{\infty}(\sqrt{n+1} - \sqrt{n})$　　　　　　(2) $\sum\limits_{n=1}^{\infty} \dfrac{1}{(2n-1)(2n+1)}$

(3) $\dfrac{3}{5} - \dfrac{3^2}{5^2} + \dfrac{3^3}{5^3} - \cdots$

2. 判别下列级数的敛散性.

(1) $\sum\limits_{n=1}^{\infty} \dfrac{1}{\sqrt{n+1} - \sqrt{n}}$　　　　　　(2) $\sum\limits_{n=1}^{\infty}\left(\dfrac{n}{n+4}\right)^n$

(3) $\dfrac{1}{2} - \dfrac{3}{10} + \dfrac{1}{2^2} - \dfrac{3}{10^2} + \dfrac{1}{2^3} - \dfrac{3}{10^3} + \cdots$

$(4) \displaystyle\sum_{n=1}^{\infty} n \sin \dfrac{\pi}{4n}$ 　　　　　　　　$(5) \ln^2 2 + \ln^3 2 + \ln^4 2 + \cdots$

$(6)\ \dfrac{1}{5} + \dfrac{1}{\sqrt{5}} + \dfrac{1}{\sqrt[3]{5}} + \cdots + \dfrac{1}{\sqrt[n]{5}} + \cdots$

8.2　常数项级数的审敛法

由于求级数部分和的极限并不容易,所以用级数收敛、发散的定义来判别其敛散性往往是十分困难的。因此,有必要寻找判别级数敛散性的简单有效的方法. 本节将介绍几种常用的常数项级数的审敛法.

8.2.1　正项级数及其审敛法

若级数 $\displaystyle\sum_{n=1}^{\infty} u_n$ 的各项非负,即 $u_n \geqslant 0 (n = 1,2,3,\cdots)$,则称该级数为**正项级数**. 这时,由于部分和

$$S_n = S_{n-1} + u_n \geqslant S_{n-1}$$

所以正项级数的部分和数列 $\{S_n\}$ 是单调不减的.

我们知道,单调有界数列必有极限. 因此,可得正项级数收敛的基本判别法则.

定理 8.2　正项级数 $\displaystyle\sum_{n=1}^{\infty} u_n$ 收敛的充分必要条件是:它的部分和数列 $\{S_n\}$ 有界.

例 8.6　试判别正项级数 $\displaystyle\sum_{n=1}^{\infty} \dfrac{\cos \dfrac{\pi}{2n}}{2^n}$ 的敛散性.

解　由于该级数是正项级数,且部分和

$$S_n = 0 + \dfrac{\cos \dfrac{\pi}{4}}{4} + \dfrac{\cos \dfrac{\pi}{6}}{8} + \cdots + \dfrac{\cos \dfrac{\pi}{2n}}{2^n} <$$

$$\dfrac{1}{2} + \dfrac{1}{4} + \dfrac{1}{8} + \cdots + \dfrac{1}{2^n} = \dfrac{\dfrac{1}{2} \cdot \left(1 - \dfrac{1}{2^n}\right)}{1 - \dfrac{1}{2}} < 1$$

即其部分和数列有界,因此该级数收敛.

下面给出一些更实用的正项级数审敛法:

(1)**比较审敛法**

定理 8.3　设有正项级数 $\displaystyle\sum_{n=1}^{\infty} u_n$ 和 $\displaystyle\sum_{n=1}^{\infty} v_n$,且 $u_n \leqslant v_n (n = 1,2,3,\cdots)$ 则

① 若级数 $\displaystyle\sum_{n=1}^{\infty} v_n$ 收敛,则级数 $\displaystyle\sum_{n=1}^{\infty} u_n$ 也收敛;

② 若级数 $\displaystyle\sum_{n=1}^{\infty} u_n$ 发散,则级数 $\displaystyle\sum_{n=1}^{\infty} v_n$ 也发散.

例 8.7 判别级数 $\sum\limits_{n=1}^{\infty}\dfrac{1}{(n+1)^2}$ 的敛散性.

解 因为 $\dfrac{1}{(n+1)^2}<\dfrac{1}{n(n+1)}$，由例 8.1 知，级数 $\sum\limits_{n=1}^{\infty}\dfrac{1}{n(n+1)}$ 是收敛的. 所以由比较审敛法得级数 $\sum\limits_{n=1}^{\infty}\dfrac{1}{(n+1)^2}$ 也是收敛的.

例 8.8 证明：调和级数 $\sum\limits_{n=1}^{\infty}\dfrac{1}{n}$ 是发散的.

解 由当 $x>0$ 时，$\ln(1+x)<x$，得

$$\ln\left(1+\frac{1}{n}\right)<\frac{1}{n}$$

由例 8.2 知，级数 $\sum\limits_{n=1}^{\infty}\ln\left(1+\dfrac{1}{n}\right)$ 是发散的. 所以由比较审敛法得级数 $\sum\limits_{n=1}^{\infty}\dfrac{1}{n}$ 也是发散的.

例 8.9 讨论 p-级数 $\sum\limits_{n=1}^{\infty}\dfrac{1}{n^p}$ 的敛散性.

解 （1）当 $p\leqslant1$ 时，$u_n=\dfrac{1}{n^p}\geqslant\dfrac{1}{n}$，而级数 $\sum\limits_{n=1}^{\infty}\dfrac{1}{n}$ 是发散的，所以由比较审敛法得级数 $\sum\limits_{n=1}^{\infty}\dfrac{1}{n^p}$ 也是发散的.

（2）当 $p>1$ 时，因为当 $n-1<x<n$ 时有 $\dfrac{1}{n^p}\leqslant\dfrac{1}{x^p}$，所以

$$\frac{1}{n^p}=\int_{n-1}^{n}\frac{1}{n^p}\mathrm{d}x\leqslant\int_{n-1}^{n}\frac{1}{x^p}\mathrm{d}x$$

所以

$$\sum_{n=1}^{\infty}\frac{1}{n^p}\leqslant\sum_{n=1}^{\infty}\int_{n-1}^{n}\frac{1}{x^p}\mathrm{d}x<\int_{1}^{+\infty}\frac{1}{x^p}\mathrm{d}x=\frac{1}{1-p}x^{1-p}\Big|_{1}^{+\infty}=\frac{1}{p-1}$$

由于正项级数 $\sum\limits_{n=1}^{\infty}\dfrac{1}{n^p}$ 有上界，所以由定理 8.2，得原级数收敛.

一般地，比较审敛法利用等比级数 $\sum\limits_{n=1}^{\infty}aq^{n-1}$、$p$- 级数 $\sum\limits_{n=1}^{\infty}\dfrac{1}{n^p}$ 作为比较级数. 但不等式关系的建立容易出错，为此有必要给出更简便的方法.

推论 1（比较审敛法的极限形式） 设 $\sum\limits_{n=1}^{\infty}u_n$ 和 $\sum\limits_{n=1}^{\infty}v_n$ 都是正项级数，如果

$$\lim_{n\to\infty}\frac{u_n}{v_n}=l\quad(0<l<+\infty)$$

或

$$\lim_{n\to\infty}\frac{u_n}{lv_n}=1$$

则级数 $\sum\limits_{n=1}^{\infty}u_n$ 与 $\sum\limits_{n=1}^{\infty}v_n$ 同时收敛或同时发散.

若上式中的 v_n 取 $\dfrac{1}{n^p}$，则有如下推论：

推论2　对于正项级数 $\sum\limits_{n=1}^{\infty}u_n$,若 $\lim\limits_{n\to\infty}n^p u_n = l(l>0)$.则当 $p\leqslant 1$ 时,级数 $\sum\limits_{n=1}^{\infty}u_n$ 发散;当 $p>1$ 时,级数 $\sum\limits_{n=1}^{\infty}u_n$ 收敛.

例8.10　判别下列级数的敛散性.

$(1)\ \sum\limits_{n=1}^{\infty}\dfrac{1}{2\sqrt{n}(n+1)}$ 　　$(2)\ \sum\limits_{n=1}^{\infty}\dfrac{2n+1}{n^2+3n-1}$ 　　$(3)\ \sum\limits_{n=1}^{\infty}\ln\left(1+\dfrac{1}{n^2}\right)$

解　(1)因为 $\lim\limits_{n\to\infty}n^{\frac{3}{2}}\cdot u_n=\lim\limits_{n\to\infty}\dfrac{n^{3/2}}{2\sqrt{n}(n+1)}=\dfrac{1}{2}>0$,所以由推论2得,$p=\dfrac{3}{2}>1$,故原级数收敛;

(2)因为 $\lim\limits_{n\to\infty}n^1\cdot u_n=2>0,p=1\leqslant 1$,所以原级数发散;

(3)因为 $u_n=\ln\left(1+\dfrac{1}{n^2}\right)\sim\dfrac{1}{n^2}(n\to\infty)$,而 $\sum\limits_{n=1}^{\infty}\dfrac{1}{n^2}$ 是 $p=2$ 的 p-级数收敛,所以,由推论1得原级数也收敛.

(2)比值审敛法与根值审敛法

定理8.4　设有正项级数 $\sum\limits_{n=1}^{\infty}u_n$,如果 $\lim\limits_{n\to\infty}\dfrac{u_{n+1}}{u_n}=\rho$,$(\lim\limits_{n\to\infty}\sqrt[n]{u_n}=\rho)$ 则

①当 $\rho<1$ 时,级数收敛;

②当 $\rho>1$(或 $\lim\limits_{n\to\infty}\dfrac{u_{n+1}}{u_n}=+\infty$)时,级数发散;

③当 $\rho=1$ 时,不能确定.

例8.11　判别下列级数的敛散性.

$(1)\ \sum\limits_{n=1}^{\infty}\dfrac{3^n}{n!}$ 　　　$(2)\ \sum\limits_{n=1}^{\infty}\dfrac{n!}{2n^n}$ 　　　$(3)\ \sum\limits_{n=1}^{\infty}\dfrac{2\sqrt{n}}{3n(n+2)}$

解　(1)因为 $\rho=\lim\limits_{n\to\infty}\dfrac{u_{n+1}}{u_n}=\lim\limits_{n\to\infty}\dfrac{3^{n+1}}{(n+1)!}\cdot\dfrac{n!}{3^n}=\lim\limits_{n\to\infty}\dfrac{3}{n+1}=0<1$,所以,由比值审敛法得级数 $\sum\limits_{n=1}^{\infty}\dfrac{3^n}{n!}$ 收敛;

(2)$\rho=\lim\limits_{n\to\infty}\dfrac{u_{n+1}}{u_n}=\lim\limits_{n\to\infty}\dfrac{(n+1)!}{2(n+1)^{n+1}}\cdot\dfrac{2n^n}{n!}=\lim\limits_{n\to\infty}\dfrac{1}{\left(1+\dfrac{1}{n}\right)^n}=\dfrac{1}{e}<1$,由比值审敛法得级数 $\sum\limits_{n=1}^{\infty}\dfrac{n!}{2n^n}$ 收敛;

(3)$\rho=\lim\limits_{n\to\infty}\dfrac{u_{n+1}}{u_n}=\lim\limits_{n\to\infty}\dfrac{2\sqrt{n+1}}{3(n+1)(n+3)}\cdot\dfrac{3n(n+2)}{2\sqrt{n}}=1$,这时 $\rho=1$,比值审敛法失效,必须改用其他方法.

因为 $\lim\limits_{n\to\infty}n^{\frac{3}{2}}\cdot u_n=\dfrac{2}{3}>0$,这里 $p=\dfrac{3}{2}>1$,所以,由比较审敛法推论2得原级数收敛.

8.2.2 交错级数及其审敛法

设 $u_n > 0$ $(n = 1,2,3,\cdots)$,则正负项相间的级数

$$u_1 - u_2 + u_3 - \cdots + (-1)^{n-1} u_n + \cdots$$

称为**交错级数**. 交错级数有如下审敛法:

定理 8.5(莱布尼茨审敛法) 若交错级数 $\sum\limits_{n=1}^{\infty} (-1)^{n-1} u_n$ 满足条件:

①$u_n \geqslant u_{n+1}$ $(n = 1,2,3,\cdots)$;

②$\lim\limits_{n \to \infty} u_n = 0$.

则级数 $\sum\limits_{n=1}^{\infty} (-1)^{n-1} u_n$ 收敛,且其和 $S \leqslant u_1$,其余项 r_n 的绝对值 $|r_n| \leqslant u_{n+1}$.

例 8.12 判别级数 $\sum\limits_{n=1}^{\infty} (-1)^n \dfrac{1}{n}$ 的敛散性.

解 它是交错级数,因为 $u_n = \dfrac{1}{n} > \dfrac{1}{n+1} = u_{n+1}$,且 $\lim\limits_{n \to \infty} u_n = 0$,所以,由莱布尼茨审敛法

知级数 $\sum\limits_{n=1}^{\infty} (-1)^n \dfrac{1}{n}$ 收敛.

8.2.3 任意项级数及其审敛法

若在级数 $\sum\limits_{n=1}^{\infty} u_n$ 中 u_n $(n = 1,2,3,\cdots)$ 为任意实数,则称这样的级数为**任意项级数**. 若各项

取绝对值,则任意项级数便转化为正项级数 $\sum\limits_{n=1}^{\infty} |u_n|$,关于任意项级数有如下定理.

定理 8.6 若级数 $\sum\limits_{n=1}^{\infty} |u_n|$ 收敛,则级数 $\sum\limits_{n=1}^{\infty} u_n$ 必定收敛.

证明 设级数 $\sum\limits_{n=1}^{\infty} |u_n|$ 收敛,由于

$$0 \leqslant |u_n| + u_n \leqslant 2|u_n|$$

则由正项级数的比较判别法可知 $\sum\limits_{n=1}^{\infty} (|u_n| + u_n)$ 也收敛. 又

$$u_n = (|u_n| + u_n) - |u_n|,$$

即有

$$\sum_{n=1}^{\infty} u_n = \sum_{n=1}^{\infty} (|u_n| + u_n) - \sum_{n=1}^{\infty} |u_n|$$

所以,由收敛级数的基本性质得级数 $\sum\limits_{n=1}^{\infty} u_n$ 收敛.证毕.

定义 8.3 ①若级数 $\sum\limits_{n=1}^{\infty} |u_n|$ 收敛,则称级数 $\sum\limits_{n=1}^{\infty} u_n$ **绝对收敛**;

②若级数 $\sum\limits_{n=1}^{\infty} u_n$ 收敛,而级数 $\sum\limits_{n=1}^{\infty} |u_n|$ 发散,则称级数 $\sum\limits_{n=1}^{\infty} u_n$ **条件收敛**.

例如,$\sum\limits_{n=1}^{\infty} (-1)^{n-1} \dfrac{1}{n^2}$ 就是绝对收敛级数,而 $\sum\limits_{n=1}^{\infty} (-1)^{n-1} \dfrac{1}{n}$ 则是条件收敛级数.

例 8.13　判别下列级数是否收敛. 如果收敛,是绝对收敛还是条件收敛?

$(1) \sum_{n=1}^{\infty} (-1)^n \frac{2n-1}{n^2}$ 　　　　　　$(2) \sum_{n=1}^{\infty} \frac{\cos n\alpha}{n^3}$

解　(1)因为 $|u_n| = \left| \frac{(-1)^n(2n-1)}{n^2} \right| = \frac{2n-1}{n^2}$,由于

$$\lim_{n \to \infty} n^1 \frac{2n-1}{n^2} = 2 > 0$$

这里 $p=1$. 所以,由定理 8.3 的推论 2 得 $\sum_{n=1}^{\infty} |u_n| = \sum_{n=1}^{\infty} \frac{2n-1}{n^2}$ 发散.

但原级数是交错级数,且 $|u_n| > |u_{n+1}|$, $\lim_{n\to\infty}|u_n| = \lim_{n\to\infty} \frac{2n-1}{n^2} = 0$,所以,由交错级数判别定理得原级数 $\sum_{n=1}^{\infty} (-1)^n \frac{2n-1}{n^2}$ 收敛. 所以,级数 $\sum_{n=1}^{\infty} (-1)^n \frac{2n-1}{n^2}$ 条件收敛.

(2)因为 $\left| \frac{\cos n\alpha}{n^3} \right| \leq \frac{1}{n^3}$,而 $\sum_{n=1}^{\infty} \frac{1}{n^3}$ 是 $p=3$ 的 p-级数,收敛. 所以级数 $\sum \left| \frac{\cos n\alpha}{n^3} \right|$ 也收敛.

由定义 8.3 得,级数 $\sum_{n=1}^{\infty} \frac{\cos n\alpha}{n^3}$ 绝对收敛.

总之,对正项级数审敛,需判别收敛与发散;而对任意项级数审敛,需要判别绝对收敛、条件收敛与发散三种情形.

习题 8.2

一、单项选择题

1.若正项级数 $\sum_{n=1}^{\infty} u_n$ 收敛,则负项级数 $\sum_{n=1}^{\infty} (-u_n)$(　　).

　A. 不能确定　　　　B. 收敛　　　　　　C. 发散

2.若级数 $\sum_{n=1}^{\infty} u_n$ 收敛,则级数 $\sum_{n=1}^{\infty} |u_n|$(　　).

　A. 收敛　　　　　　B. 发散　　　　　C. 可能收敛,也可能发散

3.若正项级数 $\sum_{n=1}^{\infty} u_n$ 收敛,则交错级数 $\sum_{n=1}^{\infty} (-1)^n u_n$(　　).

　A. 条件收敛　　B. 绝对收敛　　C. 发散　　　　D. 不能确定

4.交错级数 $\sum_{n=1}^{\infty} \frac{(-1)^n}{n^p}$ 当(　　)时绝对收敛,当(　　)时条件收敛.

　A. $p>1, 0<p\leq 1$　　　　　　B. $p>1, p\leq 1$

　C. $p\leq 1, 0<p\leq 1$　　　　　D. $p<1, p\geq 1$

5.当(　　)时,交错级数 $\sum_{n=1}^{\infty} (-1)^n u_n (u_n>0)$ 收敛.

　A. $u_{n+1} \leq u_n (n=1,2,\cdots)$　　　　　　B. $\lim_{n\to\infty} u_n = 0$

C. $u_{n+1} \leqslant u_n(n = 1, 2, \cdots)$ 且 $\lim_{n \to \infty} u_n = 0$ \qquad D. $\sum_{n=1}^{\infty} u_n$ 收敛

二、解答题

1. 利用比较审敛法或其极限形式,判别下列级数的敛散性.

(1) $\sum_{n=1}^{\infty} \dfrac{1}{(n+1)(n+4)}$ \qquad\qquad (2) $\sum_{n=1}^{\infty} \dfrac{1}{\ln(1+n)}$

(3) $\sum_{n=1}^{\infty} \sin \dfrac{\pi}{2^n}$ \qquad\qquad\qquad (4) $\sum_{n=1}^{\infty} \dfrac{\sqrt{n+1}}{\sqrt[3]{n}(n+3)}$

2. 利用比值或根值审敛法,判别下列级数的敛散性.

(1) $\sum_{n=1}^{\infty} \dfrac{3^n}{n \cdot 2^n}$ \qquad\qquad\qquad (2) $\sum_{n=1}^{\infty} \dfrac{n^2}{2^n}$

(3) $\sum_{n=1}^{\infty} n \tan \dfrac{\pi}{2^{n+1}}$ \qquad\qquad (4) $\sum_{n=1}^{\infty} \left(\dfrac{n}{3n+1} \right)^n$

3. 判别下列级数的敛散性.

(1) $\sum_{n=1}^{\infty} \dfrac{n+1}{3n(n+2)}$ \qquad\qquad (2) $\sum_{n=1}^{\infty} \left(\dfrac{n}{n+1} \right)^{2n}$

(3) $\sum_{n=1}^{\infty} 2^n \sin \dfrac{\pi}{3^n}$ \qquad\qquad (4) $\sum_{n=1}^{\infty} \dfrac{5^n}{7^n - 6^n}$

4. 判别下列级数是否收敛. 如果收敛,是绝对收敛还是条件收敛?

(1) $1 - \dfrac{1}{\sqrt[3]{2}} + \dfrac{1}{\sqrt[3]{3}} - \dfrac{1}{\sqrt[3]{4}} + \cdots$ \qquad (2) $\sum_{n=1}^{\infty} \dfrac{(-1)^{n-1} n}{2^n}$

(3) $\sum_{n=1}^{\infty} (-1)^n (\sqrt{n+1} - \sqrt{n})$ \qquad (4) $\sum_{n=1}^{\infty} (-1)^n \left(1 - \cos \dfrac{\alpha}{n} \right) (\alpha \neq 0)$

8.3 幂级数

8.3.1 函数项级数的概念

设给定一个定义在某区间 I 上的函数列

$$u_1(x), u_2(x), \cdots, u_n(x), \cdots$$

则它们的各项之和的表达式

$$\sum_{n=1}^{\infty} u_n(x) = u_1(x) + u_2(x) + \cdots + u_n(x) + \cdots \qquad (1)$$

称为定义在区间 I 上的**函数项无穷级数**,简称函数项级数或级数.

对于取定的 $x = x_0 \in I$,函数项级数(1)成为常数项级数

$$\sum_{n=1}^{\infty} u_n(x_0) = u_1(x_0) + u_2(x_0) + \cdots + u_n(x_0) + \cdots \qquad (2)$$

它可能收敛,也可能发散. 如果级数(2)收敛,则称 x_0 为函数项级数(1)的**收敛点**;反之,则称

x_0 为函数项级数(1)的**发散点**. 所有收敛点组成的集合称为它的**收敛域**.

在收敛域内,函数项级数(1)在收敛点的和 S 仍是 x 的函数,称为函数项级数(1)的**和函数**,记为 $S(x)$. 前 n 项的和称为**部分和函数**,记为 $S_n(x)$,则在收敛域内有

$$\lim_{n \to \infty} S_n(x) = S(x)$$

若以 $r_n(x)$ 记成余项,即

$$r_n(x) = S(x) - S_n(x)$$

则在收敛域内也有

$$\lim_{n \to \infty} r_n = 0$$

例 8.14　讨论函数项级数 $\sum_{n=0}^{\infty} x^n$ 的收敛域.

解　由于此级数为等比级数,其公比为 x. 所以,当 $|x| < 1$ 时级数收敛,当 $|x| \geqslant 1$ 时级数发散. 故收敛域为区间 $(-1, 1)$. 在收敛域内,其部分和函数

$$S_n(x) = 1 + x + x^2 + \cdots + x^{n-1} = \frac{1 - x^n}{1 - x}$$

所以,和函数 $S(x) = \lim_{n \to \infty} S_n(x) = \lim_{n \to \infty} \frac{1 - x^n}{1 - x} = \frac{1}{1 - x}$.

在函数项级数中,常用的是幂级数,它可看成是 n 次多项式当 $n \to \infty$ 时的情形. 下面就来讨论幂级数及其性质.

8.3.2　幂级数及其收敛性

定义 8.4　函数项级数

$$\sum_{n=0}^{\infty} a_n x^n = a_0 + a_1 x + a_2 x^2 + \cdots + a_n x^n + \cdots \tag{3}$$

称为 x 的**幂级数**,其中常数 $a_0, a_1, a_2, \cdots, a_n, \cdots$ 称为幂级数的**系数**.

幂级数的更一般形式为

$$\sum_{n=0}^{\infty} a_n(x - x_0)^n = a_0 + a_1(x - x_0) + a_2(x - x_0)^2 + \cdots + a_n(x - x_0)^n + \cdots \tag{4}$$

称为 $x - x_0$ 的幂级数. 若作变量代换 $t = x - x_0$,则可化为式(3)的形式. 因此,下面主要讨论形如式(3)的幂级数.

从例 8.14 中我们看到,幂级数 $\sum_{n=0}^{\infty} x^n$ 的收敛域是一个关于原点对称的区间 $(-1, 1)$. 事实上,这个结论对于一般的幂级数也是成立的.

定理 8.7(阿贝尔定理)　对于幂级数 $\sum_{n=0}^{\infty} a_n x^n$,有

① 若在 $x = x_1$ 处收敛,则当 $|x| < |x_1|$ 时,级数绝对收敛;

② 若在 $x = x_2$ 处发散,则当 $|x| > |x_2|$ 时,级数都发散.

证明　① 设 x_1 是幂级数 $\sum_{n=0}^{\infty} a_n x^n$ 的收敛点,即级数 $\sum_{n=0}^{\infty} a_n x_1^n$ 收敛. 由级数收敛的必要条件知

$$\lim_{n \to \infty} a_n x_1^n = 0$$

由收敛数列必有界的性质知,存在正数 M,使得

$$|a_n x_1^n| \leqslant M \quad (n = 0,1,2,\cdots)$$

因此

$$|a_n x^n| = \left| a_n x_1^n \cdot \frac{x^n}{x_1^n} \right| = |a_n x_1^n| \cdot \left| \frac{x}{x_1} \right|^n \leqslant M \left| \frac{x}{x_1} \right|^n$$

因为当 $|x| < |x_1|$,即 $\left| \dfrac{x}{x_1} \right| < 1$ 时,等比级数 $\displaystyle\sum_{n=0}^{\infty} M \left| \dfrac{x}{x_1} \right|^n$ 收敛,所以由比较判别法可知,级数 $\displaystyle\sum_{n=0}^{\infty} |a_n x^n|$ 收敛,即级数 $\displaystyle\sum_{n=0}^{\infty} a_n x^n$ 绝对收敛.

②用反证法. 设幂级数 $\displaystyle\sum_{n=0}^{\infty} a_n x^n$ 在点 x_2 处发散,而存在一点 x_0 满足 $|x_0| > |x_2|$,使级数 $\displaystyle\sum_{n=0}^{\infty} a_n x_0^n$ 收敛,则由 ① 的结论可知,幂级数 $\displaystyle\sum_{n=0}^{\infty} a_n x^n$ 应在点 x_2 处收敛,这与题设矛盾.

从定理 8.7 可看出,若幂级数在点 x_1 处收敛,在点 x_2 处发散,则必有 $|x_1| < |x_2|$,由于对于取定的 x 值,幂级数 $\displaystyle\sum_{n=0}^{\infty} a_n x^n$ 是常数项级数,要么收敛,要么发散. 所以,在 $|x_1|$ 与 $|x_2|$ 之间必然存在一分界点 x_0,使得当 $|x| < x_0$ 时幂级数收敛,当 $|x| > x_0$ 时幂级数发散.

由此可得如下推论:

推论 如果幂级数 $\displaystyle\sum_{n=0}^{\infty} a_n x^n$ 不是对所有 x 值都收敛,也不只在 $x = 0$ 时收敛,则必存在一个正数 R,使得:

当 $|x| < R$ 时,幂级数绝对收敛;

当 $|x| > R$ 时,幂级数发散;

当 $x = \pm R$ 时,幂级数可能收敛,也可能发散.

通常把正数 R 称为幂级数的**收敛半径**,称 $(-R, R)$ 为收敛区间,而收敛点组成的区间称为**收敛域**. 显然,对于幂级数的敛散性问题,就是求它的收敛区间的问题.

考虑正项级数 $\displaystyle\sum_{n=0}^{\infty} |a_n x^n|$,如果 $\displaystyle\lim_{n \to \infty} \left| \frac{a_{n+1}}{a_n} \right| = \rho \, (\rho \neq 0)$ 存在,则由正项级数的比值审敛法,有

$$\lim_{n \to \infty} \frac{|a_{n+1} x^{n+1}|}{|a_n x^n|} = |x| \cdot \lim_{n \to \infty} \left| \frac{a_{n+1}}{a_n} \right| = \rho |x|$$

当 $\rho |x| < 1$,即 $|x| < \dfrac{1}{\rho}$ 时,幂级数 $\displaystyle\sum_{n=0}^{\infty} a_n x^n$ 绝对收敛;当 $\rho |x| > 1$,即 $|x| > \dfrac{1}{\rho}$ 时,级数 $\displaystyle\sum_{n=0}^{\infty} |a_n x^n|$ 发散. 且从某一项 n 开始,有

$$|a_{n+1} x^{n+1}| > |a_n x^n|$$

因此,$\displaystyle\lim_{n \to \infty} |a_n x^n| \neq 0$,即有 $\displaystyle\lim_{n \to \infty} a_n x^n \neq 0$,所以级数 $\displaystyle\sum_{n=0}^{\infty} a_n x^n$ 发散. 于是 $\dfrac{1}{\rho}$ 就是收敛半径.

关于幂级数的收敛半径及收敛域的求法,有下面的定理(证明从略).

定理 8.8 对于幂级数 $\displaystyle\sum_{n=0}^{\infty} a_n x^n$,如果 $\displaystyle\lim_{n \to \infty} \left| \frac{a_n}{a_{n+1}} \right|$ 存在(或 $= +\infty$),则收敛半径

$$R = \lim_{n \to \infty} \left| \frac{a_n}{a_{n+1}} \right|$$

①如果 $0 < R < +\infty$,则当 $|x| < R$ 时幂级数收敛;当 $|x| > R$ 时幂级数发散;当 $x = \pm R$ 时,则须单独讨论其敛散性.

②当 $R = +\infty$ 时,幂级数的收敛区间为 $(-\infty, +\infty)$.

③当 $R = 0$ 时,幂级数仅在 $x = 0$ 处收敛.

另外,幂级数的收敛半径还有公式

$$R = \lim_{n \to \infty} \frac{1}{\sqrt[n]{|a_n|}}$$

例 8.15　求幂级数 $\sum_{n=1}^{\infty} (-1)^{n-1} \frac{x^n}{n}$ 的收敛半径与收敛域.

解　收敛半径

$$R = \lim_{n \to \infty} \left| \frac{a_n}{a_{n+1}} \right| = \lim_{n \to \infty} \left| \frac{(-1)^{n-1} \cdot \frac{1}{n}}{(-1)^n \cdot \frac{1}{(n+1)}} \right| = \lim_{n \to \infty} \frac{n+1}{n} = 1$$

所以,当 $|x| < 1$ 时,原级数收敛. 当 $x = -1$ 时,幂级数为 $\sum_{n=1}^{\infty} \frac{-1}{n} = -\sum_{n=1}^{\infty} \frac{1}{n}$,发散. 当 $x = 1$ 时,

幂级数为 $\sum_{n=1}^{\infty} \frac{(-1)^{n-1}}{n}$,它是一个收敛的交错级数. 因此,幂级数 $\sum_{n=1}^{\infty} (-1)^{n-1} \frac{x^n}{n}$ 的收敛域为 $(-1, 1]$.

例 8.16　求幂级数 $\sum_{n=0}^{\infty} (-1)^n \frac{x^{2n}}{2n+1}$ 的收敛域.

解　收敛半径 $R = \lim_{n \to \infty} \left| \frac{a_n}{a_{n+1}} \right| = \lim_{n \to \infty} \frac{2n+3}{2n+1} = 1$. 此时原级数可看成是 x^2 的幂级数

$$\sum_{n=0}^{\infty} (-1)^n \frac{(x^2)^n}{2n+1}$$

所以,当 $|x^2| < 1$,即 $-1 < x < 1$ 时,原级数收敛. 当 $x = \pm 1$ 时,幂级数为 $\sum_{n=0}^{\infty} (-1)^n \frac{1}{2n+1}$,它是一个收敛的交错级数. 所以,原级数的收敛域为 $[-1, 1]$.

例 8.17　求幂级数 $\sum_{n=1}^{\infty} \frac{(x-1)^n}{3^n \cdot n}$ 的收敛域.

解　收敛半径 $R = \lim_{n \to \infty} \left| \frac{a_n}{a_{n+1}} \right| = \lim_{n \to \infty} \frac{3^{n+1}(n+1)}{3^n \cdot n} = 3$. 所以,当 $|x-1| < 3$,即 $-2 < x < 4$ 时,

原级数收敛. 当 $x = -2$ 时,幂级数为 $\sum_{n=1}^{\infty} (-1)^n \frac{1}{n}$,收敛;当 $x = 4$ 时,幂级数为 $\sum_{n=1}^{\infty} \frac{1}{n}$,发散. 所以,原级数的收敛域为 $[-2, 4)$.

8.3.3　幂级数的运算

下面列出幂级数的几个运算法则及性质,略去证明.

性质 1（幂级数的四则运算） 设幂级数 $\sum\limits_{n=0}^{\infty} a_n x^n$ 与 $\sum\limits_{n=0}^{\infty} b_n x^n$ 的收敛半径分别为 R_1, R_2，其和函数分别为 $S_1(x) \setminus S_2(x)$. 取 $R = \min\{R_1, R_2\}$，则在开区间 $(-R, R)$ 内，有

$$\sum_{n=0}^{\infty} a_n x^n \pm \sum_{n=0}^{\infty} b_n x^n = \sum_{n=0}^{\infty} (a_n \pm b_n) x^n = S_1(x) \pm S_2(x)$$

设下列性质中，幂级数 $\sum\limits_{n=0}^{\infty} a_n x^n$ 的收敛半径为 $R(R > 0)$.

性质 2 和函数 $S(x)$ 在区间 $(-R, R)$ 内连续.

性质 3 和函数 $S(x)$ 在区间 $(-R, R)$ 内可导，且有逐项求导公式

$$S'(x) = \left(\sum_{n=0}^{\infty} a_n x^n\right)' = \sum_{n=0}^{\infty} (a_n x^n)' = \sum_{n=1}^{\infty} n a_n x^{n-1}$$

性质 4 和函数 $S(x)$ 在区间 $(-R, R)$ 内可积，且有逐项积分公式

$$\int_0^x S(x)\,\mathrm{d}x = \int_0^x \left[\sum_{n=0}^{\infty} a_n x^n\right]\mathrm{d}x = \sum_{n=0}^{\infty} \int_0^x a_n x^n \mathrm{d}x = \sum_{n=0}^{\infty} \frac{a_n}{n+1} x^{n+1} \quad [x \in (-R, R)]$$

注意：性质 3 与性质 4 可以任意次使用，其收敛半径 R 不变.

例 8.18 求幂级数 $\sum\limits_{n=0}^{\infty} (n+1) x^n$ 的收敛区间及和函数.

解 收敛半径 $R = 1$，收敛区间为 $(-1, 1)$.

设 $S(x) = \sum\limits_{n=0}^{\infty} (n+1) x^n$，逐项积分，得

$$\int_0^x S(x)\,\mathrm{d}x = \sum_{n=0}^{\infty} \int_0^x (n+1) x^n \mathrm{d}x = \sum_{n=0}^{\infty} x^{n+1} = \frac{x}{1-x}$$

两边求导，得

$$S(x) = \left(\frac{x}{1-x}\right)' = \frac{1}{(1-x)^2}$$

例 8.19 在区间 $(-1, 1)$ 内，求幂级数 $\sum\limits_{n=0}^{\infty} \frac{x^n}{n+1}$ 的和函数.

解 设 $S(x) = \sum\limits_{n=0}^{\infty} \frac{x^n}{n+1}$，显然 $S(0) = 1$，于是 $xS(x) = \sum\limits_{n=0}^{\infty} \frac{x^{n+1}}{n+1}$. 逐项求导，得

$$[xS(x)]' = \sum_{n=0}^{\infty} \left(\frac{x^{n+1}}{n+1}\right)' = \sum_{n=0}^{\infty} x^n = \frac{1}{1-x} \quad (-1 < x < 1)$$

两边积分，得

$$\int_0^x [xS(x)]'\mathrm{d}x = \int_0^x \frac{1}{1-x}\mathrm{d}x = -\ln(1-x)$$

即

$$xS(x) = -\ln(1-x)$$

于是当 $x \neq 0$ 时，$S(x) = -\dfrac{1}{x}\ln(1-x)$，从而所求幂级数的和函数为

$$S(x) = \begin{cases} -\dfrac{1}{x}\ln(1-x), & 0 < |x| < 1 \\ 1, & x = 0 \end{cases}$$

习题 8.3

1. 求下列幂级数的收敛域.

(1) $\displaystyle\sum_{n=0}^{\infty} n^2 x^n$

(2) $\displaystyle\sum_{n=0}^{\infty} \frac{x^n}{n!}$

(3) $\displaystyle\sum_{n=0}^{\infty} \frac{x^n}{(n+1)2^n}$

(4) $\displaystyle\sum_{n=0}^{\infty} \frac{(-1)^n}{2n+1} x^{2n+1}$

(5) $\displaystyle\sum_{n=0}^{\infty} \frac{(x-3)^n}{2^n}$

(6) $\displaystyle\sum_{n=1}^{\infty} \frac{(x+1)^{2n}}{n}$

2. 利用逐项求导、逐项积分性质求下列幂级数的和函数.

(1) $\displaystyle\sum_{n=1}^{\infty} \frac{(-1)^n x^n}{n}$ $(|x| < 1)$

(2) $\displaystyle\sum_{n=0}^{\infty} nx^n$ $(|x| < 1)$

(3) $\displaystyle\sum_{n=1}^{\infty} \frac{x^{n+1}}{n(n+1)}$

3. 求幂级数 $\displaystyle\sum_{n=1}^{\infty} \frac{n(n+1)x^{n-1}}{2}$ $(|x| < 1)$ 的和函数, 并计算常数项级数 $\displaystyle\sum_{n=1}^{\infty} \frac{n(n+1)}{2^n}$ 的和.

8.4　函数的幂级数展开式

上一节讨论了幂级数的收敛域及其和函数的性质. 但在许多实际问题中, 不仅要求幂级数的和函数, 且需要将函数化成幂级数来运算, 如在微分的应用中, 当$|x|$很小时, 有如下的近似公式:

$$\sin x \approx x \qquad \mathrm{e}^x \approx 1 + x$$

$$\ln(1+x) \approx x \qquad \sqrt[n]{1+x} \approx 1 + \frac{1}{n}x$$

由于幂级数在收敛域内可以进行加、减、微分、积分等运算, 因此, 函数用幂级数来表示, 在理论与实际应用上都具有重要的意义.

8.4.1　泰勒级数

对于给定的函数$f(x)$, 若能找到一个幂级数 $\displaystyle\sum_{n=0}^{\infty} a_n(x-x_0)^n$, 使其在某区间内收敛于给定的函数$f(x)$. 则称**函数$f(x)$在该区间内能展开成幂级数**, 或称幂级数 $\displaystyle\sum_{n=0}^{\infty} a_n(x-x_0)^n$ 为函数$f(x)$在该区间内的幂级数展开式.

假定函数$f(x)$在点x_0的某邻域内有幂级数展开式

$$f(x) = \sum_{n=0}^{\infty} a_n (x - x_0)^n$$

那么根据和函数的性质,可知 $f(x)$ 在点 x_0 的该邻域内有任意阶导数,并由逐项求导公式,得

$$f^{(k)}(x) = k! a_k + (k+1)! a_{k+1}(x - x_0) + \cdots$$

于是

$$f^{(k)}(x_0) = k! a_k$$

即有

$$a_k = \frac{1}{k!} f^{(k)}(x_0) \quad (k = 0, 1, 2, \cdots)$$

从而

$$f(x) = \sum_{n=0}^{\infty} \frac{1}{n!} f^{(n)}(x_0)(x - x_0)^n$$

称为函数 $f(x)$ 在点 $x = x_0$ 处的**泰勒级数**.

当 $x_0 = 0$ 时,泰勒级数

$$f(x) = f(0) + f'(0)x + \frac{1}{2!}f''(0)x^2 + \cdots + \frac{1}{n!}f^{(n)}(0)x^n + \cdots = \sum_{n=0}^{\infty} \frac{f^{(n)}(0)}{n!} x^n$$

称为**马克劳林级数**.

8.4.2 函数展开成幂级数

(1)直接展开法

求系数 $a_n = \dfrac{f^{(n)}(0)}{n!}$ $(n = 0, 1, 2, 3, \cdots)$,再利用马克劳林级数公式求解.

例 8.20 将函数 $f(x) = e^x$ 展开成 x 的幂级数.

解 因为 $f^{(n)}(x) = e^x$ $(n = 1, 2, 3, \cdots)$

所以

$$f^{(n)}(0) = 1 \quad (n = 0, 1, 2, 3, \cdots)$$

于是得马克劳林级数为

$$\sum_{n=0}^{\infty} \frac{1}{n!} x^n$$

该幂级数的收敛半径为 $R = +\infty$,因此得函数 $f(x) = e^x$ 的幂级数展开式为

$$e^x = 1 + x + \frac{1}{2!}x^2 + \cdots + \frac{1}{n!}x^n + \cdots = \sum_{n=0}^{\infty} \frac{1}{n!} x^n \quad (-\infty < x < +\infty)$$

例 8.21 将函数 $f(x) = \sin x$ 展开成 x 的幂级数.

解 因为 $f^{(n)}(x) = \sin\left(x + \dfrac{n\pi}{2}\right)$,所以 $f(0) = 0, f'(0) = 1, f''(0) = 0, f'''(0) = -1$,$f^{(4)}(0) = 0, \cdots$. 于是得级数

$$x - \frac{1}{3!}x^3 + \frac{1}{5!}x^5 - \cdots + \frac{(-1)^n}{(2n+1)!}x^{2n+1} + \cdots$$

该幂级数的收敛半径为 $R = +\infty$,因此得函数 $f(x) = \sin x$ 的幂级数展开式为

$$\sin x = x - \frac{1}{3!}x^3 + \cdots + \frac{(-1)^n}{(2n+1)!}x^{2n+1} + \cdots \quad (-\infty < x < +\infty)$$

(2)间接展开法

间接展开法是利用已知的函数的幂级数展开式,运用幂级数的运算性质(逐项加减、逐项微分、逐项积分等)和变量替换等方法求得函数的幂级数展开式. 已知的函数的幂级数展开式有

①$\dfrac{1}{1-x} = 1 + x + x^2 + \cdots + x^n + \cdots = \displaystyle\sum_{n=0}^{\infty} x^n \quad (-1 < x < 1)$

②$e^x = 1 + x + \dfrac{1}{2!}x^2 + \cdots + \dfrac{1}{n!}x^n + \cdots = \displaystyle\sum_{n=0}^{\infty} \dfrac{1}{n!}x^n \quad (-\infty < x < +\infty)$

③$\sin x = x - \dfrac{1}{3!}x^3 + \cdots + \dfrac{(-1)^n}{(2n+1)!}x^{2n+1} + \cdots = \displaystyle\sum_{n=0}^{\infty} \dfrac{(-1)^n}{(2n+1)!}x^{2n+1} \quad (-\infty < x < +\infty)$

例 8.22 将函数 $f(x) = e^{-x}$ 展开成 x 的幂级数.

解 因为 $\qquad\qquad e^x = \displaystyle\sum_{n=0}^{\infty} \dfrac{1}{n!}x^n \quad (-\infty < x < +\infty)$

所以 $\qquad\qquad e^{-x} = \displaystyle\sum_{n=0}^{\infty} \dfrac{1}{n!}(-x)^n = \displaystyle\sum_{n=0}^{\infty} \dfrac{(-1)^n}{n!}x^n \quad (-\infty < x < +\infty)$

例 8.23 将函数 $f(x) = \cos x$ 展开成 x 的幂级数.

解 因为 $\quad \sin x = x - \dfrac{1}{3!}x^3 + \cdots + \dfrac{(-1)^n}{(2n+1)!}x^{2n+1} + \cdots \quad (-\infty < x < +\infty)$

所以 $\qquad \cos x = (\sin x)' = \left(x - \dfrac{1}{3!}x^3 + \cdots + \dfrac{(-1)^n}{(2n+1)!}x^{2n+1} + \cdots \right)'$

$\qquad\qquad\qquad = 1 - \dfrac{1}{2!}x^2 + \dfrac{1}{4!}x^4 - \cdots + \dfrac{(-1)^n}{(2n)!}x^{2n} + \cdots \quad (-\infty < x < +\infty)$

例 8.24 将函数 $f(x) = \arctan x$ 展开成 x 的幂级数.

解 因为 $f'(x) = \dfrac{1}{1+x^2} = \dfrac{1}{1-(-x^2)} = \displaystyle\sum_{n=0}^{\infty}(-x^2)^n = \displaystyle\sum_{n=0}^{\infty}(-1)^n x^{2n} \quad (-1 < x < 1)$

上式两边积分,得

$$\arctan x = \sum_{n=0}^{\infty}(-1)^n \int_0^x x^{2n}\mathrm{d}x = \sum_{n=0}^{\infty} \dfrac{(-1)^n}{2n+1}x^{2n+1} \quad (-1 < x < 1)$$

例 8.25 将函数 $f(x) = \ln(1+x)$ 展开成 $(x-1)$ 的幂级数.

解 因为 $\qquad\qquad f'(x) = \dfrac{1}{1+x} = \dfrac{1}{2+(x-1)} = \dfrac{1}{2} \cdot \dfrac{1}{1 - \dfrac{-(x-1)}{2}}$

$$= \dfrac{1}{2}\sum_{n=0}^{\infty} \dfrac{(-1)^n}{2^n}(x-1)^n \quad (-1 < x < 3)$$

上式两边在区间 $[1,x]$ 上求积分,得

$$\ln(1+x) - \ln 2 = \sum_{n=0}^{\infty} \dfrac{(-1)^n}{2^{n+1}} \int_1^x (x-1)^n \mathrm{d}x = \sum_{n=0}^{\infty} \dfrac{(-1)^n}{(n+1)2^{n+1}}(x-1)^{n+1}$$

即 $\qquad\qquad \ln(1+x) = \ln 2 + \displaystyle\sum_{n=0}^{\infty} \dfrac{(-1)^n}{(n+1)2^{n+1}}(x-1)^{n+1} \quad (-1 < x < 3)$

习题 8.4

1. 将下列函数展开成 x 的幂级数,并求其收敛区间.

(1) a^x (2) $\dfrac{1}{1+x}$

(3) $\dfrac{1}{2}(e^x + e^{-x})$ (4) $\sin^2 x$

(5) $\ln\dfrac{1+x}{1-x}$ (6) $(1+x)\ln(1+x)$

2. 将下列函数展开成 $(x-2)$ 的幂级数.

(1) $\ln x$ (2) $\dfrac{1}{x}$

3. 将函数 $f(x) = \dfrac{1}{x^2 + 3x + 2}$ 展开成 $(x-1)$ 的幂级数.

复习题

一、单项选择题

1. 若级数 $\displaystyle\sum_{n=1}^{\infty} u_n$ 与 $\displaystyle\sum_{n=1}^{\infty} v_n$ 都发散,且 $u_n \leqslant a_n \leqslant v_n (n=1,2,3,\cdots)$,则级数 $\displaystyle\sum_{n=1}^{\infty} a_n$ (　　).

　A. 收敛　　　　B. 发散　　　　C. 收敛于 0　　　　D. 不能确定

2. 若级数 $\displaystyle\sum_{n=1}^{\infty} |u_n|$ 发散,则级数 $\displaystyle\sum_{n=1}^{\infty} u_n$ (　　).

　A. 收敛　　　　B. 发散　　　　C. 可能收敛,也可能发散

3. 若级数 $\displaystyle\sum_{n=1}^{\infty} u_n$、$\displaystyle\sum_{n=1}^{\infty} v_n$ 都发散,则级数 $\displaystyle\sum_{n=1}^{\infty} (u_n \pm v_n)$ (　　).

　A. 收敛　　　　B. 发散　　　　C. 收敛于 0　　　　D. 不能确定

4. 幂级数 $\displaystyle\sum_{n=0}^{\infty} \dfrac{(-x)^n}{n}$ 的收敛区间是(　　).

　A. $(-1,1)$　　　B. $[-1,1)$　　　C. $(-1,1]$　　　D. $[-1,1]$

5. 若幂级数 $\displaystyle\sum_{n=0}^{\infty} a_n x^n$ 的收敛区间为 $(-R,R]$,则幂级数 $\displaystyle\sum_{n=0}^{\infty} a_n x^{2n}$ 的收敛区间为(　　).

　A. $[0,\sqrt{R}]$　　B. $[-\sqrt{R},\sqrt{R}]$　　C. $(-\sqrt{R},\sqrt{R})$　　D. $(-\sqrt{R},\sqrt{R})$

二、填空题

1. 级数 $\displaystyle\sum_{n=1}^{\infty} u_n$ 收敛的必要条件为_____.

2. 级数 $1 - \dfrac{1}{3} + \dfrac{1}{5} - \cdots$ 的通项为_____.

3. 设实数 r 满足 $|r| < 1$,则等比级数 $\displaystyle\sum_{n=3}^{\infty} r^n$ 的和为_____.

4. 级数 $\displaystyle\sum_{n=1}^{\infty} \dfrac{1}{\sqrt{n+1} + \sqrt{n}}$ 的敛散性为_____.

5. 若幂级数 $\sum\limits_{n=0}^{\infty} a_n x^n$ 的收敛域为 $[-2,3)$，则幂级数 $\sum\limits_{n=0}^{\infty} a_n(x+2)^n$ 的收敛域为 _____.

三、判断题

1. 若级数 $\sum\limits_{n=1}^{\infty} u_n$ 发散，则级数 $\sum\limits_{n=1}^{\infty} Cu_n (C \neq 0)$ 也发散. 　　　　　　(　)

2. 若级数 $\sum\limits_{n=1}^{\infty} u_{2n}$、$\sum\limits_{n=1}^{\infty} u_{2n-1}$ 都收敛，则级数 $\sum\limits_{n=1}^{\infty} u_n$ 也收敛. 　　(　)

3. 已知 $u_n \leqslant v_n (n = 1,2,3,\cdots)$，若级数 $\sum\limits_{n=1}^{\infty} v_n$ 收敛，则级数 $\sum\limits_{n=1}^{\infty} u_n$ 也收敛. 　(　)

四、解答题

1. 判别下列级数的敛散性.

(1) $\sum\limits_{n=1}^{\infty} \dfrac{(-1)^n n}{\ln(1+n)}$ 　　　　　　(2) $\sum\limits_{n=1}^{\infty} \dfrac{\sqrt[3]{n}}{\sqrt{n(n+2)}}$

(3) $\sum\limits_{n=1}^{\infty} \dfrac{1}{n} \tan \dfrac{\pi}{n}$ 　　　　　　(4) $\sum\limits_{n=1}^{\infty} \dfrac{n \cdot 3^n}{4^n}$

(5) $\sum\limits_{n=1}^{\infty} \left(\dfrac{n-1}{2n}\right)^n$ 　　　　　(6) $\sum\limits_{n=1}^{\infty} \dfrac{(n!)^2}{2^{n^2}}$

2. 求下列幂级数的收敛区间.

(1) $\sum\limits_{n=1}^{\infty} \dfrac{2^n}{n} x^{2n-1}$ 　　　　　(2) $\sum\limits_{n=0}^{\infty} \dfrac{x^n (x-3)^n}{6^n}$

3. 若级数 $\sum\limits_{n=1}^{\infty} a_n^2$ 与 $\sum b_n^2$ 都收敛，试证级数 $\sum\limits_{n=1}^{\infty} |a_n b_n|$、$\sum\limits_{n=1}^{\infty} (a_n+b_n)^2$、$\sum\limits_{n=1}^{\infty} \dfrac{|a_n|}{n}$ 都收敛.

4. 求级数 $\sum\limits_{n=1}^{\infty} \dfrac{1}{1+x^n}$ 的收敛域.

5. 求幂级数 $\sum\limits_{n=1}^{\infty} \dfrac{(-1)^n x^{n+1}}{n(n+1)}$ 的收敛域与和函数.

6. 将下列函数展开成 x 的幂级数，并求其收敛区间.

(1) $\ln(1+x^2)$ 　　　　　　(2) $\dfrac{1}{(3-x)^2}$

(3) $\int_0^x e^{-t^2} dt$ 　　　　　(4) $\int_0^x \dfrac{\sin t}{t} dt$

7. 利用函数的幂级数展开式，计算极限

$$\lim_{x \to +\infty} \left[x - x^2 \ln\left(1 + \dfrac{1}{x}\right) \right]$$

第 **9** 章
常微分方程

在自然科学、工程技术的研究过程中,寻求变量之间的函数关系是十分重要的. 但是在许多问题中,往往不能直接由所给的条件找到函数关系,却比较容易列出含有要找的函数及其导数或微分的关系式,这样的关系式就是所谓的微分方程. 而从方程中找出未知函数的工作,就是解微分方程. 本章主要介绍微分方程的一些基本概念和几种常用的微分方程的解法,并举例说明它们在一些实际问题中的应用.

9.1 微分方程的基本概念

9.1.1 实例

下面通过实例来说明微分方程的基本概念.

例 9.1 一条曲线通过点 $(0,2)$,且该曲线上任一点 $P(x,y)$ 处的切线斜率为 $3x^2$,求此曲线方程.

解 设所求的曲线方程为 $y=f(x)$,由导数的几何意义知

$$y' = 3x^2$$

这就是 $y=f(x)$ 所满足的微分方程. 两端积分得

$$y = \int 3x^2 \mathrm{d}x$$

即

$$y = x^3 + C \quad (C \text{ 为任意常数})$$

由于曲线过点 $(0,2)$,即 $y|_{x=0}=2$,代入上式,得

$$2 = 0 + C$$

即

$$C = 2$$

因此所求曲线方程为

$$y = x^3 + 2$$

例 9.2 列车在平直铁路上以 30 m/s 的速度行驶,当制动时列车获得加速度 -0.6 m/s^2,求制动后列车的运动规律(即路程与时间的函数关系).

解　设列车制动后 t s 时行驶了 S m,由二阶导数的物理意义

$$\frac{\mathrm{d}^2 S}{\mathrm{d} t^2} = -0.6$$

两端积分一次,得

$$v(t) = \frac{\mathrm{d} S}{\mathrm{d} t} = -0.6t + C_1$$

再积分一次,得

$$S(t) = -0.3t^2 + C_1 t + C_2 \quad (C_1, C_2 \text{ 都是任意常数})$$

由题意知,$S\big|_{t=0} = 0, S'\big|_{t=0} = 30$,代入上式,得 $C_1 = 30, C_2 = 0.$ 于是制动后,列车的运动规律为

$$S = -0.3t^2 + 30t$$

若求列车制动后经过多少时间停住及行使的路程,则对上式求导得

$$v(t) = S'(t) = -0.6t + 30$$

令 $v = 0$,得 $t = 50$ s. 代入上式后,得 $S(50) = 750$ m.

从上面两个例子可以看出:

$$y' = 3x^2$$
$$\frac{\mathrm{d}^2 S}{\mathrm{d} t^2} = -0.6$$

都含有未知函数的导数,它们都是微分方程.

9.1.2　微分方程的定义

一般地,凡含有未知函数的导数或微分的方程统称为**微分方程**. 未知函数是一元函数的,称为**常微分方程**;未知函数是多元函数的,称为**偏微分方程**. 本章只讨论常微分方程,常微分方程又简称微分方程.

微分方程中所出现的未知函数的最高阶导数的阶数,称为**微分方程的阶**.

例如,$y' = 3x^2$ 是一阶微分方程,$\dfrac{\mathrm{d}^2 S}{\mathrm{d} t^2} = -0.6$ 是二阶微分方程,又如 $y''' + 4y' = 2x$ 是三阶微分方程.

一般地,n 阶微分方程的形式是

$$F(x, y, y', \cdots, y^{(n)}) = 0$$

其中 $y^{(n)}$ 是必须出现的,如果能从方程中解出最高阶导数,即得

$$y^{(n)} = f(x, y, y', \cdots, y^{(n-1)})$$

以后讨论的微分方程一般都是已解出最高阶导数的方程或能解出最高阶导数的方程.

9.1.3　微分方程的解

满足微分方程的函数称为**微分方程的解**. 若解中独立的任意常数的个数与微分方程的阶数相同,这样的解称为微分方程的**通解**. 不含任意常数的解称为**特解**. 由通解确定特解的条件称为**定解条件**,常见的如**初始条件**. 例如在例 9.1 中,$y = x^3 + C$ 是一阶微分方程 $y' = 3x^2$ 的通解,而 $y = x^3 + 2$ 则是它满足初始条件 $y\big|_{x=0} = 2$ 的特解.

微分方程与其初始条件合在一起,称为微分方程的**初值问题**. 例如,例 9.2 中列车制动后

的初值问题为

$$\begin{cases} S\big|_{t=0} = 0 \\ S'\big|_{t=0} = 30 \\ S'' = -0.6 \end{cases}$$

微分方程的解在几何上表示的是平面曲线,称为微分方程的**积分曲线**.通解表示一簇积分曲线,而特解则是其中的一条积分曲线.这就是微分方程的通解与特解的几何意义.

解微分方程就是求微分方程的通解或特解.

习题 9.1

一、单项选择题

1. (   )是微分方程.

    A. $x\mathrm{d}y + y\mathrm{d}x = 0$ B. $x^2 + y^2 = 1$

    C. $\int_0^2 f(x)\mathrm{d}x = x - 1$ D. $y = C$

2. (   )不是微分方程.

    A. $y' = y\sin x$ B. $(y+x)\mathrm{d}y - y\mathrm{d}x = 0$

    C. $y^2 = 2x - 1$ D. $y'' + 2xy' = \mathrm{e}^{x^2}$

3. 微分方程 $y'' + 4y' = 3x$ 的阶数为(   ).

    A. 1   B. 2   C. 3   D. 0

4. (   )是微分方程 $xy' = y\left(1 - \ln\dfrac{x}{y}\right)$ 的解.

    A. $y = x$ B. $y = x\mathrm{e}^{Cx}$ C. $y = x^2\mathrm{e}^x$ D. $y = x^2$

5. (   )是微分方程 $y'' + 4y = 0$ 的通解.

    A. $y = C\sin 2x$ B. $y = \cos 2x$

    C. $y = \mathrm{e}^{2x}$ D. $y = C_1\cos 2x + C_2\sin 2x$

二、填空题

1. 微分方程 $y' = 2x$ 的通解为_____.

2. 微分方程 $y'' = 4\sin x$ 的通解为_____.

3. 积分方程 $y = \mathrm{e}^x + \int_0^x y(t)\mathrm{d}t$ 化成微分方程为_____.

三、解答题

1. 求下列微分方程满足所给初始条件的特解.

    (1) $\dfrac{\mathrm{d}y}{\mathrm{d}x} + \sin x = 0, y\big|_{x=0} = -1$;

    (2) $y'' = 6x, y(0) = 1, y'(0) = 2$.

2. 已知一曲线通过点 $(0,1)$,且曲线上 $P(x,y)$ 处的切线斜率等于该点横坐标的 2 倍,求该曲线的方程.

3. 一质点由静止状态($t = 0$)作直线运动,已知在 t 时刻的加速度为 t^2,求路程 S 与时间 t 的函数关系.

9.2 可分离变量的微分方程

在下面 3 节中将研究 3 种一阶微分方程的求解问题.

一阶微分方程的一般形式为

$$F(x, y, y') = 0$$

下面主要讨论它的标准形 $y' = f(x, y)$ 或对称形式 $P(x, y)\mathrm{d}x + Q(x, y)\mathrm{d}y = 0$ 的几种特殊类型.

如果微分方程能化成

$$y' = f(x) \cdot g(y) \tag{1}$$

或

$$g(y)\mathrm{d}y = f(x)\mathrm{d}x \tag{2}$$

的形式,那么原方程就称为**可分离变量的微分方程**.

方程(2)的特点是:将不同变量 x 与 y 的函数与微分分离到方程的两边,称为**分离变量**.

假设 $g(y)$ 和 $f(x)$ 是连续的,$y = \varphi(x)$ 是方程(2)的解,则有

$$g[\varphi(x)]\varphi'(x)\mathrm{d}x = f(x)\mathrm{d}x$$

两边分别积分,再由 $y = \varphi(x)$,$\mathrm{d}y = \varphi'(x)\mathrm{d}x$ 即可得

$$\int g(y)\mathrm{d}y = \int f(x)\mathrm{d}x$$

求积分,便可得微分方程的通解. 此种求解方法叫做**分离变量法**.

例 9.3 求微分方程 $x\mathrm{d}y + y\mathrm{d}x = 0$ 的通解.

解 这是可分离变量的微分方程,分离变量后得

$$\frac{\mathrm{d}y}{y} = -\frac{\mathrm{d}x}{x}$$

两端积分 $\int \frac{\mathrm{d}y}{y} = -\int \frac{\mathrm{d}x}{x}$,得 $\ln|y| = -\ln|x| + C_1$,即 $y = \pm e^{C_1} \cdot \frac{1}{x}$. 令 $C = \pm e^{C_1}$,则原方程的

通解为 $y = \dfrac{c}{x}$.

在此例中,若将 $\ln|y|$、$\ln|x|$ 写成 $\ln y, \ln x$,把 C_1 写成 $\ln C$,则可由

$$\ln y = -\ln x + \ln C = \ln \frac{C}{x}$$

直接得 $y = \dfrac{c}{x}$. 因此,今后凡遇到积分后取对数的情形,都作如上处理,以简化计算过程.

例 9.4 求初值问题 $y'\cos x = y \ln y, y\big|_{x=0} = e$ 的特解.

解 分离变量,得

$$\frac{\mathrm{d}y}{y \ln y} = \frac{\mathrm{d}x}{\cos x}$$

两边积分

$$\int \frac{\mathrm{d}y}{y \ln y} = \int \frac{\mathrm{d}x}{\cos x}$$

得

$$\ln(\ln y) = \ln(\sec x + \tan x) + \ln C$$

即通解为

$$\ln y = C(\sec x + \tan x)$$

将初始条件 $y\big|_{x=0} = \mathrm{e}$ 代入,得 $C=1$,故所求特解为

$$\ln y = \sec x + \tan x$$

例 9.5 设一曲线过点 $(1,2)$,曲线上任一点 $P(x,y)$ 处的切线与 x 轴的交点为 T,且 $|PT| = |OP|$,求此曲线方程.

解 设曲线方程为 $y = f(x)$,它在点 (x,y) 处的切线方程为

$$Y - y = y'(X - x)$$

令 $Y = 0$,得切线与 x 轴的交点为 $T\left(x - \dfrac{y}{y'}, 0\right)$,由 $|PT| = |OP|$,得

$$\left(-\frac{y}{y'}\right)^2 + y^2 = x^2 + y^2$$

即有

$$y' = \pm \frac{y}{x}$$

这就是所求曲线应满足的微分方程. 求解得

$$y = Cx \quad \text{或} \quad y = \frac{C}{x}$$

由定解条件 $y\big|_{x=1} = 2$,得 $C = 2$. 因此,所求曲线方程为

$$y = 2x \quad \text{及} \quad y = \frac{2}{x}$$

例 9.6 镭是一种放射性元素,由于放射出微粒子,其质量不断减少,这种现象叫做衰变. 由原子物理学知道,镭的衰变速度与当时镭的质量 R 成正比. 已知镭经过 1 600 年后,其质量变为原始质量 R_0 的一半,求镭的质量随时间 t 的变化规律.

解 设在时刻 t 镭的质量为 $R = R(t)$,则由已知条件得 $\dfrac{\mathrm{d}R}{\mathrm{d}t} = -kR$,$R\big|_{t=0} = R_0$,$R\big|_{t=1\,600} = \dfrac{1}{2}R_0$.

方程分离变量,得

$$\frac{\mathrm{d}R}{R} = -k\mathrm{d}t$$

两边积分,得

$$\ln R = -kt + \ln C$$

即

$$R = C\mathrm{e}^{-kt}$$

将条件 $R\big|_{t=0} = R_0$,$R\big|_{t=1\,600} = \dfrac{1}{2}R_0$ 代入上式,得 $C = R_0$,$k = \dfrac{\ln 2}{1\,600}$.

所以镭的质量的变化规律为

$$R = R_0 \mathrm{e}^{-\frac{\ln 2}{1\,600}t} = R_0\left(\frac{1}{2}\right)^{\frac{t}{1\,600}}$$

习题 9.2

1. 解下列微分方程.

$(1)\ xy' - y \ln y = 0$　　　　　　　　　　$(2)\ y \sec^2 x \, dx + \ln y \, dy = 0$

$(3)\ x \sqrt{1 - y^2} \, dx = (6 + x^2) \, dy$　　　$(4)\ y' = x \cos y$

$(5)\ y' + xy^2 = 2xy$　　　　　　　　　　$(6)\ y dx + (x^2 - x) dy = 0$

$(7)\ y' = e^{2x - y},\ y \big|_{x=0} = 0$　　　　　　$(8)\ y' \sin x = y \ln y,\ y \big|_{x=\frac{\pi}{2}} = e$

$(9)\ (1 + x^2) y' = \arctan x,\ y \big|_{x=0} = 0$

2. 设某曲线上任意一点的切线介于两坐标轴之间的部分恰为切点所平分,已知此曲线过点 $(2, 3)$,求它的方程.

3. 作直线运动的物体的速度与物体到原点的距离成正比,已知物体在 10 s 时与原点相距 100 m. 在 20 s 时与原点相距 200 m,求物体的运动规律.

4. 物体的冷却速率正比于物体温度与环境温度之差. 用开水泡速溶咖啡,3 min 后咖啡的温度是 85 ℃,若房间温度为 20 ℃,几 min 后咖啡温度变为 60 ℃?

5. 某林区现有木材 10 万 m^3,如果在每一瞬时木材的变化率与当时的木材量成正比,假设 10 年内该林区能有木材 20 万 m^3,试确定木材量 P 与时间 t 的关系.

6. 某商品的需求量对价格 p 的弹性为 $-\dfrac{5p + 2p^2}{Q}$,已知当 $p = 10$ 时,需求量 $Q = 500$,求需求量 Q 与价格 p 的函数关系.

9.3　齐次微分方程

如果微分方程能化成

$$y' = \varphi\left(\frac{y}{x}\right)$$

的形式,则称该方程为**齐次方程**.

一般齐次方程不是可分离变量的微分方程. 作变量代换 $u = \dfrac{y}{x}$,即 $y = xu$,则有

$$u + x \frac{du}{dx} = \varphi(u)$$

上式为可分离变量的微分方程,即

$$x \frac{du}{dx} = \varphi(u) - u$$

分离变量,得　　　　　　　　　　$$\frac{du}{\varphi(u) - u} = \frac{dx}{x}$$

两端积分,得　　　　　　　　　　$$\int \frac{du}{\varphi(u) - u} = \int \frac{dx}{x}$$

求出积分后,再回代 $u = \dfrac{y}{x}$,便得方程的通解.

例 9.7 解微分方程 $y' = \dfrac{y}{x} + \sec \dfrac{y}{x}$.

解 这是齐次微分方程,令 $\dfrac{y}{x} = u$,则 $y = xu, \dfrac{\mathrm{d}y}{\mathrm{d}x} = u + x\dfrac{\mathrm{d}u}{\mathrm{d}x}$. 代入原方程,得

$$u + x\frac{\mathrm{d}u}{\mathrm{d}x} = u + \sec u$$

分离变量,得

$$\cos u \,\mathrm{d}u = \frac{\mathrm{d}x}{x}$$

两边积分,得

$$\sin u = \ln|x| + C$$

回代 $u = \dfrac{y}{x}$,便得原方程的通解为

$$\sin \frac{y}{x} = \ln|x| + C$$

例 9.8 解微分方程 $y^2 \mathrm{d}x + (x^2 - xy)\mathrm{d}y = 0$.

解 原方程可化为

$$\frac{\mathrm{d}y}{\mathrm{d}x} = \frac{y^2}{xy - x^2} = \frac{\left(\dfrac{y}{x}\right)^2}{\dfrac{y}{x} - 1}$$

这是齐次微分方程,令 $\dfrac{y}{x} = u$,则 $y = xu, \dfrac{\mathrm{d}y}{\mathrm{d}x} = u + x\dfrac{\mathrm{d}u}{\mathrm{d}x}$. 代入上式,得

$$u + x\frac{\mathrm{d}u}{\mathrm{d}x} = \frac{u^2}{u - 1}$$

分离变量,得

$$\frac{u - 1}{u}\,\mathrm{d}u = \frac{\mathrm{d}x}{x}$$

两边积分,得

$$u - \ln u + \ln C = \ln x$$

即

$$xu = Ce^u$$

回代 $u = \dfrac{y}{x}$,便得原方程的通解为

$$y = Ce^{\frac{y}{x}}$$

习题 9.3

1. 求下列齐次微分方程的通解.

(1) $y' = \dfrac{y}{x} + \tan \dfrac{y}{x}$

(2) $x\dfrac{\mathrm{d}y}{\mathrm{d}x} = y \ln \dfrac{y}{x}$

(3) $y' = \dfrac{y}{x} + e^{\frac{y}{x}}$

(4) $(y^2 - 2xy)\mathrm{d}x = (x^2 - 2xy)\mathrm{d}y$

2. 求下列齐次方程微分满足所给初始条件的特解.

$$(1)\, y' = \frac{x}{y} + \frac{y}{x}, y\mid_{x=1} = 2$$

$$(2)\, xy' - y - \sqrt{x^2 - y^2} = 0, y\mid_{x=1} = 1$$

9.4　一阶线性微分方程

形如

$$y' + P(x)y = Q(x) \tag{1}$$

的微分方程,称为**一阶线性微分方程**,线性体现了未知函数 y 及其导数 y' 都是一次的.

9.4.1　一阶线性齐次方程

若 $Q(x) \equiv 0$,则方程(1)变为

$$y' + P(x)y = 0 \tag{2}$$

称为**一阶线性齐次方程**. 它是可分离变量的微分方程,则有

$$\frac{\mathrm{d}y}{y} = -P(x)\mathrm{d}x$$

两端积分,得

$$\ln y = -\int P(x)\mathrm{d}x + \ln C$$

即

$$y = C\mathrm{e}^{-\int P(x)\mathrm{d}x} \tag{3}$$

例 9.9　解微分方程 $\dfrac{\mathrm{d}y}{\mathrm{d}x} + y\tan x = 0$.

解法 1　分离变量,得 $\dfrac{\mathrm{d}y}{y} = -\tan x\mathrm{d}x$,两端同时积分,得

$$\ln y = \ln\cos x + \ln C$$

即

$$y = C\cos x$$

解法 2(公式法)　这里 $P(x) = \tan x$,于是由公式(3)得

$$y = C\mathrm{e}^{-\int P(x)\mathrm{d}x} = C\mathrm{e}^{-\int \tan x\mathrm{d}x} = C\mathrm{e}^{\ln\cos x} = C\cos x$$

9.4.2　一阶线性非齐次方程

若 $Q(x) \neq 0$,则方程(1)称为**一阶线性非齐次方程**.

下面采用**常数变易法**,即由齐次方程的通解(3)来求非齐次方程(1)的通解.

设方程(1)的通解为

$$y = C(x)\mathrm{e}^{-\int P(x)\mathrm{d}x}$$

其中 $C(x)$ 是待定函数. 代入方程(1),得

$$C'(x)\mathrm{e}^{-\int P(x)\mathrm{d}x} - C(x)P(x)\mathrm{e}^{-\int P(x)\mathrm{d}x} + C(x)P(x)\mathrm{e}^{-\int P(x)\mathrm{d}x} = Q(x)$$

即

$$C'(x)\mathrm{e}^{-\int P(x)\mathrm{d}x} = Q(x)$$

所以
$$C'(x) = Q(x)\mathrm{e}^{\int P(x)\mathrm{d}x}$$

两端积分,得
$$C(x) = \int Q(x)\mathrm{e}^{\int P(x)\mathrm{d}x}\mathrm{d}x + C$$

故一阶线性非齐次方程(1)的通解为
$$y = \mathrm{e}^{-\int P(x)\mathrm{d}x}\left[\int Q(x)\mathrm{e}^{\int P(x)\mathrm{d}x}\mathrm{d}x + C\right] \tag{4}$$

公式(4)可看成求一阶线性非齐次方程的通解公式.

例 9.10 求方程 $xy' + y = \cos x$ 的通解.

解法 1 使用常数变易法求解.

原方程所对应的齐次方程为 $xy' + y = 0$,分离变量,得
$$\frac{\mathrm{d}y}{y} = -\frac{\mathrm{d}x}{x}$$

两端积分,得 $\ln y = -\ln x + \ln C$,即通解为 $y = \dfrac{c}{x}$.

设原非齐次方程的解为 $y = \dfrac{C(x)}{x}$,代入方程,并化简得
$$C'(x) = \cos x$$

两端积分,得
$$C(x) = \sin x + C$$

所以原方程的通解
$$y = \frac{1}{x}(\sin x + C)$$

解法 2 利用通解公式求解.

将方程化成标准形式
$$y' + \frac{1}{x}y = \frac{\cos x}{x}$$

这里 $P(x) = \dfrac{1}{x}$,$Q(x) = \dfrac{\cos x}{x}$,由公式(4),得通解
$$y = \mathrm{e}^{-\int P(x)\mathrm{d}x}\left[\int Q(x)\mathrm{e}^{\int P(x)\mathrm{d}x}\mathrm{d}x + C\right] = \mathrm{e}^{-\int \frac{1}{x}\mathrm{d}x}\left[\int \frac{\cos x}{x}\mathrm{e}^{\int \frac{1}{x}\mathrm{d}x}\mathrm{d}x + C\right]$$

$$= \mathrm{e}^{\ln x^{-1}}\left[\int \frac{\cos x}{x}\mathrm{e}^{\ln x}\mathrm{d}x + C\right] = \frac{1}{x}\left(\int \cos x\mathrm{d}x + C\right)$$

$$= \frac{1}{x}(\sin x + C)$$

例 9.11 求方程 $y\ln y\mathrm{d}x + (x - \ln y)\mathrm{d}y = 0$ 的通解.

解 化方程为标准形
$$\frac{\mathrm{d}y}{\mathrm{d}x} = \frac{y\ln y}{\ln y - x}$$

它既不是可分离变量方程,也不是齐次方程. 将上式写成
$$\frac{\mathrm{d}x}{\mathrm{d}y} = \frac{\ln y - x}{y\ln y}$$

即
$$\frac{\mathrm{d}x}{\mathrm{d}y} + \frac{1}{y \ln y}x = \frac{1}{y}$$

则它是以 x 为函数的一阶线性微分方程. 这里 $P(y) = \dfrac{1}{y \ln y}$, $Q(y) = \dfrac{1}{y}$, 所以通解为

$$
\begin{aligned}
x &= \mathrm{e}^{-\int P(y)\mathrm{d}y}\left(\int Q(y)\mathrm{e}^{\int P(y)\mathrm{d}y}\mathrm{d}y + C\right) \\
&= \mathrm{e}^{-\int \frac{1}{y \ln y}\mathrm{d}y}\left(\int \frac{1}{y}\mathrm{e}^{\int \frac{1}{y \ln y}\mathrm{d}y}\mathrm{d}y + C\right) \\
&= \frac{1}{\ln y}\left(\frac{1}{2}\ln^2 y + C\right)
\end{aligned}
$$

9.4.3 贝努利方程

形如
$$y' + P(x)y = Q(x)y^n \quad (n \neq 0, 1) \tag{5}$$
的方程称为**贝努利方程**. 贝努利方程虽不是线性微分方程, 但可通过变量代换 $z = y^{1-n}$ 化成线性微分方程

$$z' + (1 - n)P(x)z = (1 - n)Q(x)$$

求出该方程的通解, 再回代 $z = y^{1-n}$, 即得原方程的通解.

例 9.12 求贝努利方程 $y' - y = xy^3$ 的通解.

解 以 y^3 除方程的两边, 得
$$y^{-3}y' - y^{-2} = x$$
即
$$-\frac{1}{2}\frac{\mathrm{d}(y^{-2})}{\mathrm{d}x} - y^{-2} = x$$

令 $z = y^{-2}$, 则上述方程变为线性微分方程
$$z' + 2z = -2x$$

其通解为
$$z = \frac{1}{2} - x + C\mathrm{e}^{-2x}$$

回代 $z = y^{-2}$, 得原方程的通解为

$$y^2\left(\frac{1}{2} - x + C\mathrm{e}^{-2x}\right) = 1$$

对于一阶微分方程, 可从它的标准形 $y' = f(x, y)$ 入手来判别它是哪种类型, 再按所学知识求解. 如齐次方程、贝努利方程, 利用变量代换转化为可求解的方程, 这是解微分方程常用的方法.

例 9.13 求方程 $y' = (x + y)^2 + 2(x + y)$ 的通解.

解 这个方程不是可分离变量方程, 也不是齐次方程. 但是, 如果令 $u = x + y$, 则有 $y' = u' - 1$, 代入原方程, 得
$$u' - 1 = u^2 + 2u$$

这是可分离变量方程, 分离变量, 得

$$\frac{\mathrm{d}u}{(u + 1)^2} = \mathrm{d}x$$

两边积分,得 $-\dfrac{1}{u+1} = x + C$,即

$$u = -1 - \dfrac{1}{x+C}$$

回代 $u = x + y$,得原方程的通解为

$$y = -1 - x - \dfrac{1}{x+C}$$

例 9.13 的方程呈 $y' = f(ax+by)$ 型,其中 a,b 为常数. 凡这种类型的微分方程都可以通过代换 $u = ax + by$ 将方程化为可分离变量的微分方程

$$u' = a + bf(u)$$

习题 9.4

1. 求下列微分方程的通解.

(1) $\dfrac{dy}{dx} + 2y = e^x$

(2) $y' - y = \cos x$

(3) $y' + y \tan x = \sin 2x$

(4) $\dfrac{ds}{dt} + s \cos t = \dfrac{1}{2} \sin 2t$

(5) $(y^2 - 6x)y' = 2y$

(6) $2x(x^2 + y)dx = dy$

2. 求下列微分方程满足所给初始条件的特解.

(1) $y' + \dfrac{3}{x}y = \dfrac{2}{x^3}, y\big|_{x=1} = 1$

(2) $xy' + y = \sin x, y\big|_{x=\pi} = 1$

(3) $y' - y \tan x = \sec x, y\big|_{x=0} = 0$

(4) $y' - 2y = e^x - x, y\big|_{x=0} = \dfrac{5}{4}$

3. 设一曲线过原点,它在点 (x,y) 处的切线斜率为 $3x+y$,求此曲线方程.

4. 设有一质量为 m 的质点,受到一个与运动方向相同、大小与时间成正比的力的作用而作直线运动,此外还受到一个与速度的大小成正比的阻力作用,求质点运动的速度与时间的函数关系.

5. 利用适当的变量替换解下列微分方程.

(1) $\dfrac{dy}{dx} = (x+y)^2$

(2) $\dfrac{dy}{dx} + \dfrac{1}{y-x} = 1$

(3) $y' - \dfrac{y}{1+x} + y^2 = 0$

6. 设函数 $y = f(x)$ 连续,且满足

$$f(x) = e^x + \int_0^x f(t)\,dt$$

求 $f(x)$.

9.5　二阶常系数线性微分方程

9.5.1　二阶常系数齐次线性微分方程

(1)二阶常系数齐次线性微分方程的定义

形如

$$y'' + py' + qy = 0 \tag{1}$$

的方程(其中 p,q 均为常数),称为二阶常系数齐次线性微分方程.

(2)二阶常系数齐次线性微分方程解的结构

结论一(解的叠加原理):

如果函数 y_1,y_2 是方程(1)的两个解,则 $y = C_1y_1 + C_2y_2$ 也是方程(1)的解,其中 C_1,C_2 均为任意常数.

两个函数的线性无关性与线性相关:

设 $y_1 = y_1(x)$ 与 $y_2 = y_2(x)$ 是定义在某区间内的两个函数,如果存在不为零的常数 k,使得 $\dfrac{y_1(x)}{y_2(x)} = k$ 成立,则称 $y_1 = y_1(x)$ 与 $y_2 = y_2(x)$ 在该区间内线性相关;否则,称 $y_1 = y_1(x)$ 与 $y_2 = y_2(x)$ 在该区间内线性无关.

结论二(齐次线性方程的通解结构)

如果函数 $y_1(x)$,$y_2(x)$ 是方程(1)的两个线性无关解,则函数

$$y = C_1y_1 + C_2y_2(C_1,C_2 \text{ 为任意常数})$$

是方程(1)的通解.

例 9.14　验证 $y_1 = e^{2x}$,$y_2 = e^x$,是微分方程 $y'' - 3y' + 2y = 0$ 的解,并写出该方程的通解.

解　将 y_1,y_2,分别代入方程左端,得

$$(e^{2x})'' - 3(e^{2x})' + 2e^{2x} = (4 - 6 + 2)e^{2x} = 0$$
$$(e^x)'' - 3(e^x)' + 2e^x = (1 - 3 + 2)e^x = 0$$

所以,y_1,y_2 都是该方程的解.

又因为 $\dfrac{y_1}{y_2} = \dfrac{e^{2x}}{e^x} = e^x \neq$ 常数,所以 y_1 与 y_2 线性无关. 于是,由结论二可知,所给方程的通解为

$$y = C_1e^{2x} + C_2e^x \qquad (C_1,C_2 \text{ 为任意常数})$$

(3)二阶常系数齐次线性微分方程的求解方法

求二阶常系数齐次线性微分方程 $y'' + py' + qy = 0$ 通解的步骤如下:

第一步　写出微分方程的特征方程 $r^2 + pr + q = 0$;

第二步　求出特征根 r_1 和 r_2;$r_{1,2} = \dfrac{-p \pm \sqrt{p^2 - 4q}}{2}$;

第三步　根据 r_1 和 r_2 的三种不同情况,写出方程的通解:

判别式 Δ	特征方程的根	通解形式
$\Delta > 0$	两个不等的实根 r_1 和 r_2	$y = C_1 e^{r_1 x} + C_2 e^{r_2 x}$
$\Delta = 0$	两个相等的实根 r	$y = (C_1 + C_2) e^{rx}$
$\Delta < 0$	一对共轭复根 $r_{1,2} = \alpha \pm i\beta$	$y = e^{\alpha x}(C_1 \cos \beta + C_2 \sin \beta)$

例 9.15 求方程 $y'' + y' - 6y = 0$ 的通解.

解 方程 $y'' + y' - 6y = 0$ 的特征方程为

$$r^2 + r - 6 = 0$$

特征根为

$$r_1 = 2, r_2 = -3$$

故所求方程的通解为

$$y = C_1 e^{2x} + C_2 e^{-3x}.$$

例 9.16 求方程 $y'' - 4y' + 4y = 0$ 的通解.

解 方程 $y'' - 4y' + 4y = 0$ 的特征方程为

$$r^2 - 4r + 4 = 0$$

特征根为

$$r_1 = r_2 = 2$$

故所求方程的通解为

$$y = (C_1 + C_2) e^{2x}.$$

例 9.17 求方程 $y'' + 2y' + 5y = 0$ 的通解.

解 方程 $y'' + 2y' + 5y = 0$ 的特征方程为

$$r^2 + 2r + 5 = 0$$

特征根为

$$r_{1,2} = \frac{-2 \pm \sqrt{4 - 20}}{2} = \frac{-2 \pm \sqrt{16 i^2}}{2} = -1 \pm 2i,$$

故所求方程的通解为 $y = e^{-x}(C_1 \cos 2x + C_2 \sin 2x)$.

9.5.2 二阶常系数非齐次线性微分方程

(1)二阶常系数非齐次线性微分方程的定义

形如

$$y'' + py' + qy = f(x) \tag{2}$$

的方程(其中 p,q 均为常数, $f(x) \neq 0$),称为二阶常系数非齐次线性微分方程,并称方程(1)为方程(2)对应的齐次方程.

(2)二阶常系数非齐次线性微分方程解的结构

结论(通解结构):

如果 y^* 是方程(2)的一个特解, $Y = C_1 y_1 + C_2 y_2$ 是方程(1)的通解,则 $y = Y + y^*$ 是方程(2)的通解.

(3)二阶常系数非齐次线性微分方程特解的求法

二阶常系数非齐次线性微分方程特解的求解总的来说比较复杂,下面仅给出自由项 $f(x)$ 在特殊形式下,方程特解的求解方法.

1) $f(x) = P_m(x) e^{\lambda x}$ 型(即 $f(x)$ 是多项式函数和指数函数的乘积)

省略具体推导过程,其结论如下:

如果 $f(x) = P_m(x) e^{\lambda x}$,则二阶常系数非齐次线性微分方程 $y'' + py' + qy = f(x)$ 有形如

$y^* = x^k Q_m(x) e^{\lambda x}$ 的特解，其中 Q_m 是与 P_m 同次的多项式（当 λ 不是特征方程的根时，$k = 0$；当 λ 是特征方程的单根时，$k = 1$；当 λ 是特征方程的重根时，$k = 2$）

例 9.18　求微分方程 $y'' - 2y' - 3y = 3x + 1$ 的一个特解.

解　这是二阶常系数非齐次线性微分方程，且函数 $f(x)$ 是 $f(x) = P_m(x) e^{\lambda x}$ 型（其中 $P_m(x) = 3x + 1, \lambda = 0$）.

与所给方程对应的齐次方程为

$$y'' - 2y' - 3y = 0$$

齐次方程的特征方程为

$$r^2 - r - 3 = 0.$$

由于这里 $\lambda = 0$ 不是特征方程的根，所以应设特解为

$$y^* = b_0 x + b_1$$

将上式代入所给方程得 $-3b_0 x - 2b_0 - 3b_1 = 3x + 1$，比较两端 x 同次幂的系数，得

$$\begin{cases} -3b_0 = 3 \\ -2b_0 - 3b_1 = 1 \end{cases} \Rightarrow b_0 = -1, b_1 = \frac{1}{3}$$

于是求得所给方程的一个特解为

$$y^* = -x + \frac{1}{3}.$$

例 9.19　求微分方程 $y'' - 5y' + 6y = xe^{2x}$ 的通解.

解　所给方程是二阶常系数非齐次线性微分方程，且函数 $f(x)$ 是 $f(x) = P_m(x) e^{\lambda x}$ 型（其中 $P_m(x) = x, \lambda = 2$）.

与所给方程对应的齐次方程为

$$y'' - 5y' + 6y = 0$$

齐次方程的特征方程为

$$r^2 - 5r + 6 = 0$$

特征方程有 $r_1 = 2, r_2 = 3$ 两个实根，于是所给方程对应的齐次方程的通解为

$$Y = C_1 e^{2x} + C_2 e^{3x}.$$

由于 $\lambda = 2$ 是特征方程的单根，所以应设特解为

$$y^* = x(b_0 x + b_1) e^{2x}$$

将上式代入所给方程，化简后可得 $-2b_0 x + 2b_0 - b_1 = x$，比较两端 x 同次幂的系数得

$$\begin{cases} -2b_0 = 1 \\ 2b_0 - b_1 = 0 \end{cases} \Rightarrow b_0 = -\frac{1}{2}, b_1 = -1$$

于是得所给方程的一个特解为

$$y^* = x\left(-\frac{1}{2}x - 1\right) e^{2x}$$

从而所给方程的通解为

$$y = Y + y^* = C_1 e^{2x} + C_2 e^{3x} - \frac{1}{2}(x^2 + 2x) e^{2x}.$$

2）$f(x) = e^{\lambda x}[P_l \cos \omega x + P_n \sin \omega x]$ 型（即 $f(x)$ 是指数函数与多项式和正弦（余弦）积的乘积）

省略具体推导过程,结论如下:

方程的特解可设为

$$y^* = x^k e^{\lambda x}[R_m^1(x)\cos \omega x + R_m^2(x)\sin \omega x]$$

其中 $R_m^1(x),R_m^2(x)$ 是 m 次多项式,$m = \max\{l,n\}$,当 $\lambda + i\omega$(或 $\lambda - i\omega$)不是特征方程的根时,$k=0$;当 $\lambda + i\omega$(或 $\lambda - i\omega$)是特征方程的单根时,$k=1$.

例 9.20 求微分方程 $y'' + y = x\cos 2x$ 的一个特解.

解 所给方程是二阶常系数非齐次线性微分方程,且 $f(x)$ 属于 $e^{\lambda x}[P_l\cos \omega x + P_n\sin \omega x]$ 型(其中 $\lambda = 0,\omega = 2,P_l(x) = x,P_n(x) = 0$).

与所给方程对应的齐次方程为

$$y'' + y = 0$$

它的特征方程为

$$r^2 + 1 = 0$$

由于 $\lambda + \omega i = 2i$ 不是特征方程的根(其根为 $\pm i$),$m = \max\{0,1,\} = 1$,所以应设特解为

$$y^* = x^k e^{\lambda x}[R_m^1(x)\cos \omega x + R_m^2(x)\sin \omega x] = x^0 e^{0x}[(ax+b)\cos 2x + (cx+d)\sin 2x]$$

将 y^* 代入所给方程,化简后可得

$$(-3ax - 3b + 4c)\cos 2x - (3cx + 3d + 4a)\sin 2x = x\cos 2x$$

比较两端同类项的系数,得

$$\begin{cases} -3a = 1 \\ -3b + 4c = 0 \\ -3c = 0 \\ -4a - 3d = 0 \end{cases} \Rightarrow a = -\frac{1}{3},b = 0,c = 0,d = \frac{4}{9}.$$

于是求得方程的一个特解为

$$y^* = -\frac{1}{3}x\cos 2x + \frac{4}{9}\sin 2x.$$

习题 9.5

1. 求下列微分方程的通解.

(1) $y'' - 4y' = 0$ (2) $4\dfrac{d^2x}{dt^2} - 20\dfrac{dx}{dt} + 25x = 0$

(3) $y'' + 6y' + 13y = 0$

2. 求下列微分方程满足所给初始条件的特解.

(1) $4y'' + 4y' + y = 0, y|_{x=0} = 2, y'|_{x=0} = 0$

(2) $y'' - 4y' + 13y = 0, y|_{x=0} = 0, y'|_{x=0} = 3$

9.6 微分方程的应用举例

微分方程的理论和解法是应用数学的重要分支,它在工程、经济、物理、力学及众多领域都有非常重要的应用.本节通过几个常见的微分方程例子,介绍它的应用.

例9.21 设某商品的需求价格弹性 $\varepsilon_p = -k$(k 为常数),求该商品的需求函数 $Q = Q(p)$.

解 根据需求价格弹性的定义 $\varepsilon_p = \dfrac{dQ}{dp}\dfrac{p}{Q}$,可得微分方程 $\dfrac{dQ}{dp}\dfrac{p}{Q} = -k$

分离变量得

$$\frac{dQ}{Q} = -k\frac{dp}{p}$$

两边同时积分得

$$\ln Q = -k \ln p + \ln c$$

因此 $Q = Ce^{-k\ln p} = Cp^{-k}$ 故所求的需求函数为

$$Q = Cp^{-k},(k \text{ 为常数}).$$

例9.22 已知某厂的纯利润 L 对广告费 x 的变化率为 $\dfrac{dL}{dx}$ 与常数 A 和纯利润 L 之差成正比,且当 $x = 0$ 时,$L = L_0$,试求纯利润 L 与广告费 x 之间的函数关系.

解 由题意可得:$\dfrac{dL}{dx} = k(A - L)$, k 为常数,$L\big|_{x=0} = L_0$

分离变量得

$$\frac{dL}{A - L} = k dx$$

两边积分得

$$-\ln(A - L) = kx + \ln C_1$$

令 $C = 1/C_1$ 即 $L = A - Ce^{-kx}$ 由 $L\big|_{x=0} = L_0$,得 $C = A - L_0$ 故纯利润 L 与广告费 x 之间的函数关系为

$$L = A - (A - L_0)e^{-kx}.$$

例9.23 一汽艇连其载荷为 2 000 kg,在湖中以 30 km/h 的速度直线前进,将汽艇的发动机关闭 5 min 后汽艇的速度降至 6 km/h,设湖水对汽艇的阻力与汽艇的速度成正比,求发动机关闭 15 min 后汽艇的速度 v.

解 由牛顿第二定律有

$$ma = -kv$$

其中 k 为比例常数,"$-$"表示阻力与汽艇运动方向相关,而 $a = \dfrac{dv}{dt}$

根据题意有

$$2\,000\frac{dv}{dt} = -kv$$

$$v\big|_{t=0} = \frac{30\,000}{60} = 500(\text{m/min})$$

$$v\big|_{t=5} = \frac{6\,000}{60} = 100\,(\text{m/min})$$

可得通解为

$$v = Ce^{-\frac{kt}{2\,000}}$$

代入初始条件,得 $C = 500, k = 400\ln5$

所以

$$v = 500e^{-\frac{\ln5}{5}t}$$

因此

$$v\big|_{t=15} = 500e^{-\frac{\ln5}{5}\times15} \approx 4\,(\text{m/min})$$

例 9.24 弹簧振动问题:设有一弹簧上端固定,下端挂着一个质量为 m 的物体(图 9.1 所示),当弹簧处于平衡位置时,物体所受的重力与弹性回复力大小相等、方向相反. 设给物体一个初始位移 x_0,初始速度 v_0,则物体便在其平衡位置附近上下振动. 已知阻力与其速度成正比,试求振动过程中位移 x 的变化规律.

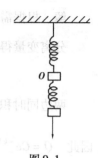

图 9.1

解 建立坐标系,平衡位置为原点,铅直方向为 x 轴的正向,则物体位移 x 是时间 t 的函数 $x = x(t)$.

物体在振动过程中,受到两个力的作用:弹性恢复力 f_1 与阻力 f_2. 由胡克定理可知,$f_1 = -kx$,其中,k 为弹性系数且 $k > 0$,负号表示弹性恢复力与位移 x 方向相反;阻力 f_2 与速度 v 成正比,$f_2 = -\mu v$,其中,μ 为比例系数且 $\mu > 0$(或称为阻尼系数),负号表示阻力与速度 v 方向相反,由牛顿第二定律可知,$-kx - \mu v = ma$,其中 a 为加速度,$a = \dfrac{\mathrm{d}^2 x}{\mathrm{d}t^2}$,$v$ 为速度,$v = \dfrac{\mathrm{d}x}{\mathrm{d}t}$. 则上式变为

$$m\frac{\mathrm{d}^2 x}{\mathrm{d}t^2} = -\mu\frac{\mathrm{d}x}{\mathrm{d}t} - kx$$

令 $2n = \dfrac{\mu}{m}, \omega^2 = \dfrac{k}{m}$,其中 n, ω 为正常数,则上式方程可表示为

$$\frac{\mathrm{d}^2 x}{\mathrm{d}t^2} + 2n\frac{\mathrm{d}x}{\mathrm{d}t} + \omega^2 x = 0$$

是一个二阶常系数齐次线性微分方程,它的特征方程为 $r^2 + 2nr + \omega^2 = 0$,其根为

$$r_{1,2} = -n \pm \sqrt{n^2 - \omega^2}$$

由题意列出初始条件

$$\begin{cases} x\big|_{t=0} = x_0 \\ \dfrac{\mathrm{d}x}{\mathrm{d}t}\Big|_{t=0} = v_0 \end{cases}$$

于是,上述问题就化为下列微分方程初值问题的求解问题:

$$\begin{cases} \dfrac{\mathrm{d}^2 x}{\mathrm{d}t^2} + 2n\dfrac{\mathrm{d}x}{\mathrm{d}t} + \omega^2 x = 0 \\ x\big|_{t=0} = x_0, \dfrac{\mathrm{d}x}{\mathrm{d}t}\Big|_{t=0} = v_0 \end{cases}$$

下面分三种情况来讨论:

①大阻尼情形,即 $n > \omega$.

这时, $r_{1,2} = -n \pm \sqrt{n^2 - \omega^2}$ 是两个不相等的实根. 则方程的通解为

$$x = C_1 e^{-(n - \sqrt{n^2 - \omega^2})t} + C_2 e^{-(n + \sqrt{n^2 - \omega^2})t}$$

②临界阻尼情形,即 $n = \omega$.

这时,特征根 $r_1 = r_2 = -n$,则方程的通解为

$$x = (C_1 + C_2 t)e^{-nt}.$$

③小阻尼情形,即 $n < \omega$.

这时,特征根为共轭复数 $r_{1,2} = -n \pm \sqrt{\omega^2 - n^2}\,\mathrm{i}$,则方程的通解为

$$x = e^{-nt}(C_1 \cos \sqrt{\omega^2 - n^2}\,t + C_2 \sin \sqrt{\omega^2 - n^2}\,t)$$

对于①、②情形, $x(t)$ 都不是振荡函数,且当 $t \to +\infty$ 时, $x(t) \to 0$,即物体随时间 t 的增大而趋于平衡位置. 对于③的情形,虽然物体的运动是振荡的,但它仍随时间 t 的增大而趋于平衡位置,总之,这一类振动问题均会因阻尼的作用而停止,称为弹簧的阻尼自由振动.

复习题

一、单项选择题

1. 下列等式中(　　)是微分方程.

  A. $e^x - 2x = (e^x - x^2)'$ B. $\sin x \mathrm{d}x = -\mathrm{d}\cos x$

  C. $\ln x \mathrm{d}y - \dfrac{x}{y}\mathrm{d}x = 0$ D. $\displaystyle\int_0^2 f(x)\mathrm{d}x = 4$

2. 下列方程中(　　)是一阶线性非齐次微分方程.

  A. $y' = \dfrac{x}{x^2 + y}$ B. $y'' + 4y = e^x$

  C. $xy' - x\cot\dfrac{y}{x} = y$ D. $y' + xy^3 = 0$

3. 方程 $(y - \ln x)\mathrm{d}x + x\mathrm{d}y = 0$ 是(　　).

  A. 可分离变量方程   B. 一阶线性非齐次方程

  C. 齐次方程   D. 一阶线性齐次方程

4. 在齐次方程中,应作变量替换(　　)求解.

  A. $u = xy$ B. $u = x + y$

  C. $u = \dfrac{y}{x}$ 或 $u = \dfrac{x}{y}$ D. $u = y^C$

5. 设函数 y_1 是方程 $y' + P(x)y = 0$ 的解, y_2 是 $y' + P(x)y = Q(x)$ 的解,则 $y' + P(x)y = Q(x)$ 的通解是(　　).

  A. $y = Cy_1 + y_2$ B. $y = y_1 + y_2$

  C. $y = Cy_1 - y_2$ D. $y = y_1 \cdot y_2$

6. 方程 $xy' + y = \cos x$ 的一个特解是(　　).

A. $y = \cos x$ B. $\sin x$ C. $\dfrac{1}{x}\sin x$ D. $\dfrac{1}{x}\cos x$

7. 设 $f(x)\displaystyle\int_0^x f(t)\,\mathrm{d}t = 1$，$x \neq 0$，则 $f(x)$ 的一般表达式为（   ）.

A. $y = \dfrac{1}{2x}$ B. $y = \dfrac{C}{2x}$ C. $y = 2x + C$ D. $y = \dfrac{\pm 1}{\sqrt{2x + C}}$

二、填空题

1. 方程 $x' + P(y)x = Q(y)$ 的通解为_____.

2. 方程 $\dfrac{\mathrm{d}x}{\mathrm{d}y} = \psi\left(\dfrac{x}{y}\right)$ 的变量替换为_____.

3. 设 $y_1 = e^x$，$y_2 = e^x + x$ 是方程 $y' + P(x)y = Q(x)$ 的两个特解，则该方程的通解为_____.

4. 若 $y = \cos 2x$ 是方程 $y'' + Ay = 0$ 的一个特解，则 $A = $_____.

5. 已知 $4\displaystyle\int_0^x f(t)\,\mathrm{d}t = f(x) - 1$，且 $f(0) = 1$，则 $f(x) = $_____.

三、判断题

1. $y' + (\ln x)y = \sin y$ 是一阶线性微分方程.   （   ）

2. 若 y_1, y_2 是方程 $y' + P(x)y = Q(x)$ 的两个特解，则 $y = Cy_1 + y_2$ 是该方程的通解.

                                                      （   ）

3. $y = \dfrac{u(x)}{v(x)}$ 是方程 $u'v - v^2 y' = uv'$ 的解.   （   ）

四、解答题

1. 求下列微分方程的通解.

(1) $(1 + x)\mathrm{d}y + (1 - y)\mathrm{d}x = 0$

(2) $x(\ln x - \ln y)\mathrm{d}y - y\mathrm{d}x = 0$

(3) $xy' - y - \sqrt{x^2 + y^2} = 0$

(4) $y' + y = x^2 e^x$

(5) $\dfrac{\mathrm{d}y}{\mathrm{d}x} = \dfrac{y}{x + y^3}$

2. 求下列微分方程满足所给初始条件的特解.

(1) $(x + 1)y' + 1 = 2e^{-y}$，$y\big|_{x=1} = 0$

(2) $(\ln y)^2 y' = \dfrac{y}{x^2}$，$y\big|_{x=2} = 1$

(3) $x\dfrac{\mathrm{d}y}{\mathrm{d}x} - 2y = x^3 e^x$，$y\big|_{x=1} = 0$

(4) $y' = \dfrac{1}{y - 3x}$，$y\big|_{x=1} = \dfrac{1}{3}$

3. 利用多种方法解下列微分方程.

(1) $y' = 3y - 1$ (2) $y' = \dfrac{y}{x + y}$

4. 设曲线上任一点 P 处的切线在 y 轴上的截距等于原点到 P 的距离，且过点 $(2, 1)$，求此曲线方程.

5. 已知函数 $y = f(x)$ 由方程 $\int_0^y t\,\mathrm{d}t + \int_0^x \cos t\,\mathrm{d}t = 0$ 所确定，且 $f(0) = 2$，求 $f(x)$.

6. 已知 $\int_0^1 f(ux)\,\mathrm{d}u = \dfrac{1}{2}f(x) + 1$，求 $f(x)$.

7. 已知 $\int_0^2 f(x)\,\mathrm{d}x = f(x) - x^2 + 1$，求 $f(x)$.

8. 将温度为 100 ℃ 的开水灌进热水瓶并盖住后放在温度为 15 ℃ 的室内，24 h 后，瓶内温度降为 60 ℃. 问：灌进开水 12 h 后，瓶内热水温度为多少摄氏度？

习题参考答案

第 1 章

习题 1.1

一、判断题

1. × 　2. × 　3. √ 　4. √ 　5. √

二、单项选择题

1. C 　2. A 　3. A 　4. C 　5. D

三、填空题

1. $[-1, 0) \cup (0, 1]$ 　2. $y = 3^{\tan^2 x}$ 　3. $\log_2(x+1) + 1$ 　4. $[-a, 1-a]$

5. $y = -\sqrt{1 - x^2}, (0 \leq x \leq 1)$ 　6. $y = \sqrt{u}, u = 1 + \sqrt{v}, v = 1 + \sqrt{x}$

7. 1 　8. $\dfrac{\pi}{2}$

习题 1.2

一、判断题

1. × 　2. × 　3. × 　4. √

二、单项选择题

1. B 　2. D 　3. B 　4. C

三、解答题

1. 先求和(等比数列)，再求极限，答案为 2

2. 分子先求和(等差数列)，再求极限，答案为 $\dfrac{1}{2}$

3. $\dfrac{1}{5}$

270

习题 1.3

一、判断题

1. √ 2. × 3. × 4. × 5. √

二、单项选择题

1. C 2. D 3. C 4. C

三、解答题

1. -9 2. 0 3. $2x$ 4. $\dfrac{1}{2}$ 5. 0 6. $\dfrac{2}{3}$

7. 先通分,再求极限,答案为 -1

8. 分子、分母同乘以 $\sqrt{x^2+1}+\sqrt{x^2-1}$,再求极限,答案为 0

9. 分子、分母同除以 $\sqrt{x}$,再求极限,答案为 $\dfrac{1}{\sqrt{2}}$

10. $a=2, b=-8$

习题 1.4

一、判断题

1. √ 2. × 3. × 4. × 5. ×

二、单项选择题

1. D 2. A 3. A 4. B 5. A

三、填空题

1. 1 2. e 3. 0 4. e 5. e

四、解答题

1. 0 2. 3 3. $\dfrac{\sqrt{2}}{x}$ 4. 2 5. e^{-1} 6. e^2 7. e^2 8. e^{-k} 9. 1 10. e^{-6} 11. $\dfrac{1}{3}$ 12. $\dfrac{3}{2}$

习题 1.5

一、判断题

1. √ 2. √ 3. √ 4. √ 5. √

二、单项选择题

1. B 2. A 3. C 4. C

三、填空题

1. $\alpha \sim \gamma$ 2. 非(无穷小) 3. 同阶 4. 同阶

四、解答题

1. 略 2. $\alpha=3$

习题 1.6

一、判断题

1. √ 2. √ 3. × 4. √ 5. √ 6. ×

271

二、单项选择题

1. A   2. C   3. A   4. A   5. A   6. A   7. A   8. A

三、填空题

1. 左、右连续   2. $f(x_0)$ 3. 一定有   4. 不   5. 不一定   6. 恒大于或恒小于   7. $f(a) \cdot f(b) < 0$

四、解答题

1. 证明:令 $f(x) = x^5 - 3x - 1$,则 $f(x)$ 在区间 $[1,2]$ 内连续,且 $f(1) = -3$,$f(2) = 25$,故由根的存在定理可知,至少存在一点 $\xi \in (1,2)$,使得 $f(\xi) = 0$,即 $f(\xi) = \xi^5 - 3\xi - 1 = 0 \Rightarrow \xi^5 - 3\xi - 1 = 0 \Rightarrow \xi^5 - 3\xi = 1$,所以方程 $x^5 - 3x = 1$ 至少有一个根介于 1 和 2 之间

2. 提示:设 $g(x) = f(x) - x$

3. 提示:$m \le f(x_k) \le M$,再用介值定理求解

复习题

一、单项选择题

1. D   2. C   3. A   4. D   5. D   6. C   7. D   8. C   9. C   10. B

二、填空题

1. $(-1,5)$,$[-7,1]$ 2. $[-\pi,\pi]$,$[-1,1]$ 3. 不是,定义域不同   4. $\operatorname{sgn} x$

5. $y = \dfrac{1-x}{1+x}$,$y = \dfrac{1}{3}\arcsin\dfrac{x}{2}$ 6. $y = \dfrac{-\sqrt{2}}{6}$ 7. $\pm\sqrt{\ln(1-x)}$ 8. $\left[-\dfrac{1}{2},0\right]$ 9. e^2 10. -4

三、解答题

1. $(1)[-2,0) \cup (0,1)$ $(2)[2,4]$

2. (1)奇函数,非周期函数   (2)周期函数,周期为 2π

3. $2 - x^2$

4. $\dfrac{1}{x}$

5. $\dfrac{1}{2}$,$\dfrac{\sqrt{2}}{2}$,$\dfrac{\sqrt{2}}{2}$,0

6. $(1)\dfrac{1}{3}$ $(2)\dfrac{1}{2}$ $(3)\dfrac{1}{2}$

7. $(1)\dfrac{-1}{2}$ $(2)3x^2$ $(3)\dfrac{n}{2}$ $(4)0$ $(5)\dfrac{2^{30} \cdot 3^{20}}{5^{50}}$ $(6)0$ $(7)\infty$ $(8)\infty$ $(9)0$
   $(10)0$

8. $(1)\dfrac{2}{3}$ $(2)2$ $(3)\dfrac{-\sqrt{2}}{2}$ $(4)x$ $(5)e^{-2}$ $(6)e^2$ $(7)e^{-1}$ $(8)e^4$

9. $a = 1$,$b = -1$

10. $a = 1$

11. $x = 0$ 是第一类跳跃间断点

四、证明题(略)

第 2 章

习题 2.1

一、单项选择题

1. A 2. B 3. C 4. C 5. C

二、填空题

1. $x = 0$ 2. -2 3. $2f(x)f'(x)$ 4. $f'(0)$ 5. 1

三、解答题

1. (1) $\bar{v}(t) = -0.78$ m/s (2) $v(t) = 10 - gt, v(1) = 10 - g$

2. (1) $\bar{w}(t) = \dfrac{2}{3}$ (2) $\omega(t) = \dfrac{1}{\sqrt{t}}, \omega(1) = 1$

3. (1) $3x^2$ (2) $-\sin x$

4. $\left(\dfrac{\pm 1}{2}, \dfrac{\pm 1}{24} \right)$

5. 切线方程为 $\sqrt{3}x + 2y + 1 - \dfrac{2\sqrt{3}}{3}\pi = 0$

法线方程为 $2x - \sqrt{3}y - \dfrac{\sqrt{3}}{2} - \dfrac{4\pi}{3} = 0$

6. (1) 在 $x = 0$ 处连续, 不可导 (2) 在 $x = 0$ 处连续且可导

7. (1) $f'(x_0)$ (2) $f'(0)$ (3) $2f'(x_0)$

习题 2.2

一、单项选择题

1. D 2. B 3. B 4. C 5. A

二、填空题

1. $50!$ 2. -5 3. 0 4. $2e^{2\sin x}$ 5. $6e^{6x}$

三、证明题 (略)

四、解答题

1. (1) $6x^2 - 8x + 1$ (2) $\dfrac{2}{3}\left(2 \cdot \sqrt[3]{x} + \dfrac{1}{\sqrt[3]{x^2}} + \dfrac{1}{x\sqrt[3]{x^2}} \right)$

(3) $\dfrac{4}{x^2} + 2x \ln a$ (4) $2\sec x \tan x - \csc^2 x$

(5) $x(2\sin x + x\cos x)$ (6) $e^x\left(\ln x + \dfrac{1}{x} \right)$

(7) $\dfrac{1 - \ln x}{x^2}$ (8) $\dfrac{4}{(x+2)^2}$

(9) $\dfrac{-2\cos x}{(1+\sin x)^2}$ (10) $-2x\tan x\ln x+(1-x^2)\left(\sec^2 x\ln x+\dfrac{\tan x}{x}\right)$

2. (1) $15(3x-2)^4$ (2) $5e^{5x+2}$ (3) $2\sin(3-2x)$

(4) $\dfrac{2x}{1+x^2}$ (5) $6x\sin^2 x^2\cos x^2$ (6) $-2\tan x$

(7) $\dfrac{1}{\sqrt{x^2+1}}$ (8) $\dfrac{2x}{1+x^4}$ (9) $\dfrac{1}{x\ln x\cdot\ln(\ln x)}$

(10) $\dfrac{3e^{3x}}{\sqrt{1-e^{6x}}}$,

3. (1) $e^{2x}(2\cos 3x-3\sin 3x)$;   (2) $\csc x$

(3) $-\sec x$ (4) $\dfrac{x}{\sqrt{x^2+1}}-1$

(5) $\dfrac{x}{\sqrt{x^2-a^2}}-\dfrac{a^2}{|x|\sqrt{x^2-a^2}}=\begin{cases}\dfrac{x^2+a^2}{x\sqrt{x^2-a^2}} & x<0 \\[4mm] \dfrac{\sqrt{x^2-a^2}}{x} & x>0\end{cases}$

(6) $\dfrac{\ln x}{(1+x)^2}$

4. (1) $1+\dfrac{\pi}{2}-\dfrac{\sqrt 2}{2}$ (2) $\dfrac{13}{2}$ (3) $8+\dfrac{\sqrt 2}{2}\left(1+\dfrac{\pi}{4}\right)$

5. (1) $\dfrac{-y}{x+y}$ (2) $\dfrac{y(x-y)}{x(x+y)}$ (3) $\dfrac{y(x-1)}{x(1-y)}$ (4) $\dfrac{x+y}{x-y}$

6. (1) $x^x(\ln x+1)$ (2) $(\cos x)^{\sin x}\left(\cos x\ln\cos x-\dfrac{\sin^2 x}{\cos x}\right)$

(3) $\dfrac{y}{3}\left(\dfrac{2}{x-2}-\dfrac{1}{x}-\dfrac{1}{x+1}\right)$ (4) $\dfrac{y}{2}\left(1+\dfrac{1}{x}\right)+\dfrac{y}{4}\cdot\dfrac{-\cos x}{1-\sin x}$

7. 切线方程为 $y=e^{-1}$，法线方程为 $x=1$

8. $a=\dfrac{1}{e}$

9. (1) $\sin 2x\cdot f'(\sin^2 x)$ (2) $e^x(f(e^x)+e^x f'(e^x))$

习题 2.3

一、单项选择题

1. B   2. C   3. B   4. A   5. C

二、解答题

1. (1) $2-\dfrac{1}{x^2}$ (2) $-2e^{-x^2}(1-2x^2)$

(3) $2\cos x-x\sin x$ (4) $e^x\left(\ln x+\dfrac{2}{x}-\dfrac{1}{x^2}\right)$

$(5)2\left(\arctan x+\dfrac{x}{1+x^2}\right)$ $\qquad$ $(6)\dfrac{e^x(x^2-2x+2)}{x^3}$

$(7)\dfrac{x}{\sqrt{(x^2-a^2)^3}}$ $\qquad$ $(8)e^{-x}(4\sin 2x-3\cos 2x)$

2. $-\dfrac{3e^{-4}}{4}$

3. $(1)\,n!$ $\qquad$ $(2)\dfrac{n!}{(1-x)^{n+1}}$ $\qquad$ $(3)\dfrac{(-1)^n(n-2)!}{x^{n-1}}\quad(n\geqslant 2)$

$(4)(x+n)e^x$ $\qquad$ $(5)2^{n-1}\cos\left(\dfrac{n\pi}{2}+2x\right)$

4. $(1)\dfrac{4}{y^3}$ $\qquad$ $(2)\dfrac{e^{2y}(3-y)}{(2-y)^3}$

5. $-\dfrac{\sqrt{3}\pi^2}{2}$

6. 略

7. $(1)\dfrac{1}{x^2}\cdot(f''(\ln x)-f'(\ln x))$ $\qquad$ $(2)e^{f(x)}([f'(x)]^2+f''(x))$

习题2.4

一、单项选择题

1. B $\quad$ 2. C $\quad$ 3. C $\quad$ 4. B $\quad$ 5. B

二、填空题

$(1)-\sin 2x,-2\sin 2x$ $\quad(2)x^2+C$ $\quad(3)x^3+C$ $\quad(4)-\cos x+C$ $\quad(5)-\dfrac{1}{3}\cdot e^{-3x}+C$

$(6)\ln|x|+C$ $\quad(7)2\sqrt{x}+C$ $\quad(8)\arctan^2 x+C,\arctan x$

三、解答题

1. $0.8,0.81;0.08,0.0801$

2. $(1)\left(\dfrac{1}{x}-\dfrac{2}{x^3}\right)dx$ $\qquad$ $(2)e^{2x}(1+2x)dx$

$(3)e^{-2x}(\cos x-2\sin x)dx$ $\qquad$ $(4)\dfrac{xdx}{x^2-1}$

$(5)\dfrac{-xdx}{|x|\sqrt{1-x^2}}$ $\qquad$ $(6)8x\tan(1+2x^2)\sec^2(1+2x^2)dx$

3. $(1)3t$ $\quad(2)\dfrac{b}{a\sin\theta}$ $\quad(3)\dfrac{1+\sin 2t}{\cos 2t}$ $\quad(4)-\tan\theta$

4. (1)切线方程为$2\sqrt{2}x+y-2=0$,法线方程为$\sqrt{2}x-4y-1=0$

(2)切线方程为$4x-3y-5=0$,法线方程为$3x+4y=0$

5. $(1)\dfrac{4}{81}e^{7t}$ $\quad(2)-\dfrac{b}{a^2\sin^3 t}$

习题 2.5

一、判断题

1. ×　2. ×　3. ×

二、单项选择题

1. A　2. C　3. B

三、证明题

1. $\xi = \ln \dfrac{e - e^{-1}}{2}$

2. 略

3. 提示：(1) 设 $f(x) = \arctan x$；(2) 设 $f(x) = \ln x$

4. 略

习题 2.6

一、判断改错(略)

二、解答题

1. (1) 2　(2) 1　(3) $\dfrac{3}{5}$　(4) 1　(5) $\dfrac{2}{3}$　(6) $\dfrac{m}{n}a^{m-n}$　(7) 2　(8) $\dfrac{\beta^2 - \alpha^2}{2}$

2. (1) 1　(2) $\dfrac{9}{8}$　(3) 0　(4) -2　(5) $\dfrac{1}{2}$　(6) $\dfrac{1}{3}$　(7) 1　(8) 1

习题 2.7

一、判断题

1. ×　2. ×　3. √　4. ×　5. ×

二、填空题

1. $[0, +\infty)$　2. 0　3. 递减　4. $\left[\dfrac{\pi}{2}, \dfrac{3\pi}{2}\right]$，$\left[0, \dfrac{\pi}{2}\right]$ 与 $\left[\dfrac{3\pi}{2}, 2\pi\right]$

三、解答题

1. (1) $(-\infty, 0]$ 与 $[2, +\infty)$ 为单调递增区间，$[0, 2]$ 为单调递减区间

(2) $\left(0, \dfrac{1}{2}\right]$ 为单调递减区间，$\left[\dfrac{1}{2}, +\infty\right)$ 为单调递增区间

(3) $\left(-\infty, \dfrac{3}{4}\right]$ 为单调递增区间，$\left[\dfrac{3}{4}, 1\right]$ 为单调递减区间

(4) $(-\infty, 0)$ 与 $(0, 1]$ 为单调递减区间，$[1, +\infty)$ 为单调递增区间

2. (1)、(2) 略　(3) 提示：设 $f(x) = x \ln 2 - 2 \ln x$

3. (1) $\left(-\infty, -\dfrac{\sqrt{3}}{3}\right)$ 与 $\left[\dfrac{\sqrt{3}}{3}, +\infty\right)$ 为凹区间，$\left[-\dfrac{\sqrt{3}}{3}, \dfrac{\sqrt{3}}{3}\right]$ 为凸区间，$\left(-\dfrac{\sqrt{3}}{3}, \dfrac{8}{3}\right)$ 与 $\left(\dfrac{\sqrt{3}}{3}, \dfrac{8}{3}\right)$ 为拐点

(2) $[-1, 1]$ 为凹区间，$(-\infty, -1]$ 与 $[1, +\infty)$ 为凸区间，$(-1, \ln 2)$ 与 $(1, \ln 2)$ 为拐点

(3)$(-1,+\infty)$为凹区间

(4)$[2,+\infty)$为凹区间,$(-\infty,2]$为凸区间,$\left(2,\dfrac{2}{e^2}\right)$为拐点

4. 略

5. $a=-\dfrac{3}{2},b=\dfrac{9}{2}$

6. $4x+27y+90=0$

习题2.8

一、单项选择题

1. D　2. C　3. D　4. B　5. D

二、填空题

1. $f(b),f(a)$　2. $f(\sqrt{3})=\dfrac{\pi}{3}$　3. $a=0,b=-3$

4. 极小值$f(\pm1)=-1$,极大值$f(0)=0$

三、解答题

1. (1)极大值$f\left(-\dfrac{1}{2}\right)=\dfrac{11}{4}$,极小值$f(1)=-4$

(2)极小值$f(0)=0$,无极大值

(3)极小值$f\left(\dfrac{1}{2}\cdot\ln\dfrac{1}{2}\right)=2\sqrt{2}$,无极大值

(4)极大值$f(1)=1$,无极小值

2. (1)最大值$f(-1)=3$,最小值$f(1)=1$

(2)最大值$f(4)=\dfrac{3}{5}$,最小值$f(0)=-1$

(3)最大值$f(1)=17$,最小值$f(2)=12$

(4)最小值$f(e^{-1})=(e^{-1})^{\frac{1}{e}}$,无最大值

四、应用题

1. 正方形

2. 底边长$=\sqrt[3]{2V}$,高$=\sqrt[3]{\dfrac{V}{4}}$时,材料最省

3. 下杆长$=\dfrac{16-2\sqrt{3}}{3}$,臂长$=\dfrac{4\sqrt{3}}{3}$时,下杆与两臂长之和为最小

4. $\theta=\arctan\mu$

5. $C_1\sin\theta_1=C_2\sin\theta_2$

习题2.9

一、解答题

1. $y=0$为水平渐近线,$x=-1$为垂直渐近线

2. 无水平、垂直渐近线

3. $y=0$ 为水平渐近线,$x=0$ 为垂直渐近线

4. $y=0$ 为水平渐近线,$x=\pm1$ 为垂直渐近线

5. $y=0$ 为水平渐近线,$x=1$ 为垂直渐近线

二、作图题(略)

复习题

一、单项选择题

1. C 2. A 3. D 4. A 5. A 6. C 7. A 8. C

二、填空题

1. 水平 2. $2(x-1)\mathrm{d}x$ 3. 2 4. $a=1,b=-3$ 5. 水平渐近线 $y=0$

三、判断题

1. × 2. √ 3. √ 4. × 5. √

四、解答题

1. $f'(0)=0$

2. $y'(x)=-\dfrac{1+2x\sin 2(x^2+y)}{\sin 2(x^2+y)}$

3. $y'=\cos x\cdot f'(\sin x)\cdot f'(f(\sin x))$

4. (1) $a^a(\ln a-1)$ (2) $-\dfrac{\mathrm{e}}{2}$ (3) $\mathrm{e}^{-\frac{1}{2}}$ (4) $\dfrac{1}{2}$

5. $5h$

6. 观察者应站在距墙 2.4 m 处看图才最清楚

第3章

习题3.1

一、判断题

1. √ 2. √ 3. √ 4. × 5. √

二、单项选择题

1. D 2. D 3. B 4. C

三、填空题

1. $F(x)+C$ 2. $G(x)=F(x)+C$ 3. $\ln|x|$,$\ln|x|+C$ 4. $-2x\mathrm{e}^{-x^2}$

四、解答题

1. $\dfrac{x^2}{2}+x-3\ln|x|+\dfrac{3}{x}+C$ 　　　 2. $2\sqrt{x}-10^{-1}x^{\frac{5}{2}}+C$

3. $\dfrac{2}{3}x^{\frac{3}{2}}-3x+C$ 　　　　　 4. $\dfrac{2^x\mathrm{e}^x}{1+\ln 2}+C$

5. $\ln|x|+\arctan x+C$ 　　　　 6. $x^3-\arctan x+C$

7. $\dfrac{10^x}{\ln 10} + \dfrac{x^{11}}{11} + C$ 8. $e^x - x + C$

9. $\tan x - \sec x + C$ 10. $-\cot x + \csc x + C$

11. $\ln x + 2$ 12. $(1)\, v = 6t^2 + 3\cos t + 2$ $(2)\, s = 2t^3 + 3\sin t + 2t - 3$

习题 3.2

一、判断题

1. ×   2. ×   3. √   4. ×

二、单项选择题

1. B   2. C   3. B   4. A

三、填空题

1. $\mathrm{d}\, e^x$ 2. $\dfrac{\mathrm{d}\left(x^{n+1}\right)}{n+1}$ 3. $\dfrac{1}{\omega}\mathrm{d}\left[\sin(\omega t + \varphi)\right]$ 4. $\ln(1 + x^2)$ 5. $\mathrm{d}\arctan x$ 6. $\mathrm{d}\sqrt{x}$ 7. $\mathrm{d}\ln x$

8. $\mathrm{d}\arcsin x$

四、解答题

1. $-\dfrac{1}{12}(3 - 2x)^6 + C$ 2. $-\dfrac{1}{2}\ln|1 - 2x| + C$

3. $-2\cos\sqrt{t} + C$ 4. $\dfrac{1}{11}\tan^{11}x + C$

5. $-\dfrac{1}{2}e^{-x^2} + C$ 6. $-\dfrac{3}{4}\ln|1 - x^4| + C$

7. $-\dfrac{1}{4}\sqrt{9 - 4x^2} + C$ 8. $\dfrac{1}{2\cos^2 x} + C$

9. $\dfrac{x^2}{2} - \dfrac{9}{2}\ln(9 + x^2) + C$ 10. $\dfrac{1}{3}\ln\left|\dfrac{x - 2}{x + 1}\right| + C$

11. $\sin x - \dfrac{1}{3}\sin^3 x + C$ 12. $\dfrac{1}{3}\sec^3 x - \sec x + C$

13. $-\dfrac{10^{2\arccos x}}{2\ln 10} + C$ 14. $\left(\arctan\sqrt{x}\right)^2 + C$

习题 3.3

一、单项选择题

1. C   2. D   3. D   4. D

二、解答题

$(1)\, 2\sqrt{x} - 2\ln(1 + \sqrt{x}) + C$

$(2)\, 2\sqrt{x} - 4\sqrt[4]{x} + 4\ln\left(\sqrt[4]{x} + 1\right) + C$

$(3)\, \dfrac{1}{2}x \cdot \sqrt{x^2 - 1} + \dfrac{1}{2}\ln\left|x + \sqrt{x^2 - 1}\right| + C$

$(4)\, 3\arcsin\sqrt{x} - \sqrt{x - x^2} + C$

习题 3.4

一、单项选择题

1. A   2. B   3. B   4. B

二、解答题

1. $x \arctan x - \dfrac{1}{2}\ln(1+x^2) + C$

2. $\dfrac{e^x}{2}(\sin x + \cos x) + C$

3. $\dfrac{x}{2}(\sin \ln x + \cos \ln x) + C$

4. $\dfrac{x}{2}\sin 2x + \dfrac{1}{4}\cos 2x + C$

5. $x \ln 3x - x + C$

6. $\dfrac{x^3}{3}\ln x - \dfrac{1}{9}x^3 + C$

7. $-e^{-x}(x+1) + C$

8. $\dfrac{e^{2x}}{5}(2\sin x - \cos x) + C$

9. $(2x^2+x)\sin x + (4x+1)\cos x - 5\sin x + C$

10. $\dfrac{1}{4}\left(\dfrac{\sin 2x}{2} - x\cos 2x\right) + C$

11. $3e^{\sqrt[3]{x}}(\sqrt[3]{x^2} - 2\sqrt[3]{x} + 2) + C$

12. $x\ln(x + \sqrt{1+x^2}) - \sqrt{1+x^2} + C$

13. 略

复习题

一、单项选择题

1. C   2. C   3. A   4. D   5. B   6. A   7. B   8. B   9. D   10. A

二、填空题

1. $f(x)$ 2. $f(x) + C$ 3. 是, $y_1' = y_2'$ 4. $y = 2 - \cos x$ 5. $x^5 + C$ 6. $2\sqrt{x} - \dfrac{4}{3}x^{\frac{3}{2}} + \dfrac{2}{5}x^{\frac{5}{2}} + C$

7. $f(x) = \left(\int f(x)\,dx\right)' = 2^x\ln 2 + \cos x$

8. $f(x) = (x^3)' = 3x^2$

9. $f(x) = (\cos x)' = -\sin x, \displaystyle\int f'(x)\,dx = f(x) + C = -\sin x + C$

10. 答：一般地,若被积函数中含有 $\sqrt{x^2 \pm a^2}$ 或 $\sqrt{a^2 - x^2}$,则可利用三角函数的平方关系化原积分为三角函数的积分;若被积函数中含有 $\sqrt[n]{ax+b}$,则可令 $\sqrt[n]{ax+b} = t$,将原积分化为有理函数的积分

三、解答题

1. (1) $\dfrac{1}{3}\sin(3x+4) + C$

(2) $\dfrac{1}{4}e^{2x^2} + C$

(3) $\dfrac{1}{2}\ln|2x+1| + C$

(4) $\dfrac{1}{n+1}(1+x)^{n+1} + C$

(5) $\arcsin\dfrac{x}{\sqrt{3}} + \dfrac{1}{\sqrt{3}}\arcsin\sqrt{3}x + C$

(6) $\dfrac{2^{2x+2}}{\ln 2} + C$

(7) $\dfrac{-2}{9}(8-3x)^{\frac{3}{2}} + C$

(8) $\dfrac{-3}{10}(7-5x)^{\frac{2}{3}} + C$

$(9) - \dfrac{1}{2}\cos x^2 + C$ 　　　　　　　　$(10) - \dfrac{1}{2}\cot\left(2x + \dfrac{\pi}{4}\right) + C$

$(11)\tan\dfrac{x}{2} + C$ 　　　　　　　　$(12) - \tan\left(\dfrac{\pi}{4} - \dfrac{x}{2}\right) + C$

$(13)\ln|\csc x - \cot x| + C$ 　　　　　　$(14) - \sqrt{1 - x^2} + C$

$(15)\dfrac{1}{4}\arctan\dfrac{x^2}{2} + C$ 　　　　　　$(16)\ln|\ln x| + C$

$(17)\dfrac{1}{10}\dfrac{1}{(1 - x^5)^2} + C$ 　　　　　$(18)\dfrac{1}{8\sqrt{2}}\ln\left|\dfrac{x^4 - \sqrt{2}}{x^4 + \sqrt{2}}\right| + C$

$(19)\ln\left|\dfrac{x}{1 + x}\right| + C$ 　　　　　　　$(20)\ln|\sin x| + C$

$(21)\sin x - \dfrac{2}{3}\sin^3 x + \dfrac{1}{5}\sin^5 x + C$

(22)

解法一:$\displaystyle\int\dfrac{\mathrm{d}x}{\sin x\cos x} = \int\dfrac{\mathrm{d}(2x)}{\sin 2x} = \ln|\csc 2x - \cot 2x| + C$

解法二:$\displaystyle\int\dfrac{\mathrm{d}x}{\sin x\cos x} = \int\dfrac{\cos x\mathrm{d}x}{\sin x\cos^2 x} = \int\dfrac{\mathrm{d}\tan x}{\tan x} = \ln|\tan x| + C$

解法三:$\displaystyle\int\dfrac{\mathrm{d}x}{\sin x\cos x} = \int\dfrac{(\sin^2 x + \cos^2 x)\,\mathrm{d}x}{\sin x\cos x}$

$\qquad\qquad\qquad\qquad = \displaystyle\int\left(\dfrac{\sin x}{\cos x} + \dfrac{\cos x}{\sin x}\right)\mathrm{d}x$

$\qquad\qquad\qquad\qquad = \ln|\sin x| - \ln|\cos x| + C$

$(23)\arctan\mathrm{e}^x + C$ 　　　　　　　$(24)\ln|x^2 - 3x + 8| + C$

$(25)\ln|x + 1| + \dfrac{2}{x + 1} - \dfrac{3}{2(x + 1)^2} + C$

$(26)\ln\left|x + \sqrt{x^2 + a^2}\right| + C$

$(27)\dfrac{1}{a^2}\dfrac{x}{(x^2 + a^2)^{\frac{1}{2}}} + C$

$(28) - (1 - x^2)^{\frac{1}{2}} + \dfrac{2}{3}(1 - x^2)^{\frac{3}{2}} - \dfrac{1}{5}(1 - x^2)^{\frac{5}{2}} + C$

$(29) - 6\left(\dfrac{t^7}{7} + \dfrac{t^5}{5} + \dfrac{t^3}{3} + t\right) - \dfrac{6}{2}\ln\left|\dfrac{t - 1}{t + 1}\right| + C$,其中 $t = x^{\frac{1}{6}}$

(30)令 $\sqrt{x + 1} = t$,$x - 4\sqrt{x + 1} + 4\ln|\sqrt{x + 1} + 1| + C$

2. $(1)x\arcsin x + \sqrt{1 - x^2} + C$

　$(2)x\ln x - x + C$

　$(3)x^2\sin x + 2x\cos x - 2\sin x + C$

　$(4)\dfrac{-1}{2}\dfrac{\ln x}{x^2} + \dfrac{1}{2}\displaystyle\int\dfrac{1}{x^3}\mathrm{d}x = -\dfrac{\ln x}{2x^2} - \dfrac{1}{4x^2} + C$

　$(5)x(\ln x)^2 - 2x\ln x + 2x + C$

(6) $\frac{1}{2}(x^2+1)\arctan x - \frac{1}{2}x + C$

(7) $x\ln(\ln x) - \int x \cdot \frac{1}{x\ln x}dx + \int \frac{1}{\ln x}dx = x\ln(\ln x) + C$

(8) $x(\arcsin x)^2 + 2\sqrt{1-x^2}\arcsin x - 2x + C$

(9) $\int \sec^3 x dx = \int \sec x d\tan x = \sec x \tan x - \int \sec x \tan^2 x dx$

$$= \sec x \tan x - \int \sec x(\sec^2 x - 1)dx$$

$$= \sec x \tan x - \int \sec^3 x dx + \int \sec x dx$$

$$= \sec x \tan x - \int \sec^3 x dx + \ln|\sec x + \tan x|$$

所以 $\qquad \int \sec^3 x dx = \frac{1}{2}(\sec x \tan x + \ln|\sec x + \tan x|) + C$

(10) $\int \sqrt{x^2+a^2}dx = x\sqrt{x^2+a^2} - \int x \cdot \frac{x}{\sqrt{x^2+a^2}}dx$

$$= x\sqrt{x^2+a^2} - \int \left(\sqrt{x^2+a^2} - \frac{a^2}{\sqrt{x^2+a^2}}\right)dx$$

$$= x\sqrt{x^2+a^2} - \int \sqrt{x^2+a^2}dx + \int \frac{a^2}{\sqrt{x^2+a^2}}dx$$

$$= x\sqrt{x^2+a^2} - \int \sqrt{x^2+a^2}dx + a^2\ln(x+\sqrt{x^2+a^2})$$

所以 $\int \sqrt{x^2+a^2}dx = \frac{1}{2}(x\sqrt{x^2+a^2} + a^2\ln(x+\sqrt{x^2+a^2})) + C$

类似地可得

$$\int \sqrt{x^2-a^2}dx = \frac{1}{2}(x\sqrt{x^2-a^2} - a^2\ln(x+\sqrt{x^2-a^2})) + C$$

3. (1) $\int [f(x)]^a f'(x)dx = \int [f(x)]^a df(x) = \frac{1}{a+1}[f(x)]^{a+1} + C$

(2) $\int \frac{f'(x)}{1+[f(x)]^2}dx = \int \frac{1}{1+[f(x)]^2}df(x) = \arctan f(x) + C$

(3) $\int \frac{f'(x)}{f(x)}dx = \int \frac{df(x)}{f(x)} = \ln|f(x)| + C$

(4) $\int e^{f(x)}f'(x)dx = \int e^{f(x)}df(x) = e^{f(x)} + C$

第4章

习题4.1

一、单项选择题

1. D   2. C

二、填空题

1. 连续   2. 0   3. 半径为 a 的半圆的面积   4. 0   5. $2\int_0^a f(x)\,\mathrm{d}x$

三、解答题

1. $\int_0^5 v(t)\,\mathrm{d}t$ 2. $\int_{t_1}^{t_2} I(t)\,\mathrm{d}t$

3. (1) $\dfrac{3}{2}$ (2) $\dfrac{\pi a^2}{4}$ (3) 6   (4) 0

习题4.2

一、单项选择题

1. B   2. B   3. B   4. C

二、填空题

1. $I_1 < I_2$ 2. $I_1 \leqslant I_2$ 3. 小于零   4. $I_1 \leqslant I_2$ 5. $f(\xi)$

三、解答题

1. (1) $\int_1^2 (\ln x)^2\,\mathrm{d}x$ 大于 $\int_1^2 (\ln x)^3\,\mathrm{d}x$

　 (2) $\int_0^1 x^2 \sin^2 x\,\mathrm{d}x$ 小于 $\int_0^1 x\,\sin^2 x\,\mathrm{d}x$

2. (1) $6 \leqslant \int_1^4 (1 + x^2)\,\mathrm{d}x \leqslant 51$

　 (2) $\dfrac{2}{5} \leqslant \int_1^4 \dfrac{x}{1 + x^2}\,\mathrm{d}x \leqslant \dfrac{1}{2}$

习题4.3

一、单项选择题

1. C   2. B   3. C

二、填空题

1. 0   2. $\sin x^2$ 3. $2x \sin x^4$ 4. $\dfrac{2}{3}$ 5. $\dfrac{\pi^2}{4}$ 6. $\int_0^{x^2} \sin t\,\mathrm{d}t - 2x^3 \sin x^2 + 2x^2 \sin x^2$

7. 0   8. $\dfrac{5}{6}$

三、解答题

1. (1) $\dfrac{8}{3}$　(2) $\dfrac{2\sqrt{27}+4}{3}$　(3) $5(e-1)$　(4) $\dfrac{2+\pi}{4}$　(5) $\dfrac{3}{8}+2-\sqrt{2}$　(6) $\dfrac{\pi}{3}$

(7) $1+\dfrac{\pi}{4}$　(8) 2

2. (1) $x\sin x$　(2) $-\sqrt{1+x^3}$　(3) $2xe^{x^2}$

习题 4.4

一、单项选择题

1. B　2. C　3. C　4. D

二、填空题

1. 0　2. $\dfrac{1}{2}\left[f(2b)-f(2a)\right]$　3. $\cos x$　4. 18π　5. $2\,008$

三、解答题

1. (1) $\dfrac{1}{2}$　(2) $\ln(1+\sqrt{2})$　(3) $\dfrac{\pi}{4}$　(4) $\dfrac{1}{3}$　(5) $\dfrac{\pi}{6}-\dfrac{1}{4}$　(6) $\dfrac{1}{2}(1-e^{-1})$　(7) $2\ln 2-1$

2. (1) -2　(2) $\dfrac{e^{\pi}-2}{5}$　(3) $\dfrac{e(\sin 1-\cos 1)+1}{2}$　(4) $\dfrac{\pi}{4}-\dfrac{1}{2}$

3. $\displaystyle\int_{-2}^{0}|2x+1|\,\mathrm{d}x=\dfrac{5}{2}$

4. $\displaystyle\int_{0}^{2}f(x)\,\mathrm{d}x=1$

习题 4.5

一、单项选择题

1. B　2. C　3. B　4. A　5. A　6. A

二、解答题

1. (a) $\dfrac{1}{9}$　(b) $\dfrac{1}{6}$　(c) $\dfrac{3}{2}$　(d) $\dfrac{11}{6}$

2. $S=\dfrac{4\sqrt{2}}{3}+\dfrac{7}{6}$　3. $3\pi a^2$　4. π　5. $\dfrac{32\pi}{5},8\pi$

6. (1) $y=\dfrac{1}{2}x$　(2) $\dfrac{4}{3}$　(3) $V_x=\dfrac{4\pi}{3},V_y=\dfrac{64\pi}{15}$

7. 略

习题 4.6

一、判断题

1. ×　2. ×

二、单项选择题

1. C　2. A　3. C　4. C

三、填空题

1. >1　2. $\leqslant 1$　3. <1　4. $\geqslant 1$　5. 2

四、解答题

1. $\dfrac{1}{3}$　2. $\dfrac{1}{2}$　3. $1-\dfrac{\pi}{4}$　4. $\dfrac{\pi}{2}$　5. $\dfrac{8}{3}$

复习题

一、判断题

1. ×　2. √　3. √　4. ×　5. √　6. √　7. √　8. ×　9. ×　10. ×　11. ×

二、单项选择题

1. D　2. C　3. A　4. A　5. B　6. C　7. A　8. C　9. A　10. C　11. D　12. D　13. B

14. B　15. B

三、填空题

1. $F(b)-F(a)$　2. 0　3. $2x\mathrm{e}^x$　4. 0　5. $-\sqrt{1+x}$　6. 0　7. $-\dfrac{1}{2}$　8. 0　9. $\dfrac{1}{2}$

10. $1-\dfrac{\sqrt{3}}{2}$　11. $\dfrac{3}{\sqrt{2}}$

四、解答题

1. (1) $11\dfrac{1}{3}$　(2) $\mathrm{e}-2$　(3) $2\ln 2-\dfrac{1}{2}$　(4) $\ln 2-\dfrac{13}{8}$　(5) $\dfrac{2}{35}$　(6) $-\dfrac{16}{15}$　(7) $\dfrac{\pi}{4}-\dfrac{2}{3}$

(8) $\dfrac{1}{3}$　(9) $2-\dfrac{\pi}{4}$　(10) $-\dfrac{\pi+1}{2}$　(11) $1-\dfrac{1}{\sqrt{3}}-\dfrac{\pi}{12}$　(12) $\ln 3-2\ln 2$　(13) $\dfrac{1}{3}\ln 2$

(14) $\dfrac{29}{6}$　(15) 1　(16) $2\sqrt{2}$　(17) 13　(18) $\dfrac{\pi}{2\sqrt{2}}-\ln(1+\sqrt{2})$　(19) $\dfrac{\pi}{4}-\dfrac{1}{2}\ln 2$

(20) $\dfrac{\pi}{4}-\dfrac{1}{2}$　(21) $\dfrac{\pi}{4}$　(22) $\dfrac{\pi}{8}$　(23) -2π　(24) $\dfrac{\pi^2}{8}-1$　(25) $\dfrac{1}{2}(\mathrm{e}\cos 1+\mathrm{e}\sin 1-1)$

(26) π^2　(27) $\dfrac{1}{8}(\mathrm{e}^{2\pi}-1)$　(28) $\dfrac{3}{5}(\mathrm{e}^\pi-1)$　(29) $2-\dfrac{2}{\mathrm{e}}$　(30) 1

2. $12-10\mathrm{e}^{\frac{1}{6}}$　3. $\dfrac{1}{4}(\mathrm{e}^{-1}-1)$　4. $s=\dfrac{1}{12}$　5. $s=\ln\sqrt{2}$　6. $s=\dfrac{2}{3}$　7. $V_x=\dfrac{3\pi}{10}$

第5章

习题5.1

1. A: Ⅰ　B: Ⅷ　C: Ⅶ　D: Ⅲ

2. xOy 面上:$(1,2,0)$　xOz 面上:$(1,0,3)$　yOz 面上:$(0,2,3)$　x 轴上:$(1,0,0)$　y 轴上:$(0,2,0)$　z 轴上:$(0,0,3)$

3. 到 xOy 面:4　到 xOz 面:3　到 yOz 面:2　到 x 轴:5　到 y 轴:$2\sqrt{5}$　到 z 轴:$\sqrt{13}$

4. $\left(0, 0, \dfrac{14}{9}\right)$

习题 5.2

1. $\overrightarrow{MA} = -\dfrac{1}{2}(a+b)$ $\overrightarrow{MB} = \dfrac{1}{2}(a-b)$

$\overrightarrow{MC} = \dfrac{1}{2}(a+b)$ $\overrightarrow{MD} = \dfrac{1}{2}(b-a)$

2. $\overrightarrow{D_1A} = -\left(c + \dfrac{1}{5}a\right)$ $\overrightarrow{D_2A} = -\left(c + \dfrac{2}{5}a\right)$

$\overrightarrow{D_3A} = -\left(c + \dfrac{3}{5}a\right)$ $\overrightarrow{D_4A} = -\left(c + \dfrac{4}{5}a\right)$

习题 5.3

1. 2

2. $a = \{x_2 - x_1, y_2 - y_1, z_2 - z_1\}$

3. $\{1, -2, -2\}$ $\{-2, 4, 4\}$

4. $|\overrightarrow{AB}| = \sqrt{41}$ $\cos\alpha = 3/\sqrt{41}$ $\cos\beta = 4/\sqrt{41}$ $\cos\gamma = -4/\sqrt{41}$

5. $\{6/11, 7/11, -6/11\}$ 或 $\{-6/11, -7/11, 6/11\}$

6. $m = \{2, 4, 4\}$ 或 $m = \{2, 4, -4\}$

7. 合力的大小为 $|R| = \sqrt{2^2 + 1^2 + 4^2} = \sqrt{21}$

合力 R 的方向余弦为 $\cos\alpha = \dfrac{2}{\sqrt{21}}$ $\cos\beta = \dfrac{1}{\sqrt{21}}$ $\cos\gamma = \dfrac{4}{\sqrt{21}}$

习题 5.4

1. $a \cdot b = 1$ $\text{prj}_b a = \dfrac{\sqrt{2}}{2}$

2. $\text{prj}_i a = a_x$ $\text{prj}_j a = a_y$ $\text{prj}_k a = a_z$

3. (1) 22   (2) 36   (3) -32 4. $\left\{\dfrac{3}{5}, \dfrac{4}{5}, 0\right\}$ 或 $\left\{-\dfrac{3}{5}, -\dfrac{4}{5}, 0\right\}$

5. $19(\text{N} \cdot \text{m})$.   6. (1) $\{-1, 3, 5\}$ (2) $\{2, -6, -10\}$

7. $p^0 = \pm\dfrac{1}{3}(-i + 2j - 2k)$

8. $\triangle ABC = \dfrac{5\sqrt{3}}{2}$

习题 5.5

1. $4x + 4y + 10z - 63 = 0$ 2. $x^2 + y^2 + z^2 - 2x - 6y + 4z = 0$

3. 略   4. $x^2 + y^2 + z^2 = 9$

习题 5.6

1. 略

2. 略

3. $\begin{cases} x^2 + y - 2x - 1 \\ \qquad\quad z = 0 \end{cases}$

习题 5.7

1. $x - 2y + 3z - 7 = 0$ 　2. $x - 2y + 3z + 3 = 0$ 　3. 略　4. $y - z + 1 = 0$

5. $x + y - 3z - 4 = 0$ 　6. $x + y + z - 2 = 0$ 　7. $\dfrac{\pi}{3}$ 　8. $\dfrac{1}{3}$ 　$\dfrac{2}{3}$ 　$-\dfrac{2}{3}$

9. $2x + 3y + z - 6 = 0$ 　10. (1) 相互垂直 　(2) 相互平行 　(3) 相交

习题 5.8

1. $\dfrac{x-4}{1} = \dfrac{y+1}{2} = \dfrac{z-3}{3}$

2. $\dfrac{x-4}{2} = \dfrac{y+1}{1} = \dfrac{z-3}{5}$

3. $\dfrac{x-3}{-4} = \dfrac{y+2}{2} = \dfrac{z-1}{1}$

4. $\dfrac{x-1}{-1} = \dfrac{y+3}{2} = \dfrac{z-2}{1}$

5. $\theta = 0$

6. (1) 平行 　(2) 垂直 　(3) 直线在平面上 　(4) 垂直

复习题

一、填空题

1. 既有大小, 又有方向

2. $|\boldsymbol{a}| = |\boldsymbol{b}|$

3. $\left\{ \dfrac{1}{\sqrt{3}}, \dfrac{1}{\sqrt{3}}, \dfrac{1}{\sqrt{3}} \right\}$

4. $\boldsymbol{a} \perp \boldsymbol{b}$

5. $\boldsymbol{a} /\!/ \boldsymbol{b}$

6. $\dfrac{1}{2} |\overrightarrow{AB} \times \overrightarrow{AC}|$ 　7. a_x, a_y, a_z

8. 直线的方向量 $\boldsymbol{s}$ 与平面的法向量 $\boldsymbol{n}$ 相互平行

9. $A_1A_2 + B_1B_2 + C_1C_2 = 0$

10. $\dfrac{A_1}{A_2} = \dfrac{B_1}{B_2} = \dfrac{C_1}{C_2}$

二、计算题

1. 略

2. $\left(0, 0, \dfrac{14}{9}\right)$

3. $\sqrt{3}$, $\cos\alpha = \cos\beta = \cos\gamma = \dfrac{1}{\sqrt{3}}$

4. $a \cdot b = 1, a \times b = \{1,1,3\}$

5. $3x - 7y + 5z - 4 = 0$

6. $x - 3y - 2z = 0$

7. $\dfrac{x-3}{-4} = \dfrac{y+2}{2} = \dfrac{z-1}{1}$

8. $\dfrac{x-2}{2} = \dfrac{y+3}{3} = \dfrac{z-1}{1}$

9. $k = 0, k = \pm 1, k = 1$

10. $600 \text{ kg} \cdot \text{m}$

11. $\sqrt{2}$

第6章

习题 6.1

一、单项选择题

1. D   2. D   3. A   4. C   5. B   6. B

二、填空题

1. $x + y \geqslant 1$ 2. $k^2 f(x, y)$ 3. $(x^2 + y^2)^2 + (xy)^2$ 4. $\dfrac{x^2 - y^2}{2x}$ 5. π 6. e^{2e}

三、解答题

1. (1) $x \geqslant \sqrt{y}, y \geqslant 0$ (2) $x \geqslant 0, y > x, x^2 + y^2 < 1$

2. $f\left(\dfrac{y}{x}\right) = \sqrt{1 + \left(\dfrac{y}{x}\right)^2}$, 所以 $f(x) = \sqrt{1 + x^2}$

3. $f\left(\dfrac{1}{x}, \dfrac{1}{y}\right) = \dfrac{\dfrac{1}{x^2} + \dfrac{1}{y^2}}{\dfrac{1}{x} \cdot \dfrac{1}{y}} = \dfrac{y^2 + x^2}{xy} = f(x, y)$

4. 设 $x + y = u, \dfrac{y}{x} = v$, 则 $x = \dfrac{u}{1+v}, y = \dfrac{uv}{1+v}, f(u,v) = \left(\dfrac{u}{1+v}\right)^2 - \left(\dfrac{uv}{1+v}\right)^2 = \dfrac{u^2(1-v^2)}{(1+v)^2} = \dfrac{u^2(1-v)}{1+v}$ 所以 $f(x, y) = \dfrac{x^2(1-y)}{1+y}$

5. $x = 1$ 时, $z = f(y) = \sqrt{1 + y^2}$, 所以

$$f(x) = \sqrt{1+x^2}$$

$$z = x\sqrt{1 + \left(\frac{y}{x}\right)^2} = \frac{x}{|x|}\sqrt{x^2 + y^2}$$

6. $y = 0$ 时，$z = x^2$，得 $x + f(x) = x^2$，所以

$$f(x) = x^2 - x$$

$$z = x + y + (x-y)^2 - (x-y) = (x-y)^2 + 2y$$

习题 6.2

一、单项选择题

1. D   2. D   3. D   4. C   5. A

二、填空题

1. $3\cos 5$ 2. 1   3. 2   4. -1 5. $2f_x(a,b)$

三、解答题

1. $(1) z'_x = 1 - y\sin x, z'_y = \cos x$

$(2) z'_x = -\dfrac{2x}{y}\sin x^2, z'_y = \dfrac{-\cos x^2}{y^2}$

$(3) z'_x = \dfrac{y}{x^2}e^{-\frac{y}{x}}, z'_y = -\dfrac{1}{x}e^{-\frac{y}{x}}$

$(4) z'_x = \dfrac{2x+y}{2\sqrt{x^2+xy+y^2}}, z'_y = \dfrac{x+2y}{2\sqrt{x^2+xy+y^2}}$

$(5) z'_x = \dfrac{1}{2x\sqrt{\ln(xy)}}, z'_y = \dfrac{1}{2y\sqrt{\ln(xy)}}$

$(6) z'_x = (\sin x)^{\cos y}\dfrac{\cos y\cos x}{\sin x}, z'_y = -(\sin x)^{\cos y}\sin y\ln\sin x$

$(7) u'_x = -z^{\frac{y}{x}}\ln z\dfrac{y}{x^2}, u'_y = z^{\frac{y}{x}}\ln z\dfrac{1}{x}, u'_z = \dfrac{y}{x}z^{\frac{y}{x}-1}$

$(8) u'_x = \dfrac{y^2(1+xy)^y}{1+xy}, u'_y = (1+xy)^y\left[\ln(1+xy) + \dfrac{xy}{1+xy}\right]$

2. $(1) f'_x\left(0, \dfrac{\pi}{4}\right) = 1 - \dfrac{\pi}{2}, f'_y\left(0, \dfrac{\pi}{4}\right) = 2$

$(2) \dfrac{\partial z}{\partial x}\bigg|_{(1,0)} = 2a, \dfrac{\partial z}{\partial y}\bigg|_{(1,0)} = 2b$

3. $\alpha = \dfrac{\pi}{6}$

4. 求下列函数的二阶偏导数.

$(1) z''_{xx} = 12x^2 - 8y^2, z''_{yy} = 12y^2 - 8x^2, z''_{xy} = -16xy$

$(2) z''_{xx} = -8\cos 2(2x+3y), z''_{yy} = -18\cos 2(2x+3y), z''_{xy} = -12\cos 2(2x+3y)$

$(3) z''_{xx} = -\dfrac{1}{x^2}, z''_{yy} = -\dfrac{1}{y^2}, z''_{xy} = 0$

(4) $z''_{xx} = \dfrac{-2xy^3}{[1 + (xy)^2]^2}$, $z''_{yy} = \dfrac{-2yx^3}{[1 + (xy)^2]^2}$, $z''_{xy} = \dfrac{1 - x^2 y^2}{[1 + (xy)^2]^2}$

5. $\dfrac{\partial^3 u}{\partial x^2 \partial y} = e^{xyz}(2yz^2 + xy^2 z^3)$

$\dfrac{\partial^3 u}{\partial x \partial y \partial z} = e^{xyz}(1 + 3xyz + x^2 y^2 z^2)$

6. 解：因为 $\dfrac{\partial u}{\partial x} = \dfrac{2x}{x^2 + y^2 + z^2}$，所以

$$\dfrac{\partial^2 u}{\partial x^2} = \dfrac{2(y^2 + z^2 - x^2)}{(x^2 + y^2 + z^2)^2}$$

同理可得

$$\dfrac{\partial^2 u}{\partial y^2} = \dfrac{2(x^2 + z^2 - y^2)}{(x^2 + y^2 + z^2)^2}$$

$$\dfrac{\partial^2 u}{\partial z^2} = \dfrac{2(y^2 + x^2 - z^2)}{(x^2 + y^2 + z^2)^2}$$

故

$$\dfrac{\partial^2 u}{\partial x^2} + \dfrac{\partial^2 u}{\partial y^2} + \dfrac{\partial^2 u}{\partial z^2} = \dfrac{2}{x^2 + y^2 + z^2}$$

7. 略

习题 6.3

一、单项选择题

1. A   2. A   3. A   4. A

二、填空题

1. $\mathrm{d}f = \dfrac{x\mathrm{d}x + y\mathrm{d}y}{\sqrt{x^2 + y^2}}$

2. $\mathrm{d}u = \dfrac{\mathrm{d}x}{\sqrt{x^2 + y^2}} + \dfrac{y\mathrm{d}y}{(x + \sqrt{x^2 + y^2})\sqrt{x^2 + y^2}}$

3. $\mathrm{d}z = e^{x+y}[y(1 + x)\mathrm{d}x + x(1 + y)\mathrm{d}y]$

4. $\mathrm{d}u = \dfrac{-2y\mathrm{d}x + 2x\mathrm{d}y}{(x - y)^2}$

5. $\mathrm{d}z = (3x^2 y^2 - 2x)\mathrm{d}x + (2x^3 y - e^y)\mathrm{d}y$

6. $\mathrm{d}z = \dfrac{y(1 + x)^y}{1 + x}\mathrm{d}x + (1 + x)^y \ln(1 + x)\mathrm{d}y$

三、解答题

1. (1) $\mathrm{d}z = \left(y - \dfrac{1}{y}\right)\mathrm{d}x + \left(x + \dfrac{x}{y^2}\right)\mathrm{d}y$ (2) $\mathrm{d}z = e^{\frac{y}{x}}\left[\dfrac{x\mathrm{d}y - y\mathrm{d}x}{x^2}\right]$

(3) $\mathrm{d}z = \dfrac{2x\mathrm{d}x + 2y\mathrm{d}y}{x^2 + y^2}$

(4) $\mathrm{d}u = yzx^{yz-1}\mathrm{d}x + zx^{yz}\ln x\mathrm{d}y + yx^{yz}\ln x\mathrm{d}z$

2. 解：
$$dz = f_x'(x_0, y_0) \times \Delta x + f_y'(x_0, y_0) \times \Delta y$$
$$= 2x_0 y_0 \times \Delta x + x_0^2 \times \Delta y = -0.12$$
$$\Delta z = f(x_0 + \Delta x, y_0 + \Delta y) - f(x_0, y_0) = -0.121\ 2$$

3. 解：根据近似计算公式
$$f(x + \Delta x, y + \Delta y) \approx f(x, y) + f_x'(x, y)\Delta x + f_y'(x, y)\Delta y$$

令 $z = x^y$，取 $x_0 = 2, y_0 = 1, \Delta x = 0.01, \Delta y = -0.04$，则

$$(2.01)^{0.96} = f(x_0 + \Delta x, y_0 + \Delta y) \approx f(x_0, y_0) + dz = f(x_0, y_0) + f_x'(x_0, y_0)\Delta x + f_y'(x_0, y_0)\Delta y$$
$$= 2 + 0.01 - 0.08 \ln 2 \approx 1.955$$

4. 解：由题义设矩形的长为 x，宽为 y，则矩形对角线的长为 $z = \sqrt{x^2 + y^2}, x_0 = 8, \Delta x = 0.05,$ $y_0 = 6, \Delta y = -0.1$. 根据近似计算公式得

$$\Delta z \approx dz = f_x'(x_0, y_0)\Delta x + f_y'(x_0, y_0)\Delta y$$
$$= 0.04 - 0.06 = -0.02$$

习题 6.4

一、单项选择题

1. B 2. B 3. A

二、填空题

1. $\dfrac{dy}{dx} = \dfrac{2xy}{e^y - x^2}$ 2. $\dfrac{2xyz - 1}{1 - xy^2}$

三、解答题

1. $\dfrac{du}{dt} = e^{\sin t - 2t^3}(\cos t - 6t^2)$

2. 设 $z = u^2 v - uv^2, u = x \cos y, v = x \sin y$，得

$$\frac{\partial z}{\partial x} = \frac{\partial z}{\partial u} \frac{\partial u}{\partial x} + \frac{\partial z}{\partial v} \frac{\partial v}{\partial x} = (2uv - v^2)\cos y + (u^2 - 2uv)\sin y$$

$$\frac{\partial z}{\partial y} = \frac{\partial z}{\partial u} \frac{\partial u}{\partial y} + \frac{\partial z}{\partial v} \frac{\partial v}{\partial y} = (v^2 - 2uv)\sin y \cdot x + (u^2 - 2uv)\cos y \cdot x$$

3. (1) $z_x' = f_1' \cdot 2x + yf_2' \cdot e^{xy}, \ z_y' = -2y \cdot f_1' + xf_2' \cdot e^{xy}$

(2) $z_x' = 2f_1' + \dfrac{y}{x} \cdot f_2', \ z_y' = f_1' + \ln x \cdot f_2'$

(3) $u_x' = f_1' + y \cdot f_2' + yz \cdot f_3', \ u_y' = x \cdot f_2' + xz \cdot f_3', \ u_z' = xy \cdot f_3'$

(4) $u_x' = f' \cdot (2x + y + yz), \ u_y' = f' \cdot (x + xz), \ u_z' = xy \cdot f'$

4. (1) $\dfrac{dy}{dx} = \dfrac{1 - ye^{xy}}{xe^{xy} - \sin y}$ (2) $\dfrac{dy}{dx} = \dfrac{x + y}{x - y}$

5. (1) $\dfrac{\partial z}{\partial x} = -\dfrac{2yz}{3z^2 + 2xy}, \dfrac{\partial z}{\partial y} = -\dfrac{2xz}{3z^2 + 2xy}$

(2) $\dfrac{\partial z}{\partial x} = -1, \dfrac{\partial z}{\partial y} = -1$

$(3) \dfrac{\partial z}{\partial x} = \dfrac{z}{z+x}, \dfrac{\partial z}{\partial y} = \dfrac{z^2}{y(x+z)}.$

$(4) \dfrac{\partial z}{\partial x} = \dfrac{1}{ay \sec^2(az)}, \dfrac{\partial z}{\partial y} = -\dfrac{\tan(az)}{ay \sec^2(az)}.$

6. $z'_x = -\dfrac{1}{5}, z'_y = -\dfrac{11}{5}.$

7. 证明:因为 $\dfrac{\partial z}{\partial x} = \dfrac{2 \cos(x+2y-3z) - 1}{6 \cos(x+2y-3z) - 3}$

$\dfrac{\partial z}{\partial y} = \dfrac{4 \cos(x+2y-3z) - 2}{6 \cos(x+2y-3z) - 3}$

所以 $\dfrac{\partial z}{\partial x} + \dfrac{\partial z}{\partial y} = 1$

习题 6.5

一、单项选择题

1. B   2. C   3. D   4. B   5. C

二、填空题

1. 驻点是 $(1, -1)$

2. 点 (x_0, y_0) 是函数的驻点,或 $z'_x(x_0, y_0) = 0, z'_y(x_0, y_0) = 0$

3. 驻点是 $(1, -2)$ 4. $a = 0, b = 4$

5. $abc = 30$

三、解答题

1. (1) 在点 $(1, -1)$ 处取得极小值 $z(1, -1) = 1$.

(2) 在点 $(-1, 0)$ 处取得极小值 $z(-1, 0) = -1$.

(3) 在点 $(2, -1)$ 处取得极小值 $z(2, -1) = -2$.

(4) 无极大值点,在点 $(2, 1)$ 处取得极小值

2. (1) 函数 z 在点 $(0, 0)$ 处取最小值 $z(0, 0) = 0$,在点 $(2, 0), (-2, 0)$ 处取最大值 $z(2, 0) = z(-2, 0) = 8$

(2) 函数 z 在点 $(-1, 0)$ 处取最小值 $z(-1, 0) = -10$,在点 $(2, 0)$ 处取最大值 $z(2, 0) = 8$.

3~6. 略

复习题

一、单项选择题

1. B   2. A   3. B   4. B   5. C   6. A   7. B   8. D   9. B   10. B   11. A   12. C   13. B

二、填空题

1. e^{-2} 2. $\dfrac{2}{5}$ 3. $\dfrac{1}{x} dx + \dfrac{1}{y} dy - \dfrac{2}{z} dz$ 4. $f'_1 + yf'_2 + yzf'_3$

5. $4xy\varphi''(x^2 + y^2)$ 6. $\dfrac{-(1 + 2yz)}{4z + 2xy}$ 7. 小

三、解答题

1. (1) $D: \begin{cases} 0 \leq x \leq 1 \\ x \leq y \leq 1 \end{cases}$ 或 $\begin{cases} 0 \leq y \leq 1 \\ 0 \leq x \leq y \end{cases}$

(2) $D: \begin{cases} 0 \leq x \leq 1 \\ 0 \leq y \leq x \end{cases} \cup \begin{cases} 1 \leq x \leq 2 \\ 0 \leq y \leq 2-x \end{cases}$ 或 $\begin{cases} 0 \leq y \leq 1 \\ y \leq x \leq 2-y \end{cases}$

2. (1) $u'_x = e^{\frac{z}{y}}, u'_y = -\frac{xz}{y^2}e^{\frac{z}{y}}, u'_z = \frac{x}{y}e^{\frac{z}{y}}$

(2) $z'_x = -\frac{2y^2}{x^3}, z'_y = \frac{2y}{x^2}, z''_{xx} = \frac{6y^2}{x^4}, z''_{xy} = -\frac{4y}{x^3}, z''_{yy} = \frac{2}{x^2}$

3. (1) $dz = \frac{1}{\sqrt{1-x^2y^2}}(y dx + x dy)$

(2) $dz = e^{x+y}[\cos y(\cos x - \sin x) dx + \cos x(\cos y - \sin y) dy]$

4. $dz = \frac{2\ln(x+y)}{x+y}(dx + dy) + dy$

5. $\frac{dy}{dx} = f'_x + \frac{1}{x}f'_y + \sec^2 x f'_z$

6. $u'_x = f'_x + f'_z \cdot \frac{x}{x^2+y^2}, u''_{xy} = f''_{12} + f''_{13} \cdot \frac{y}{x^2+y^2} + f''_{32} \cdot \frac{x}{x^2+y^2} + f''_{33} \cdot \frac{xy}{(x^2+y^2)^2} - f'_3 \frac{2xy}{(x^2+y^2)^2}$

7. 略

8. $z'_x = -\frac{ye^{xy} + yz}{-\frac{1}{1+z^2} + xy}, z'_y = \frac{-xe^{xy} - xz}{xy - \frac{1}{1+z^2}}$

9. $z_{max} = 1, z_{min} = 0$

10. $(\pm\sqrt{2}, \pm\sqrt{2})$

11. 绕它的一边 $x = \frac{p}{3}$ 旋转, 另一边长为 $\frac{2p}{3}$ 时, 旋转体体积最大

第 7 章

习题 7.1

一、判断题

1. ×   2. ×

二、单项选择题

1. B   2. D   3. C   4. B

三、思考题(略)

习题 7.2

一、判断题

1. √   2. √   3. √   4. √

二、单项选择题

1. B   2. A   3. D   4. C

三、填空题

1. 0   2. 0   3. 0   4. $\int_0^1 dx \int_0^{x^2} f(x,y) dy$ 5. $\int_0^1 dx \int_{x^2}^x f(x,y) dy$

四、解答题

1. (1) $\dfrac{8}{3}$ (2) 9   (3) $\dfrac{1}{2}$ (4) $\dfrac{2}{3}\ln 2$

2. $(e-1)^2$ 3. $\dfrac{1}{6}$ 4. $\dfrac{16}{3}$ 5. -2 6. $\dfrac{15}{8} - \dfrac{1}{2}\ln 2$ 7. 9

习题 7.3

1. (1) $\displaystyle\int_0^{2\pi} d\theta \int_0^a f(a\cos\theta, a\sin\theta) r dr$ (2) $\displaystyle\int_{-\frac{\pi}{2}}^{\frac{\pi}{2}} d\theta \int_0^{2a\cos\theta} f(a\cos\theta, a\sin\theta) r dr$

(3) $\displaystyle\int_{-\frac{\pi}{2}}^{\frac{\pi}{2}} d\theta \int_{2\cos\theta}^2 f(a\cos\theta, a\sin\theta) r dr$

2. (1) $\dfrac{3\pi}{4}$ (2) $\dfrac{\pi}{4}(1-\cos 1)$

3. (1) $\pi(e^4-1)$ (2) $\dfrac{\pi}{4}(2\ln 2 - 1)$

习题 7.4

1. $\dfrac{1}{2}$ 2. $\dfrac{16}{3}a^3$ 3. $4\pi a^2$ 4. $\dfrac{4}{3}a^2$

复习题

一、判断题

1. ×   2. ×   3. √   4. √   5. ×   6. ×

二、选择题

1. B   2. A   3. B   4. D   5. D

三、填空题

1. $2S$ 2. $\dfrac{2\pi}{3}$ 3. 0   4. $\int_0^a dy \int_y^a f(x,y) dx$ 5. $\int_0^1 dy \int_y^{\sqrt{y}} f(x,y) dx$

四、解答题

1. (1) $I_1 \geqslant I_2$ (2) $I_1 > I_2$

2. (1) $\displaystyle\int_0^1 dx \int_{x^3}^{x^2} f(x,y) dy = \int_0^1 dy \int_{\sqrt{y}}^{\sqrt[3]{y}} f(x,y) dx$

$(2) \int_0^1 dy \int_{\sqrt{y}}^{3-2y} f(x,y) dx = \int_0^1 dx \int_0^{x^2} f(x,y) dy + \int_1^3 dx \int_0^{\frac{3-x}{2}} f(x,y) dy$

3. $(1) 10 - \dfrac{1}{2}\ln 3$ $(2) \dfrac{13}{6}$ $(3) \dfrac{64}{15}$ $(4) 18$

第8章

习题8.1

一、单项选择题
1. C 2. D 3. D 4. D 5. B

二、填空题：
1. $S_0 + u_1$ 2. 发散 3. $a - b$ 4. $|q| > 1$ 5. $\dfrac{3}{4}$

三、解答题
1. (1) 发散 (2) 收敛, 其和为 $\dfrac{1}{2}$ (3) 收敛, 其和为 $\dfrac{3}{8}$

2. (1) 发散 (2) 发散 (3) 收敛, 其和为 $\dfrac{2}{3}$ (4) 发散 (5) 收敛, 其和为 $\dfrac{\ln^2 2}{1 - \ln 2}$

(6) 发散

习题8.2

一、单项选择题
1. B 2. C 3. B 4. A 5. C

二、解答题
1. (1) 收敛 (2) 发散 (3) 收敛 (4) 发散
2. (1) 发散 (2) 收敛 (3) 收敛 (4) 收敛
3. (1) 发散 (2) 发散 (3) 收敛 (4) 收敛
4. (1) 条件收敛 (2) 绝对收敛 (3) 条件收敛 (4) 绝对收敛

习题8.3

1. $(1)(-1,1)$ $(2)(-\infty, +\infty)$ $(3)[-2,2]$ $(4)[-1,1]$ $(5)(1,5)$
$(6)(-2,0)$

2. $(1) -\ln(1+x)$ $(2) \dfrac{x}{(1-x)^2}$ $(3) x + (1-x)\ln(1-x)$

3. $S(x) = \dfrac{1}{(1-x)^3}, S\left(\dfrac{1}{2}\right) = 8$

习题 8.4

1. (1) $\sum_{n=0}^{\infty} \frac{(\ln a)^n}{n!} x^n$ $(-\infty < x < +\infty)$

(2) $\sum_{n=0}^{\infty} (-1)^n x^n$ $(-1 < x < 1)$

(3) $\sum_{n=0}^{\infty} \frac{1}{(2n)!} x^{2n}$ $(-\infty < x < +\infty)$

(4) $\sum_{n=1}^{\infty} (-1)^{n-1} \frac{1}{2(2n)!} (2x)^{2n}$ $(-\infty < x < +\infty)$

(5) $2\sum_{n=0}^{\infty} \frac{1}{2n+1} x^{2n+1}$ $(-1 < x < 1)$

(6) $x + \sum_{n=1}^{\infty} \frac{(-1)^{n+1}}{n(n+1)} x^{n+1}$ $(-1 < x \leqslant 1)$

2. (1) $\ln 2 + \sum_{n=0}^{\infty} \frac{(-1)^n}{(n+1)2^{n+1}} (x-2)^{n+1}$ $(0 < x \leqslant 4)$

(2) $\sum_{n=0}^{\infty} \frac{(-1)^n}{2^{n+1}} (x-2)^n$ $(0 < x < 4)$

3. $\sum_{n=0}^{\infty} (-1)^n \left(\frac{1}{2^{n+1}} - \frac{1}{3^{n+1}} \right) (x-1)^n$ $(-1 < x < 3)$

复习题

一、单项选择题

1. D 2. C 3. D 4. C 5. B

二、填空题

1. $\lim_{n\to\infty} u_n = 0$ 2. $u_n = \frac{(-1)^{n-1}}{2n-1}$ 3. $\frac{r^3}{1-r}$ 4. 发散 5. $[-4, 0)$

三、判断题

1. √ 2. √ 3. ×

四、解答题

1. (1) 发散 (2) 收敛 (3) 收敛 (4) 收敛 (5) 收敛 (6) 收敛

2. (1) $\left(-\frac{\sqrt{2}}{2}, \frac{\sqrt{2}}{2} \right)$ (2) $|x(x-3)| < 6$，即有 $\left(\frac{3-\sqrt{33}}{2}, \frac{3+\sqrt{33}}{2} \right)$

3. 略

4. $(-\infty, -1) \cup (1, +\infty)$

5. $[-1, 1]$, $S(x) = x - (1+x)\ln(1+x)$

6. (1) $\sum_{n=1}^{\infty} \frac{(-1)^{n-1}}{n} x^{2n}$ $(-1 < x < 1)$

(2) $\sum_{n=0}^{\infty} \frac{n+1}{3^{n+2}} x^n$ $(-3 < x < 3)$

(3) $\sum\limits_{n=0}^{\infty} \dfrac{(-1)^n}{(2n+1)n!}x^{2n+1}$ $(-\infty < x < +\infty)$

(4) $\sum\limits_{n=0}^{\infty} \dfrac{(-1)^n}{(2n+1)(2n+1)!}x^{2n+1}$ $(-\infty < x < +\infty)$

7. $\dfrac{1}{2}$

第 9 章

习题 9.1

一、单项选择题

1. A 2. C 3. B 4. B 5. D

二、填空题

1. $y = x^2 + C$ 2. $y = -4\sin x + C_1 x + C_2$ 3. $y' - y = \mathrm{e}^x$

三、解答题

1. (1) $y = \cos x - 2$ (2) $y = x^3 + 2x + 1$

2. $y = x^2 + 1$

3. $S(t) = \dfrac{1}{12}t^4$

习题 9.2

1. (1) $y = \mathrm{e}^{Cx}$ 　　　　　　　　　(2) $\tan x + \ln|\ln y| = C$

(3) $\ln(6 + x^2) = 2\arcsin y + C$ 　(4) $2\ln|\sec y + \tan y| = x^2 + C$

(5) $y = C(y - 2)\mathrm{e}^{x^2}$ 　　　　　(6) $y = \dfrac{Cx}{x - 1}$

(7) $2\mathrm{e}^y = \mathrm{e}^{2x} + 1$ 　　　　　　(8) $y = \mathrm{e}^{\tan\frac{x}{2}}$

(9) $y = \dfrac{1}{2}(\arctan x)^2$

2. $xy = 6$

3. $S = 50 \cdot \mathrm{e}^{\frac{\ln 2}{10} \cdot t} = 50 \cdot 2^{\frac{t}{10}}$

4. 约 10 min

5. $P = 10 \cdot \mathrm{e}^{\frac{\ln 2}{10} \cdot t} = 10 \cdot 2^{\frac{t}{10}}$

6. $Q = 5p + p^2 + 350$

习题 9.3

1. (1) $\sin\dfrac{y}{x} = Cx$ 　　　　　　　(2) $\ln\dfrac{y}{x} - 1 = Cx$

$(3) \ln | x | + e^{-\frac{y}{x}} = C$ $(4) xy(y - x) = C$

2. $(1) y^2 = 2x^2(\ln x + 2)$ $(2) \arcsin \frac{y}{x} = \ln x + \frac{\pi}{2}$

习题9.4

1. $(1) y = \frac{1}{3}e^x + Ce^{-2x}$ $(2) \frac{1}{2}(\sin x - \cos x) + Ce^x$

   $(3) y = \cos x(C - 2\cos x)$ $(4) S = \sin t - 1 + Ce^{-\sin t}$

   $(5) x = \frac{1}{10}y^2 + Cy^{-3}$ $(6) y = Ce^{x^2} - (1 + x^2)$

2. $(1) y = \frac{2x - 1}{x^3}$ $(2) y = \frac{1}{x}(\pi - 1 - \cos x)$

   $(3) y = \frac{x}{\cos x}$ $(4) y = 2e^{2x} - e^x + \frac{x}{2} + \frac{1}{4}$

3. $y = 3(e^x - x - 1)$

4. $v = \frac{k_1}{k_2}t - \frac{k_1 m}{k_2^2}(1 - e^{-\frac{k_2}{m}t})$

5. $(1) \arctan(x + y) = x + C$

   $(2) \frac{(y - x)^2}{2} + x = C$

   $(3) \frac{1}{y} = \frac{1}{2}(1 + x) + \frac{C}{1 + x}$

6. $y = (1 + x)e^x$

习题9.5

1. $(1) y = c_1 + c_2 e^{4x}$

   $(2) x = (c_1 + c_2 t)e^{\frac{5}{2}t}$

   $(3) y = e^{-3x}(c_1 \cos 2x + c_2 \sin 2x).$

2. $(1) y = e^{-\frac{x}{2}}(2 + x)$ $(2) y = e^{2x}\sin 3x$

复习题

一、单项选择题

1. C   2. A   3. B   4. C   5. A   6. C   7. D

二、填空题

1. $x = e^{-\int P(y)dy}(\int Q(y)e^{\int P(y)dy}dy + C)$ 2. $\frac{x}{y} = u(y)$ 3. $y = Cx + e^x$ 4. $A = 4$ 5. $y = e^{4x}$

三、判断题

1. ×   2. ×   3. √

298

四、解答题

1. (1) $y = C(x + 1) + 1$

(2) $\ln \dfrac{x}{y} = Cy + 1$

(3) $y + \sqrt{x^2 + y^2} = Cx^2$

(4) $y = \dfrac{1}{2} e^x \left(x^2 - x + \dfrac{1}{2} \right) + Ce^{-x}$

(5) $x = y\left(\dfrac{1}{2} y^2 + C \right)$

2. (1) $y = \ln \dfrac{2x}{x + 1}$

(2) $\dfrac{1}{3} \ln^3 y = \dfrac{1}{2} - \dfrac{1}{x}$

(3) $y = x^2 (e^x - e)$

(4) $x = \dfrac{1}{3} y - \dfrac{1}{9} + e^{1 - 3y}$

3. (1) $\dfrac{1}{3} (Ce^{3x} + 1)$

(2) $x = y(\ln |y| + C)$

4. $y + \sqrt{x^2 + y^2} = C$ 或 $y + \sqrt{x^2 + y^2} = Cx^2$

5. $f(x) = \sqrt{4 - 2\sin x}$

6. $f(x) = 2 + Cx$

7. $f(x) = x^2 - \dfrac{5}{3}$

8. 约为 76.8 ℃

附录

附录 A 考试大纲

高等数学(A)考试大纲(2007 年)

试点高校网络教育部分公共基础课全国统一考试,遵循网络教育应用型人才的培养目标,针对从业人员继续教育的特点,重在检验学生掌握基础知识的水平及应用能力,以全面提高现代远程高等学历教育的教学质量.高等数学课程是现代远程教育试点高校网络教育实行全国统一考试的部分公共基础课之一,该课程的考试是一种基础水平检测性考试,考试大纲的内容是按照这一要求设计的,课程教学应按照课程教学大纲的要求进行,本考试合格者应达到与成人教育高等教育本科相应的高等数学课程要求的基本水平.

考试对象

教育部批准的现代远程教育试点高校网络教育学院和中央广播电视大学"人才培养模式改革和开放教育试点"项目中自 2004 年 3 月 1 日(含 3 月 1 日)以后入学的本科层次学历教育的学生,应参加网络教育部分公共基础课全国统一考试.

高等数学(A)考试大纲适用于数学类专业的本科学生.

考试目标

高等数学是高等院校数学类专业学生的基础课程之一,是培养学生运算能力、抽象概括问题的能力、逻辑推理能力、综合运用所学知识分析和解决问题能力的课程,是学生学习后继课程和进一步获得近代科学技术知识的必备基础.

本课程的考试目标是考查学生高等数学的基本概念、基本理论、基本方法和常用的运算技能,并以此检测学生分析问题和解决问题的能力.

本大纲对内容的要求由低到高,对概念和理论分为"了解、理解"两个层次,对方法和运算分为"会、掌握、熟练掌握"3 个层次.

考试内容与要求

一、函数、极限、连续

(一)函数

1. 考试内容

函数的定义,函数的表示,分段函数,反函数,复合函数,隐函数,由参数方程所确定的函数,函数的性质(有界性、奇偶性、周期性、单调性),基本初等函数,初等函数.

2. 考试要求

(1)理解函数的概念,了解函数的表示法,会求函数的定义域.

(2)理解函数的有界性、奇偶性、周期性和单调性.

(3)理解分段函数、反函数、复合函数、隐函数和由参数方程所确定的函数的概念.

(4)掌握基本初等函数的性质和图像,理解初等函数的概念.

(二)极限

1. 考试内容

数列极限的定义和性质,函数极限的定义和性质,函数的左极限与右极限,无穷小和无穷大的概念及其关系,无穷小的性质,等价无穷小,极限的四则运算,两个重要极限:

$$\lim_{x \to 0} \frac{\sin x}{x} = 1$$

$$\lim_{x \to \infty} \left(1 + \frac{1}{x} \right)^x = e$$

2. 考试要求

(1)理解数列极限和函数极限(含左极限、右极限)的概念,了解函数在一点处极限存在的充分必要条件.

(2)会求数列的极限,会求函数的极限.

(3)掌握极限的性质和四则运算法则.

(4)了解无穷小和无穷大的概念、无穷小的性质、无穷小与无穷大的关系、等价无穷小的概念,会用等价无穷小求极限.

(5)掌握利用两个重要极限求极限的方法.

(三)连续

1. 考试内容

函数连续的概念,左连续与右连续,函数间断点,连续函数的四则运算,复合函数的连续性,反函数的连续性,初等函数的连续性,闭区间上连续函数的性质(有界性定理、最值定理和介值定理).

2. 考试要求

(1)理解函数连续的概念(含左连续、右连续),会求函数间断点.

(2)掌握连续函数的四则运算法则.

(3)理解复合函数、反函数和初等函数的连续性.

(4)掌握闭区间上连续函数的性质(有界性定理、最值定理和介值定理).

二、一元函数微分学

(一)导数与微分

1. 考试内容

导数和微分的定义,左导数与右导数,导数的几何意义,函数的可导性、可微性和连续性之间的关系,导数和微分的四则运算,导数和微分的基本公式,复合函数、隐函数和由参数方程所确定的函数的导数,高阶导数.

2. 考试要求

(1)理解导数的概念及其几何意义,了解左导数与右导数的概念.

(2)理解函数可导性、可微性和连续性之间的关系.

(3)会求平面曲线上某一点处的切线方程.

(4)熟练掌握导数的基本公式、四则运算法则及复合函数的求导方法.

(5)会求隐函数和由参数方程所确定的函数的导数.

(6)了解高阶导数的概念,会求简单函数的高阶导数.

(7)了解微分的概念,会求函数的微分.

(二)微分中值定理及导数的应用

1. 考试内容

微分中值定理(罗尔定理、拉格朗日中值定理),洛必达法则,函数单调性的判别,函数的极值与最值,函数图形的凹凸性、拐点.

2. 考试要求

(1)了解罗尔定理、拉格朗日中值定理.

(2)熟练掌握用洛必达法则求"$\dfrac{0}{0}$"、"$\dfrac{\infty}{\infty}$"、"$0 \cdot \infty$"、"$\infty - \infty$"型未定式极限的方法.

(3)掌握利用导数判断函数单调性的方法.

(4)理解函数极值的概念,掌握求函数的极值与最值的方法,并会求解简单的应用问题.

(5)会判断平面曲线的凹凸性,会求平面曲线的拐点.

三、一元函数积分学

(一)不定积分

1. 考试内容

原函数与不定积分的概念,不定积分的基本性质,不定积分的基本公式,不定积分的换元积分法和分部积分法.

2. 考试要求

(1)理解原函数和不定积分的概念,掌握不定积分的基本性质.

(2)熟练掌握不定积分的基本公式.

(3)熟练掌握不定积分的第一类换元法,掌握不定积分的第二类换元法(仅限于三角代换与简单的根式代换).

(4)熟练掌握不定积分的分部积分法.

（二）定积分

1. 考试内容

定积分的概念和基本性质,定积分的几何意义,变上限积分所定义的函数,牛顿-莱布尼茨公式,定积分的换元法和分部积分法,定积分的应用(平面图形的面积、旋转体的体积),广义积分.

2. 考试要求

(1)理解定积分的概念、定积分的几何意义,掌握定积分的基本性质.

(2)理解变上限积分所定义的函数,会求其导数.

(3)熟练掌握牛顿-莱布尼茨公式.

(4)熟练掌握定积分的换元法和分部积分法.

(5)会应用定积分计算在直角坐标系下的平面图形的面积和旋转体的体积.

(6)了解广义积分的概念,会计算无穷区间上有界函数的广义积分.

四、多元函数微积分

（一）多元函数微分学

1. 考试内容

多元函数的概念,二元函数的几何意义,二元函数的偏导数、二阶偏导数、全微分,复合函数和隐函数的偏导数,二元函数的极值.

2. 考试要求

(1)了解多元函数的概念,了解二元函数的几何意义.

(2)理解偏导数的概念,了解全微分的概念,会求二元函数的一阶、二阶偏导数,会求二元函数的全微分.

(3)掌握复合函数一阶偏导数的求法.

(4)会求由方程 $F(x,y,z)=0$ 所确定的隐含数 $z=z(x,y)$ 的一阶偏导数.

(5)掌握二元函数极值存在的必要条件,了解二元函数极值存在的充分条件,会求二元函数的极值.

（二）二重积分

1. 考试内容

二重积分的概念与性质、几何意义,二重积分的计算法.

2. 考试要求

(1)了解二重积分的概念和性质、几何意义.

(2)掌握在直角坐标系下计算二重积分的方法.

(3)会用二重积分计算曲顶柱体的体积.

五、级数

（一）数项级数

1. 考试内容

数项级数的概念,级数的收敛与发散,级数的基本性质,几何级数和 p-级数.

2. 考试要求

（1）理解数项级数的概念，理解级数收敛与发散的概念，了解级数的基本性质.

（2）掌握几何级数和 p 级数收敛的条件.

（二）幂级数

1. 考试内容

幂级数的概念，幂级数的收敛半径和收敛区间，初等函数的幂级数展开.

2. 考试要求

（1）了解幂级数的概念.

（2）掌握求幂级数的收敛半径、收敛区间（不要求讨论端点）的方法.

（3）掌握 e^x，$\sin x$，$\dfrac{1}{1-x}$ 的关于 x 的幂级数展开，并会用它们将一些简单的函数间接展开成关于 x 的幂级数.

试卷结构与题型

一、试卷分数

满分 100 分.

二、试题类型

是非题、单项选择题、填空题和解答题.

是非题的形式为二选一，即对命题作出"对"或"错"的选择.

单项选择题的形式为四选一，即在每题的四个备选答案中选出一个符合题目要求的答案.

填空题只要求直接填写结果，不必写出计算过程和推理过程.

解答题包括计算题、应用题等，解答题要求写出文字说明，演算步骤或推证过程.

三、题型比例

是非题约 20%，单项选择题约 20%，填空题约 20%，解答题等约 40%.

四、试题难度

试题按其难度分为容易题、中等题和较难题，其分值比例约为 5：4：1.

五、试题内容比例

一元函数微积分（含函数与极限）约 70%，多元函数微积分约 20%，级数约 10%.

考试方式与时间

考试方式：闭卷笔试（不准使用计算器）

考试时间：120 分钟

题型示例

样卷：

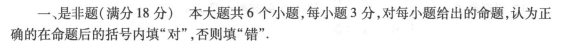

高等数学 A(样卷)

一、是非题(满分 18 分)　本大题共 6 个小题,每小题 3 分,对每小题给出的命题,认为正确的在命题后的括号内填"对",否则填"错".

1. 函数 $f(x) = \sin 2x\,(-\infty < x < +\infty)$ 是周期函数.

　答:[　]

2. 函数 $f(x)$ 在点 $x = x_0$ 处可导,则它在该点必连续.

　答:[　]

3. 已知 $y = \ln 2x$,则 $\dfrac{\mathrm{d}y}{\mathrm{d}x} = \dfrac{1}{2x}$.

　答:[　]

4. $\displaystyle\int \mathrm{e}^{2x}\,\mathrm{d}x = \mathrm{e}^{2x} + C$.

　答:[　]

5. 定积分 $\displaystyle\int_{-1}^{1} x^3\,\mathrm{d}x = 0$.

　答:[　]

6. 级数 $\displaystyle\sum_{n=1}^{\infty} \dfrac{1}{\sqrt{n}}$ 收敛.

　答:[　]

二、选择题(满分 20 分)　本大题共 5 个小题,每小题 4 分,在每小题给出的四个选项中,只有一项符合题目要求,把所选项前的字母填在题后的括号内.

7. 当 $x \to 0$ 时,下列变量中是无穷小的为(　　).

　A. e^x　　　　B. $1 + x$　　　　C. $\ln(1 + x)$　　　　D. $\cos x$

　答:[　]

8. 设 $y = 1 + \cos x$,则 $\mathrm{d}y = ($　　$)$.

　A. $(1 + \sin x)\mathrm{d}x$　　B. $-\sin x\,\mathrm{d}x$　　C. $(1 - \sin x)\mathrm{d}x$　　　D. $\sin x\,\mathrm{d}x$

　答:[　]

9. 设函数 $f(x)$ 在 (a,b) 内可导,且 $f'(x) = 2$,则 $f(x)$ 在 (a,b) 内(　　　　).

　A. 单调增加　　　B. 单调减少　　　C. 是常数　　　　D. 不能确定单调性

　答:[　]

10. $\sqrt{x}$ 的一个原函数是(　　).

　A. $\dfrac{1}{2x}$　　　　　B. $\dfrac{x}{2}$　　　　　C. $\dfrac{2}{3}\sqrt{x^3}$　　　　　D. $\dfrac{3}{2}\sqrt{x^3}$

　答:[　]

11. 设函数 $f(x)$ 在闭区间 $[a,b]$ 上连续,则曲线 $y = f(x)$ 与直线 $x = a, x = b$ 和 $y = 0$ 所围成的平面图形的面积等于(　　).

　A. $\displaystyle\int_a^b f(x)\,\mathrm{d}x$　　B. $\left|\displaystyle\int_a^b f(x)\,\mathrm{d}x\right|$　　C. $-\displaystyle\int_a^b f(x)\,\mathrm{d}x$　　　D. $\displaystyle\int_a^b |f(x)|\,\mathrm{d}x$

　答:[　]

三、填空题(满分 20 分) 本大题共 5 小题,每小题 4 分,把答案填在题中横线上.

12. 设函数 $f(x) = \begin{cases} \dfrac{\sin x}{x} & x > 0 \\ 0 & x \leq 0 \end{cases}$,则 $f(x)$ 的间断点是 $x =$ _____.

13. 设函数 $f(x)$ 在 $x = 1$ 处可导,且 $f'(x) = 1$,则 $\lim\limits_{\Delta x \to 0} \dfrac{f(1 + \Delta x) - f(1)}{\Delta x} =$ _____.

14. $\displaystyle\int \dfrac{\ln x}{x}\mathrm{d}x =$ _____.

15. $\dfrac{\mathrm{d}}{\mathrm{d}x}\displaystyle\int_0^x \sqrt{1 + t^2}\,\mathrm{d}t =$ _____.

16. 设 $z = xy^2 + x^3 y$,则 $\dfrac{\partial z}{\partial x} =$ _____.

四、解答题(满分 42 分) 本大题共 6 个小题,每小题 7 分,解答应写出推理、演算步骤.

17. 求极限 $\lim\limits_{x \to 0} \dfrac{x - \sin x}{x^3}$.

18. 求曲线 $y = x^2 + x^3$ 在点 $(1,2)$ 处的切线方程.

19. 计算 $\displaystyle\int_0^4 \mathrm{e}^{-\sqrt{x}}\mathrm{d}x$.

20. 设函数 $z = y^{2x}$,求 $\mathrm{d}z$.

21. 求 $\displaystyle\iint_D xy\,\mathrm{d}x\mathrm{d}y$,其中 D 是由 $y = x, y = 0, x = 1$ 所围成的区域.

22. 将函数 $f(x) = \dfrac{1}{2 - x}$ 展开成关于 x 的幂级数.

答案:

高等数学 A(样卷)答案

一、是非题(满分 18 分) 本大题共 6 个小题,每小题 3 分,对每小题给出的命题,认为正确的在命题后的括号内填"对",否则填"错".

1. 函数 $f(x) = \sin 2x\,(-\infty < x < +\infty)$ 是周期函数.
 答:[对]

2. 函数 $f(x)$ 在点 $x = x_0$ 处可导,则它在该点必连续.
 答:[对]

3. 已知 $y = \ln 2x$,则 $\dfrac{\mathrm{d}y}{\mathrm{d}x} = \dfrac{1}{2x}$.
 答:[错]

4. $\displaystyle\int \mathrm{e}^{2x}\mathrm{d}x = \mathrm{e}^{2x} + C$.
 答:[错]

5. 定积分 $\displaystyle\int_{-1}^1 x^3\,\mathrm{d}x = 0$.
 答:[对]

6. 级数 $\sum\limits_{n=1}^{\infty} \dfrac{1}{\sqrt{n}}$ 收敛.

答:[错]

二、选择题(满分 20 分)　本大题共 5 个小题,每小题 4 分,在每小题给出的四个选项中,只有一项符合题目要求,把所选项前的字母填在题后的括号内.

7. 当 $x \to 0$ 时,下列变量中是无穷小的为(　　).

　A. e^x　　　　B. $1 + x$　　　　C. $\ln(1 + x)$　　　　D. $\cos x$

答:[C]

8. 设 $y = 1 + \cos x$,则 $dy = ($　　$)$.

　A. $(1 + \sin x)dx$　　B. $-\sin x dx$　　　C. $(1 - \sin x)dx$　　　D. $\sin x dx$

答:[B]

9. 设函数 $f(x)$ 在 (a,b) 内可导,且 $f'(x) = 2$,则 $f(x)$ 在 (a,b) 内(　　).

　A. 单调增加　　　　　　　　B. 单调减少

　C. 是常数　　　　　　　　　D. 不能确定单调性

答:[A]

10. $\sqrt{x}$ 的一个原函数是(　　).

　A. $\dfrac{1}{2x}$　　　B. $\dfrac{x}{2}$　　　　C. $\dfrac{2}{3}\sqrt{x^3}$　　　　D. $\dfrac{3}{2}\sqrt{x^3}$

答:[C]

11. 设函数 $f(x)$ 在闭区间 $[a,b]$ 上连续,则曲线 $y = f(x)$ 与直线 $x = a, x = b$ 和 $y = 0$ 所围成的平面图形的面积等于(　　).

　A. $\displaystyle\int_a^b f(x)dx$　　B. $\left|\displaystyle\int_a^b f(x)dx\right|$　　　C. $-\displaystyle\int_a^b f(x)dx$　　　D. $\displaystyle\int_a^b |f(x)|dx$

答:[D]

三、填空题(满分 20 分)　本大题共 5 小题,每小题 4 分,把答案填在题中横线上.

12. 设函数 $f(x) = \begin{cases} \dfrac{\sin x}{x} & x > 0 \\ 0 & x \leq 0 \end{cases}$,则 $f(x)$ 的间断点是 $x = $ ___0___.

13. 设函数 $f(x)$ 在 $x = 1$ 处可导,且 $f'(x) = 1$,则 $\lim\limits_{\Delta x \to 0} \dfrac{f(1 + \Delta x) - f(1)}{\Delta x} = $ ___1___.

14. $\displaystyle\int \dfrac{\ln x}{x}dx = \dfrac{1}{2}(\ln x)^2 + C.$

15. $\dfrac{d}{dx}\displaystyle\int_0^x \sqrt{1 + t^2}dt = \sqrt{1 + x^2}.$

16. 设 $z = xy^2 + x^3y$,则 $\dfrac{\partial z}{\partial x} = y^2 + 3x^2y.$

四、解答题(满分 42 分)　本大题共 6 个小题,每小题 7 分,解答应写出推理、演算步骤.

17. 求极限 $\lim\limits_{x \to 0} \dfrac{x - \sin x}{x^3}$.

解: $\lim\limits_{x \to 0} \dfrac{x - \sin x}{x^3} = \lim\limits_{x \to 0} \dfrac{1 - \cos x}{3x^2} = \lim\limits_{x \to 0} \dfrac{\sin x}{6x} = \dfrac{1}{6}.$

18. 求曲线 $y = x^2 + x^3$ 在点 $(1,2)$ 处的切线方程.

解:$y' = 2x + 3x^2, y'|_{x=1} = 5$,因此曲线 $y = x^2 + x^3$ 在点 $(1,2)$ 处的切线方程为 $y - 2 = 5(x - 1)$,即 $5x - y - 3 = 0$.

19. 计算 $\int_0^4 e^{-\sqrt{x}} dx$.

解:令 $t = \sqrt{x}$,则 $x = t^2, dx = 2t dt$,且当 $x = 0$ 时有 $t = 0$,当 $x = 4$ 时有 $t = 2$. 于是

$$\int_0^4 e^{-\sqrt{x}} dx = 2\int_0^2 t e^{-t} dt = -2\int_0^2 t de^{-t} = (-2te^{-t})\big|_0^2 + 2\int_0^2 e^{-t} dt$$
$$= -4e^{-2} - 2(e^{-2} - 1) = 2 - 6e^{-2}$$

20. 设函数 $z = y^{2x}$,求 dz.

解:$dz = 2y^{2x}\ln y dx + 2xy^{2x-1} dy$.

21. 求 $\iint_D xy dx dy$,其中 D 是由 $y = x, y = 0, x = 1$ 所围成的区域.

解:$\iint_D xy dx dy = \int_0^1 xy dy = \int_0^1 \frac{x^3}{2} dx = \frac{x^4}{8}\bigg|_0^1 = \frac{1}{8}$.

22. 将函数 $f(x) = \frac{1}{2-x}$ 展开成关于 x 的幂级数.

解:$\frac{1}{2-x} = \frac{1}{2} \cdot \frac{1}{1 - \frac{x}{2}} = \frac{1}{2}\sum_{n=0}^{\infty} \frac{x^n}{2^{n+1}}$,当 $-1 < \frac{x}{2} < 1$ 时级数收敛,因此 $-2 < x < 2$.

高等数学(B)考试大纲(2007 年)

试点高校网络教育部分公共基础课全国统一考试,遵循网络教育应用型人才的培养目标,针对从业人员继续教育的特点,重在检验学生掌握基础知识的水平及应用能力,以全面提高现代远程高等学历教育的教学质量. 高等数学课程是现代远程教育试点高校网络教育实行全国统一考试的部分公共基础课之一,该课程的考试是一种基础水平检测性考试,考试大纲的内容是按照这一要求设计的,课程教学应按照课程教学大纲的要求进行,本考试合格者应达到与成人高等教育本科相应的高等数学课程要求的基本水平.

考试对象

教育部批准的现代远程教育试点高校网络教育学院和中央广播电视大学"人才培养模式改革和开放教育试点"项目中自 2004 年 3 月 1 日(含 3 月 1 日)以后入学的本科层次学历教育的学生,应参加网络教育部分公共基础课全国统一考试.

高等数学(B)考试大纲适用于理工类专业(除数学类专业外)的本科学生,经济类、管理类及其他非文、史、法、医、教育、艺术类专业的本科学生也可报考本科目.

考试目标

高等数学是高等院校理工科及经济管理等学科学生必修的基础课程之一,是培养学生运算能力、抽象概括问题的能力、逻辑推理能力、综合运用所学知识分析和解决问题能力的课程,是学生学习后继课程和进一步获得近代科学技术知识的必备基础.

本课程的考试目标是考查学生高等数学的基本概念、基本理论、基本方法和常用的运算技能,并以此检测学生分析问题、解决问题的能力.

本大纲对内容的要求由低到高,对概念和理论分为"了解、理解"两个层次,对方法和运算分为"会、掌握、熟练掌握"3 个层次.

考试内容与要求

一、函数、极限、连续

(一)函数

1. 考试内容

函数的定义,函数的表示,分段函数,反函数,复合函数,函数的性质(有界性、奇偶性、周期性、单调性),基本初等函数,初等函数.

2. 考试要求

(1)理解函数的概念,了解函数的表示法,会求函数的定义域.

(2)了解函数的有界性、奇偶性、周期性、单调性.

(3)了解分段函数、反函数、复合函数的概念.

(4)掌握基本初等函数的性质和图像,了解初等函数的概念.

(二)极限

1. 考试内容

函数极限的定义,无穷小与无穷大的概念及其关系,无穷小的性质,等价无穷小,极限的四则运算,两个重要极限:

$$\lim_{x \to 0} \frac{\sin x}{x} = 1$$

$$\lim_{x \to \infty} \left(1 + \frac{1}{x}\right)^x = e$$

2. 考试要求

(1)理解函数极限的概念(对极限定义中的"ε—δ"等形式表述不作要求).

(2)会求函数的极限.

(3)掌握极限的四则运算法则.

(4)了解无穷小和无穷大的概念、无穷小的性质、无穷小和无穷大的关系、等价无穷小的概念.

(5)掌握用两个重要极限求极限的方法.

(三)连续

1. 考试内容

函数连续的概念,函数的间断点,连续函数的四则运算,复合函数的连续性,初等函数的连续性,闭区间上连续函数的性质(最值定理、零点定理).

2. 考试要求

(1)理解函数连续性的概念,会求函数的间断点.

(2)掌握连续函数的四则运算法则.

(3)了解复合函数、初等函数的连续性.

(4)了解闭区间上连续函数的性质(最值定理、零点定理).

二、一元函数微分学

(一)导数与微分

1. 考试内容

导数与微分的定义,导数的几何意义,函数的可导性、可微性和连续性之间的关系,导数的四则运算,导数与微分的基本公式,复合函数的导数,二阶导数.

2. 考试要求

(1)理解导数的概念及其几何意义.

(2)了解函数可导性、可微性和连续性之间的关系.

(3)会求平面曲线 $y = f(x)$ 上一点处的切线方程.

(4)熟练掌握导数的基本公式、四则运算法则及复合函数的求导方法.

(5)会求函数的二阶导数.

(6)了解微分的概念,会求函数的微分.

(二)导数的应用

1. 考试内容

洛必达法则,函数单调性的判别,函数的极值与最值,函数图形的凹凸性与拐点.

2. 考试要求

(1)熟练掌握用洛必达法则求"$\dfrac{0}{0}$"、"$\dfrac{\infty}{\infty}$"型未定式极限的方法,并会求"$0 \cdot \infty$"、"$\infty - \infty$"型未定式的极限.

(2)掌握利用导数判断函数单调性的方法.

(3)理解函数极值的概念,掌握求函数的极值与最值的方法,并会求解简单的应用问题.

(4)会判断平面曲线的凹凸性,会求平面曲线的拐点.

三、一元函数积分学

(一)不定积分

1. 考试内容

原函数与不定积分的概念,不定积分的基本性质,不定积分的基本公式,不定积分的换元积分法和分部积分法.

2. 考试要求

(1)理解原函数与不定积分的概念,掌握不定积分的基本性质.

(2)熟练掌握不定积分的基本公式.

(3)熟练掌握不定积分的第一类换元法,会用第二类换元法求简单根式的不定积分.

(4)掌握不定积分的分部积分法.

(二)定积分

1. 考试内容

定积分的概念与基本性质,定积分的几何意义,变上限积分所定义的函数,牛顿-莱布尼茨公式,定积分的换元法与分部积分法,定积分的应用(平面图形的面积).

2. 考试要求

(1)理解定积分的概念,理解定积分的几何意义,掌握定积分的基本性质.

(2)理解变上限积分所定义的函数,会求其导数.

(3)熟练掌握牛顿-莱布尼茨公式.

(4)掌握定积分的换元法与分部积分法.

(5)会应用定积分计算在直角坐标系下的平面图的面积.

四、常微分方程

1. 考试内容

常微分方程的基本概念,可分离变量的微分方程,一阶线性微分方程.

2. 考试要求

(1)了解微分方程及其阶、解、通解、初始条件和特解的概念.

(2)掌握可分离变量的微分方程、一阶线性微分方程的求解方法.

试卷结构与题型

一、试卷分数

满分100分.

二、试题类型

是非题、单项选择题、填空题和解答题.

是非题的形式为二选一,即对命题作出"对"或"错"的选择.

单项选择题的形式为四选一,即在每题的四个备选答案中选出一个符合题目要求的答案.

填空题只要求直接填写结果,不必写出计算过程和推理过程.

解答题包括计算题、应用题等,解答题要求写出文字说明,演算步骤或推证过程.

三、题型比例

是非题约20%,单项选择题约20%,填空题约20%,解答题等约40%.

四、试题难度

试题按其难度分为容易题、中等题和较难题,其分值比例约为5:4:1.

五、试题内容比例

一元函数微积分约90%,常微分方程约10%.

考试方式与时间

考试方式:闭卷笔试(不准使用计算器).

考试时间:120分钟.

题型示例
样卷：

高等数学 B(样卷)

一、是非题(满分 18 分)　本大题共 6 个小题,每小题 3 分,对每小题给出的命题,认为正确的在命题后的括号内填"对",否则填"错"。

1. 函数 $f(x) = \sin 2x (-\infty < x < +\infty)$ 是周期函数.

   答：[　]

2. 函数 $f(x)$ 在点 $x = x_0$ 处可导,则它在该点必连续.

   答：[　]

3. 已知 $y = \ln 2x$,则 $\dfrac{dy}{dx} = \dfrac{1}{2x}$.

   答：[　]

4. $\displaystyle\int e^{2x} dx = e^{2x} + C$.

   答：[　]

5. 定积分 $\displaystyle\int_{-1}^{1} x^3 dx = 0$.

   答：[　]

6. 函数 $y = \cos x$ 是微分方程 $\dfrac{dy}{dx} - \sin x = 0$ 的解.

   答：[　]

二、选择题(满分 20 分)　本大题共 5 个小题,每小题 4 分,在每小题给出的四个选项中,只有一项符合题目要求,把所选项前的字母填在题后的括号内.

7. 当 $x \to 0$ 时,下列变量中是无穷小的为(　).

   A. e^x 　　　　 B. $1 + x$ 　　　　 C. $\ln(1 + x)$ 　　　　 D. $\cos x$

   答：[　]

8. 设 $y = 1 + \cos x$,则 $dy = ($ 　 $)$.

   A. $(1 + \sin x) dx$ 　 B. $-\sin x dx$ 　 C. $(1 - \sin x) dx$ 　 D. $\sin x dx$

   答：[　]

9. 设函数 $f(x)$ 在 (a,b) 内可导,且 $f'(x) = 2$,则 $f(x)$ 在 (a,b) 内(　).

   A. 单调增加 　　 B. 单调减少 　　 C. 是常数 　　　　 D. 不能确定单调性

   答：[　]

10. $\sqrt{x}$ 的一个原函数是(　).

   A. $\dfrac{1}{2x}$ 　　　 B. $\dfrac{x}{2}$ 　　　 C. $\dfrac{2}{3}\sqrt{x^3}$ 　　　 D. $\dfrac{3}{2}\sqrt{x^3}$

   答：[　]

11. 设函数 $f(x)$ 在闭区间 $[a,b]$ 上连续,则曲线 $y = f(x)$ 与直线 $x = a, x = b$ 和 $y = 0$ 所围成的平面图形的面积等于(　).

   A. $\displaystyle\int_a^b f(x) dx$ 　 B. $\left|\displaystyle\int_a^b f(x) dx\right|$ 　 C. $-\displaystyle\int_a^b f(x) dx$ 　 D. $\displaystyle\int_a^b |f(x)| dx$

答:[   ]

三、填空题(满分20分)   本大题共5小题,每小题4分,把答案填在题中横线上.

12. 设函数 $f(x) = \begin{cases} \dfrac{\sin x}{x} & x > 0 \\ 0 & x \leqslant 0 \end{cases}$ 则 $f(x)$ 的间断点是 $x =$ _____.

13. 设函数 $f(x)$ 在 $x = 1$ 处可导,且 $f'(x) = 1$,则 $\lim\limits_{\Delta x \to 0} \dfrac{f(1 + \Delta x) - f(1)}{\Delta x} =$ _____.

14. 设 $y = \ln(1 + x)$,则 $\dfrac{dy}{dx} =$ _____.

15. $\dfrac{d}{dx} \displaystyle\int_0^x \sqrt{1 + t^2}\, dt =$ _____.

16. $\displaystyle\int (x + 1)^2\, dx =$ _____.

四、解答题(满分42分)   本大题共6个小题,每小题7分,解答应写出推理、演算步骤。

17. 求极限 $\lim\limits_{x \to 0} \dfrac{x - \sin x}{x^3}$.

18. 求曲线 $y = x^2 + x^3$ 在点 $(1, 2)$ 处的切线方程.

19. 求函数 $y = x^3 - 3x^2 + 6x$ 图形的凹凸区间.

20. 计算 $\displaystyle\int_0^4 e^{-\sqrt{x}}\, dx$.

21. 求由曲线 $y = x^2$ 与直线 $y = x + 2$ 所围成的平面图形的面积.

22. 求微分方程 $\dfrac{dy}{dx} + y = e^{-x}$ 的通解.

答案:

高等数学 B(样卷)答案

一、是非题(满分18分)   本大题共6个小题,每小题3分,对每小题给出的命题,认为正确的在命题后的括号内填"对",否则填"错".

1. 函数 $f(x) = \sin 2x\,(-\infty < x < +\infty)$ 是周期函数.

答:[对]

2. 函数 $f(x)$ 在点 $x = x_0$ 处可导,则它在该点处必连续.

答:[对]

3. 已知 $y = \ln 2x$,则 $\dfrac{dy}{dx} = \dfrac{1}{2x}$.

答:[错]

4. $\displaystyle\int e^{2x}\, dx = e^{2x} + C$.

答:[错]

5. 定积分 $\displaystyle\int_{-1}^1 x^3\, dx = 0$.

答:[对]

6. 函数 $y = \cos x$ 是微分方程 $\dfrac{\mathrm{d}y}{\mathrm{d}x} - \sin x = 0$ 的解.

答:[错]

二、选择题(满分 20 分) 本大题共 5 个小题,每小题 4 分,在每小题给出的四个选项中,只有一项符合题目要求,把所选项前的字母填在题后的括号内.

7. 当 $x \to 0$ 时,下列变量中是无穷小的为( ).

 A. e^x B. $1 + x$ C. $\ln(1 + x)$ D. $\cos x$

答:[C]

8. 设 $y = 1 + \cos x$,则 $\mathrm{d}y = ($).

 A. $(1 + \sin x)\mathrm{d}x$ B. $-\sin x \mathrm{d}x$ C. $(1 - \sin x)\mathrm{d}x$ D. $\sin x \mathrm{d}x$

答:[B]

9. 设函数 $f(x)$ 在 (a, b) 内可导,且 $f'(x) = 2$,则 $f(x)$ 在 (a, b) 内( ).

 A. 单调增加 B. 单调减少 C. 是常数 D. 不能确定单调性

答:[A]

10. $\sqrt{x}$ 的一个原函数是( ).

 A. $\dfrac{1}{2x}$ B. $\dfrac{x}{2}$ C. $\dfrac{2}{3}\sqrt{x^3}$ D. $\dfrac{3}{2}\sqrt{x^3}$

答:[C]

11. 设函数 $f(x)$ 在闭区间 $[a, b]$ 上连续,则曲线 $y = f(x)$ 与直线 $x = a, x = b$ 和 $y = 0$ 所围成的平面图形的面积等于( ).

 A. $\displaystyle\int_a^b f(x)\mathrm{d}x$ B. $\left| \displaystyle\int_a^b f(x)\mathrm{d}x \right|$

 C. $-\displaystyle\int_a^b f(x)\mathrm{d}x$ D. $\displaystyle\int_a^b \left| f(x) \right|\mathrm{d}x$

答:[D]

三、填空题(满分 20 分) 本大题共 5 小题,每小题 4 分,把答案填在题中横线上.

12. 设函数 $f(x) = \begin{cases} \dfrac{\sin x}{x} & x > 0 \\ 0 & x \leqslant 0 \end{cases}$ 则 $f(x)$ 的间断点是 $x = \underline{\quad 0 \quad}$.

13. 设函数 $f(x)$ 在 $x = 1$ 处可导,且 $f'(x) = 1$,则 $\lim\limits_{\Delta x \to 0} \dfrac{f(1 + \Delta x) - f(1)}{\Delta x} = \underline{\quad 1 \quad}$.

14. 设 $y = \ln(1 + x)$,则 $\dfrac{\mathrm{d}y}{\mathrm{d}x} = \underline{\dfrac{1}{1 + x}}$.

15. $\dfrac{\mathrm{d}}{\mathrm{d}x} \displaystyle\int_0^x \sqrt{1 + t^2}\,\mathrm{d}t = \underline{\sqrt{1 + x^2}}$.

16. $\displaystyle\int (x + 1)^2 \mathrm{d}x = \underline{\dfrac{1}{3}(x + 1)^3 + C}$.

四、解答题(满分 42 分) 本大题共 6 个小题,每小题 7 分,解答应写出推理、演算步骤.

17. 求极限 $\lim\limits_{x \to 0} \dfrac{x - \sin x}{x^3}$.

解:$\lim\limits_{x\to 0}\dfrac{x-\sin x}{x^3}=\lim\limits_{x\to 0}\dfrac{1-\cos x}{3x^2}=\lim\limits_{x\to 0}\dfrac{\sin x}{6x}=\dfrac{1}{6}$.

18. 求曲线 $y=x^2+x^3$ 在点 $(1,2)$ 处的切线方程.

解:$y'=2x+3x^2,y'\big|_{x=1}=5$,因此曲线 $y=x^2+x^3$ 在点 $(1,2)$ 处的切线方程为 $y-2=5(x-1)$,即 $5x-y-3=0$.

19. 求函数 $y=x^3-3x^2+6x$ 图形的凹凸区间.

解:$y'=3x^2-6x+6,y''=6x-6$,令 $y''=0$,得 $x=1$. 当 $x<1$ 时,$y''<0$;当 $x>1$ 时,$y''>0$. 因此,函数 $y=x^3-3x^2+6x$ 图形的凸区间是 $(-\infty,1)$,凹区间是 $[1,+\infty]$.

20. 计算 $\displaystyle\int_0^4 e^{-\sqrt{x}}dx$.

解:令 $t=\sqrt{x}$,则 $x=t^2,dx=2tdt$,且当 $x=0$ 时有 $t=0$,当 $x=4$ 时有 $t=2$. 于是

$$\int_0^4 e^{-\sqrt{x}}dx=2\int_0^2 te^{-t}dt=-2\int_0^2 tde^{-t}=(-2te^{-t})\Big|_0^2+2\int_0^2 e^{-t}dt$$

$$=-4e^{-2}-2(e^{-2}-1)=2-6e^{-2}$$

21. 求由曲线 $y=x^2$ 与直线 $y=x+2$ 所围成的平面图形的面积.

解:由 $\begin{cases}y=x^2\\y=x+2\end{cases}$,可解得

$$\begin{cases}x=-1\\y=1\end{cases}\quad 及\quad \begin{cases}x=2\\y=4\end{cases}$$

$$S=\int_{-1}^2\big[(x+2)-x^2\big]dx$$

$$=\left(\dfrac{x^2}{2}+2x-\dfrac{x^3}{3}\right)\Big|_{-1}^2=\dfrac{9}{2}$$

22. 求微分方程 $\dfrac{dy}{dx}+y=e^{-x}$ 的通解.

解:$p(x)=1,q(x)=e^{-x}$,

$$y=e^{-\int p(x)dx}\left(C+\int q(x)e^{\int p(x)dx}dx\right)=e^{-\int dx}\left(C+\int e^{-x}e^{\int dx}dx\right)$$

$$=e^{-x}\left(C+\int e^{-x}e^x dx\right)=e^{-x}(C+x)$$

附录 B　常用公式

一、代　数

1. 绝对值与不等式

绝对值定义:

$$|a|=\begin{cases}a & (a\geqslant 0)\\-a & (a<0)\end{cases}$$

(1) $|a+b|\leqslant|a|+|b|$　　　　　　　　(2) $|a-b|\geqslant|a|-|b|$

(3) $-|a| \leqslant a \leqslant |a|$

(4) $\sqrt{a^2} = |a|$

(5) $|ab| = |a||b|$

(6) $\left|\dfrac{b}{a}\right| = \dfrac{|b|}{|a|},(a \neq 0)$

(7) $|a| \leqslant b \Leftrightarrow -b \leqslant a \leqslant b$

(8) $|a| > b(b > 0) \Leftrightarrow a > b$ 或 $a < -b$

2. 指数和对数运算

(1) $a^x a^y = a^{x+y}$

(2) $\dfrac{a^x}{a^y} = a^{x-y}$

(3) $(a^x)^y = a^{xy}$

(4) $\log_a 1 = 0$

(5) $\log_a a = 1$

(6) $\log_a(MN) = \log_a M + \log_a N$

(7) $\log_a\left(\dfrac{M}{N}\right) = \log_a M - \log_a N$

(8) $\log_a(N)^n = n\log_a N$

(9) $\log_a \sqrt[n]{N} = \dfrac{1}{n} \cdot \log_a N$

(10) $\log_b N = \dfrac{\log_a N}{\log_a b}$

(11) $e \approx 2.71828, \ln A = \log_e A$

(12) $\lg e \approx 0.4343, \ln 10 \approx 2.3026$

3. 有限项常数项级数

级数：$a_1 + a_2 + \cdots + a_n = s_n$

(1) 等差级数

$a_n = a_1 + (n-1)d$

$s_n = \dfrac{(a_1 + a_n)n}{2}$

$1 + 2 + 3 + \cdots + n = \dfrac{(1+n)n}{2}$

$1 + 3 + 5 + \cdots + (2n-1) = n^2$

$2 + 4 + 6 + \cdots + 2n = (n+1)n$

(2) 等比级数

$a_n = a_1 q^{n-1}$

$s_n = \dfrac{a_1 - a_n q}{1 - q},(q \neq 1)$

4. 乘法及因式分解公式

(1) $(a \pm b)^2 = a^2 \pm 2ab + b^2$

(2) $(a + b + c)^2 = a^2 + b^2 + c^2 + 2ab + 2bc + 2ca$

(3) $(a \pm b)^3 = a^3 \pm 3a^2 b + 3ab^2 \pm b^3$

(4) $(a + b)(a - b) = a^2 - b^2$

(5) $(a - b)(a^2 + ab + b^2) = a^3 - b^3$

(6) $(a + b)(a^2 - ab + b^2) = a^3 + b^3$

二、三　角

1. 基本公式

(1) $\sin^2 x + \cos^2 x = 1$

(2) $\dfrac{\sin x}{\cos x} = \tan x$

$(3)\ \dfrac{\cos x}{\sin x}=\cot x$ $(4)\ \csc x=\dfrac{1}{\sin x}$

$(5)\ \sec x=\dfrac{1}{\cos x}$ $(6)\ \cot x=\dfrac{1}{\tan x}$

$(7)\ 1+\tan^2 x=\sec^2 x$ $(8)\ 1+\cot^2 x=\csc^2 x$

2. 诱导公式

函　数	$\beta=\dfrac{\pi}{2}\pm\alpha$	$\beta=\pi\pm\alpha$	$\beta=\dfrac{3\pi}{2}\pm\alpha$	$\beta=2\pi-\alpha$
$\sin\beta$	$+\cos\alpha$	$\mp\sin\alpha$	$-\cos\alpha$	$-\sin\alpha$
$\cos\beta$	$\mp\sin\alpha$	$-\cos\alpha$	$\pm\sin\alpha$	$+\cos\alpha$
$\tan\beta$	$\mp\cot\alpha$	$\pm\tan\alpha$	$\mp\cot\alpha$	$-\tan\alpha$
$\cot\beta$	$\mp\tan\alpha$	$\pm\cot\alpha$	$\mp\tan\alpha$	$-\cot\alpha$

3. 和差公式

$(1)\ \sin(\alpha\pm\beta)=\sin\alpha\cos\beta\pm\cos\alpha\sin\beta$

$(2)\ \cos(\alpha\pm\beta)=\cos\alpha\cos\beta\mp\sin\alpha\sin\beta$

$(3)\ \tan(\alpha\pm\beta)=\dfrac{\tan\alpha\pm\tan\beta}{1\mp\tan\alpha\tan\beta}$

$(4)\ \cot(\alpha\pm\beta)=\dfrac{\cot\alpha\cot\beta\mp1}{\cot\beta\pm\cot\alpha}$

$(5)\ \sin\alpha+\sin\beta=2\sin\dfrac{\alpha+\beta}{2}\cos\dfrac{\alpha-\beta}{2}$

$(6)\ \sin\alpha-\sin\beta=2\cos\dfrac{\alpha+\beta}{2}\sin\dfrac{\alpha-\beta}{2}$

$(7)\ \cos\alpha+\cos\beta=2\cos\dfrac{\alpha+\beta}{2}\cos\dfrac{\alpha-\beta}{2}$

$(8)\ \cos\alpha-\cos\beta=-2\sin\dfrac{\alpha+\beta}{2}\sin\dfrac{\alpha-\beta}{2}$

$(9)\ 2\sin\alpha\sin\beta=\sin(\alpha+\beta)+\sin(\alpha-\beta)$

$(10)\ 2\cos\alpha\cos\beta=\cos(\alpha+\beta)+\cos(\alpha-\beta)$

$(11)\ -2\sin\alpha\sin\beta=\cos(\alpha+\beta)-\cos(\alpha-\beta)$

4. 倍角和半角公式

$(1)\ \sin2\alpha=2\sin\alpha\cos\alpha$ $(2)\ \cos2\alpha=\cos^2\alpha-\sin^2\alpha$

$(3)\ \tan2\alpha=\dfrac{2\tan\alpha}{1-\tan^2\alpha}$ $(4)\ \cot2\alpha=\dfrac{\cot^2\alpha-1}{2\cot\alpha}$

$(5)\ \sin\dfrac{\alpha}{2}=\pm\sqrt{\dfrac{1-\cos\alpha}{2}}$ $(6)\ \cos\dfrac{\alpha}{2}=\pm\sqrt{\dfrac{1+\cos\alpha}{2}}$

$(7)\ \tan\dfrac{\alpha}{2}=\pm\sqrt{\dfrac{1-\cos\alpha}{1+\cos\alpha}}$ $(8)\ \cot\dfrac{\alpha}{2}=\pm\sqrt{\dfrac{1+\cos\alpha}{1-\cos\alpha}}$

5. 任意三角函数的基本关系

(1) $\dfrac{a}{\sin A} = \dfrac{b}{\sin B} = \dfrac{c}{\sin C} = 2R$ （正弦定理，R 为三角形外接圆的半径）.

(2) $a^2 = b^2 + c^2 - 2bc\cos A$ （余弦定理）

(3) $\dfrac{a+b}{a-b} = \dfrac{\tan\dfrac{A+B}{2}}{\tan\dfrac{A-B}{2}}$ （正切定理）

(4) $S = \dfrac{1}{2}ab\sin C$ （三角形面积公式）

$$S = \sqrt{p(p-a)(p-b)(p-c)}$$

$$p = \dfrac{1}{2}(a+b+c)$$

三、初等几何

在下列公式中，字母 R,r 表示半径，h 表示高，l 表示斜高.

1. 圆、圆扇形

圆：周长 $= 2\pi r$，面积 $= \pi r^2$；

圆扇形：面积 $= \dfrac{1}{2}r^2\alpha$（α 为扇形的圆心角，以弧度计）.

2. 正圆锥、正棱锥

正圆锥：体积 $= \dfrac{\pi}{3}r^2 h$，侧面积 $= \pi r l$，全面积 $= \pi r(r+l)$；

正棱锥：体积 $= \dfrac{1}{3} \times$ 底面积 $\times$ 高，侧面积 $= \dfrac{1}{2} \times$ 斜高 $\times$ 底周长.

3. 圆台

体积 $= \dfrac{\pi h}{3}(R^2 + r^2 + Rr)$，侧面积 $= \pi l(R+r)$.

4. 球

体积 $= \dfrac{4\pi}{3}r^3$，面积 $= 4\pi r^2$.

参考文献

[1] 全国高校网络教育考试委员会办公室.高等数学[M].北京:科学出版社,2007.

[2] 同济大学应用数学系.高等数学及其应用[M].北京:高等教育出版社,2004.

[3] 同济大学数学系.高等数学[M].6版.北京:高等教育出版社,2007.

[4] 何良才,等.经济应用数学[M].重庆:重庆大学出版社,2003.

[5] 胡端平.高等数学及其应用[M].北京:科学出版社,2007.

[6] 周鸿邱.高等数学[M].武汉:武汉大学出版社,1987.

[7] 盛祥耀.高等数学[M].北京:高等教育出版社,2000.

[8] 同济大学应用数学系.高等数学[M].上海:同济大学出版社,2003.

[9] 殷锡鸣,等.高等数学[M].上海:华东理工大学出版社,2003.

[10] 陆庆乐.高等数学[M].西安:西安交通大学出版社,1998.